可信物联网技术

张德干　许光全　孙达志　著

科学出版社
北京

内 容 简 介

可信物联网技术即确保物联网安全、可信或可靠的一系列技术，研究这些技术十分重要。本书阐述的"可信物联网技术"主要包括无线传感网络可靠定位、无线传感网络节能路由、无线 Mesh 网络多播路由优化、信任及其管理、信任量化及计算、用户智能卡实体认证、服务器辅助公开密钥认证和大数模幂计算等技术。

本书可供物联网、信息安全相关专业的高年级本科生、研究生、教师学习和参考，也适合相关领域的科研和工程技术人员阅读、参考。

图书在版编目(CIP)数据

可信物联网技术/张德干，许光全，孙达志著. —北京：科学出版社，2015.10
ISBN 978-7-03-046056-1

Ⅰ.①可… Ⅱ.①张… ②许… ③孙… Ⅲ.①互联网络—安全技术②智能技术—安全技术 Ⅳ.①TP393.4②TP18

中国版本图书馆 CIP 数据核字(2015)第 249491 号

责任编辑：任 静 / 责任校对：郭瑞芝
责任印制：张 倩 / 封面设计：迷底书装

科学出版社 出版
北京东黄城根北街 16 号
邮政编码：100717
http://www.sciencep.com

北京凌奇印刷有限责任公司 印刷
科学出版社发行 各地新华书店经销
*
2015 年 10 月第 一 版 开本：720×1 000 1/16
2015 年 10 月第一次印刷 印张：20
字数：375 000
POD定价：96.00元
(如有印装质量问题，我社负责调换)

作者简介

张德干，男，湖北黄冈英山县人，博士（后），教授，博导。研究方向为物联网、移动计算、智能控制、无线通信等技术。主持国家863计划项目、国家自然科学基金项目、教育部新世纪优秀人才计划项目等十余项，在国内外期刊和会议上以第一作者发表论文130余篇（40篇SCI索引，90篇EI索引）。出版学术专著多部，获得专利多项，获得科技奖励多项，是多个国际会议的大会主席。

个人主页：http://shenbo.org.tjut.edu.cn/tt/personinfo.asp?bianhao=199

许光全，男，湖南浏阳人，博士，副教授，硕导。研究方向为可信计算、信息与网络安全等技术。主持（或参与）国家自然科学基金项目、天津市自然科学基金项目等多项，在国内外期刊或学术会议上发表论文近50篇，获得发明专利多项，担任多项学术兼职。

个人主页：http://cs.tju.edu.cn/faculty/xugq/

孙达志，男，辽宁葫芦岛市人，博士（后），副教授，硕导。研究方向为信息与网络安全、可信计算、应用密码学、物联网等技术。主持（或参与）国家自然科学基金项目、天津市自然科学基金项目等多项，在国内外期刊和会议上发表论文30余篇，获得专利多项。

个人主页：http://cs.tju.edu.cn/faculty/sundazhi/

前　言

伴随着物联网（Internet of Things）的蓬勃发展，新型的网络计算模式不断涌现，为用户提供了各种简单、透明的方式来动态获取大规模计算和存储服务，有效推动了资源共享和综合利用。然而物联网环境固有的分布、自治、动态特征，应用领域的边界开放、需求动态增长趋势，使网络计算环境的信任管理技术面临诸多挑战。信任建立和隐私保护等成为当前可信计算（Trusted Computing）的重要问题。

可信物联网技术涵盖确保物联网安全、可信或可靠的众多技术，本书重点阐述了如下几方面：无线传感器网络的可靠定位、节能路由以及路由优化技术，适应不同网络应用环境的信任管理模型与量化计算技术，基于集成电路卡的认证技术和多维模幂计算方法，会话密钥协商协议等。

本书共分 10 章。第 2～4 章由张德干撰写，第 5 章和第 6 章由许光全撰写，第 7～9 章由孙达志撰写。第 1 章和第 10 章为三人共同撰写。全书由张德干策划和统稿。

本书得到国家 863 计划项目（No.2007AA01Z188）、国家自然科学基金项目（No.61572355、No.61202169、No.61571328）、教育部新世纪优秀人才计划项目（No.NCET-09-0895）、教育部科技计划重点项目（No.208010）、天津市自然科学基金项目（No.15JCYBJC15700）、天津市自然科学基金重点项目（No.13JCZDJC34600）、天津理工大学计算机与通信工程学院"智能计算及软件新技术"天津市重点实验室和"计算机视觉与系统"省部共建教育部重点实验室相关基金、天津市"物联网智能信息处理"科技创新团队基金（No.TD12-5016）、天津大学网络安全联合实验室基金的资助。

本书由张晓丹研究员和宁红云教授审阅。

本书在撰写过程中，多位教授和专家学者提出了宝贵意见，同时，得到了韩静、赵德新等同事，博士和硕士研究生明学超、朱亚男、赵晨鹏、宋孝东、郑可、潘兆华、刘思、戴文博、康学净、程英、王冬、胡玉霞、刘朝敬、梁彦嫔、董丹超等的支持和帮助，在此一并表示衷心的感谢。

本书属研究型专著，可供高等院校研究生、高年级本科生、相关领域的科研人员和工程技术人员参考。

限于作者水平，书中不足之处在所难免，真诚欢迎各位专家、读者批评指正。

作　者
2015 年 7 月

目　录

前言

第1章　绪论 ··· 1
  1.1　信任 ·· 1
    1.1.1　简介 ·· 1
    1.1.2　信任的功能、分类及其构建 ·· 4
    1.1.3　信任、信誉与评价机制 ··· 6
    1.1.4　信任及信誉的研究意义 ··· 7
  1.2　可信计算 ·· 8
  1.3　物联网 ··· 8
  1.4　无线传感网络 ·· 9
  1.5　面向物联网应用的无线 Mesh 网络 ································ 12
  1.6　可信物联网 ·· 13
  1.7　现代密码学 ·· 14
  1.8　国内外相关研究及现状 ·· 17
    1.8.1　信任的相关研究 ·· 17
    1.8.2　密码学的相关研究 ··· 20
    1.8.3　无线传感网络的研究现状 ·· 22
    1.8.4　面向物联网应用的无线 Mesh 网络的研究现状 ··················· 23

第2章　无线传感网络可靠定位技术 ··· 25
  2.1　简介 ·· 25
    2.1.1　基本术语 ··· 25
    2.1.2　节点间距离的测量方法 ··· 26
    2.1.3　节点定位的计算方法 ·· 27
  2.2　节点定位算法的分类 ·· 30
    2.2.1　基于测距和非测距的节点定位算法 ··································· 30
    2.2.2　分布式和集中式定位算法 ·· 30
    2.2.3　绝对和相对定位算法 ·· 30
  2.3　性能评价标准 ·· 31
  2.4　一种基于 Dv-Hop 的改进算法 ······································ 32
    2.4.1　相关研究工作 ··· 32

		2.4.2 模型的建立	34
		2.4.3 定位算法的改进	35
		2.4.4 仿真分析	41
	2.5	基于路径的 Dv-Distance 改进算法	45
		2.5.1 相关研究工作	46
		2.5.2 基于通信路径 Dv-Distance 算法改进	49
		2.5.3 仿真实验	55
	2.6	本章小结	57
第3章	无线传感网络节能路由方法		59
	3.1	简介	59
	3.2	无线传感网络的路由算法分析	61
		3.2.1 平面路由算法	61
		3.2.2 分簇路由算法	63
	3.3	当前需要解决的问题	65
	3.4	一种新的预测性能量高效分簇路由方法	66
		3.4.1 概述	66
		3.4.2 典型分簇路由算法	67
		3.4.3 基于蜂群优化模型的预测性能量高效分簇路由方法	70
		3.4.4 最优成簇分析	75
		3.4.5 仿真结果及其分析	76
	3.5	基于网络区域划分和距离的节能分簇路由方法	79
		3.5.1 简介	79
		3.5.2 节能路由策略介绍	80
		3.5.3 能量消耗模型	81
		3.5.4 协议设计	83
		3.5.5 协议仿真与分析	90
	3.6	本章小结	96
第4章	无线 Mesh 多播路由及优化方法		97
	4.1	概述	97
	4.2	多播路由协议原理	99
		4.2.1 Mesh 网络的拓扑形成	99
		4.2.2 HWMP 路由协议	99
		4.2.3 MAODV 多播路由协议	103
	4.3	DT-MAODV 协议设计	107
		4.3.1 MAODV 协议的改进思想	107

    4.3.2　DT-MAODV 协议 ·· 108
    4.3.3　优化判定参数 ·· 110
    4.3.4　优化算法描述 ·· 111
4.4　预先修复机制 ·· 113
    4.4.1　MAODV 协议路由修复机制 ································· 113
    4.4.2　预先修复机制原理 ··· 113
    4.4.3　瓶颈节点以及路由修复过程 ································ 114
    4.4.4　相关参数的测量 ··· 115
    4.4.5　路由修复详细过程 ··· 115
    4.4.6　实验结果与分析 ··· 116
4.5　新协议仿真结果与分析 ··· 118
    4.5.1　NS-2 环境概述 ··· 118
    4.5.2　实验主要参数设置 ··· 120
    4.5.3　DT-MAODV 协议实验结果与分析 ························· 120
4.6　本章小结 ··· 124

第 5 章　信任及其管理模型 ·· 126
5.1　关于信任的理解 ··· 126
5.2　信任关系的分类 ··· 129
5.3　信任的认知性结构 ·· 130
    5.3.1　基于控制策略或者契约的信任 ································ 131
    5.3.2　基于信心的信任 ··· 131
    5.3.3　基于理性计算的信任 ·· 133
5.4　信任的社会关系网络表示 ··· 134
5.5　信任管理的概念模型 ·· 136
    5.5.1　非认知性信任结构 ·· 136
    5.5.2　信任管理系统架构 ·· 138
    5.5.3　信任凭证管理 ·· 139
    5.5.4　信任策略管理 ·· 140
5.6　本章小结 ·· 141

第 6 章　信任量化及计算方法 ··· 142
6.1　虚拟临时系统与快速信任 ··· 142
6.2　快速信任与不确定性 ·· 145
6.3　快速信任与风险性 ·· 146
6.4　快速信任的量化方式 ·· 147
6.5　证据理论的扩展 ··· 150

6.5.1 证据理论的演进 151
6.5.2 识别框架、信任函数与似真度函数 151
6.5.3 信度理论的扩展 153
6.6 快速信任的计算方法 154
6.6.1 建立在脆弱性基础上的快速信任 154
6.6.2 基于不确定性和风险性的快速信任 160
6.6.3 快速信任的系统模型 160
6.7 快速信任的可信性讨论 163
6.7.1 虚拟临时系统中快速信任的可靠性 163
6.7.2 采用我们的方法计算的快速信任值的可靠性 168
6.8 实验验证 170
6.8.1 计算相互依赖区间 170
6.8.2 计算角色的关注强度区间 172
6.8.3 计算范畴化区间 172
6.8.4 计算不确定性区间 173
6.8.5 系统最终的快速信任 173
6.9 本章小结 175

第7章 基于智能卡的实体认证方案 176
7.1 概述 176
7.1.1 实体认证 176
7.1.2 对认证的基本攻击方法 178
7.1.3 智能卡 179
7.1.4 问题原型及基本角色分析 181
7.1.5 研究这一问题的动机 182
7.2 智能卡实体认证方案的目标 183
7.2.1 安全是认证方案的基本要求 183
7.2.2 针对智能卡认证方案提出的特殊要求 184
7.3 符号约定 185
7.4 以往方案的回顾与缺陷评述 185
7.4.1 基于非对称密钥本原的认证方案 186
7.4.2 依赖离散对数问题的方案 197
7.4.3 用户提交口令的方案 199
7.4.4 错误安全分析和问题方案 202
7.4.5 我们对依赖离散对数问题认证方案的几点看法 204
7.4.6 依赖分解问题的方案 205

         7.4.7 基于对称密码本原的认证方案 ··· 207
         7.4.8 双边认证机制 ··· 210
   7.5 我们设计的实体认证方案 ··· 215
         7.5.1 为什么选择对称密码本原做认证方案 ································· 215
         7.5.2 如何设计一个安全的认证方案 ·· 216
         7.5.3 单边和双边认证方案 ·· 218
         7.5.4 认证方案应用在用户智能卡环境下的案例 ·························· 233
         7.5.5 在设计目标下评估我们的方案 ·· 239
   7.6 本章小结 ·· 242

第 8 章 服务器辅助公开密钥认证方案 ·· 243
   8.1 设计服务器辅助公开密钥认证方案的动机 ·································· 243
         8.1.1 服务器口令基认证 ··· 243
         8.1.2 我们设计服务器辅助公开密钥认证方案的动机 ···················· 245
   8.2 几个不安全的服务器辅助公开密钥认证方案与我们的评述 ············ 246
         8.2.1 Horng 和 Yang 的方案与 Zhang 等的改进 ······················· 246
         8.2.2 Lee 等的方案 ·· 248
         8.2.3 Peinado 的方案 ··· 249
         8.2.4 Kim 方案 ··· 251
         8.2.5 Wu 和 Lin 的方案 ·· 252
         8.2.6 Yoon 等的方案 ·· 254
         8.2.7 Shao 的方案 ··· 255
   8.3 我们的服务器辅助公开密钥认证方案 ··· 256
         8.3.1 我们的服务器辅助公开密钥认证基本框架 ·························· 256
         8.3.2 服务器辅助公开密钥认证方案的安全驱动设计方法 ············· 258
         8.3.3 服务器辅助公开密钥认证方案的安全目标 ·························· 260
         8.3.4 服务器辅助公开密钥认证机制 ·· 261
         8.3.5 方案的安全分析 ··· 264
         8.3.6 方案执行考虑 ·· 269
   8.4 几点需要说明的问题 ·· 271
         8.4.1 认证参数不可重复生成 ·· 271
         8.4.2 口令参数与秘密密钥的关系 ··· 272
         8.4.3 为什么不用标准的签名取代认证参数 ································ 273
         8.4.4 权威机构的信任等级 ·· 273
   8.5 本章小结 ·· 274

第 9 章 大操作数的模幂算法 275
9.1 简介 275
9.2 主流通用模幂方法 276
9.2.1 二进制方法 276
9.2.2 m-ary 方法 277
9.2.3 适应性 m-ary 方法 278
9.2.4 除法链方法 282
9.2.5 指数拆分的矩阵算法 282
9.2.6 指数折半算法 283
9.3 我们的 t-fold 方法 284
9.3.1 符号说明 285
9.3.2 理论基础 285
9.3.3 t-fold 方法的描述 287
9.3.4 t-fold 方法的效率分析以及与 m-ary 方法的比较 289
9.3.5 两个实例 291
9.4 本章小结 294

第 10 章 展望 295
10.1 无线传感网络和 Mesh 网络技术展望 295
10.2 物联网信任计算模型技术展望 295
10.3 用户智能卡认证的技术展望 296
10.4 服务器辅助公开密钥认证问题的展望 296
10.5 大数模幂算法的展望 297

参考文献 299

第1章 绪　　论

1.1 信　　任

1.1.1 简介

信任作为一种非正式的社会资本，无论在哪个社会中，它在维系社会稳定、推动社会进步方面的地位是独特的，同时也是无可替代的。人类社会有史以来，对信任的研究和探索就从来没有中断过。

古人把"仁义礼智信"作为君子的六大美德，其中最后的"信"，就是告诫人们，只有做到"守信，信守诺言，一诺千金"的人才有被称为"君子"的条件和资格。吉诺维希（1713—1779）和多利亚认为，信任某人就包含了一种相信被信任对象会履行这样的责任的信念（belief）。他们强调的是这样的一种信念，即相信被信任方不会以背叛的方式去行事。

在文集《信任：合作关系的建立与破坏》中，对信任的定义达成了一定程度的共识：信任（或不信任）是一个行动者（actor）评估另一个或一群行动者将会进行某一特定行动的主观概率水平。这里包含两层意思：首先，信任是建立在行动的基础上的，只有行动的存在，信任才有可能发生，否则信任是无从谈起的；其次，信任是行动者（施信者（trustor））对受信者（trustee）在行动上的行事方式的一种主观预测，这种预测的结果是以概率的方式来表述的。他的这种评估（预测）发生在监控（monitor）此特定行动之前（或者即使他能够监控此行动，也无法去监控），而且这种评估在一定的情境下做出，并影响了该行动者自己的行动。

在通常情况下，信任包含着可靠性，即认为合作者可信赖、守信用。然而，诚实和可靠并不总是会促进信任。如果一位合作伙伴经常要惩罚你并且真的那么做，那么他可能是诚实可靠的，但却不是值得信任的。真正的信任是，双方建立起这样的关系：一方关心另一方的利益，任何一方在采取行动之前都会考虑自己的行动对另一方所产生的影响。总之，对于信任概念的理解，有以下几点。

（1）对他人行为处于不了解或不确定状态，这是信任概念的核心。这一点涉及人类认知能力的局限性——即不可能获取有关别人的完全知识。信任是对于未知领域的一种暂时性的本质上很脆弱的反应，是弥补"预见能力有限性"的一种方法。

（2）信任还与行动者有可能使人们的期望落空这一事实有关。在需要信任的场合，也必定存在退出、出卖和背叛的可能。

(3) 信任一个人意味着相信他即使在有机会伤害别人的情况下,也不会以一种伤害的方式去行动。

(4) 信任是特殊的信念,它的出现不是依赖于正面证据而是依赖于缺乏反面证据——这个特征使得信任极容易被蓄意破坏。相反,深厚的不信任却很难通过经验而被消除,因为它阻止人们参与恰当的社会实践,而且更为糟糕的是它导致了那些反过来又进一步促进不信任的行为发生。

(5) 信任可以通过使用而增加。如果它不是无条件地赐予,那么它可以在接受方激起更强的责任感。事实上,信任既是一种"非正式制度",又是一种"社会资本",这种社会资本不是针对个体资本的社会资本,而是针对物质资本和人力资本的社会关系资本。一般地,人们不会以对自己有害的方式行事,在这个社会关系网络中,人们只会以责任来回报信任。因为人们都清楚"一荣俱荣,一损俱损"的道理。当然,因为制度和监控手段的缺乏和无力,少数的欺骗和背叛的存在是可以理解的。

(6) 信任至少包含两个方面的含义:首先,它与交互行为(多次行动的结果就演化为行为)的发生过程紧密联系在一起,没有交互行动的存在,信任也就失去了滋生的土壤。只有在行动中,信任才有存在的可能和必要。这里必须强调:这一点与信誉、依赖性等不同,信誉的存在是因为以往交互行为的积累而产生的一种感观上的印象。其次,信任是一种信念,或者叫做倾向、势,这与重力势能类似。只有这种信任势的存在,信任才有可能发生。

目前,尽管许多研究人员都给出各自的关于信任概念方面的定义和描述,但还不存在一个广为接受的定义,我们认为信任的概念描述至少应该由三部分组成:信任是什么?产生信任的前提条件(或场合)和作用等相关方面的描述。信任的特性。

信任是信任主体(包括施信者与受信者)在交互过程中体现出来的一种情感倾向(affective propensity/attitude),它典型地存在于劳动力分工的商品社会中,人与人之间必须要进行相互依赖的风险(并且这时候风险总是在理性选择的接受范围之外)活动中,它具有社会性(sociality)、交互性(interaction)、历史性(historicity)和动态性(dynamic)等特征。

上述定义很好地回答了前面提到的三个问题。

(1) 信任是什么?

从定义可以知道,信任是一种情感倾向(或者叫做"信任势能"),但是它不同于普通的情感,它必须包括典型的信任结构:信任人(施信者)+被信任人(受信者)+交互行为+交互环境,而且很明显,我们的定义是与下面提到的三方互惠决定论(人、行为、环境)一致的。

(2) 产生信任的前提条件(或场合)和作用等相关方面的描述。

很明显,定义明确说明信任产生的场合和作用:典型地存在于劳动力分工的商品社会中,人与人之间必须要进行相互依赖的风险(并且这时候风险总是在理性选择的接受范围之外）活动中。也就是说，劳动力分工和相互依赖的存在迫使人们选择伴有信任的交互行为，这种行为的开展从根本上进一步促进了劳动力分工的进程，也可以说促进了整个社会的进步。

（3）信任的特性。

最后一句话很明白地说明了信任的一些基本特征：社会性、交互性、历史性和动态性等。

说完信任本身，还要解释一下与之相关的一些概念。目前，关于信任研究中提出的相关概念很多，而且各个概念之间相互混用的情况也比比皆是。以下是一些常见的有关概念：信任 trust(vt., n.)，可信赖的、可靠的 trustworthy（adj.）(-thiness 可靠)，信誉（声誉）reputation 或 credit (n.)，相信 believe (v.)，信心 belief 或 confidence (n.)、信念 faith (n.)等。

一般地，可以从以下几点加以区分和理解上述提及的常见概念。

（1）"信任（trust）"与"信用（trustworthiness；credit）"、"信誉（credit；prestige）"是同中有异的一组概念。在信用或信誉中，存在着信任的涵义，这样，信任就可以理解为这一组概念的基础性概念。其实信任本身具有两重含义，其一是心理情感的一面；其二是行为表现的一面（这就是信任关系，现有研究没有区别"信任"和"信任关系"，这也就为此领域研究增加了许多难以澄清的争执），心理情感影响人的行为表现，但二者并不一定统一。

（2）一般认为，信任作为一种情感倾向，可用作动词也可以用作名词。作动词时是及物动词，后面必须有受信者；作名词时指的是施信者对整个交互的一个预期倾向。它的影响因素很多，包括信任主体的信誉（reputation 或 credit）情况，信任主体对整个交互行为成功的信心（belief 或 confidence），信任主体的某些信念（如信任偏向，有的人喜欢信任亲人——亲缘（类亲缘）信任群，有的人喜欢信任同一组织的人——群体（组织）归属信任群，有的人喜欢信任男人/女人，有的人喜欢信任共同经历的人——经历共鸣信任群），以及其他的一些更加复杂的因素。可信赖的、可靠的 trustworthy(-thiness 可靠)可以用来表示信任的整体评价。

（3）信誉作为信任主体在以往交互中的表现情况的载体，是信任主体的信任量表，是历史显现物（history unfold），它有时是可靠的，有时却是带有欺骗性的，它在作信任决定时所起的作用往往是关键的，因为在有选择的交互活动中，其他因素可能大致相同，但是个体的信誉情况有时候是大相径庭的。有的研究人员把信誉作为信任值来看待。

（4）信任和信誉都是社会认知概念，前者具有更加复杂的表现形式和认知结构；它们都与其他认知概念一样，在可度量性方面的讨论由来已久。个人认为，信任作为一种情感倾向，是与具体的交互活动联系在一起的，它只有在交互环境下才有讨论和研究的意义，它的研究对象是整个交互活动涉及的所有要素（包括信任主体、交互活动本身、环境等），所以说信任与其说是行动的，不如说是关联的。

（5）著名的社会学家卢曼（Luhmann）则区分了信任和相信：信任和相信是两种不同的声明自己期望的途径（前者通过具体的交互活动，后者则与认知心理紧密相连，是基于事先评估的），这种期望可能会落空。二者在人们获得自我证实的感觉或者（用 Gambetta 的话说）面临不确定性时所采取的行动方面也是不同的（前者在采取行动时是主动的关联行为，后者是被动的孤立行为）。

（6）信心 belief 或 confidence (n.)、信念 faith (n.)指的是信任主体针对信任认知结构中的每一成分所持有的评估和预期。例如，对受信者完成任务的能力的信心，对对方对自己的依赖的信心（这是在有选择余地的时候），对信任主体的道德估计的信心等。

总之，这几个概念是既有联系又有区别的，在使用术语时，应尽量避免指代不明的情况。其中，信任是统领其他几个概念的总纲，其他概念都是因为信任的存在而衍生出来的，目前大部分对信任的研究主要集中在信任主体的信誉研究上，而忽视了对其他认知成分的必要探究。

1.1.2 信任的功能、分类及其构建

前面已经提到，信任在人类社会中所扮演的角色是举足轻重的，同时也是无可替代的。只要人与人之间存在着交互，总会由于各种不确定性要素而存在着风险，这样交互双方就不得不选择"信任"这样的方式来行事。因此，信任首先是促进了交互行动，其直接后果就是推动了商品交易，推进了商品经济的发展，促进了商品社会的进步。其次，信任还在充当着可靠的"社会资本"和"非正式制度"的基础上，维系着整个社会的稳定和有条不紊的秩序。

Luhmann 认为：信任最基本的功能就是"简化"社会交往复杂性的功能。在卢曼看来，归根结底，信任在社会中所起的作用就是简化了交易程序。或者可以这么说，正是由于信任的存在，那些对交易对象有所踌躇的行动者在进行交易决策的时候就会变得简单多了。但社会需求的不止是一种"简化"功能。卢曼甚至认为，"不信任"和"信任"是相辅相成的，同样具有"简化"功能，只有在一个"不信任"被制度化了的系统里，也就是说具有完备的监督机制的系统里，"信任"机制才能正常地发挥它的功能。

此外，卢曼、威廉姆森和科尔曼都一致把信任视为降低交易和监督成本的机制的同时，也都指出，信任实质上是建立在成本—收益上的一种"风险行动"。显然，在大多数场合，交易双方依赖的是信任。只有把交易行为建立在信任的基础上，那些依赖正式制度和法律等监督手段与交易的成本才有可能得到控制和降低。但是，事实上，这样的一种非正式化的社会资本有时候又只是一种带有风险的"脆弱"的行动。

继卢曼之后，美国学者巴伯（Barber）在《信任的逻辑和局限》一书中，把人们的信任分成不同的层次：最高的层次就是对自然秩序和社会秩序的信任，其次是信任专业和权威人士控制社会秩序的能力，最后是信任社会交往的对方能够履行其义务和

责任。在巴伯看来,信任体系的危机通常是发生在后两个层次,它来自权力、知识的滥用带来的监督失效。

我们认为,信任关系决定了信任的基本内涵,即人情信用＋契约信用＝信任。所以说,人情信用和契约信用二者并不具有完全替代的意义,它们从不同的层次,调节着人们的社会经济生活。尽管二者的具体运行规则不同,但深层的道理都是一样的。

意大利学者吉诺维希认为,正是这种信任（公众信任）,也只有这种信任不仅支持了整个国家内部的整合,而且构成了它对于其他国家的可信性。私人信任是公众信任的必要条件,固然,信任（公众信任）依赖于预见的可靠性。公正正是信任的必要条件,这是因为没有人会信任与他处于不同法律地位的人。这或许可以作为信任的最完整的功能来描述。

除了卢曼的人际信任和制度信任以及吉诺维希的公众信任和私人信任,还有德国社会学家韦伯（Webber）的普遍信任和特殊信任。韦伯所谓特殊信任是指对有共同经历、相互熟悉或有特殊关系的人的信任,而一般信任（普遍信任、社会信任）指对普通人的信任,两者共同构成了人际信任。前者是指信任的确立是以特殊的亲情如血缘、亲戚、朋友、地域等为基础,并以道德、意识形态等非制度化的东西作为保障,信任的主体可以是个人、家庭、家族,也可以大到一个地方。人际信任的信任半径较之社会信任要小,主要限于亲属、朋友等特殊的私人关系范围,因此又可称为特殊信任,而社会信任在被信任者与给予信任者之间并无特殊关系,即信任可以被贯彻到与自己无血缘关系或私人关系的其他人身上。

关于信任与人际关系的讨论,列维斯和维尔加特直接将信任理解为人际关系的产物,提出了不同类型群体中信任的不同内涵。他们认为,信任是由人际关系中的理性计算和情感关联决定的人际态度。理性与情感是人际信任中的两个重要维度,两者的不同组合可以形成不同类型的信任。其中,认知型信任（cognitive trust）和情感型信任（emotional trust）是最重要的两种。日常生活中的人际信任大多是这两种信任的组合。在首属团体关系（家庭）中,信任的主要内容以感情为主,在次属群体关系中,信任主要以理性为基础。他们还认为,随着人口增长,社会结构分化,越来越多的社会关系是以认知型信任而不是以情感型信任为基础的。

祖克尔为了说明控制与信任的关系,从发生学的角度提出了信任的三个层面构建:一是基于交往经验（过程）的信任。这种信任来自于交往、交换和交易经验的积累,互惠性是其核心。二是基于行动者具有的社会的、文化的特性的信任。Good 认为,信任的基础是个体的,是产生于个性的合法行为。他指出这种信任强调团体成员的身份、资格和熟悉度。对于以上两种信任,Creed 和 Miles 给出了一个函数表达式:信任＝f{嵌入对信任的偏好、模仿性特征、互惠性经验}。三是基于制度的信任。这种信任是建立在社会规范和制度基础上。

按照信任的来源,可以分为两大类:感性信任和理性信任。怎么定义感性信任和理性信任呢?假设在一个组织中,有两个系统管理员,各自管理自己的系统,也相互尊重个人的技能。每个管理员都信任自己的和对方的系统，尽管信任程度可能相同，但信任机制完全不同。前者是基于对自己系统的完全控制，这是理性的；后者是基于对对方的相信，这是感性的。因此，定义感性信任某个实体是指相信它不会有恶意的行为，理性信任（BAN-Logic 和安全评价标准（security evaluation criteria）是两种常用的模型）某个实体是指相信它能抵抗任意恶意的攻击。

总之，当代社会学对信任的研究由两支理论组成：一支关注信任的功能，认为信任是一种简化机制，它由卢曼提出（1979 年《信任与权力》以及 1988 年《熟悉、信赖、信任：问题与替代选择》）。信任将复杂事物简化，将不确定性简化，以此来确定是否与之合作。所谓疑人不用，用人不疑。由此信任简化打开了行动的可能。另一支关注信任的结构，就是说信任如何构成，是因什么而信任。此支理论由以色列社会学家艾森斯塔德提出，在古登斯那里得到很好地概括。古登斯认为信任存在两类，即人格信任和系统信任。

1.1.3 信任、信誉与评价机制

有效的评价机制是信任建立和管理的必要前提。当施信者在寻找合作伙伴的时候，他们总是会利用已有的直接经验或者间接经验，以及与之相关的社会网络关系来对合作候选人进行评估，根据评估结果和自身的一些经验知识（有时候还包括一些非理性的东西，如感情用事、盲目信任或者不信任）对合作的前景进行预测，看看获利情况是否理想，或者是否实现交互目标等来判断是否与之交互合作。需要指出的是，根据牛津英语词典，信誉是"关于一个人的个性和其他品质方面的总体评价"。这种评价必须是在不同信息源的帮助下形成和不断更新的。由此可见，一个人的信誉情况其实是对这个人的几乎所有品质的一个总体描述，其中不仅包括每个个体之间千差万别的个性（性格），还有其他人类至今仍然没有完全了解的如情感、感知等非常复杂的思维规律，因此，对一个人的信誉进行评估和预测是一个系统的、综合的相当复杂的伟大工程，它的探索过程必然是漫长的、艰辛的。但是，随着计算机、心理学、神经学、人工智能等各方面的科学技术的快速发展，相信人们很快就会在相关的研究领域取得突破，信任和信誉机制也将会更好地掌握。

关于信任与合作的关系，首先，有一个问题值得深思：信任是合作产生的前提还是结果？动物之间存在合作好像表明合作的发生并不一定要以信任为前提——动物不可能具有信任这种主观的东西。因此说信任是合作的成果而非前提。在刚开始时，合作可能只是随机的由一系列幸运的实践促成的，而不是由信任促成的，然后（借助于不同程度的学习和主观意愿）得以选择地保留下来。

合作经常需要一定程度的信任，特别是相互信任。一般情况下，没有信任的存在，合作是很难建立起来的。当然，事实表明，在某些场合，不借助信任也是可以产生合作的，其中的一种方法是：集中力量对约束和利益进行操纵，因为这些正是人们能有意识地、最有效地加以控制的合作条件。实际上，在约束和利益能够完全被操控（当

然这种操控有时候未必是合作对方的故意为之，甚至有时候合作双方都别无选择）的情况下，信任主体就完全被控制，他们别无选择，只能选择"合作"。

总之，目前大多数对信任的研究中，为了简化，一般都假定两个 Agent（信任主体）之间不会同时存在合作和竞争的情况，这是不合理的。事实上，合作与竞争是可以共存的。用最普通的话来讲，问题好像是要在合作和竞争之间找到一个最优的组合，而不是要决定选取某个极端。

与其在信任是合作产生的前提还是结果这个问题上纠缠不休，不如转向研究"信任是如何产生的"，这是研究信任最直接的目的。安东尼在《信任毁灭及其经济后果：以 18 世纪的那不勒斯为例》一文中指出，信任体系的构建主要依赖于每一方所掌握的信息量（信息的缺乏将会毁灭信任，当然神秘化也会毁灭信任）。

这里所说的信息量很广。目前关于信任研究的文献中，主要使用了三种信息源，即直接经验、证人推荐信息（间接经验）和社会网络信息。所谓信任建模，主要是依据所获得的信息来建立起对某一主体的评价体系，并最终对每个主体的评价值进行管理。

信任是一种副产品，典型的是熟悉和友谊的副产品，这两者都含有这样的意思：熟人和朋友之间有某些了解，也会考虑对方的福利。同样地，信任也可以作为道德观和宗教观的副产品而出现，这二者都主张忠诚和相互的热爱。原因很简单，熟悉和友谊是信息量的有力保证。

1.1.4 信任及信誉的研究意义

现在的人们越来越多地依赖于网络，尤其表现在网络交互的急剧增加。经过信息技术的高速发展，信息安全技术经历了数据安全时代和网络安全时代后，进入交易安全时代。作为交易安全时代的核心内容——可信也就成为了下一代信息安全的焦点。传统的授权、认证和加密等安全技术不能适应开放的网络社会的需求，亟待研究基于信任和信誉的"软安全"技术。

事实上，信任和信誉在整个社会中所扮演的角色及其在人们之间的相互交易中表现出来的功能已经决定了它们将会是人类社会永恒的话题，也必然是科学研究人员的热点课题之一。除此之外，信任机制也已经在电子信息领域得到了初步的应用，例如，在某些电子商务系统中，信任作为一种机制去搜索值得信赖的交易伙伴，同时用来作为决定要不要签订合同的一个激励因素，而信誉作为一种加强信任、威慑以及激励机制用于在线购物中以避免骗子和假货。

因此，研究信任和信誉以及它们的相关概念和可计算模型，对于提高虚拟社会的安全可靠性和整体性能，促进交互行为的发生，刺激潜在交互伙伴相互合作，降低由于不确定信息带来的风险，繁荣整个网络社会等方面，都具有极其重要的意义。

1.2 可信计算

众所周知的可信计算技术包括认证密钥（它是一个 2048 位的 RSA 公共和私有密钥对，它在芯片出厂时随机生成并且不能改变，这个私有密钥永远在芯片里，而公共密钥用来认证及加密发送到该芯片的敏感数据）、安全输入输出（用户与他们认为与之进行交互的软件间的受保护的路径等）、内存屏蔽/受保护执行（提供对操作系统内存放置密钥等敏感区域的全面隔离）、封装存储（从当前使用的软件和硬件配置派生出的密钥，并用这个密钥加密私有数据，从而实现对它的保护）、远程证明（它通过硬件生成一个证书，声明哪些软件正在运行，用户可以将这个证书发给远程的一方，以表明其计算设备没有受到篡改，从而使用户或其他人可以检测到该用户计算设备所发生的变化）等。以硬件平台为基础的可信计算平台（trusted computing platform），它涉及安全协处理器、密码加速器、个人令牌、软件狗、可信平台模块（trusted platform modules）以及增强型 CPU、安全设备和多功能设备等，其目标包括确保数据的真实性、数据的机密性、数据保护等，其应用领域很广，应用方式多样。例如，可信计算中的远程认证技术可保护知识产权（如使音视频文件拒绝被播放），可以用来帮助防止身份盗用，可以用来打击网络在线作弊，可以识别出经过第三方修改可能加入间谍软件的应用程序，可以确保没有间谍软件安装在计算机上窃取敏感的生物识别信息，可以确保网格计算系统的参与者返回的结果不是伪造的。

1.3 物联网

物联网（Internet of Things，IoT）是物与物之间连接而形成的"互联网"。这包含了两层含义：物联网是以互联网为基础的，它是 Internet 的一种"扩展"或"扩充"；用户端之间的"对话"不只是单纯的人与人之间、人与物之间，而是任何两物品之间。物联网中的用户终端相互之间可以进行信息的"对话"、"迁移"和"共享"，这便意味着世界上的任何两物体均可以通过物联网主动地实现信息"交换"。

物联网有助于实现任何时刻、任何地点、任何人、任何物体之间的互联，提供普适服务。物联网连接的是现实的物理世界，实现的是物与物、人与物、人与自然之间的交互对话。物联网中的"物"一般都具有标识、物理属性和实质上的个性，使用基于标准的和可互操作的通信接口，实现与信息网络的无缝融合。

物联网的体系结构可粗略地分为感知层、网络层和应用层三层。其中，RFID、传感器以及传感器网络属于感知层，主要解决信息的感知与采集，是物联网的核心基础设施。物联网以互联网为平台，将射频标签、传感器、传感器网络等具有感知功能的信息网络整合起来，实现人类社会与物理世界的信息沟通。移动通信网、互联网及其他专网属于网络层，主要把感知到的信息无障碍、高可靠性、高安全性地进行传送。

应用支撑平台和应用服务系统属于应用层，主要用于支撑跨领域、跨应用、跨系统之间的信息协同、共享、互通的功能，以实现包括智能指挥、智能医疗、智能控制、智能家居、智能交通、智能电力、智能物流等各行业应用。

物联网的主要特点如下：①以服务为中心。物联网从人的需求出发，提供泛在的服务（ubiquitous service），而不只建立面向服务的基础设施和应用架构，与其他网络一起构成泛在网（ubiquitous network）。②数据传输可靠高效。物联网将末端网络与电信网、互联网等网络相连，将信息准确按时地发送出去。③信息感知准确及时。传感器技术的应用可以帮助用户获得所需要的数据。④智能信息自发处理。由于物联网环境下的相关业务的用户只需要自身相关的服务，对于未经筛选的海量信息不感兴趣，所以物联网借助于云计算平台和各种智能算法的研究与发展，不仅可以依据用户的业务需求获取信息，还能够自动分析和筛选相关信息，使用户身处于物联网环境中，可以随时随地获得想要的相关服务，同时却感觉不到物联网的存在。

1.4　无线传感网络

无线传感网络（Wireless Sensor Networks，WSN）是一种跨学科的技术，它涵盖了很多领域，如传感技术、无线通信技术、嵌入式计算技术以及微电子技术等。20 世纪以来，随着各种传感器的相继问世，对包括温度、湿度、声音、光照强度、压力以及各种环境因素的自动化监控成为了可能。无线传感网络技术已经被美国《商业周刊》列为 21 世纪前沿技术之一。在我们的生活中使用的无线传感网络由无线传感器节点组成，是专用网络，这些传感器节点的特点是价格比较低、功耗比较低、体积比较小。在没有基础设施和人力支持的条件下，通过自组织的无线通信，它们可以把在监测区域中感知到的信息加工整合，然后发送给监测者，完成相应任务。因此无线传感网络在很多方面得到广泛运用，如生态环境保护、军事安全、目标追踪、抢险救灾和医疗、工业等，有着很大的发展空间及广阔的应用前景，在全世界受到了重视。随着通信和网络技术的迅猛发展，现代无线网络趋向于智能化、微型化，并且朝着具体物理世界延伸，获得更多信息，从而改变了人们的交流形式。在未来，无线传感网络协议算法必然可以成为人类得到知识的重要手段。

无线传感网络没有基础设施，是一种自组织的网络系统。节点的通信以及网络拓扑结构的实现等都给研究者提出了理论基础以及工程实现两个层面的挑战。自 20 世纪 90 年代末以来，对于无线传感网络的研究更是越来越受到很多国家的关注，各种研究项目相继开展。2003 年，美国自然科学基金委员会制定了传感器网络研究计划对无线传感网络各个方向进行研究。美国政府更是设立了一系列的关于无线传感网络方向的军事研究项目，这使得很多学者和机构投入到对无线传感网络的研究当中。著名的处理器厂商 Intel 和软件生产商 Microsoft 公司都启动了对无线传感网络研究的计划。国内外很多学者对无线传感网络都产生了极大的兴趣,纷纷投入到对无线传感网络的研究方向。

通过利用部署于网络监测区域中的传感器节点,并通过无线多跳这一通信方式,无线传感网络把实时感知到的数据发送给 Sink 节点,然后由 Sink 节点经过通信链路把数据发送给用户。同时,用户能够对无线传感网络进行管理、设置,也可以发送采集数据的命令等。无线传感网络体系架构包括:传感器节点结构、系统架构、网络协议体系结构。

在网络监测区域中采集处理数据后,无线传感网络节点将这些数据转发至远端 Sink 节点,并且通过管理中心和网络,把数据发给用户,如图 1.1 所示。

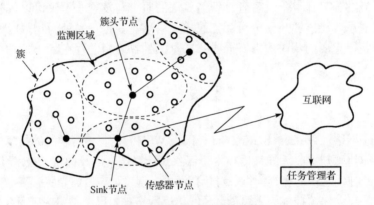

图 1.1 无线传感网络的结构

传感器节点的基本物理结构可分类为感知、数据处理、能量供应和无线通信等模块,如图 1.2 所示。基于此结构特点,传感器节点能够感知物理世界的信息,并能对采集的数据进行存储、计算和无线通信。

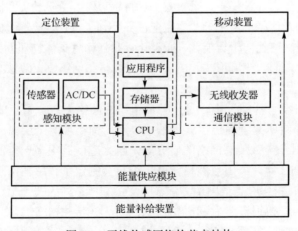

图 1.2 无线传感网络的节点结构

由图 1.2 可知，感知模块主要由传感器和 AC/DC 两部分组成，其中传感器被用来采集信息。作为传感器节点控制和计算中心，处理模块包括处理器及存储器两部分，负责协调和控制网络中的各个传感器节点之间的协调，主要负责感知和电源模块，并将收集到的信息进行存储。通信模块可以存在发送状态、接收状态、空闲状态和休眠状态，其中发送状态所消耗的能量最多，其次是接收及空闲状态，消耗能量最少的为休眠状态，能量模块主要提供传感器工作稳定所需的能量。当今工艺化程度的进步，使得感知模块及处理模块满足节能特性，主要的能量消耗集中在通信模块（图 1.3）。

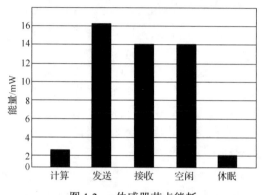

图 1.3　传感器节点能耗

无线传感网络的关键技术包括下面几部分。

（1）网络拓扑控制。网络拓扑控制对网络拓扑结构的构建有着重要的意义，而且能提高 MAC 协议和路由协议的效率，为数据融合、目标定位和时间同步等很多应用奠定基础。良好的网络拓扑控制还能减少节点的能量消耗，从而提高传感器网络的寿命。这都使得拓扑控制成为无线传感网络研究的重要支撑技术。

（2）路由协议。在传统网络中由于能量都可以通过外接电源的形式提供，所以网络服务质量是传统路由协议关注的重点，然而在无线传感网络中，节点一般通过电池来提供能量，能量消耗完毕一般意味着节点的消亡。因此，传统的高效路由协议无法应用到无线传感网络之中。因此能量高效的路由协议成为很多研究人员研究的方向。

（3）定位技术。在无线传感网络应用中位置信息具有重要的意义，监测到的信息只有在位置信息有效的情况下才具有实际意义。获取传感器节点的位置信息是无线传感网络基础功能之一。由于节点一般随机分布在检测区域内，所以节点在连通网络后必须能够提供自身的位置信息。由于传感器节点硬件自身的限制、环境的影响、随机部署对位置信息的影响，定位机制必须满足低功耗、健壮性、自组织性等要求。

（4）网络安全。无线传感网络是一种任务型的网络，在采集信息、传输数据的同时还要进行任务的协同控制和数据融合。如何保证数据传输过程中的机密性、任务协同过程中的可靠性和数据融合过程中的安全性等安全问题，就成为无线传感网络重要的研究内容。

(5)数据融合。由于无线传感网络节点能量的限制,通过检测数据中的冗余信息来降低网络流量、减少能量消耗有着重要的意义;同时,由于事件的随机性,检测数据不是均匀分布的,靠近检测中心的节点很容易由于数据转发造成能量的迅速消耗。因此在数据采集过程中进行数据融合和过滤噪声部分对提高网络的寿命和信息准确度有着重要的意义。

(6)数据管理。从存储的角度可以将无线传感网络看成一种分布式的数据库。以数据库的方法对数据进行管理,可以将网络中数据的物理结构与逻辑结构相分离,上层用户无需关注实现细节,提高了数据的易用性。然而,在对网络按照数据库的观点进行抽象时,在一定程度上会影响执行效率。合理地对数据进行抽象有利于数据的实用性。

(7)嵌入式操作系统。传感器节点是一种嵌入式系统,与其他嵌入式系统一样,也具有硬件资源有限的性质。高效地利用现有硬件资源对传感器节点有着重要的意义。另外,检测事件的随机性导致传感器节点具有较高的并发性,操作系统如何有效地满足并发、精简的逻辑控制流程有着重要的意义。目前 Berkeley 的 TinyOS 采用基于组件的架构和基于事件的驱动来满足上述要求。

1.5 面向物联网应用的无线 Mesh 网络

无线 Mesh 网络通过无线多跳的方式将各节点连接起来,形成网状网络。Mesh 网络的节点分为路由节点和客户端两种节点。根据类型可以分为以下三种:骨干网结构是由路由器节点连接形成的,负责与外部网络相连,Mesh 路由器具有多跳连接的功能,可扩展性强。客户端结构可以直接采用 Ad hoc 网络的技术,客户端通过传统技术连接,组成了小型的对等通信网络。混合结构就是将客户端网络接入骨干网络,可以接入各种不同类型的网络,拓扑结构灵活。

无线 Mesh 网络是一种分层结构。节点类型分为两种:Mesh 路由节点和 Mesh 客户端。路由节点可以作为无线路由器使用,还负责与其他网络连接。客户端对收到的报文进行简单的分组转发。一般的 Mesh 客户端为笔记本电脑、手机、PDA 等设备,设计简单,路由转发性能较差,只具有一个信号带宽接口,所以一般只关注自身的传输业务,并不参与其他客户端的信息传输过程。

无线 Mesh 网络采用了新的拓扑技术,具有以下特点。

(1)覆盖范围广泛:在无线 Mesh 网络中,节点之间距离较短,所以传输功率较小,由于很多节点都具有路由和接入的功能,所以终端节点可以采用多点接入的方式解决信号问题。

(2)可靠性高:无线 Mesh 网络采用网状结构,备用路径更多。具有非常高的可靠性。

（3）自配置能力强：无线 Mesh 网络采用自组织的方式，可以接入各种不同类型的节点，节点加入后会自动配置，所以该网络的自配置能力很强。

（4）应用场景广泛：无线 Mesh 网络可以访问不同类型的网络。整合不同的网络技术，安装在各种场所。

（5）建设和维护简单：无线 Mesh 网络的节点接入网络后可以自行配置。建设和维护简单。

目前对无线 Mesh 网络的研究主要集中于以下几个方面。

（1）Mesh 节点的加入：由于客户端一般采用 Ad hoc 网络下节点的接入方式，所以研究主要集中在路由节点接入网络的方式。

（2）MAC 层协议的研究：节点采用多跳的方式通信。需要研究符合该网络特点的 MAC 协议。

（3）路由协议：现阶段对 Mesh 网络协议的研究一般是根据其特点，对现有网络协议进行改进。

（4）网络安全：对于无线网络，网络安全一直是难以解决的问题，而且无线 Mesh 网络的情况更加复杂，所以迫切需要解决网络的安全问题。

（5）服务质量保证：由于无线 Mesh 网络面向的是视频、语音等高要求的无线业务，所以解决业务的高要求是当前的研究热点。

1.6 可信物联网

"可信物联网"是"基于可信计算的物联网"或"可信任的物联网"的简称。可信物联网技术涉及确保物联网安全、可信或可靠的一系列技术。分析物联网的特点和性能指标，我们可知研究这些技术十分重要。例如，物联网中的无线传感网络一般具有如下特点。

（1）资源受限。仅依靠传感器节点无法完成复杂的任务，这是由于它的体积较小、通信能力较差、功耗较低、计算能力较差。此外，环境及气候对它的通信方式也会造成影响。由于无线传感网络分布区域较大，密度较大，所处环境比较复杂，所以不能给节点补充能量。这样一来，如何高效地利用能源并完成数据采集和通信任务是无线传感网络的重要研究课题。

（2）规模庞大。无线传感网络的分布区域较广，为了获取精确的数据，必须稠密地部署传感器节点。这增强了无线传感网络的容错性和健壮性，大幅提高了精度。我们关心网络的可靠性及有效服务时长，不太注意单个传感器节点所起的作用。

（3）自组织性。无线传感网络经常需要部署在人类无法到达的地方，没有基础设施，不能设定传感器节点地理位置及节点之间的关系。由于环境问题，无线传感网络经常出现故障，它的拓扑结构发生变化。此外，一些网络协议需要无线传感网络在休眠状态和工作状态之间切换，导致网络拓扑的变化。上述问题要求无线传感网络具有自组织性，从而使它可以适应这些变化。

（4）多跳路由。由于发射功率受限，为确保节点能够到达监测区域的所有范围，不得不使用中继节点作为传输媒介。一般情况下，使用传感器节点之间的共同协作实现多跳通信。

（5）应用相关性。对于无线传感网络，不同的应用领域具有不同的工作模式，随之需要设计不同的网络，所以无线传感网络的通信协议的设计要比传统网络多。

（6）动态性。由于传感器节点死亡或者休眠，无线传感网络拓扑结构随之发生变化。传感器节点本身有一定的移动性。此外，当初始网络有新传感器节点加入时，其拓扑也将产生细微的变化。因此无线传感网络要求同时具有良好的重构性和扩展性。

（7）以数据为中心。由于无线传感网络具有面向数据的特性，该协议根据事件构建转发路径。在传输过程中，传统网络不对数据分析处理，但无线传感网络要求能量高效利用，故为了尽可能节约能耗和网络通信量，必须进行数据融合与压缩。

（8）安全性差。考虑到基于无线的方式进行通信，无线传感网络容易受到网络攻击。

物联网中的无线传感网络性能有如下指标。

（1）能效。无线传感网络协议需要保持节点间能量平衡，减少能耗是非常重要的。提高能量效率的方法主要有拓扑结构控制、数据融合以及通信模块关闭等。

（2）生存时间。无线传感网络的主要弱点是能量资源受限，这影响了它的服务效能和生存时间等。为延长网络寿命，可以使用高效路由方法和协议控制等。

（3）时延。无线传感网络时延对事件驱动型网络的影响非常大，特别是在某些应用场景中，应第一时刻感知到环境和监测目标的变化。在医疗、救灾和目标追踪等场景中要重点考虑时延问题。

（4）可扩展性。根据监测对象的生存时间长短和空间大小等，无线传感网络可进行调整。为更好地适应未来的网络要求，应充分利用这个特点。

（5）容错性。外界电磁干扰极易影响传感器节点通信功能，此外，能量耗尽会造成传感器节点的死亡，这都会破坏数据的传输，使数据不完整。为了确保网络服务可正常运行，无线传感网络具有自动重构的功能很必要。

（6）安全性。当前网络安全的问题日渐突出，因此提高无线传感网络保密性，确保数据采集和传输过程中的准确性与安全性非常重要。特别是在军事方面，如果网络被破坏，那么将导致网络崩溃，造成巨大损失。因此，如何对无线传感网络进行安全加密是目前的重点研究方面。

1.7 现代密码学

我们的社会已经进入了一个崭新的网络时代。传统的商务活动、公务处理，以及金融、医疗和政府服务已经或将要通过开放的计算机和通信网络（特别是 Internet 环境）来实现和提供。对于世界各个角落的人，在线工作使得原先不可逾越的物理距离不再是一个问题。网络世界给处理现实事物带来的种种便利，使传统事物处理的网络化成为不可逆转的大趋势。但是，网络的虚拟性，同时带来了许多新的问题和挑战。毫无疑问，只有在开放网络中能有效保证网络和信息安全的前提条件下，各种各样严肃的在线业务才可以实现，否则，网络也只能看成一个玩具。目前，最有效的保证网络安全的办法仍然是使用密码技术。加密、数字签名和用户认证是实现网络安全的几个最基本的密码技术。但是，如同我们在后面将要看到的那样，即使是最基本的技术在应用中也存在严重的安全问题。这也正是网络安全研究者和工程师要小心谨慎对待每一个细节问题的原因所在。在如今的信息社会中，真正实现网络和信息安全需要大量技术、管理和法律手段的协同。

我们将密码学看成一组为达成某个具体的网络和信息安全目的而特意制造出来的数学工具或者算法。从纯数学的角度来看，这些工具或者算法并不具有太大的理论价值，但从安全的角度来看，却是十分有用的利器。我们列出现代密码学的本原框架。这些密码学的本原是从网络和信息安全的大量实际应用中抽象提取出来的基本问题，经过密码学家反复仔细研究，可以看成使用密码学的方法解决实际中安全问题的基石和砖瓦。

评价这些本原的优劣，主要考虑以下原则。

（1）安全等级。这是一个很难量化的指标。通常是用攻击某个安全目标使用目前所知道的最好算法需要的操作数量。我们也经常给出攻击某个安全目标所需要工作量的下限来衡量安全程度。

（2）功能性。多个本原需要结合在一起以实现不同的安全目标。哪些本原可以有效地实现一个给定的安全目标很大程度上由本原的性质决定。

（3）使用方法。一个本原以不同的方式使用不同的输入将呈现出不同的特性。因此，同一个本原因为使用的方式不同可以呈现出完全不同的功能性。

（4）效率。每一个本原说到底都要通过具体的算法来实现。一个本原的效率由实现它的具体算法的特定模式来决定。例如，加密算法可以用每秒钟加密的字节数来衡量比较。

（5）便于执行。这是指用一个具体算法来实现一个本原的难易程度。这也包括了在特定软件和硬件环境下执行本原的复杂程度。

以上各条重要原则不是僵化的，而是非常依赖于具体的应用和执行环境。例如，在一个计算能力有限的应用环境，就必须考虑安全等级和效率的平衡，而不能只一味地追求高的安全等级。

密码的具体实现必须依靠算法，而对算法的设计具有相当大的艺术色彩。最近这二十多年的密码学发展，大量的学者力图改变这一状况，最大限度地限制密码学中的艺术色彩，使其变得更科学化和程式化，其中，最成功的例子就是规约安全的方法。当然，在这些方面的不同声音一直存在。但是，无论使用什么方法，有效地解决实际应用中网络和信息安全问题才是我们的最终目标。

密码学的本原是从现实中的实际问题抽象而来的,归根到底还是要回到解决真实世界中的网络和信息安全问题。一些在这方面耳熟能详的服务和含义在表 1.1 中列出。

表 1.1　网络与信息安全中的一些常用服务及含义

服务	通常的具体含义
隐私或保密	保证信息只能给获得授权的人使用,其他人无从了解
数据真实性	确保信息不在非授权或未知的情形下被修改
实体认证或鉴别	确定实体身份的真实性,实体可能是一个人、一个计算机终端、信用卡等
消息认证	确认消息的真实来源,也被称为消息源认证
签名	将信息与实体绑定的方法
授权	将处理某件事的权利正式批准或转移给其他实体
批准	在一定适合时间里提供授权使用或操纵信息和资源的权利的方法
访问控制	向授权实体提供访问受限资源的技术
证书	可信任实体签署的信息
时间标记	记录信息产生或存在的时间
查实	由其他实体而不是信息产生者验证该信息的产生或存在
收条	确认信息已经收到
证实	确认适当的服务已经被提供
所有权	实现一个实体合法使用或转移资源给其他人的技术和方法
匿名	在一些事物处理中隐去参与实体的身份
不可否认	阻止否认从前的承诺或行为
撤销	收回从前的证书或授权

但是,普遍认为,下述四点是密码学中的基本服务。

(1) 机密性服务。这指的是除了信息的授权人可以拥有信息,其他人都不可获得信息内容。在密码学中,主要是用加密和解密算法来提供这一服务。

(2) 数据真实性服务。这一服务是为了发现对数据的非法变更。为了做到这一点,必须提供发现非授权人对数据变动的机制。许多密码本原可以提供这一机制,如 Hash 函数。

(3) 认证服务。这是一个与识别相关的服务。这项服务可以应用于实体,也可以应用于信息本身。两方在进行通信之前,一般需要识别对方的身份。一条信息在信道上传输也需要识别它是何时、何地、何内容由何人发出。因此,认证在密码学中经常被分成两类:实体认证和数据源认证。可以看出数据源认证隐含了提供数据真实性服务,这是因为数据被修改,数据源也就自然发生了变更。

(4) 不可否认性服务。这项服务是为了阻止实体否认从前的承诺或行为。争议的发生经常是由于实体否认从前的某个行为。这就需要提供必要的手段来解决争议。例如,一个实体与另一个实体签署了购买合同,但事后又否认签署过,这时通常需要一个可信第三方来解决争议。在密码学中,解决这一问题的本原通常是签名。

除了提供以上的基本服务,使用密码本原还可以解决一些现实世界中更为复杂的应用问题，在这里我们只列出一些解决十分成功的或是十分著名的问题，借此来说明现代密码学的强大功能。

（1）密钥建立。当大量数据需要加密传输时，最好使用对称加密算法。但是，在网络上，通信各方无法见面交换加密密钥。密钥建立就是为了解决这一问题。当然，解决这个问题的方法多种多样。可以使用公钥密码的方法，也可以使用 Diffie-Hellman 密钥交换的方法。如果引入可信任第三方，则可以由其发放加密密钥。不过，一般在密钥建立的过程中经常包含认证服务。

（2）秘密分享。假定在一个银行里，总经理拥有开启保险柜的秘密。如果总经理发生意外，则将无人可以开启保险柜。如何妥善保管秘密呢？总经理当然不会相信某个职员。最好的解决办法就是将秘密分成碎片由一组职员分别掌握，只有一定数量的碎片联合才能恢复秘密。密码学的方法可以提供秘密分享服务。

（3）电子商务。如何在公共信道上进行安全的交易，如何保护用户的个人信用卡信息不被恶意商家骗取？密码学也给出了解决方案。

（4）电子现金。信用卡和类似的设备可以提供现金支付的便利，但不能提供匿名性。简单的不记名电子现金可以提供匿名性，但在电子世界里复制这些现金变得特别容易。密码学提供了既可以提供匿名性又可以抓住使用复制现金的骗子的解决方案。

（5）电子选举。在网上进行投票选举，要做到既能防止欺骗又能保护个人隐私，否则选举就无法进行。起码要求：只有授权人才能投票且每个授权人只能投一次票；任何人不能确定其他人的投票结果；任何人不能复制修改他人的选票而不被发现。每个投票人都可以保证他的选票被记录在最后的选举结果内。以现代密码学为工具也可以部分解决这个问题。

我们认为，将现实世界中的各种事物处理平移到网络上进行，只要涉及安全，即考虑潜在的攻击或欺诈存在的情况下，都可以考虑使用密码作为有力的工具来提供各种可信的服务。

1.8 国内外相关研究及现状

1.8.1 信任的相关研究

对于信任这一较为复杂的事物，人们希望能够用清晰的、系统的、逻辑的能够更容易被理解的量化形式来描述它，并建立以此为基础的可计算的数学模型。目前，对信任建模的研究主要从 Falcone 提到的五种类型展开的。例如，多名学者对物联网和智能体系统中的信任展开研究；包括 Sabater 在内的大多数研究人员把对物联网信任的研究建立在交互的研究基础上。

此外，大部分对信任建模的研究都是基于信誉（包括信誉、信用、声誉和名誉）

的，也有少部分学者提出服务网格中基于行为（即合作）的分层信任模型，基于信誉的建模研究主要集中在以下几个方面。

（1）Marsh 模型尝试从社会学和心理学的角度，它企图综合信任的所有社会特征来表征信任。但该模型依赖复杂的社会学基础，很难在今天的电子化网络环境中实现。

（2）Rahman 和 Hailes 对 Marsh 模型的诸多概念进行了调整和简化，将实体间信任关系定义为直接信任关系和推荐信任关系，并通过推荐的形式来传递经验信息。但该方案的突出问题在于它要求每个实体维护复杂和巨大的数据结构来表示整个网络的全局知识。

（3）Beth 信任度评估模型引入了经验的概念来表述和度量信任关系，并给出了由经验推荐所引出的信任度推导和综合计算。

（4）Jsang 等提出了基于主观逻辑的信任度评估模型，通过引入证据空间（evidence space）和概念空间（opinion space）的概念来描述和度量信任关系。

（5）还有一类信任模型是利用 PageRank 的思想来计算信任值，典型的代表是 EigenTrust 模型。通过实体之间的局部信任值建立信任网络，计算每一个实体的全局信任值。在计算实体的信任值时通过节点的入度、相应的权值以及（推荐）节点自身的重要性来判断目标节点的全局可信度，但是对于恶意节点的恶意评分以及协同欺诈问题没有很好的解决方案。

当然，对于信任模型的建立及其管理，目前研究的方法还有很多。其中包括结合硬件安全技术和信任的研究方法，例如，Wilhelm 等引入了一个可信任硬件 TPE（Tamper Proof Environment），一个协议 CryPO（Cryptographically Protected Objects）。还有很庞大的队伍已经或正在开展信任的模糊建模，基于认证的信任建模也很多，当然也有结合先进的人工智能技术来研究信任的，如 Yu 和 Liu 等把信任当成软目标来进行系统的设计等。另外，基于本体的信任研究人员队伍也日渐庞大起来，如 Hussain 等研究了产品、服务和 Agent 的信用，在此基础之上提出了施信者在具体领域的产品信任本体和服务信任本体；Huang 在分析研究信任语义的本体形式化的基础上，讨论了信任的传递性；Zhang 等则研究了语义网上的信任管理，提出了 DartTrust 信任原型，同时引入 RCSW 信任模型来完成信任的评价，同时定义了一个小的信任本体来描述信任关系，最后实现了语义网上的信任推理和管理等；Casare 为 Agent 定义了一个功能本体，其目的有两方面：一是糅合不同学科中对信誉的研究成果，二是以结构化的形式来描述信誉相关的知识。

对于信任的决策机制的研究，目前的研究人员主要是嵌在上述提及的模型当中的。主要有信任和非理性，信任和控制，信任和委托，信任和可调整的自治性，信任和经验，信任和安全与技术，信任与技术知识，信任和知识管理，信任和风险，信任与脆弱性，合作与竞争以及信任与契约和权威等的关系研究。此外还有研究信任的动态性，信任是如何衍生出信任的，信任在通信中的角色，信任氛围以及信任偏好等。通过对信任的这些方面的研究，来决定信任行为的决策机制。当前信任研究的一个主要问题是：把信任简化为某些变量的函数。显然，由于信任是一个认知概念这样的复杂问题，这样的决策机制和方法显然是不合理的。

在虚拟社会里，信任研究作为一个新兴研究方向，它致力于提高电子社会的可靠性和整体性能。由于新兴的所谓智能或自治的 Agent 和多 Agent 系统（MAS）以及信息社会技术（其中包括如网格技术、P2P 技术等）的蓬勃发展（尤其反映在电子商务的普及），人们对电子社会里信任研究的兴趣日益攀升。早期对信任机制的研究大多数都是基于博弈论的，对信任或是从定量或是从定性的角度展开了诸多的研究工作，而且大多数都是围绕合作模式展开的研究工作。但是目前研究人员对此做的工作还远不够。总之，信任模型的研究还存在以下问题和需要研究的方向。

（1）还没有从计算机科学领域的角度对信任和信誉下一个一般性的定义，这样在研究计算机为主体的虚拟社会的信任问题时，没有概念基础可依。Dellarocas 在他的论文"口语的数字化：在线信誉机制的机遇与挑战"中回顾了目前在商业网站中所采用的信誉机制。在信任领域，Grandison 等调查了在文学领域关于信任一词的不同定义并提供了在互联网领域对于信任的一种可行的定义。也有人建议建立一个关于信任和信誉的学科。

（2）博弈论是如今用来设计计算信任和信誉模型最主要的模型类型，它只适合个体之间的简单交互场景。博弈论模型给出简单场景（简单的只考虑个体之间交互的复杂性）很好的结果。然而，当场景的复杂度提高了之后，这些模型就不太好了。在决策制定中，它们简单地把信任和信誉归结为概率或可测的风险。这在某些社会关系和交互性很高的复杂 Agent 的场景下很有局限性。解决这个问题可能要依赖其他的方法，如认知过程和博弈论的结合。我们认为，现在是整合传统的社会认知学和心理学在信任和信誉方面的研究结果的时候了。

（3）信任决策机制过于简单，而且大部分都是直接嵌入在信任的评价和推理模型中。这对于信任决策的这样一个复杂过程，显然是不合适的。当前对于决策方面的研究，主要是基于信任度（信任值或信任向量）的高低作出比较简单的信任行为决策，而且大多数都是基于信誉的，也有少数基于行为的分层信任机制。因此，结合经典决策理论和不确定性的推理工具，研究更合理的信任决策机制是当务之急。

（4）大多数信任模型在研究信任的不确定性和动态性时都带有明显的视图局限性。有的学者使用模糊集和粗糙集理论，有的使用证据理论，有的还使用概率论和数理统计，少数学者还利用随机过程来模拟信任的动态过程等。就信任概念的不确定性来说，它可能有模糊性、随机性、粗糙性和未确知性等多重特性，单纯地考虑其中的某一特性而用对应的不确定性计算理论显然是不合理的。

（5）部分模型过分强调信任的可计算性，而忽视了类似信任这样的认知概念也许有时候是不可计算的，可推导性或许是另一条可行的道路。不只是说忽视了信任的感性研究，即使是理性信任也许在现有的数学工具下也是很难计算的。正确的方法应该是结合信任的感性和理性双重性质，以形式逻辑等为工具，建立一个信任的可推导模型。

近年来，随着研究人员越来越意识到信任是一个认知概念以后，不少学者也开始了信任的认知剖析，在信任的形式化研究方面正在开展越来越多的研究工作。其中意大利 T3 工作室提出的模糊认知模型是其中之一。目前国内对信任的研究也是开展得如火如荼，尽管人们还没有真正掌握和了解信任机制，但是，越来越多的研究人员投入到这项伟大的工作中。

1.8.2 密码学的相关研究

众所周知，非法侵入他人的物联网系统窃取机密信息、篡改和破坏数据，已经成为当前物联网的公害。造成以上安全问题的根本原因是网络的开放性。攻击者可能采用的具体手段如下。

（1）窃听：通过监听网络公共信道上传输的数据以获得敏感信息。

（2）重发：事先获得部分或全部消息，以后将此消息发送给接收者。

（3）伪造：伪造实际并不存在的消息发送给接收者。

（4）篡改：对合法用户之间交互的消息进行修改、删除、插入等操作，再发送给接收者。

（1）是典型的被动攻击，（2）～（4）是典型的主动攻击。潜在的攻击者可能来自系统的外部，也可能来自系统的内部。他们的动机也相当复杂，很难一一罗列。其中，十分典型的有：为了获得合法授权之外的权利，如非法解密、冒充签名、非授权访问和使用网络或计算机资源；为了否认与自己有关而不利于自己的已经发生的承诺或行为；为了实施拒绝服务攻击，使系统响应减慢甚至瘫痪，阻止合法用户获得服务，以从中获利。

正如前面所叙述的，现代密码学的主要目的是解决将传统事物处理放在网上时，遇到的种种安全问题。密码学解决的各种安全问题基本上都是围绕着机密性、认证、完整性等展开的。了解一个具体的密码算法是如何运行的可能比较容易，但只有将它用于解决一个现实世界中的实际问题时，才能体会到它的精妙之处，也才能真正理解作为一个安全工作者始终保持严谨而审慎态度的重要性。一个细小的疏漏将可能导致整个系统的崩溃。

保护网络系统资源安全的第一步是实现一种验证用户身份的服务，这个过程就是我们前面提到的用户认证。认证为用于网络的其他授权控制的有效性提供了基础。例如，日志记录机制在用户 ID 的基础上提供用户的使用信息，访问控制机制也是基于用户 ID 来允许用户访问网络资源的。这两种控制都是只在这样的假设下有效：网络服务的请求者是该指定用户 ID 的有效使用者。身份识别或者说实体认证要求系统或网络能以某种方式识别出使用者，通常是基于指定的用户 ID。然而，除非已经证明用户是真的，否则，系统或网络不应该也不会相信用户所称身份的有效性。因为在虚拟的环境里，任何人都可以宣称自己是上帝。用户为了证明自己需要提供只有用户本人才知道的东西（如口令）、只有用户才拥有的一些东西（如智能卡），或者使用用户独一无二的东西（如指纹）。有这些并不意味着自然就能保证物联网系统实现安全的身份认证，这些只是前提条件。关键还是要有一个完美的认证机制。近些年来，由于集成电路技术不断发展，各种嵌入式设备的价格不断下降。智能卡在安全存储和计算方面的巨大潜力已为密码工作者发觉。很显然，系统为用户提供智能卡用于各种系统认证服务是这方面密码技术发展的一个方向。我们将在第3章首先对客户端/服务器这一最典型的模式下的用户基于智能的认证问题进行深入而细致的探讨。

公钥密码学作为现代密码学的主要成就，解决了网络环境下的诸多安全问题。公钥密码学不仅提供了一种强大的加密机制，而且提供了一种识别和认证其他个体和设备的方式。然而，在有效地使用该技术之前，必须扫除一个障碍。就像对称密码学一样，密钥管理和分发也是公钥密码学面临的问题。除了用户的秘密密钥的机密性，公钥密码学的一个重要问题就是公开密钥的完整性和所有权的真实性问题。对于使用该技术的最终用户和依托主体（依托主体一般是指需要使用用户公开密码而验证用户证书真实性的一类人），用户必须向对方提供他的公开密钥。问题是，就像任何其他的数据一样，公开密钥在传输的过程中容易受到控制。如果一个未知的第三方可以用一个不同的公开密钥来代替合法的公开密钥，则攻击者可以非法解密，伪造签名，从而可以将加密的消息泄露给非预期的主体，或代替用户签署文件以欺骗依托主体。这就是向依托主体保证公开密钥的真实性以及它确实来自所希望的用户的至关重要的原因。在少量的用户范围内，达成这项任务并不特别困难。一个最终用户可以简单地用磁盘通过手工分发的方式将他的公开密钥分给每一个潜在的依托主体，这种方法称为手工公开密钥分发。然而，对于大量的用户，这项任务是非常困难几乎不可能完成的，特别是用户在地理上是分散的情况下。手工分发不切合实际，也会给整个系统的安全留有潜在的隐患。为此，目前最为通行的解决办法是公开密钥证书（PKC）机制。公开密钥证书提供了一种系统化的、可扩展的、统一的、容易控制的公开密钥管理方法。公开密钥证书是一个防篡改的数据集合，它可以证实一个公开密钥与某个最终用户之间的绑定关系。为了提供这种关系，需要一组可信第三方担保用户的身份。可信第三方也被称为证书颁发机构（CA），它向用户颁发证书；证书中通常含有用户名、公开密钥以及其他身份信息。公开密钥证书机制解决了公开密钥的认证问题，要实现这一机制需要建立公钥基础设施（PKI）。但是，具体的实践表明：建立和维护像X.509标准这样的公钥基础设施是一个异常复杂且成本很高的工程。我们第二个讨论的问题就是如何尽量避免使用公钥基础设施，而同样达到公开密钥认证的方法。我们考虑了如何使用传统的口令认证表增加适当的字段实现用户公开密钥认证。事实上，口令认证方法的历史要长于公钥密码学的历史，大量的口令认证表实际存在着。很显然，充分利用现有设备资源提供新的适应技术发展的安全服务与另起炉灶建立公钥基础设施相比较，也不失为一种解决公开密钥认证的思路。另外，基于口令认证表的公开密钥认证也可以作为公钥基础设施的有益补充技术，充分缓解建立、运行和维护公钥基础设施的各种开销和压力。

以上两个方向都是涉及认证范畴的问题。一般的产品和技术可以引进，但密码产品和技术不能引进且也很难引进。因此，我们讨论一个与具体执行公钥密码算法紧密相关的问题：大数模幂的计算方法。当然，上面讨论的认证问题如果执行也可以从中受益。大数模幂的计算方法有很长的研究历史，这是因为大数模幂的计算方法也是计算机领域里的一个基本问题。但是，由于大数模幂在公钥密码学中的普遍需求和对整体算法执行效率的严重制约，无疑更加激发了研究者的热情。近些年来，许多复杂的模幂结构的计算方法都被详细讨论，软件和硬件的执行方法也被反复评估。但毫无疑问的一点是，大数模幂的基本计算方法才是整个问题的灵魂。近年来，各种针对具体执行的攻击方法层出不穷，丰富大数模幂问题的算法集，无论从哪个角度来看都是非常有意义的工作。

1.8.3 无线传感网络的研究现状

随着计算机硬件技术的不断发展，传感器的功能也更加完善，各种价格低、功耗小、同时具有强大计算和存储能力的传感器相继实现了工业量产。这些传感器广泛地应用到军事、工业、农业等各个行业，逐步推动着无线传感网络的进一步发展。无线传感器是具有无线通信能力和控制能力的传感器元器件。由许多这样的元器件组成的网络称为无线传感网络。在无线传感网络中，这个节点之间能够通信，这使得他们能够协作地实时监控采集某一特定区域内的信息，并对这些信息进行简单的处理传送到观察者的手中。

在很多无线传感网络应用以及相关研究中，节点的位置信息是应用有效的前提，因此节点的定位技术起着基础和必要的作用，位置信息的重要性使得无线传感网络定位技术成为无线传感网络的关键技术之一。很多无线传感网络监控系统中，待检测的工作区域大多都是无法预测或不可到达的，即不适合人类进入或是敌对区域，无线传感网络的节点一般都是通过空投或是炮弹发射的方式将无线传感网络节点分布在待测区域，然后通传感器网络的自组织性各节点相互联系组成无线传感网络。这种情况下，节点都服从随机的分布，节点位置不可知，这样节点采集的信息是不可用的。像是环境检测、火灾预警、入侵检测、毒气泄漏等信息都无法正常使用。除此之外，位置信息对于无线传感网络中的协助路由、网络覆盖质量、网络负载均衡等网络自身的提升也有着重要的意义。

由于无线传感网络硬件方面的局限性和位置信息的重要性对无线传感网络定位技术提出了较高的要求。全球定位系统（Global Position System，GPS）是目前比较成熟的而且应用广泛的定位系统。该系统定位性能稳定，正确率高，但是它需要高成本和高耗能作为前提，这大大抑制了在无线传感网络中的医用。针对无线传感网络中的低成本、低功耗和通信能力有限的特点，一种低功耗、自组织的定位系统具有很强的现实意义。

为了对无线传感网络的各个性能指标进行测评，美国洛杉矶分校研制出了无线传感网络仿真环境；加州大学提出了基于地理 Hash 表分布式的存储方法，而且设计出了可以应用于无线传感网络的 TinyDB 数据库系统以及 TinyOS 操作平台；南加州大学开发出了具有节能特性的建树算法和具有面向陌生环境的分布的移动传感器节点算法；无线传感网络在北美的很多国家已经在不同方向得到广泛应用，如工业的精密化控制、智能化楼宇和环境监测等方面。在中国，多所高等院校和研究单位开始进行了有关无线传感网络的研究，并取得了一定的进展，但是无线传感网络相关的应用尚不广泛，产品仅应用于大学和一些科研机构，需要更多重视以及发展的空间。无线传感网络如今得到广泛应用，下面列举几个方面。

（1）军事应用。传感器节点非常小，很容易部署在敌方区域收集信息。由于 WSN 通常采取高密度的方式进行部署，不可能因为某个节点的失效而导致整个网络陷入瘫痪，所以它能适应恶劣的战地环境。将无线传感网络部署在敌方区域，以便监控敌人的动向、评价损失、指挥进攻等。

（2）物流管理。无线传感网络与 RFID 及电子标签技术等相结合，通过整合物流行业得到了非常可观的经济利益。

（3）生态环境保护。考虑到无线传感网络适合于生态环境的检测，例如，监控昆虫迁移，环境变化，海洋和降水量等，可以为野外的研究提供便利。

（4）空间探索。传感器网络在太空中能够监测宇宙环境以及天体表面。

（5）医疗健康。无线传感网络能够监测病人的生理指标，如血压和心率等，如此医生可随时获知病人的各项指标，对治疗作出及时调整。此外，通过用无线传感网络收集病人信息，可以研制新药，促进医疗事业的进步。

（6）智能家居。作为物联网的重要组成技术，无线传感网络网络协议最典型的应用为智能家居。通过对家电进行无线自组，然后经无线通信和互联网相连，再通过使用无线传感网络的任务管理软件，就能远程控制家用电器，给人们的生活带来方便。

1.8.4 面向物联网应用的无线 Mesh 网络的研究现状

无线 Mesh 网络作为一种新型的无线多跳网状网络，解决了传统无线网络传输效率低、可靠性差等缺点，具备安装方便、拓扑简洁、传输效率高等优点。目前对于无线 Mesh 网络的多播路由协议的研究仍在起步阶段。当前研究所提出的多播算法大多只考虑了如何优化多播树建立，当多播树建立之后，根据现有多播算法，除非多播树分裂，否则多播树的拓扑结构不会发生改变。但是无线 Mesh 网络的节点具有一定移动性，可能在某一时刻会存在性能更好的多播树。

在传统的 802.11 无线局域网中，BSS（Base Service Set）主要是通过 AP（Access Point）连接到以太网络。Ad hoc 网络从 IEEE 802.11 标准开始已经形成了独立的服务集（Independent Basic Service Set，IBSS）模式。但是人们对于无线业务的要求越来越高，IBSS 模式在即时无缝接入技术的不足已经不能够满足业务要求。无线 Mesh 网络具有对现有网络的优势，并解决了现有网络的一些不足之处。本章将主要对无线 Mesh

网络进行一个整体的介绍。在标准的 IEEE 802.11 协议中，扩展服务集（Extended Service Set，ESS）使用有线以太网的方式连接 BSS，形成一个逻辑上的 BSS，但节点不具备自配置功能。

虽然 Ad hoc 网络本身具有自配置等优点，但是 BSS 不能够为部分客户端服务提供支持。因此，Mesh 网络将 ESS 结构与 BSS 结构通过多跳的方式相结合。节点类型分为三种：MP、MPP、MAP。MP 具有路由器的功能，负责路由报文的分组与转发，提供相应的服务。MPP 作为外部网络的接入点，提供相应的管理功能。MAP 兼具 MP 和 AP 的功能，负责客户端的接入。

第2章　无线传感网络可靠定位技术

2.1　简　　介

随着无线传感网络技术的发展，无线网络的定位技术的研究不断深入，逐渐深入到人们的日常生活的各个领域。无线传感网络中的定位技术是支撑无线网络技术发展的主要支撑技术，无线传感网络中的定位技术一般要具有四个特点：第一是低能耗、高效率。节点在自定位时能耗尽量低，传输通信开销低是节点建设的基本硬件要求之一，通常节点的计算能力和存储空间小。第二是节点本身具有自组织能力。通常节点的部署位置具有不确定性，随机地部署在位置区域，要能够通过节点本身的设备进行自定和组织。第三是分布式计算。在无线网络中传感器通常都是一次性消耗品，需要能够通过负载均衡的方式，避免某一节点的能力消耗过快而无法正常运行。第四是鲁棒性。环境的多样性以及物理环境的复杂性，导致某一个或多个节点无法正常工作乃至通信中断，定位技术能够在这种情况下进行可容忍误差的定位。

2.1.1　基本术语

无线传感网络中的一些术语，为方便理解，特做一下解释。

（1）未知节点（unknown node）：由于网络搭建造成的某些无法获取自身位置信息的无线传感器节点。

（2）信标节点（beacon node）：在网络搭建时或者搭建后通过GPS能获取自身位置信息的节点。

（3）邻居节点（neighbor node）：两个节点无需借助其他节点的情况下可以相互通信。

（4）连通（connectible）：节点可以借助其他节点转发或者直接通信则称两个节点连通。

（5）跳数（hop count）：一个节点与另一个节点通信时，所经过的最小节点数加1。

（6）到达时间（Time of Arrival, TOA）：所观测的信号在两个邻居节点之间的传播时间。

（7）到达时间差（Time Difference of Arrival, TDOA）：两种传播速率不同的信号到达同一对邻居节点之间的时间差。

（8）接收信号强度指示（Received Signal Strength Indicator, RSSI）：节点接收到邻居节点信号的强度，可以此为标准作为节点间距离的估计参数。

2.1.2 节点间距离的测量方法

目前无线传感网络定位技术中常见的距离测量技术有基于 TOA、接收信号强度指示（Received Signal Strength Indication，RSSI）、TDOA、到达角度（Angle of Arrival，AOA)四种。下面分别进行简单介绍。

1）基于 TOA 的定位

在某种信号在某一种介质中的传播速度可知的情况下，利用该信号在介质中两点间的传播延迟来计算节点之间的实际距离。GPS 就是使用这种方式估计两点之间的距离的。需要定位目标同时接收四个卫星的定位电磁波信号，利用时间差得到当前的位置信息，然而由于成本问题，GPS 并不适合在无线网络传感器中推广使用。随着传感器元器件的不断发展，也有学者通过声波传播进行测距，首先源点发送伪噪声序列信号作为源信号，在接收方通过对接收信号的比对来获取信号的传播时间，从而计算出节点之间的距离。TOA 定位方法有着较高的定位性能，但是时间同步问题是影响精度的难题，同时 TOA 定位方法需要额外的信号发送元器件，将直接增加传感器节点的成本以及功耗。

2）基于 RSSI 的测量方法

RSSI 测量方法是 TOA 方法的一种，是利用接收到的信号的强度进行测距的。在特定介质中信号的衰减与距离存在特定的关系，当节点接收到某节点信息时，根据接收到的信号强度的衰减计算出在两个节点之间的距离。这种节点距离的测量方法主要使用的是先验性的信号在特定介质中的衰减系数。无线网络中传感器节点本身有无线通信能力，因此这种利用信号进行测距的技术是一种相对廉价的测量方法。

RSSI 进行测距的典型应用是 RADAR 的室内定位系统。利用 RSSI 进行测距的主要优点是不增加额外的硬件设备，能降低整个系统的使用成本，并且拥有较低的通信负载。当然 RSSI 进行测距也存在很多误差，它的误差主要是受到环境因素的影响，在建立信号模型和距离模型时需要考虑复杂的环境因素，而环境因素通常是多变的，很难确定误差的范围和具体的区间。有时误差高达 50%，在对距离精度要求不高的系统中，可以使用这种定位方法。

3）基于 TDOA 的测量方法

利用 TDOA 技术测量节点之间的距离时，需要在传感器节点安装两类信号发射和接收装置，一般采用无线电信号和超声波信号两种。测距时，源节点同时发射两类信号，由于两种信号在同一介质中的传播速率不同，可根据时间差计算出两个节点之间的距离。

如图 2.1 所示，已知无线射频信号的传播速度为 C_1 和超声波的传播速度为 C_2，接收点接收两个信号的时间分别为 T_1，T_2。根据物理学原理可以得到两个节点之间的距

离为 $\dfrac{(T_2-T_1)\cdot(C_1-C_2)}{C_1\cdot C_2}$。利用 TDOA 测距能精确到厘米级，具有较高测距精度。但是这种方法受到信号的传播速度、环境和信号的最远传播距离的限制。同时由于节点需要同时具备超声波和无线电信号两种接收和发送装置，这样将增加节点的生产成本和功耗，所以在应用中有一定的局限性。

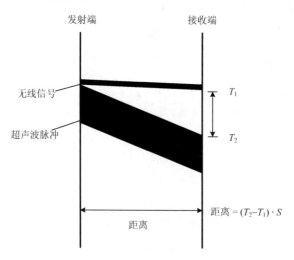

图 2.1　TDOA 定位示意图

4）基于 AOA 的测量方法

通过 AOA 算法进行节点的定位，节点要通过天线阵列的方式获取信号的方向信息，从而得到发送节点的方位信息，然后计算出节点的位置信息。这种算法可分为三步：一是邻接点方位角的测量；二是相对锚节点方位的转换；三是计算节点的位置信息。然而，AOA 技术会受到外界噪声、NLOS 问题等因素的影响。同时，由于需要天线阵列来获取节点的方位信息，所以这将提高算法对硬件的需求和功耗。

2.1.3　节点定位的计算方法

在无线传感网络中的节点定位可分为两个过程，首先未知节点测距方法计算出未知节点与锚节点的距离或角度；当未知节点获得与锚节点的距离或相对角度后，通过以下几种方案来计算自己的位置。

1）三边测量法

三边测量法（trilateration）的基本原理如图 2.2 所示。已知三个信标节点 $A(x_a,y_a)$、$B(x_b,y_b)$ 和 $C(x_c,y_c)$，未知节点 $E(x,y)$ 与 A、B 和 C 之间的距离分别为 d_a、d_b 和 d_c。可得到下列等式：

$$\begin{cases} \sqrt{(x-x_a)^2+(y-y_a)^2}=d_a \\ \sqrt{(x-x_b)^2+(y-y_b)^2}=d_b \\ \sqrt{(x-x_c)^2+(y-y_c)^2}=d_c \end{cases} \quad (2.1)$$

节点 E 的坐标如下可得：

$$\begin{bmatrix} x \\ y \end{bmatrix} = \begin{bmatrix} 2(x_a-x_c) & 2(y_a-y_c) \\ 2(x_b-x_c) & 2(y_b-y_c) \end{bmatrix}^{-1} \begin{bmatrix} x_a^2-x_c^2+y_a^2-y_c^2+d_c^2-d_a^2 \\ x_b^2-x_c^2+y_b^2-y_c^2+d_c^2-d_b^2 \end{bmatrix} \quad (2.2)$$

2）三角测量法

三角测量法（triangulation）的基本原理如图 2.3 所示。其中已知节点 $A(x_a, y_a)$、$B(x_b, y_b)$ 和 $C(x_c, y_c)$，未知节点 $E(x, y)$ 相对于 A、B 和 C 的角度分别为 $\angle AEB$、$\angle AEC$、$\angle BEC$。对于信标节点 A 和 C 夹角 $\angle AEC$，如果弧 AC 位于 $\angle ABC$ 内，则可以唯一确定一个圆，假设其圆心为 $O_1(x_{O_1}, y_{O_1})$，半径为 r_1，那么 $\alpha = \angle AO_1C = (2\pi - 2\angle ADC)$，并有

$$\begin{cases} \sqrt{(x_{O_1}-x_a)^2+(y_{O_1}-y_a)^2}=r_1 \\ \sqrt{(x_{O_1}-x_b)^2+(y_{O_1}-y_b)^2}=r_1 \\ \sqrt{(x_{O_1}-x_c)^2+(y_{O_1}-y_c)^2}=2r_1^2(1-\cos\alpha) \end{cases} \quad (2.3)$$

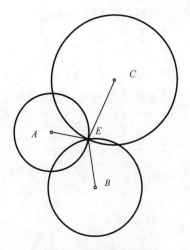

图 2.2 三边测量法示意图

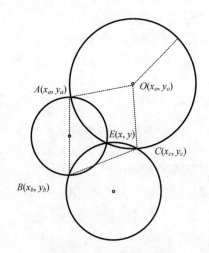

图 2.3 三角定位示意图

3）极大似然估计法

极大似然估计法（maximum likelihood estimation）的原理如图 2.4 所示。存在 n

个信标节点，坐标分别为 (x_1,y_1)，(x_2,y_2)，…，(x_n,y_n)，且距离未知节点 $E(x,y)$ 的距离分别为 $d_1,d_2,d_3,\cdots,d_n$。

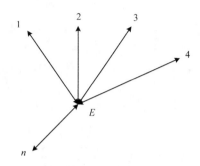

图 2.4 极大似然估计的基本原理示意图

因此可得

$$\begin{cases} (x-x_1)^2+(y-y_1)^2=d_1^2 \\ (x-x_2)^2+(y-y_2)^2=d_2^2 \\ (x-x_3)^2+(y-y_3)^2=d_3^2 \\ \quad\vdots \\ (x-x_i)^2+(y-y_i)^2=d_i^2 \\ \quad\vdots \\ (x-x_n)^2+(y-y_n)^2=d_n^2 \end{cases} \tag{2.4}$$

化简等式，将该组等式前 $n-1$ 个方程式都减去最后一个方程得到下面等式：

$$\begin{bmatrix} (x_n-x_1) & (y_n-x_1) \\ (x_n-x_2) & (y_n-x_2) \\ \vdots & \\ (x_n-x_i) & (y_n-x_i) \\ \vdots & \\ (x_n-x_{n-1}) & (y_n-x_{n-1}) \end{bmatrix} \begin{bmatrix} x \\ y \end{bmatrix} = \begin{bmatrix} d_1^2-x_1^2-y_1^2-d_n^2+x_n^2+y_n^2 \\ d_2^2-x_2^2-y_2^2-d_n^2+x_n^2+y_n^2 \\ \vdots \\ d_i^2-x_i^2-y_i^2-d_n^2+x_n^2+y_n^2 \\ \vdots \\ d_{n-1}^2-x_{n-1}^2-y_{n-1}^2-d_n^2+x_n^2+y_n^2 \end{bmatrix} \tag{2.5}$$

表示为

$$\boldsymbol{H}(x,y)^{\mathrm{T}} = \boldsymbol{P} \tag{2.6}$$

最后利用标准的最小方差估计方法，得到未知节点 E 的坐标：

$$(x,y)^{\mathrm{T}} = (\boldsymbol{H}^{\mathrm{T}}\boldsymbol{H})\boldsymbol{H}^{\mathrm{T}}\boldsymbol{P} \tag{2.7}$$

2.2 节点定位算法的分类

并非每一类方法都适用于所有的应用场景。领域或者是应用场景不同使得定位算法出现了很多不同的分支,然而对无线传感网络定位算法没有一个统一的分类标准,以下根据算法的应用场景以及采用技术对节点定位算法进行划分。

2.2.1 基于测距和非测距的节点定位算法

基于测距（range-based）技术的定位算法主要分为两个过程,首先节点利用距离信息或者角度信息获取节点到锚节点之间的距离,然后利用定位算法计算出节点的位置信息。基于非测距（range-free）技术是指在无需计算节点之间的距离的情况下,仅根据网络连通性信息来实现定位的方法。

在基于测距的定位方法中,常用的测距方法有 AOA、TOA、TDOA 和 RSSI 方法。除了 RSSI 方法,其他的三种测距方法都需要额外的硬件作为测距的前提,这样就提高了定位的成本。基于测距的定位法有很好的定位精度,除此之外,基于测距的定位方法还可以通过一些额外的技术方式进行求精。相反,基于非测距技术的定位算法功耗和成本都相对较低,因此一些对于位置信息精度要求不高的应用也是一个很好的选择。

2.2.2 分布式和集中式定位算法

分布式算法是指节点仅依靠与周围节点进行数据交换,通过这些交换的信息就可以计算出自身的位置信息的算法。集中式定位算法是指节点通过信息转发,将信息发送到某一中心节点,中心节点通过各节点的信息来计算出它们对应的位置信息。

集中式定位算法有全局统筹策划的优点。由于集中式定位的工作方式,节点需要将信息转发至中心节点,这样就导致靠近中心节点的普通节点要转发较多的数据包,这将导致中心附近的节点提前耗尽能量。相比之下,分布式定位算法能分散整个网络的流量,使得各节点消耗的能量没有太大的差距,因此提高了整个网络的平均寿命。

2.2.3 绝对和相对定位算法

根据定位的参考系不同,可将定位算法分为相对定位算法和绝对定位算法。相对定位算法中,无线传感网络以锚节点为参考系,定位获取的信息是节点相对于锚节点的位置信息。在绝对定位方法中,所检测到的信息的位置不受其他锚节点的影响是绝对的坐标信息,因此绝对定位灵活性大,因此在很多应用中采用的是绝对定位的策略。

某些应用并不需要获取节点的绝对位置,未知节点只需获取自身与其他节点之间的相对位置就可以进行正常的工作。利用图刚性（graph rigidity）理论和组合理论,建立整个网络的单向坐标系,通过距离和方向的约束,可以避免反射模糊,获得未知节点的相对坐标；绝大多数定位算法都可以实现绝对定位,绝对定位技术典型的应用有

LPS（Local Positioning System）、SPA（Self-positioning Algorithm）、SpotON，而 MDS-MAP 定位算法可以根据网络配置的不同分别实现两种定位。

2.3 性能评价标准

由于应用需求和网络环境的不同，无法直接地说出两种定位算法的优劣。对于无线传感网络定位算法通常有以下几种评价标准。

（1）定位精度：通常也可以称为定位误差。该标准是评价定位算法的主要标准之一，它是通过估算位置与实际位置间的差值和节点通信半径之间的比例得到的。

（2）规模：作为定位算法评价指标，一般来说，定位算法在有限的时间内，在所测范围得到的定位位置节点的数量。在不同的定位系统或定位算法应用中，所处的环境也不相同，检测范围既有可能是狭小的，又有可能是广阔的。

（3）信标节点密度：通常情况下，信标节点是通过人工处理的，经由 GPS 等定位设备可以获取它们所处的确切位置。国内外的大量研究文献表明，信标节点密度对相当一部分定位系统和定位算法的性能有极大的影响。信标节点密度作为判定标准也有不足之处：一方面，信标节点通常由人工部署，这会在一定程度上受限于各种环境；另一方面，GPS 定位环节，定位信标节点的开支也会大大增加，与普通节点相比，通常会多出两个数量级。所以，如何有效地设置信标节点的密度具有重要的理论指导和现实意义。

（4）节点密度：在无线传感网络中，虽然在一定范围内，定位算法的精度与节点密度呈正相关关系，但与此同时，也造成网络部署的开销。此外，节点密度过大将增加网络内定位数据包的发送，这将减少网络的利用率。因此，在实际中要参考实际应用的需求，在定位精度和节点密度之间做出权衡。

（5）容错性和自适应性：本书以及相关文献中研究的算法大都是在理想环境下的仿真。但是在现实中，总会出现各种无法预料的情境，例如，多径传播以及通信盲区等会影响测量精度；同时网络节点的安全性以及电能的供应也会对测量精度造成影响；而且高精度的测量方法或替换节点一般是不可行的。所以，良好的自适应性和容错性对定位算法来说至关重要，它能进一步提高定位精度。

（6）功耗：通常传感器网络中的节点大都分布于交通不便、人烟稀少的地方，并且节点的规模都较大，能源耗尽也就表示节点失效，大规模的节点失效会造成网络瘫痪，导致网络丧失基本功能。所以，传感器的功耗也应该作为重要的考虑因素之一。

（7）代价：一般来说，代价标准在实际中应用较多，需要根据实际，依据需求，做出大概范围的定量的或者定性的估计。一般包括三方面：资金代价、时间代价和空间代价。

以上 7 个性能判定标准，它们之间是相辅相成的，在通常的情况下，可以根据现实需求情况做出衡量，以求得到更加完美的定位算法。

2.4 一种基于 Dv-Hop 的改进算法

在无线传感网络中,节点的位置对于节点采集的信息有着至关重要的作用,在无线传感网络的各个领域的应用中,都需要传感器节点确定自身的位置,因为这样才能知道信息来源位于监控区域的哪个位置,如果没有位置信息,那么这些监控信息也是没有用的。对于很多不能直接到达的监控区域,一般采用空投的方式部署传感器节点,采用人工的方式对每个节点进行定位是不现实的,全部通过 GPS 则会增加相当大的费用,所以需要采用更加有效的算法和机制实现所有传感器节之间的定位。

Dv-Hop 算法是目前比较受关注的非测距定位算法之一。它的基本思想是通过节点之间的跳数乘上每跳的平均跳距来估计节点之间的距离。在 Dv-Hop 测距的第一步,我们引入了跳距自估计算法,通过极大似然估计模型,估计出每个节点的一阶跳距和二阶跳距,然后根据一阶跳距和二阶跳距的比例,计算出这个节点的一阶平均跳距。然后按照传统的 Dv-Hop 算法进行举例估计。定位阶段,我们通过计算以锚节点为半径,对应估计距离为半径的圆的焦点,可以得到焦点密集极有可能包含待测点。

2.4.1 相关研究工作

在无线传感网络中,存在着两类节点:位置已知的节点(锚节点(anchor node))和位置未知的节点(普通节点(normal node))。锚节点的位置是在部署传感器节点,或者通过 GPS 进行定位时,获得它们精确的位置信息。根据测距的方式不同,现在的定位算法主要分为两种:基于测距的定位算法和基于非测距的定位算法。基于测距的定位算法需要通过实际测量节点到节点的距离或者角度信息,使用三边或多边定位算法来确定节点的位置。基于非测距的定位算法主要通过无线传感网络的连通性来估计节点之间的距离,然后通过三边或多边定位算法来计算节点的位置。基于测距的定位算法精度相对较高,但是对节点的硬件依赖较高,需要节点额外的硬件辅助。对于精度要求不高的系统,基于非测距的定位算法可以有效地降低搭建网络的费用。因此基于非测距的定位算法越来越受到人们的关注。典型的基于非测距的定位算法有 Dv-Hop 算法、APIT 等。

Dv-Hop 算法是基于非测距的定位算法中典型的算法,算法容易实施,主要过程可分为五步。

(1)锚节点通过洪泛法广播自身位置。锚节点向网络广播它的位置信息,并且把跳数初始化为一。

(2)存储转发。每个节点接收到这个报文时,检测节点是否已经保存这个锚节点的位置,如果没有该锚节点信息,则保存锚节点位置信息和跳数信息,然后对跳数加一广播这个报文。如果节点已经保存锚节点位置信息,则比较现有跳数信息和报文的跳数信息;如果现有跳数信息大于报文中跳数信息,则用报文信息覆盖现有信息,然后对报文跳数加一,转发;否则丢弃数据包。

(3) 当一个锚节点 i 得到它到其他所有锚节点的位置信息和跳数信息时,它可以通过式 (2.8) 计算出它每跳的平均跳距,即

$$\text{DisperHop}_i = \frac{\sum_{j \neq i}\sqrt{(x_i - x_j)^2 + (y_i - y_j)^2}}{\sum_{j \neq i} h_{ij}} \quad (2.8)$$

式中,(x_i, y_i),(x_j, y_j) 表示锚节点 i,j 的坐标;h_{ij} 表示两个节点之间的跳数。

(4) 锚节点全网广播平均跳距,当普通节点 k 接收到锚节点 i 的平均跳距时,就可以通过式 (2.9) 得到未知节点到锚节点 i 的距离,即

$$\text{Distance}_{ki} = h_{ki} \cdot \text{DisperHop}_i \quad (2.9)$$

(5) 当计算出自身到三个以上锚节点之间的距离时,位置节点利用三角定位的方法计算出他的坐标。

Dv-Hop 算法的精度受多个方面的影响,主要的有两个方面:平均跳距的精确度会影响整个网络的定位精度;跳转路径弯曲严重。环路弯曲现象图如图 2.5 所示。

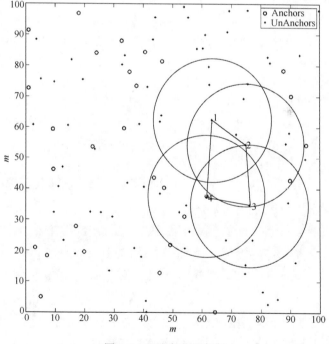

图 2.5 环路弯曲现象图

从点 1 到点 4 的跳转路径为 1—2—3—4,需要三跳。时间的距离没有三跳那么长,这样必然会增加计算的误差。

考虑到上述问题,很多学者对算法进行了改进,以提高 Dv-Hop 的算法精度。有

学者提出了一种基于期望跳距的改进算法,计算出每次跳转在待测节点和锚节点方向上的映射来表示这个期望跳距,从而解决环路带来的误差。有学者证明了锚节点分布对定位精度的影响,提出了一种基于锚节点分布的方案,进而得到最优节点通信半径,以提高定位性能。数学证明了锚节点分布对定位精度的影响,提出了一种基于长锚节点传播半径的定位方法,提高了定位的精度。有学者将 EM 算法运用到距离估计的阶段,提高了定位的精度,但是增大了计算的复杂度。

基于上面的介绍,在我们的算法中,进行了下面的改进。

(1) 普通节点不再通过锚节点获取网络的平均跳距,而是计算自身周围的平均跳距,从而减少网络的数据传输,也减少了对固定锚节点的依赖,减少了锚节点的冗余度。

(2) 定位的时候,为了减少环路对估计距离的影响,我们采取了一种基于圆焦点的定位算法,实验证明,这种方法能很好地完成定位。

2.4.2 模型的建立

我们将介绍网络的模型和用到的一些定义。

无线传感网络搭建阶段,节点一般有两种部署方式:锚节点和普通节点都随机部署在监控区域,一般通过空投或者炮弹发射到检测区域;普通节点也是随机分散的,但是锚节点是有规律地部署的。一般是以三角形或者六边形的规律部署,这有利于在一个无限平面内的延伸。在我们的研究中,采取第一种部署方式。锚节点可以通过 GPS 获取自身的位置。

在一个二维空间中,部署着 N 个节点,其中 K 个锚节点,A_i 表示第 i 个锚节点,用 $\{(x_1,y_1),(x_2,y_2),\cdots,(x_k,y_k)\}$ 表示这些坐标的节点,剩余 $N-N_k$ 为未知节点。节点是被随机部署在一个待检测二维区域内的,区域内节点服从密度为 λ 的泊松分布。节点的传输半径为 R。

定义 2.1 k 阶邻居节点。如果节点 N_i 最短通过 N_j 跳能够到达,那么称 N_j 为 N_i 的 k 阶邻居节点。对于节点 N_i 的所有 k 阶邻居节点,属于集合 $\text{NH}_{ik}\{\}$,集合的个数用 num_{ik} 表示。特殊地,能够与节点 N_i 直接通信的节点,用集合 $\text{NH}_i\{\}$ 表示,即节点 N_i 的邻居节点。对于节点 N_i,在其通信半径范围内 πR^2 的节点即为这个集合内的所有点。

定义 2.2 节点之间的通信是对称的。对于任意节点 $N_i, N_j (i \neq j)$,如果 $N_i \in \text{NH}_{jk}$,则 $N_j \in \text{NH}_{ik}$。

引理 2.1 节点在待测区域内服从密度为 λ 的泊松分布,对于区域 S_0 内节点的个数服从密度为 $S_0 \lambda$ 的泊松分布,其中 S_0 为这个区域的面积。

对于通信半径为 r,节点服从密度为 λ 的泊松分布的网络中,如果两个节点 a, b 之间有公共的邻居节点,即 $\text{NH}_a \cap \text{NH}_b \neq \varnothing$(图 2.6)。它们的交叉通信区域的面积可表示为

$$S_m = f(d) = \frac{2S}{\pi}\arccos\left(\frac{d}{2r}\right) - d\sqrt{r^2 - \frac{d^2}{4}} \quad (2.10)$$

$$d = f^{-1}(S_0) \quad (2.11)$$

根据引理 2.1，可以得到对于三个区域 L，M，N，节点的个数服从密度为 $\lambda(S-S_m)$，λS_m，$\lambda(S-S_m)$ 的泊松分布，其中 $S=\pi r^2$，即为节点的通信区域的面积。设随机变量 X，Y，Z 分别为区域 L，M，N 区域内节点个数的随机变量，则

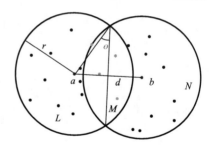

图 2.6 二阶跳距关系

$$\begin{cases} P(X=l) = \dfrac{e^{-(\lambda(S-S_m))}(\lambda(S-S_m))^l}{l!} \\ P(Y=m) = \dfrac{e^{-(\lambda S_m)}(\lambda S_m)^m}{m!} \\ P(Z=n) = \dfrac{e^{-(\lambda(S-S_m))}(\lambda(S-S_m))^n}{n!} \end{cases} \quad (2.12)$$

根据极大似然估计，可得

$$L(l,m,n\mid\lambda,S_0) = P(X=l)P(Y=m)P(Y=n) \quad (2.13)$$

$$S_0 = \frac{2m}{2m+l+n} \quad (2.14)$$

根据式（2.4）可得

$$\hat{d} = f^{-1}\left(\frac{2m}{2m+l+n}\right) \quad (2.15)$$

2.4.3 定位算法的改进

1. 平均跳距的自估计算法

通过式（2.15）可以得到任意有公共区域的两个节点之间的距离，对于没有公共区域的两个节点，我们采用式（2.9）来估计距离。改进的算法中通过式（2.15）估计出节点到周围一阶和二阶节点之间的距离，然后通过一阶和二阶的跳距计算平均跳距，即

$$\text{DisPerHop}_i = \frac{\text{dis}_i(\text{NH}_{i1}) \cdot \text{num}_1 + \text{dis}_i(\text{NH}_{i2}) \cdot \text{num}_2 \cdot 2}{\text{num}_{i1} + \text{num}_{i2} \cdot 2} \quad (2.16)$$

采用这种方法，能够解决传统的 Dv-Hop 算法对锚节点个数的依赖，在锚节点不

多的情况下，节点的平均跳距与自身周围的节点密度有关。距离估计阶段，我们采用两个节点的平均跳距的平均值作为两个节点之间的平均跳距，即

$$\text{Distance}_{ki} = h_{ki} \cdot (\text{DisPerHop}_i + \text{DisPerHop}_k)/2 \quad (2.17)$$

由中心极限定理可以得到，节点的误差服从均值为 μ、方差为 σ^2/n 的正态分布。根据测距误差的分析实验，如图 2.7 所示，也可以验证这一点。

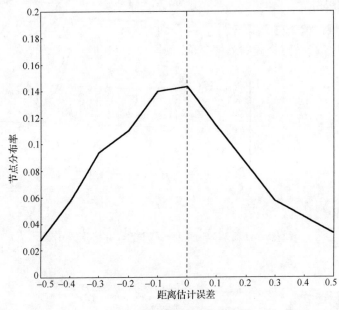

图 2.7　估计距离的误差分布图

2. 基于圆焦点的定位

已知 n 个锚节点的坐标为 (x_i, y_i)，其中 $i = 1, 2, \cdots, n$，它们到未知节点 (x, y) 的距离分别为

$$\begin{cases} (x-x_1)^2 + (y-y_1)^2 = d_1^2 \\ (x-x_2)^2 + (y-y_2)^2 = d_2^2 \\ (x-x_3)^2 + (y-y_3)^2 = d_3^2 \\ \quad\vdots \\ (x-x_i)^2 + (y-y_i)^2 = d_i^2 \\ \quad\vdots \\ (x-x_n)^2 + (y-y_n)^2 = d_n^2 \end{cases} \quad (2.18)$$

$$\begin{bmatrix} (x_n-x_1) & (y_n-x_1) \\ (x_n-x_2) & (y_n-x_2) \\ \vdots \\ (x_n-x_i) & (y_n-x_i) \\ \vdots \\ (x_n-x_{n-1}) & (y_n-x_{n-1}) \end{bmatrix} \begin{bmatrix} x \\ y \end{bmatrix} = \begin{bmatrix} d_1^2-x_1^2-y_1^2-d_n^2+x_n^2+y_n^2 \\ d_2^2-x_2^2-y_2^2-d_n^2+x_n^2+y_n^2 \\ \vdots \\ d_i^2-x_i^2-y_i^2-d_n^2+x_n^2+y_n^2 \\ \vdots \\ d_{n-1}^2-x_{n-1}^2-y_{n-1}^2-d_n^2+x_n^2+y_n^2 \end{bmatrix} \quad (2.19)$$

表示为

$$\boldsymbol{H}(x,y)^{\mathrm{T}} = \boldsymbol{P} \quad (2.20)$$

得

$$(x,y)^{\mathrm{T}} = (\boldsymbol{H}^{\mathrm{T}}\boldsymbol{H})\boldsymbol{H}^{\mathrm{T}}\boldsymbol{P} \quad (2.21)$$

从式（2.18）中任意找出两个不线性相关的等式就可以精确地计算出未知节点的坐标。然而，测距误差的存在，使得式（2.18）的实际表达式为

$$(x-x_n)^2 + (y-y_n)^2 = (\hat{d}_i + \varepsilon_i)^2 \quad (2.22)$$

这导致两个圆的交点可能不会是第三个圆上的点。

锚节点 A, B, C 到未知节点的实际距离分别为 d_a, d_b, d_c, 估计距离分别为 $\hat{d}_a$, $\hat{d}_b$, $\hat{d}_c$, 距离估计的误差分别为 ε_a, ε_b, ε_c。$<B,\hat{d}_b>$ 表示以 B 为圆心，$\hat{d}_b$ 为半径的圆。测距误差的存在，使得圆 $<B,\hat{d}_b>$, $<C,\hat{d}_c>$, $<A,\hat{d}_a>$ 的交点变为 D_1, D_2, D_3。当存在环路影响时，测距误差较大，定位的误差也会随之增大。距离误差分析图，如图 2.8 所示。

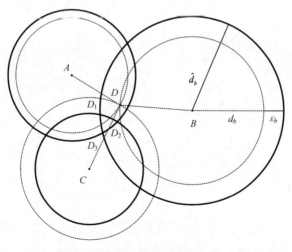

图 2.8 距离误差分析图

通过估计出来的距离，我们可以很容易地求出任意两个圆的交点，如果测距结果是精确的，任意取一个等式画出的圆应该经过两个圆的其中一个交点。然而由于存在误差，第三个圆与前两个圆存在的四种情况，如图 2.9 所示。

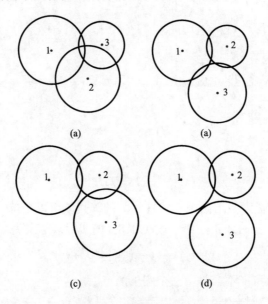

图 2.9　误差种类分析

定理 2.1　当距离估计存在误差时，每个误差都是独立的，那么以估计距离画圆，圆的焦点密集的区域包含待测点的可能性是最大的，如图 2.10 所示。

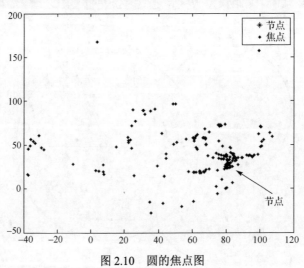

图 2.10　圆的焦点图

证明　设三个锚节点分别为 A_1，A_2，A_3，未知节点到三个节点的距离分别为 d_1，

d_2, d_3, 估计距离分别为 $\hat{d}_1$, $\hat{d}_2$, $\hat{d}_3$, 则测距误差分别为 $\varepsilon_1 = \hat{d}_1 - d_1$, $\varepsilon_2 = \hat{d}_2 - d_2$, $\varepsilon_3 = \hat{d}_3 - d_3$, 当误差均大于零时，即为图 2.9(a)和图 2.9(b)的情况，那么在未知节点的焦点个数为 3 时是最多的。当其中一个误差小于零时，如图 2.9(c)和图 2.9(d)的情况，那么在未知节点的焦点个数分别为 2 和 1，均大于或者等于其他部分的节点。当存在两个误差小于 0 时，可能的情况也如图 2.9(c)和图 2.9(d)所示。当三个误差均小于零时，三个圆没有焦点。因此我们的猜想是正确的。

将每个点作为一个抽样，根据交点密集度的猜想，找到一个交点密度最大的区域，那么待测点的坐标就在这个区域中。通过实验可以看出，待测点内周围焦点的密度比周围的密度要大得多。因此可以通过交点密集度的猜想求解出待测点的坐标。将整个区域按照一个阈值 δ 分成大小网格，然后计算网格内节点的个数，个数最多的区域即为节点的存在区域。然后取网格的中心作为坐标的估计坐标。这样估计出来的位置误差将小于 $\delta/2$。这样计算能够很好地避开环路对于定位的误差。如图 2.11 所示，点 P_1 由于环路造成了估计误差过大。但是以 P_1 为圆心，估计距离 $\hat{d}$ 为半径的圆，与其他圆的交点都远离交点密集区域。因此这样的算法，能够减少个别节点因为环路距离估计过大造成的影响。

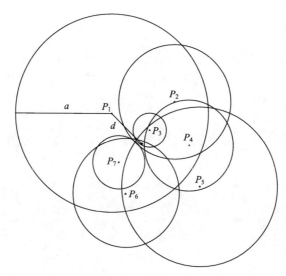

图 2.11 环路对于算法的影响

3. 进一步优化

通过实验可以发现，网格的划分对定位的影响很大，同一个定点，采用不同的划分，对定位的精度有着很大的影响。定义 RangeCount($[x_{\min}, x_{\max}, y_{\min}, y_{\max}]$) 计算目标区域内交点的个数。分别对交点密度较大区域的 $[x_{\min}, x_{\max}, y_{\min}, y_{\max}]$，计算

$$\begin{cases} \text{num}_0 = \text{RangeCount}([x_{\min}, x_{\max}, y_{\min}, y_{\max}]) \\ \text{num}_1 = \text{RangeCount}\left(\left[x_{\min}+\frac{\delta}{2}, x_{\max}+\frac{\delta}{2}, y_{\min}, y_{\max}\right]\right) \\ \text{num}_2 = \text{RangeCount}\left(\left[x_{\min}, x_{\max}, y_{\min}+\frac{\delta}{2}, y_{\max}+\frac{\delta}{2}\right]\right) \\ \text{num}_3 = \text{RangeCount}\left(\left[x_{\min}-\frac{\delta}{2}, x_{\max}-\frac{\delta}{2}, y_{\min}, y_{\max}\right]\right) \\ \text{num}_4 = \text{RangeCount}\left(\left[x_{\min}, x_{\max}, y_{\min}-\frac{\delta}{2}, y_{\max}-\frac{\delta}{2}\right]\right) \\ \text{num}_5 = \text{RangeCount}\left(\left[x_{\min}+\frac{\delta}{2}, x_{\max}+\frac{\delta}{2}, y_{\min}-\frac{\delta}{2}, y_{\max}-\frac{\delta}{2}\right]\right) \\ \text{num}_6 = \text{RangeCount}\left(\left[x_{\min}+\frac{\delta}{2}, x_{\max}+\frac{\delta}{2}, y_{\min}-\frac{\delta}{2}, y_{\max}-\frac{\delta}{2}\right]\right) \\ \text{num}_7 = \text{RangeCount}\left(\left[x_{\min}-\frac{\delta}{2}, x_{\max}-\frac{\delta}{2}, y_{\min}+\frac{\delta}{2}, y_{\max}+\frac{\delta}{2}\right]\right) \\ \text{num}_8 = \text{RangeCount}\left(\left[x_{\min}-\frac{\delta}{2}, x_{\max}-\frac{\delta}{2}, y_{\min}-\frac{\delta}{2}, y_{\max}-\frac{\delta}{2}\right]\right) \end{cases} \quad (2.23)$$

九个区域进行测量交点的个数,然后取九个区域个数的最大值。值最大的区域就为目标区域。如图 2.12 所示,我们选择四种划分方式的第二种,这种划分能保证最大区域内的交点个数是各种划分中最多的,如图 2.13 所示。

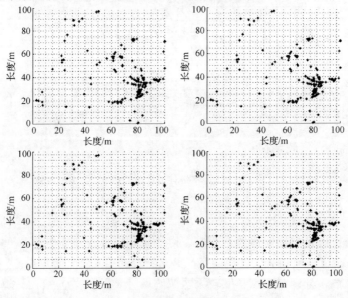

图 2.12　四种不同的划分情形图

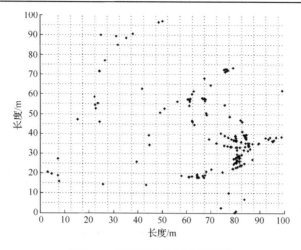

图 2.13 最后选取的划分情形图

4. 算法描述

(1) 初始化每个节点到锚节点的距离向量 $\text{dis}(A_1, A_2, \cdots, A_k)$，其中 k 为锚节点的个数，并且初始化自身的平均跳距 DisPerHop。

(2) 节点通过洪泛法相互通信，使每个节点能够得到各个节点的跳数。形成一个路由表。

(3) 对于节点 N_i，根据路由表，通过式（2.15）计算出其所有一阶和二阶邻居节点之间的距离。对于此时能够计算出来的锚节点之间的距离，写入距离向量 $\text{dis}_i(A_1, A_2, \cdots, A_k)$。通过式（2.16）计算出节点 N_i 的平均跳距 DisPerHop_i。

(4) 对于步骤（3）无法计算出的距离向量，通过式（2.17）计算出剩余的距离。

(5) 节点 N_i 通过步骤（3）和步骤（4）计算出的距离向量 $\text{dis}_i(A_1, A_2, \cdots, A_k)$，计算出以 N_i 为圆心，距离向量为半径的所有圆的焦点。

(6) 由定理 2.1 可知，对整个区域按照 δ 值划分网格，找出网格的焦点最多的网格。

(7) 根据式（2.23）对网格周围的 8 个网格计算焦点的个数，选取焦点最多的网格作为目标网格。网格的中心即为待测节点的坐标。

2.4.4 仿真分析

为了研究网络参数对我们算法的影响，计算了估计距离正确性与网络参数的关系。为了阐述我们算法在无线传感网络中定位的效果，同时对比了距离估计误差、位置估计误差，在此我们比较原始的 Dv-Hop 和基于 Expected hop 的 LEAP 算法。

1. 评价方法的定义

首先研究自估计距离算法与传统的 Dv-Hop 算法对锚节点个数的依赖情况，首先我们给出定义。

定义 2.3 将距离估计相对误差定义为

$$\text{ErrDis}_{ij} = \frac{\left|\hat{d}_{ij} - d_{ij}\right|}{d_{ij}} \times 100\% \tag{2.24}$$

式中，$\hat{d}_{ij}$ 表示为节点 N_i，N_j 之间的估计距离；d_{ij} 为两节点之间的实际距离。

定义 2.4 距离估计的平均误差定义为

$$\text{MeanDisErr} = \frac{\sum_{t=1}^{\text{Ncount}-\text{Bcount}} \sum_{j=1}^{\text{Bcount}} \left|\hat{d}_{ij} - d_{ij}\right|}{R \cdot (\text{Ncount} - \text{Bcount}) \cdot \text{Bcount}} \tag{2.25}$$

式中，Ncount 表示全部节点的个数；Bcount 表示锚节点的个数；R 为节点的半径。

定义 2.5 定位成功率：我们把能够成功找到待测节点的所在网格的结果定义为成功的定位。对比时，我们将定位误差小于 $\delta/2$ 的定位结果判定为成功定位。

$$\text{HitPos} = \frac{\text{Node}_{\text{hit}}}{\text{UnNode}_{\text{all}}} \times 100\% \tag{2.26}$$

式中，Node_{hit} 表示成功定位的节点；$\text{UnNode}_{\text{all}}$ 表示全部的未知节点。

定义 2.6 定位误差定义为

$$\text{ErrPos}_i = \frac{\sqrt{(\hat{x}_i - x_i)^2 + (\hat{y}_i - y_i)^2}}{R} \times 100\% \tag{2.27}$$

式中，$(\hat{x}_i, \hat{y}_i)$ 表示未知节点 (x_i, y_i) 的估计位置。

$$E(\text{ErrPos}) = \frac{\sum_{i=1}^{N} \text{ErrPos}_i}{N} \tag{2.28}$$

式中，N 为未知节点的个数。

2. 仿真实验及分析

实验中各参数的意义如表 2.1 所示。

表 2.1 参数定义表

参 数	含 义	参 数	含 义
$\hat{d}_{ij}$	节点 i 和节点 j 之间的估计距离	Bcount	锚节点的个数
d_{ij}	节点 i 和节点 j 之间的实际距离	HitPos	成功定位的节点的比重
ErrDis	距离的估计误差	ErrPos_i	节点 i 的定位误差
MeanDisErr	距离估计的平均误差	ErrPos	所有未知节点的定位误差
R	节点的通信半径	δ	定位时，区域范围的阈值
Ncount	节点的总个数		

为了对改进算法（图 2.14 中算法 C）进行对比分析，我们分别与 Dv-Hop 算法（图 2.14 中算法 A）和 LEAP 算法（图 2.14 中算法 B）进行了对比。模拟实验在 MATLAB 中进行，实验开始，我们分别在 100×100 的区域内随机分布 100 个节点，200×200 的区域内随机分布 100 个节点进行距离估计实验。然后在 100×100 范围内的 100 个节点的定位进行实验。实验中每个节点之间都可以正常通信，然后根据不同的锚节点个数进行了定位分析。

我们先对测距误差进行分析，对于可以通过自估计得到的距离的平局误差进行分析，通过距离的自估计算法，我们能够从改进算法得到与锚节点有公共邻居节点的节点到对应锚节点的距离，即跳距小于 3 的节点之间的距离。在半径分别为 20、30 的情况下，通过 20 次随机分布节点的位置，取测距误差的平均值，然后与 Dv-Hop 算法进行对比，得出图 2.14，其中图 2.14(a)的范围为 100×100，图 2.14(b)的范围为 200×200。

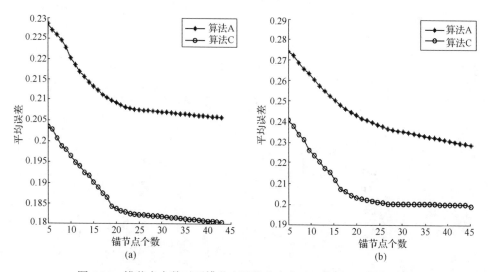

图 2.14　锚节点个数对距锚节点跳数节点小于 3 的测距误差的影响

通过图 2.14 可以得出，在 100×100 和 200×200 两次实验中，我们的算法对于有邻居节点的距离估计比传统的 DV-HOP 算法有更小的误差，但是可以看出，随着范围的增加，误差在增大。从图 2.15 可以看出，在两个范围下，全部的测距中也能比传统的 Dv-Hop 算法有更小的误差。随着范围的增加，测距误差变化较大。同时可以看出，新的测距方法在锚节点达到 15 的时候曲线就已经达到极值，而传统的算法需要到 23 左右图像才趋于平缓。因此我们的定位算法不仅能够提高测距的精度，还能够减轻测距阶段对锚节点的依赖，有利于控制整个网络的造价。

我们首先对节点定位时，阈值 δ 的取值对定位的影响，通过 20 次独立的实验，统计数据得到了阈值 δ 定位成功率和平均定位误差的影响。由图 2.16 可以看出，随着阈值的不断增大，定位成功率不断增大，当 $\delta=6$ 时，就能有很好的定位精度。然而，随着阈值的不断增加,定位精度呈现先减后增的趋势,这是定位成功的判定导致的。因此下面的实验分别在 $\delta = 5$ 时用我们的实验结果与其他的算法进行对比。

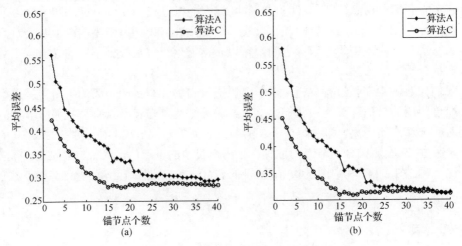

图 2.15　锚节点对测距误差的影响

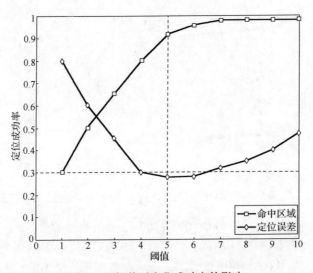

图 2.16　阈值对定位成功率的影响

在 $\delta = 5$,半径为 $R = 20$ 时,我们对比了锚节点个数对定位精度的影响。如图 2.17 所示,随着锚节点的增加,可以看出当锚节点个数为 15 时,我们的算法就能达到很好的效果。

最后对三个算法的定位成功率进行了对比,分别取锚节点个数为 15, 20, 25, 30, 35, 40,每个半径进行 4 次实验得到数据结果。对于小于 0.2 的定位需求,能够有 88.68% 的节点成功定位,如图 2.18 所示。

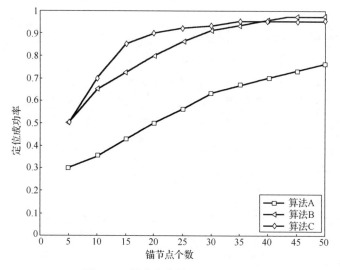

图 2.17　锚节点个数对定位的影响

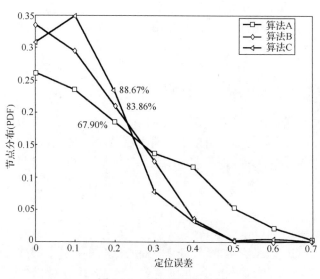

图 2.18　定位成功率分析

2.5　基于路径的 Dv-Distance 改进算法

RSSI（Received Signal Strength Indicator）是一种低功耗、廉价的、利用接收到的无线信号强度来估计两个传感器节点之间距离的技术。误差主要来源于环境的影响。Dv-Distance 算法是在 Dv-Hop 的启发下，由 Niculecu 等提出的根据距离向量的一种定位算法，它也是 APS（Ad hoc Positioning System）系列算法中的一种。在通过洪泛法获取到未知节点到锚节点之间的最小跳数以后,用该路径上的累计跳距距离表示节点到锚节点之间的欧氏距离,其中任意两点之间的距离通过 RSSI 技术测得。然后利用三角(边)定位方法来估计未知节点的距离。由于其算法直接、实施简单,并且各节点的独立性使得 Dv-Distance 算法有很好的分布性和可扩展性,所以在很多系统中得到了应用。但是,该算法在测距精度上很大程度依赖于节点的密度和网络的拓扑结构,在网络节点密度不高的网络中,算法的定位精度会大大降低。

2.5.1 相关研究工作

1. 基于信号强度(RSSI)测距技术

基于测距的定位算法的技术有红外线、超声波、RSSI 等。然而超声波、红外线都需要额外的硬件支持,而传感器通信控制芯片通常会提供测量 RSSI 的方法,因此 RSSI 测距广泛地应用在基于测距的定位方法中。

RSSI 能够根据信号在环境中的衰减规律计算出节点之间的距离。随着距离的不断增加,接收信号的平均功率呈规律性的衰减,可对衰减过程建立估计两点之间的距离。

设节点 A 向节点 B 发射信号,发射功率为 P_t,接收到的功率为 P_r,损耗功率 p_1,则有下列关系:

$$p_1(d)(\mathrm{dB}) = p_1(d_0) + 10h \cdot \lg\left(\frac{d}{d_0}\right) + X_\sigma \tag{2.29}$$

式中,h 为与环境相关的路径散逸指数,环境不同,h 值不同;d_0 为陷入距离;$p_1(d_0)$ 是距离发送端 d_0 处的消耗功率,由自由空间路径损耗模型计算得出;d 为发送端到接收端的距离;X_σ 代表均值为零的高斯随机变量,标准差 $\sigma \in 4 \sim 10 \mathrm{dB}$。RSSI 的测距公式为

$$P_r = P_r(d_0) - 10h \cdot \lg\left(\frac{d}{d_0}\right) + X_\sigma \tag{2.30}$$

然而,利用 RSSI,根据环境的不同需要知道在不同环境下的散逸指数,受环境影响较大,容易产生较大的波动性,因此很多学者对 RSSI 模型进行了修正,如统计均值模型、高斯模型,然后利用式(2.30)计算出两点之间的距离,对 RSSI 定位进行了对比,其中实验结果如图 2.19 所示。

当节点的通信半径为 30 时,节点的 30m 的最大测距误差为 3.61m,最大的测距百分比为 0.12R,因此对于以下实验,我们采用相关文献提供的实验结果,得出节点的估计距离为

$$d' = d + \delta \tag{2.31}$$

式中,d 为一阶邻居节点之间的实际距离;δ 为服从均值为 0,标准差为 0.12R 的正态分布,即 $\delta \sim N(0,(0.12R)^2)$。

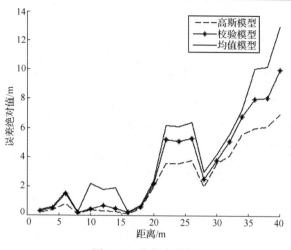

图 2.19 范例实验图

2. Dv-Distance 算法介绍

图 2.20 为 Dv-Distance 算法实例。其中,深色节点为锚节点(anchor node),分别标号 A_1, A_2, A_3,图中浅色节点表示未知节点(normal node),分别标号 $N_1, \cdots, N_7$,实线表示节点可以直接通信,曲线部分为对应节点到锚节点的欧氏距离。下面用 $\mathrm{dis}(A_i, A_j)$ 表示两个节点之间的距离。

Dv-Distance 算法定位的步骤如下。

第一步与 Dv-Hop 算法类似,节点首先通过洪泛法获取到各个锚节点之间的跳距。与 Dv-Hop 不同的是,节点在第一步中要求出节点到周围邻居节点之间的距离。两个邻居节点之间的距离可以通过 RSSI 计算出来,也可通过式(2.15)计算出来。对于不相邻的节点之间的距离,则通过节点之间路径的距离累加得到。例如,对于距离 d_1,路径为 A_3, N_4, N_3, N_1, N_2,则对应的欧氏距离为

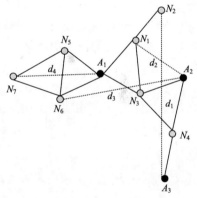

图 2.20 Dv-Distance 定位算法

$$d_1 = \mathrm{dis}(A_3, N_4) + \mathrm{dis}(N_4, N_3) + \mathrm{dis}(N_3, N_1) + \mathrm{dis}(N_1, N_2) \tag{2.32}$$

相应地,有

$$d_2 = \mathrm{dis}(A_2, N_3) + \mathrm{dis}(N_3, N_1)$$

$$d_3 = \mathrm{dis}(A_2, N_3) + \mathrm{dis}(N_3, A_1) + \mathrm{dis}(A_1, N_6)$$

然而,对于 d_4,存在两条二阶的路径,传统的算法没有对此进行处理,则

$$d_4 = \mathrm{dis}(A_1, N_6) + \mathrm{dis}(N_6, N_7)$$

或者

$$d_4 = \text{dis}(A_1, N_5) + \text{dis}(N_5, N_7)$$

对于这种情况，Dv-Distance 选取距离和最小的作为节点之间的距离，即

$$d_4 = \min(\text{dis}(A_1, N_6) + \text{dis}(N_6, N_7), \text{dis}(A_1, N_5) + \text{dis}(N_5, N_7))$$

在第二步，当某普通节点获得 3 个或者以上锚节点的距离时，利用三角（边）或者极大似然估计的方法求解未知节点的坐标。

3. Dv-Distance 误差分析及相关研究

通过对 Dv-Distance 定位算法的分析，可以得出定位的误差来源有两个方面。

首先，距离估计误差阶段存在较大的误差。当两个节点通过多跳而得到累加距离总是折线距离。如图 2.20 所示，d_1 的距离由 $|A_3N_4|$，$|N_4N_3|$，$|N_3N_1|$，$|N_1N_2|$ 四条线段组成的折线表示，因此节点的估计距离总是大于两个节点之间的实际距离，这就造成了测距阶段的误差。为了降低这种误差对定位带来的影响，有学者通过计算任意锚节点之间的估计值和实际值之间的差值作为节点误差的修正值，然后普通节点由临近锚节点获取修正值，在估计距离的基础上减去这个修正值，然而这种修正没有考虑到节点在不同长度路径上的修正误差应该是不同的这一客观事实。有学者针对这一问题，将锚节点之间的距离除以锚节点之间的跳数，得到一个每跳误差，每个节点获取到修正值后，在估计值上减去一个每跳误差和跳数的乘积，进一步提高了定位的精度。还有学者将锚节点的估计距离除以锚节点之间的跳距，这样将修正误差平均到每跳的路径上。

其次在定位阶段，在通过式（2.21）进行定位时，如果矩阵 P 存在微小的扰动 δ，将会导致矩阵 X 产生误差。由矩阵知识可得

$$\frac{\|\delta X\|}{X} \leq \text{cond}(H^T H) \frac{\|\delta(H^T P)\|}{H^T P} \tag{2.33}$$

式中，$\text{cond}(H^T H)$ 表示矩阵 $H^T H$ 的条件数，式（2.33）表征了式（2.21）计算结果 X 对测距误差的敏感性。当 $H^T H$ 条件数过大时，P 的微小扰动都会引起解 X 的巨大改变，数值的稳定性就会变小。因此，可以认为条件数在一定方面决定着定位的精度。在 $\text{cond}(H^T H)$ 越小的情况下，X 的相对误差就会越小，则

$$\begin{cases} \sum_{i=1}^{n-1}(x_i - x_n)^2 = \sum_{i=1}^{n-1}(y_i - y_n)^2 \\ \sum_{i=1}^{n-1}(x_i - x_n)(y_i - y_n) = 0 \end{cases} \tag{2.34}$$

给出了布置锚节点的依据，也给出了一种选取合理锚节点的依据。在我们的算法中，将采用上面提出的基于圆焦点的方法来选取适当的锚节点作为参考节点。

2.5.2 基于通信路径 Dv-Distance 算法改进

通过上面的分析，我们认为提高测距的精度，对提高定位的精度有着重要的意义。其实，在定位阶段，我们采用圆焦点算法规避了因为锚节点造成的定位误差问题。

1. 基于路径的算法模型建立

定义 2.7 当节点 $A_i, A_j(i \neq j)$ 之间可以不通过其他节点转发信息的情况下能够直接通信时，即 A_i, A_j 之间的跳数为 1 时，我们称节点 $A_i, A_j(i \neq j)$ 互为邻居节点。

定义 2.8 当节点 $A_i, A_j(i \neq j)$ 之间至少需要 $k-1$ 个节点进行信息转发的情况下才能通信时，即 A_i, A_j 之间的跳数为 k，我们称节点 $A_i, A_j(i \neq j)$ 互为 k 阶邻居节点。

1）二阶跳距的估计

在估计点之间的距离时，Dv-Distance 选取节点到锚节点的一条路径，然后对各路径上的长度累加和作为该节点到锚节点的距离。然而，随机选择路径时，会产生不同的误差。例如，在确定节点 7 到达锚节点 1 的距离时，有五条路径，可经过节点 2，3，4，5，6 其中的任意一个节点都可以转发一次到节点 7，那么对于节点 7 的距离估计有

$$\begin{cases} d_{71} = \mathrm{dis}(N_1, N_2) + \mathrm{dis}(N_2, N_7) \\ d_{72} = \mathrm{dis}(N_1, N_3) + \mathrm{dis}(N_3, N_7) \\ d_{73} = \mathrm{dis}(N_1, N_4) + \mathrm{dis}(N_4, N_7) \\ d_{74} = \mathrm{dis}(N_1, N_5) + \mathrm{dis}(N_5, N_7) \\ d_{75} = \mathrm{dis}(N_1, N_6) + \mathrm{dis}(N_6, N_7) \end{cases} \quad (2.35)$$

然而，通过图 2.20 的网络拓扑图可以看出，假设在不存在测距误差的情况下，经过节点 3 或者经过节点 4 的路径比较接近实际的距离，然而经过节点 2、节点 5、节点 6 的剩余三跳路径都将有较大的误差存在。同时也容易出现多次定位的结果不一致性，造成算法的不稳定性。

正确运用节点的冗余路径信息对提高定位的精度和稳定性有着重要的意义。本书根据节点周围的个数以及节点的路径，提出了一种基于路径的定位算法。

$$d' = \min(d_{71} + d_{72} + d_{73} + d_{74} + d_{75}) - \sigma \quad (2.36)$$

式中，σ 是一个非负的修改偏移量，即

$$\sigma = f(\mathrm{dis}(N_1, N_2), \mathrm{dis}(N_2, N_7), \mathrm{dis}(N_1, N_3), \mathrm{dis}(N_3, N_7), \cdots, \mathrm{dis}(N_1, N_6), \mathrm{dis}(N_6, N_7))$$

这个 σ 偏移量受到这五个点的影响，从而得出一个合适的偏移量，使得 d' 值更加接近实际距离 d。

如图 2.21 所示，对于 A，B 两个节点，可以通过点 C_1, C_2, C_3, C_4 进行通信，均是两点的邻居节点。然后以 A，B 为圆心，分别画过点 C_1, C_2, C_3, C_4 的椭圆，则椭圆分别交 OF 于点 C_1', C_2', C_3', C_4'。由椭圆的知识可得

$$\begin{cases} d_1 = |AC_1'| + |BC_1'| = |AC_1| + |BC_1| \\ d_2 = |AC_2'| + |BC_2'| = |AC_2| + |BC_2| \\ d_3 = |AC_3'| + |BC_3'| = |AC_3| + |BC_3| \\ d_4 = |AC_4'| + |BC_4'| = |AC_4| + |BC_4| \end{cases} \quad (2.37)$$

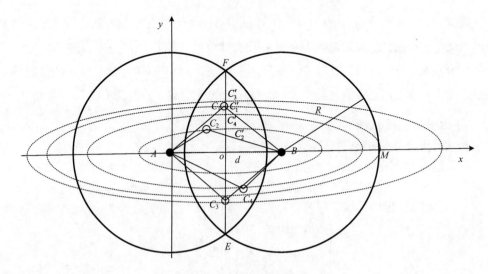

图 2.21 二阶距离估计模型

因此以下对距离的估计分别用 d_1, d_2, d_3, d_4。取一个椭圆进行分析，我们可以得到椭圆的方程为

$$\sqrt{x^2 + y^2} + \sqrt{(x-d)^2 + y^2} = d_1 \quad (2.38)$$

计算椭圆与坐标轴的坐标 x 正方向的交点 M，即 $y=0$ 的时候，可得

$$x_1 = \frac{d_1 + d}{2} \quad (2.39)$$

由椭圆的知识可得

$$\Delta_1 = d_1 - d = 2|BM| \quad (2.40)$$

容易得出 $\Delta_3 > \Delta_1 > \Delta_4 > \Delta_2$。由图 2.21 可以看出，当椭圆与 FE 的交点越靠近 o 时，两个Δ值之间的差越小，最后趋近于 0。因此可以得出，σ 是一个小于 $\Delta_4 - \Delta_2$ 的值，计算中，取

$$\sigma = \frac{\Delta_4 - \Delta_2}{k}$$
$$\sigma = \frac{d_4 - d - d_2 - d}{k} = \frac{d_4 - d_2}{k} \quad (2.41)$$

式中，k 是一个比例系数，k 的取值与节点的密度有关。

节点密度与 k 的取值有着密切的关系,当用式(2.36)计算节点之间的距离时,距离的估计误差为

$$\varepsilon = |d - d'|$$

对于图 2.21 给出的例子

$$\varepsilon = \left| d_2 - \frac{d_4 - d_2}{k} - d \right| \tag{2.42}$$

引理 2.2 在节点之间有较多公共邻接点时,选取适当的 k 值能很好地降低二阶跳距的估计误差。

证明 通过传统 Dv-Distance 算法得到的误差为 $|d_2 - d|$,由于三角形两边和的关系可以得出,$d_2 - d$ 的值是恒大于零的。下面我们对 $\varepsilon < d_2 - d$ 的情况进行分析。

当

$$d_2 - \frac{d_4 - d_2}{k} - d \geq 0$$

即

$$\Delta_2 - \frac{\Delta_4 - \Delta_2}{k} \geq 0$$

$$\frac{\Delta_4}{\Delta_2} \geq k + 1$$

时,由图 2.21 可知,$\varepsilon < d_2 - d$。

当

$$d_2 - \frac{d_4 - d_2}{k} - d < 0$$

即

$$\frac{\Delta_4}{\Delta_2} < k + 1$$

时,若 $\varepsilon < d_2 - d$,则

$$d_2 - \frac{d_4 - d_2}{k} - d < d_2 - d$$

化简得到

$$\frac{\Delta_4}{\Delta_2} < 2k + 1$$

因此可以得出,当 $\frac{\Delta_4}{\Delta_2} < 2k + 1$ 时,我们的算法能够比传统的 Dv-Distance 的二阶跳

距算法有更好的效果。对传统的 Dv-Distance 算法计算的二阶跳距（图 2.22 中对比 1），以及 $k=2$（图 2.22 中对比 2）和 $k=3$（图 2.22 中对比 3）时，式（2.31）计算出的二阶跳距的估计距离进行了对比，在 100m×100m 的环境内做了仿真实验，其中一阶跳距的估计误差通过式（2.31）得出，结果图如图 2.22 所示。

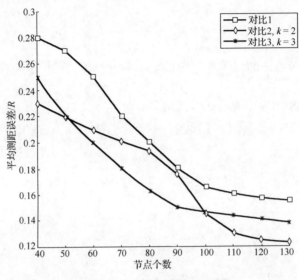

图 2.22　二阶跳距误差对比图

通过图 2.22 可以看出，随着节点的密度不断增加，测距的精度在不断提高，当节点密度大于某一值时，误差趋于一个常量。我们提出的算法对于二阶跳距估计距离有着相应的提高。由图可以看出，当 $k=2$ 时，本书提出的算法较 Dv-Distance 算法提供的测距效果有较好的提升，但是随着节点密度的不断增加，节点的降低效果没有 $k=3$ 时的幅度大，然而，当节点密度到达一定值后，节点的定位精度能达到一个更高的水平。因此，选取正确的 k 值，对测距的误差有重要的影响。因此，选取适当的 k 值能有效地降低二阶跳距估计的误差。

2）路径的选取与距离的估计

距离估计阶段，我们把整个网络抽象成一个无向图 G，图中各边的权值均为 1。路径选择阶段，我们定义了锚节点展开多叉树概念。

定义 2.9　对于根据路径抽象出来的无线图 G，我们根据某个锚节点展开，构成一棵多叉树。树的根节点为该锚节点。根节点的深度定义为：在这个树中，节点 A_i 的孩子节点为到根节点跳距大于 A_i 的邻居节点。然后将相同的节点整合，即得到基于一个锚节点展开的多叉树。

如图 2.23 所示的传感网络中，将整个网络按照锚节点 1 展开，图 2.24 中展示了节点 1～节点 18 的展开结构图。

第 2 章 无线传感网络可靠定位技术

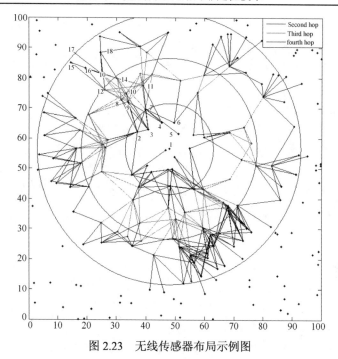

图 2.23 无线传感器布局示例图

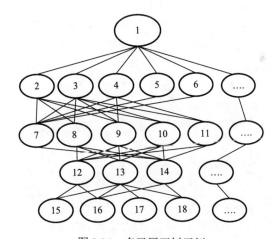

图 2.24 多叉展开树示例

定义 2.10 我们将节点 A_i 父节点的个数定义为节点的入度，锚节点入度为 0。如图 2.24 所示，对于节点 1 的入度为 0，节点 15 的入度为 2，其余节点依次类推。

由定理 2.1 可以知道，当节点之间存在多个公共节点时，其二阶估计距离有较低的误差，因此选取路径的时候，对于到锚节点 k 阶跳距的节点选取其所有 $k-1$ 阶节点，入度最大的节点作为路径的上一级节点，当节点中存在多个入度最大的上一阶节点时，则计算多条路径的距离。对于节点 15，它为锚节点 1 的 4 阶邻居节点，节点 15 有两个关于锚节点 1 的 3 阶邻居节点，节点 12 的入度为 4，节点 14 的入度为 3，因此选取入度为 4 的节点 12，依次类推。得出的路径如下。

路径 1：15→12→9→2→1。
路径 2：15→12→9→3→1。
路径 3：15→12→9→4→1。

计算路径过程中，我们直接计算节点和 $k-2$ 阶节点的距离，这样可以减少过程中的积累误差。对于 $k=1$，我们直接用 RSSI 估计的距离作为节点之间的距离。对于路径 1，我们分别计算节点 15 与节点 9 之间的距离和节点 9 与节点 1 之间的距离，然后两个距离相加，得到路径 1 的距离。计算剩余两条路径的距离，然后计算路径的算数平均值，作为节点和锚节点 1 之间的距离。

2. 算法流程

（1）洪泛阶段。锚节点广播自己的位置信息，位置信息帧格式为{锚节点 id，上一阶 id，位置信息，跳数}。锚节点发送位置信息，跳数为 0。每个节点接收到这个位置信息，首先检测自身的路由表是否保存到该节点的位置信息，如果没有该锚节点的节点信息，则对跳数加 1 保存锚节点的信息，将 id 改为自身的 id 信息，转发数据包。如果节点已经保存了该锚节点的位置信息，则对比现有跳数信息和接收到的位置信息帧中的跳数，如果跳数相等，则对比 id 信息，若存在 id 信息，则放弃数据包，若不存在，则记录 id 信息，放弃数据包。若节点保存的跳数小于接收到数据包的跳数，则放弃数据包。节点接收到位置信息帧的伪代码如下：

```
WHEN 收到锚节点位置信息帧
    IF 新的锚节点||较小的跳数
        跳数加 1
        保存跳数信息和上一阶信息
        将上一阶 id 信息改为本节点 id
        转发数据包
        结束
    ELSE
        IF 数据包跳数等于现有跳数&&没有上一阶 ID 信息
            保存上一阶 ID 信息
        ENDIF
        丢弃数据包
    ENDIF
ENDWHEN
```

得到每个节点到锚节点的信息表格式为

锚节点 id	跳数	坐标信息	上一跳 id

（2）节点计算到所有锚节点的上一级的距离。建立一阶跳距距离。距离表格式为

节点 id	距离

（3）建立路径。当洪泛过程结束以后，节点获取到锚节点之间的路径，根据洪泛阶段得到的信息表，节点向对应锚节点的上一跳节点发送路径询问帧。当节点接收到路径询问帧时，若节点存在路径信息，则节点向源节点回复自身到对应锚节点的路径信息，信息格式为{锚节点 id，上一跳 id 个数，路径信息}。其中路径包括各个路径的节点和各个节点的距离。若节点不存在到对应锚节点的路径信息，则向对应的上一跳发送路径询问帧。当节点接收到上一跳节点的路径信息时，则对比各节点上一条 id 格数，在每跳路径上加上自身的 id，保存为路径。路径建立过程的伪代码如下：

```
WHEN 接收到路径询问帧
    IF 没有到对应锚节点的路径
        递归向上一级发送询问帧
        WAIT 上一级回复路径信息
            计算路径信息
            保存路径信息
        ENDWAIT
    ENDIF
    回复路径信息
ENDWHEN
```

得到的路径信息表格式为

锚节点 id	路径 1	路径 2	…

（4）节点测距估计。节点根据路径信息，每隔 1 跳计算路径的各条路径的距离。当节点到某锚节点存在多条路径时，多条路径取平均值，为节点到锚节点的距离。

（5）节点坐标计算。通过三边定位算法或者根据 2.4.3 节提出的基于圆焦点的定位算法计算节点的坐标。

2.5.3 仿真实验

我们在 MATLAB 8.0 下进行算法的性能分析。算法中，我们在 100m×100m 的区域内分布一些节点，它们的通信半径为 20m，对比了 Dv-Distance 算法和我们的算法，并根据圆焦点的定位算法进行了验证。每个实验数据，我们采取相同条件下随机 30 次实验的平均值作为实验结果。Dv-Distance 定位算法中节点之间的距离是通过 RSSI 技术获得到的。在我们的仿真实验中，采用了式（2.31）提供的对数模型计算出的距离来得到两点之间的估计距离。

在无线传感网络中，锚节点的个数对定位的精度有着重要影响。通常情况下，锚节点个数越多，网络的定位精度越高。然而，由于锚节点的成本比普通节点成本要高得多，所以权衡锚节点的个数与定位精度的影响有着重要的意义。实验中，在待测区域内随机产生 80 个未知节点的坐标，从 5 个开始递增锚节点的个数，并且每个锚节点的位置都是相互独立的，即锚节点在待测区域内服从泊松分布。然后对比了传统的 Dv-Distance 算法（算法 A）；改进的差分法的 Dv-Distance 算法（算法 B）；我们提出的算法（算法 C）；将上面提出的基于各距离焦点的算法运用到算法 D。锚节点个数对定位的影响算法实验的参数如表 2.2 所示。

表 2.2　参数列表

待测区域范围	100m×100m
k 值	2
未知节点个数	随机产生 80 个坐标
锚节点个数	5~45 递增
通信半径	30m
实验次数	每个锚节点 30 次

实验结果如图 2.25 所示。

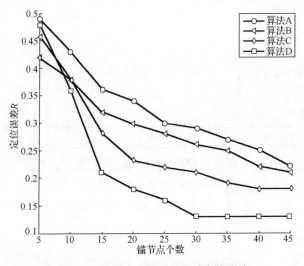

图 2.25　锚节点个数对定位精度的影响

由图 2.25 可知，当锚节点个数增加时，四种算法的定位误差都在逐渐减小。通过图可以得出，算法 B、算法 C、算法 D，在锚节点个数相同的情况下都能有比较小的定位误差，而且通过分析锚节点个数在 10~20 的数据可以看出，随着锚节点的增加算法 D 比算法 C 有着更好的定位效果，因此我们的算法能充分利用锚节点增加的信息量来提高定位的精度。对于算法 D 曲线，我们可以看出，算法在锚节点个数为 20 左右时就已经开始减慢了对锚节点的依赖，定位精度趋于一个常量。从而证明我们提出的基于节点焦点的算法能很好地提高对锚节点的利用，除去了一些锚节点对最后定位的影响。

在研究未知节点密度对定位精度的影响时，分别在锚节点个数为 25, 26, 27, 28,

29时各做十次实验,每次实验时,锚节点和普通节点的位置随机生成。在保证网络连通的情况下,未知节点的个数从40~130每次增加十个递增。实验参数如表2.3所示。

表2.3 参数列表

待测区域范围	100m×100m
k值	2
未知节点个数	40~130
锚节点个数	25,26,27,28,29
通信半径	30m
实验次数	每个锚节点10次

实验结果如图2.26所示。

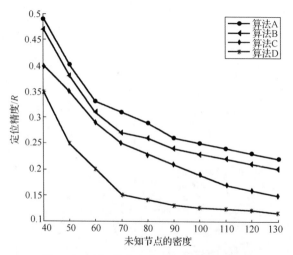

图2.26 未知节点个数对定位精度的影响

由图2.26可知,当未知节点密度较小时,会存在较大的定位误差,当未知节点的密度不断增加时,节点的定位误差都在逐步减小,当节点密度超过一定值时,节点的定位误差趋于一个常数值。由此可以看出,算法C在节点不断增加时能够提高$0.05R$的定位精度。在定位阶段通过采用本节提出的定位算法,能够得到更好的定位精度。

2.6 本章小结

本章对无线传感网络可靠定位技术进行了深入的研究,并对Dv-Hop和Dv-Distance算法进行了改进。具体工作如下:介绍了无线传感网络中的基本定位技术以及性能评价标准,对定位算法进行了综合的分析。在收集、阅读和分析关于众多学者提出的定位算法的基础上,对几种常见的定位算法进行了分析。深入研究了Dv-Hop算法。

对 Dv-Hop 算法距离估计阶段的算法进行了改进,对每个节点计算一个自身的平均跳距作为节点的平均跳距,而并非传统 Dv-Hop 算法的由最近的锚节点获取平均跳距,有效地提高了测距的精度。定位阶段,我们提出了一种基于圆焦点的定位算法。当未知节点获取了到 3 个及以上锚节点之间的距离时,根据圆焦点的密集度来得到节点的坐标。实验证明算法能很好地提高定位对锚节点的依赖,在一定程度上提高了定位的精度。深入研究了 Dv-Distance 算法。对无线传感网络中的数据包的路由过程进行了分析,把未知节点到锚节点的不同路径的距离进行了平均归一化,以提高测距阶段的精度,从而提高定位的精度。

第 3 章　无线传感网络节能路由方法

3.1　简　　介

无线传感网络由众多微型传感节点构成，这些传感器成本低廉，能量有限，在目标区域中进行部署，它们相互协作，自组织形成多跳无线网，可工作于恶劣环境。此技术应用广泛，如军事、工业、医疗和环境监测等领域。无线传感网络节点由电池供电，电量有限，且更换电池非常困难，故能量受限是无线传感网络的重要特征，如何尽可能延长无线传感网络的生存时间是当前的研究热点。无线传感网络路由协议旨在寻找数据的通信路径，使数据包在网络层通过多跳的方式从源节点转发至目的节点。路由协议的性能对数据传输的能耗以及网络寿命有决定性影响。针对无线传感网络的具体特点如能量受限等，层次型路由算法比平面路由算法更有优势。无线传感网络的一个重要的研究课题是路由算法的设计。无线传感网络路由算法负责在汇聚节点和普通节点之间有效而可靠地传输数据。

与传统网络不同，无线传感网络的体系结构与具体的应用场景有关，通信协议的设计也应有针对性。无线传感网络以数据为中心，是面向任务的网络。无线传感网络的节点通常是静止不动的，但它们的能量有限，节点死亡仍然会导致网络拓扑频繁变化，因此面向无线传感网络的路由算法需要有足够的自适应性。

与无线传感网络相似，MANET（Mobile Ad hoc Network）也是无线自组织网络。它们的不同在于，无线传感网络节点是静止的，但 MANET 节点是移动的。无线传感网络的应用环境非常复杂，不同的应用场景需要设计不同的路由算法与之对应，这需要根据实际情况解决多种问题。

无线传感网络路由算法与具体的应用场景紧密相关，对于不同的应用环境，数量众多的路由算法被提出。考虑路径数目和创建时机等多种因素，我们对无线传感网络路由方法进行了详细分类。

1）按拓扑结构划分

路由中节点所扮演的角色可以相同，也可以不同，据此无线传感网络路由算法可分为平面和分簇两种。平面路由算法中的所有节点同构，在路由中的功能无差别，网络结构简单，易维护，但只适合小型网络。分簇路由的扩展性较好，簇首能够进行数据融合和压缩，是路由关键点，有利于网络中数据流量的降低，适合大型网络，但是簇结构需要维护，其能量开销是比较大的。

2）按路径数目划分

无线传感网络中通信路径的数量是不同的，那么据此路由算法可以分为单路径和多路径两类。单路径路由通信数据量较小，能耗较低，但是丢包率较高。多路径路由数据的发送沿着多条路径同时进行，因此容错性强，可靠性高，但通信开销比较大，对可靠性要求较高的领域可采用多路径路由方法。

3）按是否考虑 QoS 约束划分

对于不同的应用场景，无线传感网络路由建立的过程中可以考虑 QoS，也可以不考虑，据此，无线传感网络路由方法分为保障 QoS 和非保障 QoS 两种。保障 QoS 路由算法要充分考虑时延、带宽和抖动等因素对数据传输造成的影响，找到能够提供最佳服务质量的路径。

4）按通信模式划分

通信模式不同，路由方法的设计也会随之不同，具体包括周期性路由算法、事件驱动和查询驱动路由算法。周期性路由算法中节点采集数据是周期性进行的，然后以一定时隙周期性发送给 Sink 节点；事件驱动的路由算法中节点发送数据给 Sink 节点要有必要条件，那就是有用户感兴趣的事件在监测区域中发生；查询驱动的路由算法中，节点向 Sink 节点发送数据也要满足先决条件，即节点要接收到数据查询的请求。

5）按创建时机划分

路由算法的设计与路由的创建时机也有关，据此可将路由算法分为主动型、需求型和混合型三类。主动型路由算法由于要提前建立到目的节点的路径，对资源的要求很高，但是响应比较及时；需求型路由算法中的路由建立于发送数据之前，路由开销小，但建立路径要花费较长时间；混合型路由算法是上述两种方法的综合。

6）按是否基于地理位置划分

路由建立利用地理位置信息与否也会导致路由算法设计的差别，由此可将无线传感网络路由算法分成基于地理位置信息和非地理位置信息两类。GPS 或北斗等卫星定位系统对于基于地理位置信息的路由算法来说是必不可少的，其他定位算法也常用于计算地理位置信息。

7）按是否进行数据融合划分

根据在数据的路由过程中是否进行数据融合，路由算法分为数据融合和非数据融合两种。数据融合路由算法在数据的传输过程中对相关信息进行融合与压缩，可减少数据通信量，但它严格要求时间同步，而且数据的传输时延较高。

8）按是否指定源节点划分

根据源节点是否负责路由的创建，分成源路由以及非源路由两种算法。在源路由算法中，节点无需建立内部路由表，也不必维护路由信息，所以减少了数据通信能耗。

3.2 无线传感网络的路由算法分析

通过研究目前无线传感网络的路由算法,我们探讨一下平面路由算法以及分簇路由算法的思想和性能。

3.2.1 平面路由算法

1) Flooding 算法和 Gossiping 算法

Flooding 网络中的节点获取数据后,将数据广播给邻居节点,如果数据包已经经过了最大跳数,或者已经到达了目的节点,则终止广播。Flooding 算法容易实现,时延短,容错性也很好,但缺点也很明显,如数据重叠和消息内爆等。Gossiping 算法对 Flooding 算法进行了改进。为了解决消息内爆的问题,节点随机选择一个邻居将获取的数据转发过去,但这种随机选取机制降低了通信链路的质量,也增加了传输时延。

2) SPIN 算法

如图 3.1 所示,SPIN(Sensor Protocols for Information via Negotiation)算法是一种自适应路由算法,它既利用节点之间的协商,又采用资源的自适应策略,旨在使洪泛算法中的问题得到解决。SPIN 消除了数据重叠,缓解了消息内爆,也提高了能量效率。但是消息内爆的问题没有得到完全解决。

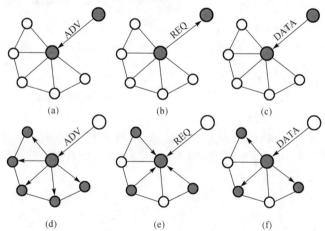

图 3.1 SPIN 算法的建立路由以及数据通信过程

3) DD 算法

基于查询驱动的 DD(Directed Diffusion)算法以数据为中心,给数据赋予了特定的属性值。若 Sink 节点要查询时间,就开始定向扩散过程,依次经过查询扩散、梯度建立和数据通信三个阶段(图 3.2)。DD 算法是多路径传输,健壮性良好,可减少数据的传输量，降低通信能耗，避免了维护整网拓扑。但其查询消息是以洪泛的方式扩散的，能量开销较大。

4) GBR 算法

GBR（Gradient Based Routing）算法采用的是定向扩散，比 DD 算法更为先进，旨在减少数据包传输跳数。GBR 算法采用多路径传输，请求消息可在传输过程中进行压缩融合，降低了数据通信量。此外，多通信路径交汇点处能耗偏高，为解决这一问题，GBR 引导新增数据在另一条路径上传输，从而保持了网络能耗平衡，提高了服务质量，其不足是建立路由较为复杂。

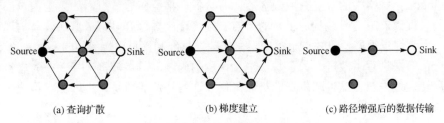

(a) 查询扩散　　　　　　(b) 梯度建立　　　　　　(c) 路径增强后的数据传输

图 3.2　DD 算法的路由建立过程

5) Rumor 算法

Rumor 算法对查询消息实行单播随机转发，可降低路由建立开销。平面上任意两条曲线相交是大概率事件，根据这个思想，若兴趣事件发生，则节点监测到以后，建立一个 Agent 消息（图 3.3），此消息寿命较长。若无线传感网络中 Sink 节点较多，且查询数目较少，则 Rumor 算法很有效。但它随机建立路径会增大传输延时，仅适用于时间敏感度不高的场合。

6) GPSR 算法

"路由空洞"（图 3.4）出现时，GPSR（Greedy Perimeter Stateless Routing）算法的通信方式是周边转发。若空洞存在被邻居节点感知到，则采用"右手法则"绕开空洞。该算法的数据转发仅需知道局部地理位置信息，不需要维护整网拓扑，降低了节点开销，保证了连通性。但节点地理位置信息的获取离不开 GPS、北斗等定位系统，额外开销大。

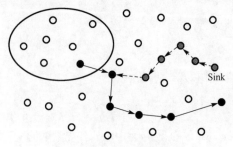

图 3.3　Rumor 算法中 Agent 消息传播及路径与 Sink 查询路径相交的情况

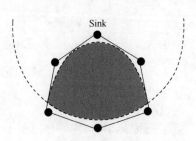

图 3.4　GPSR 算法出现的路由空洞

7) TBF 算法

TBF（Trajectory Based Forwarding）算法在数据包头部开辟连续传输通道。为求出下一跳节点，传感器节点需要知道通道参数和邻居节点地理位置。TBF 算法能够适应网络拓扑的动态变化，这是比普通源站路由算法进步的地方。但节点地理位置信息对 TBF 算法同样是必不可少的，具有局限性，若网络规模大，则通信路径就会很长，节点的计算开销就会增加。

8) GEM 算法

基于地理信息的 GEM（Graph Embedding）算法采用数据中心存储（data-centric storage），虚拟极坐标系统中的网络节点可以被等效为一个以 Sink 节点为根的环树，节点可用到根节点的跳数和所处的角度表示。GEM 算法要求拓扑稳定。可是在网络运行中，节点的死亡是不可避免的，这是 GEM 算法的不确定性所在。

除此之外，还有一些典型平面算法，它们的侧重点不同，但都属平面路由算法范畴。

3.2.2 分簇路由算法

1) LEACH 算法

LEACH（Low-Energy Adaptive Clustering Hierarchy）算法是分层算法，它按照轮的工作方式，周期性等概率随机选举簇首，把整网能耗分摊至各个节点，从而降低全网能耗，延长网络寿命。在 LEACH 单轮过程中：每个节点生成一个 0~1 的随机数，比系统阈值 $T(n)$ 小的节点当选为簇首，并向邻节点通报簇首消息。LEACH 算法可缓解簇首的过分能耗，延长网络寿命，但扩展性差。$T(n)$ 的计算公式为

$$T(n) = \begin{cases} \dfrac{p}{1 - p \times \left(r \operatorname{MOD} \dfrac{1}{p}\right)}, & n \in G \\ 0, & 其他 \end{cases}$$

式中，p 是预期簇首数目所占比重；r 是当前轮数；G 是从未当选簇首的节点集合。

2) PEGASIS 算法

PEGASIS（Power-Efficient Gathering in Sensor Information Systems）要求各个节点知道其他节点的位置，由贪婪算法组成网络中唯一单链（图 3.5）。与 LEACH 算法相比，PEGASIS 算法减小了频繁选举簇首造成的能耗，减小了数据的传输量。但是 PEGASIS 算法太过依赖关键簇首节点，一旦其死亡，路由就会失败，另外，传输时延大大增加。

3) TEEN 算法

为减少数据传输量，TEEN（Threshold Sensitive Energy Efficient Sensor Network Protocol）算法采用了筛选机制，延长了网络寿命。按照与 Sink 节点距离的不同，簇首节点建立层次结构。分簇完成后，Sink 节点向整网广播软、硬阈值，以便对数据包进行

筛选。软、硬阈值的引入可降低整网通信数据量，但在周期性回传数据的应用场景中，TEEN 的性能不佳。APTEEN 是对 TEEN 算法的改进，若节点长时间无数据上报，则硬性回报数据。但它比较复杂，既要设定软、硬阈值，又要考虑回报时隙（图 3.6）。

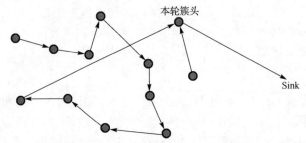

图 3.5　PEGASIS 算法生成的单链式结构

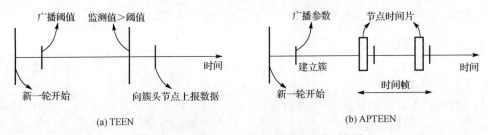

图 3.6　TEEN 以及 APTEEN 算法的工作时间线

4）TTDD 算法

若无线传感网络中有多个 Sink 节点，或者有移动 Sink 节点，采用 TTDD（Two-Tier Data Dissemination Model）算法较为适合。若事件被多个节点同时监测到，则选其中一个作为源节点来发送数据，并通过源节点创建网格。源节点先求附近交叉节点的方位信息，然后根据贪婪算法选择距自己最近的邻节点作为新的交叉点，若请求失败或到达无线传感网络边界，则此过程停止。该算法需要节点知道本身方位信息，网格的计算和维护开销很大。

5）SPAN 算法

根据节点的地理位置信息，SPAN（Saving Power Technique for Multi-hop Ad hoc Wireless Networks）算法选出协调点，由协调点构成主干网，数据沿主干网传送到 Sink 节点。在 SPAN 算法中，协调节点需要记录附近两跳或三跳区域的节点信息，增加了能量开销。

6）EEUC 算法

EEUC（Energy-Efficient Unequal Clustering）算法把簇首的能量开销分为簇内和簇间两部分。在簇间使用多跳通信，节省了节点能耗，提高了能耗均衡性，延长了网络寿命。但在 EEUC 算法中，不同簇采集数据的精度差别很大，靠近 Sink 节点的簇数据精度高，但其簇的建立过程更为复杂。

7) TinyOS Beaconing 算法

TinyOS Beaconing 算法为树形结构。TinyOS Beaconing 首先对节点进行编址，Sink 节点周期性修正路由信息。TinyOS Beaconing 适合小规模网络，扩展性差，广播更新路由信息会消耗一定能量。另外，创建通信路径仅与 Beaconing 时序相关，而位于 Sink 节点附近的节点传输的数据非常多，会导致能量过快耗尽而死亡。

分簇路由算法还包括 SAR 算法、RBMC 算法、EECS 算法、HEED 算法和 Chang 等设计的最大化生存时间路由算法、Ye 等设计的最小代价路由算法等，这里不再详述。

3.3 当前需要解决的问题

分簇路由协议以网络寿命最大化为目标，已成为当前研究重点，众多研究者提出了多种多样的分簇路由算法，但还有很多问题亟待解决。

（1）簇的分布与规模。基于类 LEACH 方式形成的簇规模不同，分布不均衡，导致各传感器节点的能耗不均衡，致使某些高频率传感器节点过早损坏，缩短了整个网络的生存时间。

（2）簇首的选取方式。在分簇路由协议中，簇首的选取方式简单、扩展性强，选取的簇首数目也不合理，簇首的选取还需要相邻节点频繁交换信息，导致网络节点能量的浪费。

（3）传输时延。传输时延对 QoS 具有重要影响，一些算法往往因为缺乏并行而协调的传输机制影响了数据上报的速度，导致网络监测不够准确，不能为实际应用提供依据。

（4）剩余能量。LEACH 协议和 PEGASIS 协议都忽略了节点剩余能量的问题，无线传感网络协议应当解决此问题。

（5）能耗均衡。能耗均衡直接决定了网络的服务质量和生存时间，在网络服务过程中，若能耗合理而平均地分布到所有传感器节点，则能量的消耗同步，在短时间内集中死亡可以达到最优性能。

（6）路由跨层优化。跨层设计可实现不同层结构的交互，既使能耗最低，又改善了网络性能。因此，为了减少网络消耗的能量，延长网络寿命，可以把路由协议和 MAC 协议结合起来。

（7）节点异构路由。在网络中部署一些高能量或具有特殊功能的节点，可明显提高无线传感网络的服务质量和性能。对于存在异构节点的无线传感网络，设计相对应的节点异构路由是一个重要的工作方向。

（8）节点移动路由。在无线传感网络中，如果节点移动，那么网络的拓扑结构就会发生变化，导致通信链路失效。在这种情况下，应根据节点以何种形式移动来设计相应的路由算法，使之适应传感器节点的移动性，从而使网络的生存时间增加，降低传输时延。

3.4 一种新的预测性能量高效分簇路由方法

3.4.1 概述

分簇算法将网络节点分成若干个簇，由簇首负责数据融合及转发工作，如图 3.7 所示。分簇算法的重点是如何选举簇首，好的簇首选择机制可提高成簇质量，降低节点的能耗，有重要的研究意义。

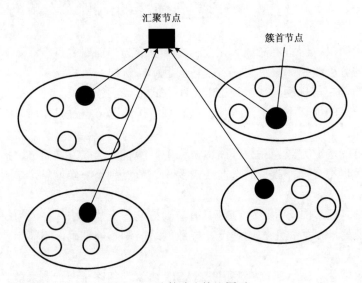

图 3.7 分簇路由协议图示

集群智能（SI）是一种基于对分散的自组织系统中社会性昆虫集体行为的研究的计算智能方法。学者研究的蚁群优化和蜂群优化方法在用于网络的其他集群智能技术中被广泛研究。它们已经引起了研究人员的关注，因为它们具有比其他传统的路由算法更好的鲁棒性、可靠性和可扩展性。当网络拓扑结构发生变化时，由于它们不需要额外的消息交换来保持路径，所以它们适用于拓扑频繁变化的无线传感网络。这些受自然启发的路由协议考虑到了有限的资源和高度动态的环境，以及路由信息交换的限制。

集群智能利用在分布式环境中局部彼此交互的自治代理的一种集体行为来解决一个给定的问题，以期找到一个对该问题的全局解。集群智能的思想是受到存在于分散的自组织系统中的昆虫（如蜜蜂、白蚁、蚂蚁）和其他动物社会的集体行为启发的算法。这些昆虫生活在一个充满敌意的、动态的环境中，它们通过协调与合作生存下去。它们彼此直接沟通或通过环境间接沟通以完成它们的基本任务，如觅食、劳动分工、筑巢或孵化分类。

蜂群优化（BCO）模型是集群智能的一个新的范例，它主要需要两种类型的代理用于路由；侦察蜂，发现按需的到汇聚节点的新路由；觅食者，传输数据包，同时根据沿着路径预期被消耗的能量值和端到端延迟评估发现的路由的质量，觅食者感知网络的状态，利用测量的指标去评价无线传感网络中不同的路由，进而以最大限度地提高网络生存时间并为数据包的路由选择合适的路径。

我们提出了一种新的面向无线传感网络的能量高效路由协议，此协议包括两个阶段。在簇形成阶段，综合考虑节点的度数、节点之间的距离以及节点剩余能量，优化了簇首选举机制，使得簇首的分布比较均匀，簇的规模比较均衡，且高能节点更可能成为簇首。在数据的稳定传输阶段，从蜜蜂的食物寻找过程得到启发，设计了一种新的预测性能量高效簇间数据传输策略，旨在发现一个源节点和汇聚节点之间所有可能的路径并在它们中选择最优路径。该数据传输策略基于两个基本参数：沿着路径每个节点消耗的能量值和端到端延迟。这两个参数代表觅食者蜜蜂代理所分配的路径收益。

3.4.2 典型分簇路由算法

当前主流分簇算法中，LEACH（低功耗自适应分簇）算法最有代表性。它是自适应的拓扑算法，按周期进行簇重构。在簇形成阶段，无线传感网络节点当选为簇首的概率相同，也就是说，随机选择簇首，一定程度上使节点能耗得到均衡。但是，这种随机的簇首选举策略没有将节点的剩余能量因素考虑在内，具有盲目性，且簇首的数量是否合理，分布是否均匀都得不到保障。以 LEACH 为基础，考虑源节点与簇首间距离及剩余能量，有研究者提出了 LEACH-ED 协议，此外，有研究者采取将簇首选举中的随机数替换为某时间间隔的方法，提出了 LEACH-T 协议。可是，在这两个协议中，簇首分布是否合理的问题没有被考虑进来。随后 PEGASIS 协议被提出，其节点传输数据时使用最低功率，而且每轮中仅选一个簇首节点和汇聚节点通信，使数据的通信量减小。其不足是网络中的节点形成一条长链，传输延迟较大，而且链中一旦有节点发生故障，传输的数据就会丢失。有学者提出了 GASA 算法，它采用智能算法求解路由，但是要付出很大开销来保持全局信息。

蜂群优化模型是一种新的通用的集群智能优化技术，该技术通过一个多代理分布式模型实现了高效的劳动力雇用和高效的能量消耗。蚁群优化（ACO）模型主要采用了昆虫的一种自然行为即"寻找食物"来找出蚁群和食物源之间的最短路径，与蚁群优化模型不同，蜂群优化模型主要从蜜蜂的社会生活中采用了两种自然行为：交配过程中的行为和觅食过程中的行为。交配行为实际上被用于一种有力的集群智能优化分簇技术，该技术可以与其他经典的分簇技术以及其他集群智能优化模型特别是蚁群优化模型竞争。在本研究中用到的觅食行为是基于自然界中蜜蜂寻找食物源的行为，该行为旨在找到具有最高质量的食物源。

在蜂巢内部，蜜蜂被分成五种再加上蜂后。留在蜂巢中的蜂群是"食物打包者"和"看护者"，这两种蜜蜂负责饲喂蜂后和幼虫。其他三种蜜蜂参与食物寻找过程："侦察蜂"、"觅食者"和"工蜂"。通过在这三种蜜蜂群体中分配食物寻找过程，每只蜜蜂为了找到某种食物源所消耗的能量将会减少，因而通过三个阶段的寻找，用在搜索旅程上的时间将会按比例最小化。首先，侦察蜂找出所有潜在的食物源。然后，觅食者根据每一个发现的食物源的质量（花蜜量解释为链路成本）为其分配一定的概率，从而调配与之相当数量的工蜂（解释为源节点和汇聚节点之间的跳数）。最后，工蜂根据觅食者分配的限制概率采集花蜜（根据链路质量选择最佳路径并开始在其上发送数据流）。

我们提出的路由协议将会利用蜜蜂觅食过程。在这个过程中，主要有三种类型的蜜蜂参与。

（1）侦察蜂：负责发现所有可能的食物源（所有路径）。然后，它们通过"摇摆舞"把觅食者从蜂巢引导至它们所在的位置，这种"摇摆舞"指示了食物的方位。太阳和食物源到蜂巢之间的角度如图 3.8 所示。

（2）觅食者（或者说旁观者）：负责对发现的食物源作出评估（根据花蜜的数量和质量）并把工蜂群体从蜂巢雇用和引导至它们所在的方位。

（3）工蜂（或者说雇用蜂）：该蜜蜂群体跟随旁观者的摇摆舞以便到达评估过的食物源并采集花蜜。放弃某食物源之后，一只工蜂可以转变成一只侦察蜂并寻找下一个潜在的食物源。

受到蜜蜂"觅食行为"的启发，并基于人工蜂群算法（ABC），有学者提出了一项新的方法。根据一些相似性度量，Karaboga 和 Ozturk 将分簇定义为在多维数据中识别自然分组或集群的过程。距离测量通常用于评估模式之间的相似性。给定 N 个对象，每个对象

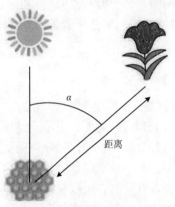

图 3.8　从蜂巢看食物源相对于太阳的方位

被分配至 K 个簇中的一个。各个对象和属于每个分配对象的簇的中心之间的欧氏距离的平方和可以被计算出来。分簇问题的目标为

$$J(w,z) = \sum_{i=1}^{N}\sum_{j=1}^{K} w_{ij} \|x_i - z_j\|^2 \tag{3.1}$$

式中，$x_i(i=1,\cdots,N)$ 是第 i 个模式的位置；$z_j(j=1,\cdots,K)$ 是第 j 个簇的中心，在式（3.2）中可以发现：

$$z_j = \frac{1}{N_j}\sum_{i=1}^{N} w_{ij}x_i \tag{3.2}$$

式中，N_j 是第 j 个簇中模式的数量；w_{ij} 是模式 x_i 与簇 j 的关联权重，它的值是 1 或者 0（如果模式 i 被分配给簇 j，则 w_{ij} 是 1，否则是 0）。通过最小化（最优化）N 维空间中一般实例 x_i 和簇 z_j 的中心之间的欧氏距离的所有训练集实例之和，调整得以进行。每个解 z_i 是一个 D 维向量，这里 $i=1,2,\cdots,SN$，D 是对于每个数据集输入的大小和簇的大小的产出数量。

初始化之后，位置（解）的群体进行重复循环，$C=1,2,\cdots,\text{MCN}$。一只雇用蜂根据局部信息（视觉信息）在它的记忆中产生位置（解）的修改并且测试新食物源（新解）的花蜜量（适应度值）。如果新食物源的花蜜量比前一个食物源的花蜜量高，则该蜜蜂记住新的位置并忘记旧的位置信息。否则它将前一个食物源的位置信息保留在它的记忆中。式（3.3）给出了模式$i(f_i)$的代价函数如下：

$$f_i = \frac{1}{D_{\text{Train}}} \sum_{j=1}^{D_{\text{Train}}} d(x_j, P_i^{CL_{\text{Known}(x_j)}}) \tag{3.3}$$

式中，D_{Train}是训练模式的数量，训练模式用于归一化总和，这样任何距离的范围都被限制在[0.0, 1.0]，$(P_i^{CL_{\text{known}(x_j)}})$根据数据库定义了实例所属的类。食物源的位置代表优化问题的可能解，食物源的花蜜量与相关解的质量（适应度）相对应，通过式（3.4）计算：

$$\text{fit}_i = \frac{1}{1+f_i} \tag{3.4}$$

一只人工旁观者蜜蜂根据与某食物源相关的概率值选择一个食物源，该概率值用P_i表示，通过式（3.5）计算：

$$P_i = \frac{\text{fit}_i}{\sum_{n=1}^{\text{SN}} \text{fit}_n} \tag{3.5}$$

式中，SN是食物源的数量，与雇用蜂的数量相等；fit_i是式（3.4）中给出的解的适应度，它与式（3.3）中给出的f_i是成反比的，这里f_i是分簇问题的代价函数。为了从记忆中旧的食物位置信息产生一个候选的食物位置，人工蜂群算法使用了下面的表达式，如

$$v_{ij} = z_{ij} + \phi_{ij}(z_{ij} - z_{kj}) \tag{3.6}$$

式中，$k \in \{1,2,\cdots,\text{SN}\}$和$j \in \{1,2,\cdots,D\}$是随机选择的指标。尽管$k$是随机决定的，它必须与$i$不同。$\phi_{i,j}$是一个[-1,1]的随机数，它控制着$z_{i,j}$周围邻居食物源的产量并且代表对于一只蜜蜂可见的两个食物位置的对比。从式（3.6）可以看出，当参数z_{ij}和z_{kj}之间的差别减小时，位置$z_{i,j}$上的扰动也减小。因此，在搜索空间中，当搜索逼近最优解时，步长自适应地减小。花蜜被蜜蜂舍弃的食物源被侦察蜂用一个新的食物源取代。

在人工蜂群算法中，通过随机产生一个位置并用舍弃的位置取代它，可以模拟这一过程。在人工蜂群算法中，如果一个位置不能通过一个预定的周期数被进一步改善，那么该食物源假定为被舍弃。预定周期数的值是人工蜂群算法中一个重要的控制参数，被称为对于舍弃行为的一个"极限"。假设被舍弃的源是z_i且$j \in \{1,2,\cdots,D\}$，那么侦察蜂发现一个新的食物源并被z_i代替。如式（3.7）所示，此操作可以被定义为

$$z_i^j = z_{\min}^i + \text{rand}(0,1)(z_{\max}^j - z_{\min}^j) \tag{3.7}$$

每个候选源位置$v_{i,j}$产生进而被人工蜜蜂评估之后，将它的性能和旧的位置的性能

进行比较。一种贪婪选择机制被用于旧的源位置和候选源位置之间的选择操作。人工蜂群算法有三个控制参数：与雇用蜂或旁观者数目相等的食物源的数量（SN）、"极限"的值、最大周期数（MCN）。

在分簇中，蜂群优化模型在参数优化中具有关键的作用，在许多其他的研究领域中，蜂群优化模型同样发挥了重要的作用，例如，分布式计算系统的任务分配，资源预留优化，实参数优化，数值函数优化，低空飞机中面向目标识别的边缘势场函数（EPF）优化，以及面向无线传感网络的高效路由策略。

通过分析上述无线传感网络典型分簇路由协议的不足之处，并结合蜂群优化模型，下面提出了一种新的面向无线传感网络的预测性能量高效分簇路由方法 PEECR，相对于当前典型的无线传感网络分簇路由协议，新的路由协议提高了成簇的质量，降低和均衡了全网能耗，延长了网络的生存时间。

3.4.3 基于蜂群优化模型的预测性能量高效分簇路由方法

首先介绍算法运行的网络环境。网络中的节点随机部署且静止不动，每个节点都有唯一的 ID 标识，开始时刻各个节点具有相等的能量，网络中节点的位置信息是未知的且不可知，另外，各个节点以相同的功率发射信号，据此可得节点间距。

1. 节点能量消耗的模型

有学者提出了无线通信的能耗模型，我们以此模型为基础，能耗计算如下。
发送数据时的能耗为

$$E_t(k,d) = \begin{cases} E_{\text{elec}} \cdot k + \varepsilon_{\text{fs}} \cdot k \cdot d^2, & d < d_0 \\ E_{\text{elec}} \cdot k + \varepsilon_{\text{mp}} \cdot k \cdot d^4, & d \geq d_0 \end{cases} \quad (3.8)$$

式中

$$d_0 = \sqrt{\frac{\varepsilon_{\text{fs}}^2}{\varepsilon_{\text{mp}}}} \quad (3.9)$$

接收数据时的能耗为

$$E_r(k) = E_{\text{elec}} \cdot k \quad (3.10)$$

在监听模式下，当节点监听到在它的范围内交换的数据包时，消耗的能量为

$$E_o(k) = E_{\text{elec}} \cdot k \quad (3.11)$$

式中，k 是所传数据包的大小；d 是发送距离。

根据 RSSI 计算节点间距离 d 的公式为

$$d = 10^{\frac{|\text{RSSI}-A|}{10 \times n}} \quad (3.12)$$

式中，A 是距发送点 1m 处接收信号的强度；RSSI 是接收信号的强度；n 是路径衰减因子。

因此，一个节点 n_i 消耗的能量的总量由式（3.13）计算。

$$E(n_i) = E_t(k_{n_i}, d) + E_r(k_{n_i}) + E_o(k_{n_i}) \qquad (3.13)$$

由于在发送或接收期间消耗的能量与通信过程有关，所以它可以被认为是有效的能量消耗。然而，当监听交换的数据包时或在空闲模式下的能量消耗是无效地耗尽节点的电池电量。因此，在空闲模式下和监听交换的数据包时消耗的能量应尽量减少，这可以通过确定一个较小的"空闲"时间来实现，"空闲"时间之后，节点自动地进入"睡眠"模式以节省它的电池电量。此外，当一个无线传感网络中节点的数目增加时，节点的邻居的数量也增加，这导致监听或转发时消耗更多的能量。

2. PEECR 算法的设计

PEECR 以轮为工作周期，每轮由簇的形成和数据的稳定传输两个阶段组成。

接下来要用到几个定义，介绍如下，其中 M 为网络全部节点的集合。

定义 3.1 邻居节点：在 M 中，节点 i 和 j 之间的距离用 $d_{(i,j)}$ 表示，如果 $d_{(i,j)} \leq R_c$，则将节点 j 称为节点 i 的邻居节点，这里 R_c 是节点的广播半径，节点 i 的邻居节点的集合用 Neighbour$_i$ 表示。

定义 3.2 节点度数：在 M 中，位于节点 i 的 R_c 范围内的节点数称为节点 i 的度数，用 Number$_i$ 表示。Number$_i$ 越大，表明节点 i 周围的节点越多，如果它当选为簇首，则它所在的簇的覆盖性越好。

定义 3.3 节点间相对距离：在 M 中，节点 i 接收在半径 R_c 内的全部节点广播的消息，它收到的来自节点 j 的信号强度用 SS$_j$ 表示，$I_i = \sum\limits_{j=\text{Neighbour}_i} \dfrac{\text{SS}_j}{\text{Number}_i}$，$I_i$ 越大，表明周围节点离节点 i 越近，则它们与节点 i 通信的平均能耗越小。

起始时刻，令网络各个节点时钟同步，簇形成的流程如下。

（1）广播信息：各个节点将自身 ID 信息对外广播，节点 i 根据接收到的信息计算它的 Neighbour$_i$、Number$_i$ 和 I_i。

（2）确定角色：所有节点根据式（3.14）计算自身定时时间 t_i，接收到来自基站的信息后开始计时。如果在 t_i 时间内节点 i 没有收到簇首发来的信息，则向其邻居节点广播自己当选为簇首的消息。收到簇首信息的节点称为成员节点，并停止计时。收到多个簇首信息的节点选择后形成的簇加入。

t_i 的计算公式为

$$t_i = \alpha \times e^{-w_i} \qquad (3.14)$$

式中，系数 α 决定时延的大小；w_i 的计算公式为

$$w_i = 100 \times \left(C_1 \cdot \dfrac{1}{d(i)} + C_2 \cdot \left(1 - \dfrac{1}{\text{Number}_i}\right) + C_3 e^{E_i} \right) \qquad (3.15)$$

式中，E_i 表示节点 i 当前剩余的能量；$C_1 + C_2 + C_3 = 1$；$d(i) = 10^{|RSSI_i - A|/(10 \cdot n)}$。

根据上述两式，度数高，与周围节点平均距离短，剩余能量多的节点当选为簇首的可能性更大，因为它需要等待的时间 t 更短。

在我们的簇首选举机制中，后成簇的规模小于先成簇，加入后成簇可以均衡各簇规模，因此，若某节点收到多个簇首信息，则将选择加入后成簇。

1）使用蜜蜂代理的路径发现过程

数据包从一个源节点到汇聚节点路由的过程中消耗的能量可能会耗尽沿着路径的所有节点的电量。如果一个源节点和汇聚节点之间的最优路径只取决于跳数而不考虑节点电池电量，这可能会导致传输中数据包丢失，并因此导致较长的延迟去重新路由数据包。此外，当超载节点停止运行时，网络节点之间流量的不公平分布将会导致网络分割。

因此，一个容错和高效的路由协议应该在选择一条路径并开始传输之前预测其收集的路由信息中的能量消耗。为了雇用从源节点到汇聚节点旅行的人工蜜蜂代理，本研究使用了蜂群优化模型。蜜蜂代理在所有可能的路径上旅行，收集关于沿着路径的所有节点的能量信息，预测路由时将会被消耗掉能量值并选择最优路径。关于一条路径的能量应该显示如下信息。

（1）每个节点剩余的电池电量：如果它低于某个预定的阈值，那么整个路径不能被选择来传输数据包。

（2）路径上的节点将消耗的总能量：为了在消耗更少能量的路径上路由数据包，该参数将会从能量的角度表明路径的效率。消耗较少能量的路径往往具有最少的跳数，因为它会经过最少数量的节点。

通过选择消耗较少能量的路径并因此节省沿着路径的节点的电池，这必将通过延长节点电池的寿命延长网络寿命。

在图 3.9 中，从源节点 "A" 向汇聚节点 "S" 有三条可能的路由路径：路径 $R1$ 为 A, B, E, S，路径 $R2$ 为 A, C, F, S 和路径 $R3$ 为 A, D, G, I, S。

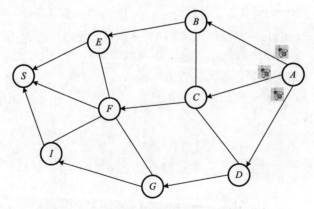

图 3.9 使用蜜蜂代理的路径发现过程的例子

这三条路径中最优路径的选择取决于在通信过程中该条路径上的移动节点预期消耗的能量值。这种能量信息将会在路径发现旅程中被前向蜜蜂代理收集，并主要包括两个必要的度量：关于节点剩余的电池电量，用于确定节点的预期寿命，并因此确定在沿着路径转发数据包的过程中节点的效率；关于沿着路径的所有节点预期消耗的能量的总量，对于每条路径，用 $E(Rj)$ 来表示，这里 j 是路径索引。

为了计算在接收过程中沿着每条路径的所有节点消耗的总能量，通用式（3.16）给出了计算方法，且该公式可被应用于前面例子中的三条可能路径上：$R1$、$R2$ 和 $R3$。

$$E(Rj) = h(Rj) \cdot E_r(k) \tag{3.16}$$

式中，$h(Rj)$ 是一条路径 Rj 上的跳数；$E_r(k)$ 是在一个大小为 k 字节的数据包的接收过程中消耗的能量值。

如果 $E(R1) < E(R2) < E(R3)$，那么 $R1$ 是实现最低功耗的路由路径，如果它满足所有其他的阈值约束，例如，在沿着路径的通信过程中实现可靠的数据包传输的节点电池剩余电量 $P(n)$ 和最小的传播延迟 $D(Rj)$，那么 $R1$：A，B，E，S 将被选为源节点 A 和汇聚节点 S 之间的最优路径。因此，路径收益率 $g(Rj)$ 可以是一个分配给从 A 到 S 每条潜在路径的比率并反映路径质量，结合了路径的节点预期消耗的能量的总量、跳数和传播延迟。端到端的传播延迟可以通过通用表达式（3.17）来表示和计算。

$$D(Rj) = \sum_{i=1}^{N} d(n_{ji}, n_{ji+1}) \tag{3.17}$$

式中，N 是路径 Rj 上节点的数目；$d(n_{ji}, n_{ji+1})$ 是路径 j 上每个节点 i 和同一路径上下一个节点 $i+1$ 之间的传播延迟。

最后，在 M 条路径中路径 Rj 的收益率 $g(Rj)$ 通过通用表达式（3.18）来表示：

$$g(Rj) = \frac{E(Rj) \cdot D(Rj)}{\sum_{j=1}^{M} E(Rj) \cdot D(Rj)} \tag{3.18}$$

因此，对于源节点和汇聚节点之间的每条潜在路径，为了反映它的能量消耗和它的传播延迟，每条潜在路径都应该被给予一个收益率。最优路径 R_o 是具有最高收益率的路径，如

$$R_o = \max(g(Rj)) \tag{3.19}$$

值得一提的是，排队延迟和传输延迟可以由一个常数来表示，这是因为此过程在路由发现阶段，而不是在所选择的路径上进行数据路由的阶段，并不一定涉及由排队和传输引起的任何延迟。

2）预测性能量高效簇间数据传输策略

受到蜂群优化集群智能模型的启发，我们提出的预测性能量高效模型是一个面向无线传感网络的优化模型。它可以被概括为如图 3.10 所示。在该预测性能量高效数据传输策略的流程图中，从源节点 n_s 到汇聚节点 S 的最优路径发现过程如下。

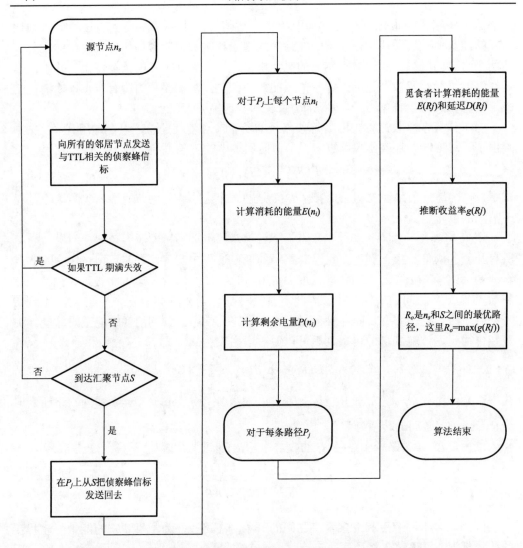

图 3.10 基于蜂群优化模型的预测性能量高效数据传输策略流程图

(1) 对于每个源节点 n_s,为了把它的数据包高效地路由到汇聚节点 S,它可以启动其路由路径发现过程来定义到汇聚节点 S 的所有可能的 M 条路径中的最优路径。

(2) 对于路径发现,每个节点 n_s 在 M 条潜在路径上把与一个 TTL(生存时间,为了防止较长的延迟和增加的路由开销而预定义的)相关的蜜蜂代理(通过信标消息)发送给所有的邻居节点。蜜蜂代理(侦察蜂)消息将收集并保存所有必需的路由信息,包括被视为关键指标的剩余电池电量,以及其他信息,如排队延迟。

(3) 如果 TTL 数据包期满失效,则蜜蜂代理数据包会向源节点表明失败且该路径被拒绝。当一个蜜蜂代理到达汇聚节点 S,在收集了所有必需的路由信息之后,它通过同一条记录的路径被发送回它的源节点 n_s。该后向蜜蜂代理（变成一个觅食者）数据包将会根据每条潜在路径的节点表明其发现的路径信息：剩余电池电量 $P(n_i)$（这里，在每条路径 j 上，$i=1$ 到 N 个节点），跳数 $h(P_j)$ 和端到端延迟 $D(P_j)$。

（4）在源节点处，将被消耗的能量值作为一个函数来计算，该函数是由表达式（3.13）给出的路径上每个节点的能耗总量的跳数 $h(P_j)$ 倍。

（5）能量消耗 $E(Rj)$ 将使用表达式（3.16）来计算，传播延迟 $D(Rj)$ 使用表达式（3.17）来计算。最后，每条路径的收益率 $g(Rj)$ 将会由觅食者从表达式（3.18）来推断以确定最优路径 R_o，最优路径是具有最高收益率的路径，最高收益率由表达式（3.19）根据预期消耗的能量、跳数和端到端延迟给出，以便在这条路径上从源节点 n_s 到汇聚节点 S 路由数据包。在传输过程中，如果有任何问题或故障在最优路径上出现，则其他潜在的路由路径也可以被使用，但这与它们的收益率有关。

3.4.4 最优成簇分析

为方便起见，设各簇节点数相同，N 个节点均匀分布于 $M \times M$ 的区域中，相邻两簇无重叠，则整网所期望簇首数目 n 满足如下关系：

$$n\pi R_c^2 \approx M^2 \tag{3.20}$$

式中，R_c 是节点广播半径最优值。

簇稳定运行时，传输一次信息，簇首能耗为

$$E_{CH} = lE_{elec} \cdot k + lE_{DA}k + l(E_{elec} + \varepsilon_{mp}d_{BS}^4) \tag{3.21}$$

式中，E_{DA} 是簇首融合一次数据的能耗；l 是数据包大小；k 是簇中成员节点数；d_{BS} 是汇聚节点和簇首节点之间的距离。

传输一次信息，非簇首节点的能耗为

$$E_{NON\text{-}CH} = lE_{elec} + l\varepsilon_{fs} \cdot d_{CH}^2 \tag{3.22}$$

式中，d_{CH} 是成员节点与簇首间距离的期望。那么，向 Sink 发一次数据，整个簇消耗的能量为

$$E_{cluster} = E_{CH} + k \cdot E_{NON\text{-}CH} \tag{3.23}$$

若用 $\rho(x,y)$ 表示网络中节点的分布密度，则 d_{CH}^2 的数学期望为

$$E[d_{CH}^2] = \iint (x^2 + y^2)\rho(x,y)dxdy = \iint r^2\rho(r,\theta)rdrd\theta \tag{3.24}$$

将 $\rho = \dfrac{N}{n} \times \dfrac{1}{\pi R_c^2}$ 代入式（3.24）中可得

$$E[d_{CH}^2] = \rho \int_0^{2\pi}\int_0^{R_c} r^3 drd\theta = \frac{N}{n}\frac{R_c^2}{2} \tag{3.25}$$

则传输一次数据，整网的能耗 E_{total} 为

$$E_{\text{total}} = n \times E_{\text{cluster}} \tag{3.26}$$

将式(3.21)~式(3.23)和式(3.25)代入式(3.26)中，同时令 $\dfrac{dE_{\text{total}}}{dR_c} = 0$，可得网络能耗最小时的 R_c，解得

$$R_c = \sqrt[4]{\dfrac{2M^2(\varepsilon_{\text{mp}} d_{\text{BS}}^4 - E_{\text{elec}})}{N\pi\varepsilon_{\text{fs}}}} \tag{3.27}$$

将式(3.20)代入式(3.27)，可算出在理想状态下簇的数量 n 和网络参数间的关系为

$$n = \sqrt{\dfrac{N}{2\pi}} \cdot \sqrt{\dfrac{M^2 \cdot \varepsilon_{\text{fs}}}{\varepsilon_{\text{mp}} d_{\text{BS}}^4 - E_{\text{elec}}}} \tag{3.28}$$

3.4.5 仿真结果及其分析

为了对 PEECR 作出评估，我们使用 MATLAB 软件配置仿真环境。在 100m×100m 的区域中随机部署 100 个传感器节点，Sink 位于区域中心。仿真参数如表 3.1 所示。

表 3.1 实验参数表

参　　数	取　　值
数据包长度	2000bit
节点初始能量 E_0	0.5J
节点分布范围	100m×100m
汇聚节点坐标	(50,50)
节点数	100
电路消耗能量 E_{elec}	5.0×10^{-8} J/bit
数据融合能耗 E_{DA}	5.0×10^{-9} J/bit
信道传播模型参数	ε_{fs}: 1.0×10^{-11} J/(bit·m^{-2}) ε_{mp}: 1.3×10^{-15} J/(bit·m^{-4})

依据式(3.27)，可求出节点广播半径最优值 $R_c \in [16,54]$，这里取 $R_c = 30$m 来仿真。依据式(3.28)，若有效的广播半径 $R_c = 30$m，则理想的成簇个数 $n = 6$。从图 3.11 可以看出，开始时网络寿命随簇的数量增加而迅速提高，当簇数目是 6 个时，网络寿命达到最大，与理论推导相符，验证了我们算法的正确性。随后网络寿命开始下降，当簇数目增加至 75 个时，网络寿命在 150 轮左右保持平稳。产生这样结果的原因在于：若簇数目小于 6 个，则簇间通信的次数减少，参与簇间通信的节点数也减少，但是簇间通信半径变长，使簇间通信的能耗增加；若簇数目大于 6 个，则簇间通信半径减小，但是簇间通信变得更为频繁，参与簇间通信的节点数也增多。

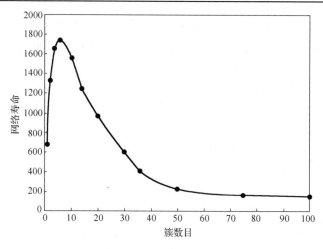

图 3.11 簇数目和网络寿命的关系

整网簇数目是 6 个时,网络性能最优。网络簇数目达到 75 个时,簇内平均节点数是 1~2 个,网络寿命接近平面路由算法的情况。

网络寿命和能耗均衡性可反映网络整体性能。将 PEECR 的性能与 LEACH 和 PEGASIS 进行对比。从图 3.12 可看出,LEACH 算法及 PEGASIS 算法死亡节点出现的时间分别在约第 340 轮和第 680 轮,而 PEECR 算法首个节点死亡发生在约第 1600 轮,明显晚于 LEACH 算法和 PEGASIS 算法,网络寿命显著提高。

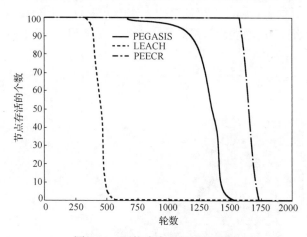

图 3.12 网络生存时间对比关系

LEACH 和 PEGASIS 节点全部死亡的时间分别在约第 570 轮和第 1540 轮,节点的死亡过程分别经历了约 230 轮和 860 轮。PEECR 节点全部死亡的时间约在第 1730 轮,节点的死亡过程经历了大约 140 轮。由此可知,从首个死亡节点出现到所有节点死亡所经历的时间,PEECR 算法最短,可见能量被均衡消耗。

另外,从图 3.13 可看出,PEECR 算法能量的耗尽过程持续了约 1700 轮,这个时间明显长于 LEACH 和 PEGASIS,说明网络能耗更均衡,能量得到了有效的利用。

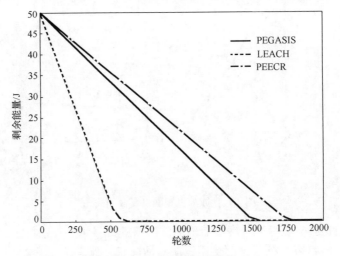

图 3.13 网络剩余能量对比关系

如图 3.14 所示,网络运行前期没有节点死亡,LEACH 协议各个工作周期消耗的能量差别很大,每个数据通信周期的能耗在较大能量区间内震荡,这意味着 LEACH 协议的能耗均衡性不理想。从图中还可看出,PEGASIS 路由协议在能量消耗方面比 LEACH 路由协议更均衡,因此网络的有效工作时间也长于 LEACH。除此之外,通过对比发现,我们设计的预测性能量高效分簇路由方法 PEECR 在仿真中性能最佳,表现突出,轮能耗震荡基本都很小。

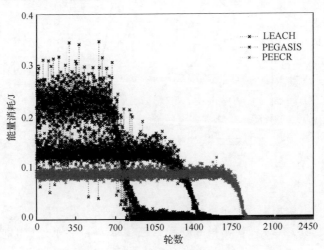

图 3.14 网络能耗均衡性对比分析

3.5 基于网络区域划分和距离的节能分簇路由方法

3.5.1 简介

无线传感网络被部署以进行多种应用，如环境监测、工业控制、灾难恢复以及战场监视。在下一代网络中，无线传感网络预计将扮演更重要的角色，即感知物理世界。众所周知，对于电池供电的无线传感网络，能量是最重要的资源之一。为了尽可能地延长网络寿命，在无线传感网络协议的设计中，能量有效性成为基本原则之一。

为了更加有效地利用传感器节点有限的可用能量，大多数当前的路由方案试图找到至汇聚节点的最小能量路径来优化节点的能量使用。然而，有一个问题出现了，即在为无线传感网络设计路由协议的时候，只专注于能量效率是否是足够的，或者说其他目标如网络寿命和覆盖度也应该被考虑进来。作为以往研究的一部分所进行的实验表明，距离汇聚节点更近的节点往往比其他节点更快地耗尽它们的能量。这种不平均的能量消耗极大地减少了网络寿命，降低了网络的覆盖率。除此之外，有学者指出，当距汇聚节点一跳远的节点耗尽它们的能量时，在更远距离处的节点仍有达到93%的初始能量剩余。对于网络的长期健康，这种能量消耗的不均衡性是绝对不可取的。如果传感器节点更加平均地消耗它们的能量，则它们和汇聚节点之间的连通性可以被保持更长的时间，从而推迟网络分割。网络覆盖度的这种更加平稳的退化可以明显地提供可观的收益。因此，在能量效率和均衡的能量消耗之间进行适当的权衡应该是合理和实用的。考虑到这一点，我们设计了一种新的路由方案，该方案克服了大多数现有的节能路由算法中能量消耗不平衡的问题，并且证明了在整个网络中均衡的能量消耗的优势。

尽管众多的能量感知路由协议已经在文献中被提出，它们中的大多数只注重能量效率，即找到最优路径以尽量减少能量消耗。在我们看来，一种能量感知路由协议不仅应该以能量效率为目标，而且应该以均衡能量消耗为目标。此外，根据应用要求，无线传感网络中的路由协议可以被自然地分为两类，即基于数据查询的路由和基于数据采集的路由。前者传播网络中某个感兴趣的事件的消息，从而引导查询以发现到该事件的路径。后者为传感器节点采集的数据找到至汇聚节点的路径。

那些微传感器节点容易部署，但也由于能量有限的缺点，严重制衡了无线传感网络的应用与发展。因此在许多无线传感网络系统的研究中，如何延长网络的生存时间，均衡网络能量消耗成为重要的目标，许多学者对更加节能的网络拓扑构造、路由算法及协议设计进行了大量研究，多种机制被应用于无线传感网络的节能策略中。其中，采用基于分簇的层次型路由算法相对于平面路由算法有更好的适应性和节能性。分簇算法是将传感器网络的节点划分为不同的簇，每个簇中有一个簇首节点，簇中的其余成员节点将信息发送给簇首节点并由簇首节点进行数据的融合和转发。其中，簇首的选择是分簇算法的关键，如何通过簇首的选择来形成高质量的簇，从而降低节点能耗的研究有着重要的意义。

3.5.2 节能路由策略介绍

如前所述,许多文献关注节能路由协议,其目标是找到一条最优路径以尽可能减少本地节点上或整个无线传感网络中的能量消耗。然而,一些现有的路由协议已经认识到能量不均衡的问题。有学者定义了能量均衡的性质,之后在单跳无线传感网络中提出、分析并评估了能量均衡算法,然而每个节点都可以直接和汇聚节点进行通信这一假设对多跳无线传感网络而言是不现实的。有文献考虑到了汇聚节点附近的能量空洞,但是没有考虑到整个网络的能量消耗平衡。为了实现接近平衡的能量消耗,一种非均匀节点分布策略被提出。然而,其成本是相当大的,这是因为除了最外层电晕,从外部电晕到内部电晕的节点数以几何级数增加。为了提高网络的生存能力,能量感知路由为每个数据包传递维护多条路径并适当地选择一条。其开销也可能是很大的,这是因为它需要非常频繁地(每一次沿着路径的节点上的能量值发生改变)交换路由信息以得到一个精确的路由度量。为了实现空间的能量平衡,一种前瞻性多径路由算法被提出,但是由于"能量负担"和"流量负载"可以被等同这一假设,实际上它是一个负载平衡机制。在实践中,除了流量负载,还有许多因素对无线传感网络中的能量负担有影响,如信道传感和信道竞争。毫无疑问,通过在多条路径上分散流量,能量分布可以在一定程度上被平衡。然而,这并不是一种最佳的解决方案,因为忽略剩余能量分布地分散流量是有些盲目的。

在文献中,研究了用于均衡能量消耗的综合方案,而且路由算法被视为一种辅助机制。通过在逐跳传输模式和直接传输模式之间进行切换,可以实现能量消耗的均衡。逐跳传输可以节约离汇聚节点较远的节点的能量,而直接传输模式可以节约离汇聚节点较近的节点的能量,因为在这种模式中它们的中继负担可以得到缓解。

一些数据采集路由协议也使用了梯度的概念,如 GBR(Gradient-based Routing)在所有节点之间均匀地分配流量并且防止了非均匀流量超载。汇聚节点广播一个 interest 消息,该消息在整个网络中进行洪泛。接收到该 interest 消息的每个节点将会记录此 interest 消息携带的跳数信息,从而计算它到达汇聚节点所需的跳数。这里两个节点之间的梯度是它们的跳数之间的差值。一个跳数梯度从节点到汇聚节点被建立起来,并且所有的消息将会在朝着汇聚节点的方向中流动。事实上,GBR 等价于最短路径路由,因为在计算梯度的过程中只有跳数被考虑到。另外,通过沿着从每个源节点到接收节点的交错网格的频带路由消息的冗余副本,GRAB(Gradient Broadcast)被设计以提高可靠性。GRAB 通过每个数据消息中携带的信用额度来控制频带的宽度,从而允许发送节点调节数据传送的鲁棒性。通过在网络中传播通告报文,一个成本场被定义。一个节点的成本是沿着一条路径从该节点到汇聚节点转发一个数据包所需的最小能量开销。换句话说,GRAB 采用多条路径和成本场来提高数据传输的可靠性并最小化能量消耗,但还是很容易导致能量失衡甚至能量空洞。此外,GRAB 在很大程度上依赖于周期性洪泛来维持梯度信息,这导致很高的带宽要求和能量开销。为了适应瞬时信道变化和拓扑改变,SGF 通过在多个候选节点中适时地选择转发节点扩展了

GRAB。梯度的维持纯粹是由数据传输驱动的，从而减少了开销。然而，这种投机性的选择很难保证成本场的单调性，从而有可能使路由环路的发展失控。

在基于梯度的路由中，梯度仅是一个状态，它代表朝着邻居节点的方向，通过这些邻居节点可以到达目的汇聚节点。它可以根据不同的变量被建立，如跳数、能量消耗、物理距离和被监测现象的指纹。我们将会借鉴经典物理学中势的概念并且使用不同的网络状态变量构建多个势场，如深度、剩余能量和能量密度；然后利用归一化场强把它们叠加成一个虚拟的混合势场来驱动数据包通过密集能量区域向汇聚节点移动。随着节点剩余能量的分布变化的动态势场为基于势的路由提供机会以便在任何网络环境中尽可能均匀地消耗能量。

在典型层次路由算法中，由于区域内的所有节点都在向基站方向发送信息，所以在假设区域内监测事件发生概率相同的情况下，所有节点的信息总是会通过距离基站较近的节点发送给基站，这样就会使得基站附近的节点能量消耗要比远离基站的节点快，从而造成能量消耗严重不均衡，在基站附近，节点形成能量空洞，即无线传感网络的网络"热点"问题，当这部分节点能量耗尽后，距离远的节点不得不加大通信功率与基站联系，从而造成更大的能量消耗，加速网络的死亡。针对这个问题，有学者提出了 EEUC（Energy-efficient, Uneven Clustering）协议，是一种非均匀分簇的算法，核心是在网络中形成了不同大小的簇，来均衡网络能量消耗，对于解决上述问题，在一定程度上均衡了网络能耗，也显著增长了网络生命时间。

为了更好地弥补已有研究算法在解决热点问题时的部分缺陷，在我们的 UCNDD（Unequal Clustering based on Network Division and Distance）算法设计中，采用网络区域划分与分簇相结合的算法，以基站节点为圆心，在距离基站近的区域采用划分区域的机制，此区域的节点不进行簇的重构，减少能量消耗，作为与基站联系的节点域，而远离基站区域内的节点，采用优化的不均等分簇机制，通过两种机制相结合的方式，在所适用的区域，能更好地平衡整个网络的能量消耗，延长网络的生存周期。

3.5.3 能量消耗模型

我们所适用的网络具有这样的特征：所需要监测的为一个 $M \times M$ 的方形区域，所有节点随机均匀分布在该区域内，该网络只有一个基站，且在监测距离外一定距离，基站具有足够的能量。

区域内传感器节点数量为 n，每个节点的唯一标识为 N_i。

我们假设传感器节点具有以下特征。

（1）区域中的节点都是静止不动的。

（2）节点都有唯一的标识 ID。

（3）每个节点具有相同的初始能量和通信能力及计算能力。

（4）节点可以根据通信距离调整传输功率。

（5）网络环境通信良好，传感器节点可以根据接收能量判断传输距离。

（6）节点不具备位置感知能力，不具有 GPS 等位置感知装置。

则网络中所有节点的集合为 V，$V = \{N_i | 1 \leq i \leq n\}$。

通常一个典型的无线传感器节点由4个模块组成：传感单元、处理单元、通信单元及供应电池，其中，消耗能量的前三个模块能耗各不相同，它们在节点中的能耗对比如图 3.15 所示。

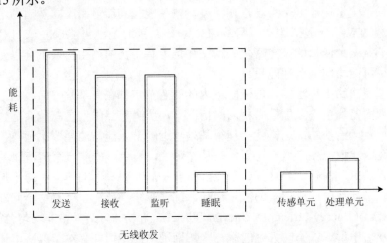

图 3.15　无线传感器节点能耗分布

从图 3.15 中可以看出，占节点总体能耗比例最大的是通信单元的无线收发。而对于无线收发中的 4 个状态：发送、接收、监听和睡眠，发送信息所消耗的能量最多，接收和监听其次，睡眠状态下耗能最小，而处理单元和传感单元所消耗的能量远小于通信单元，相对于节点的总体能耗，可以忽略不计，所以在大部分能量消耗模型中，都只是考虑通信单元的无线收发能量消耗。

根据无线电能量消耗模型，发送一个 k 比特的消息，消耗的能量公式为

$$E_{Tx}(k,d) = E_{Tx\text{-elec}}(k) + E_{Tx\text{-amp}}(k,d) = \begin{cases} kE_{elec} + k\varepsilon_{fs} \times d^2, & d < d_0 \\ kE_{elec} + k\varepsilon_{mp} \times d^4, & d \geq d_0 \end{cases} \quad (3.29)$$

式中

$$d_0 = \sqrt{\frac{\varepsilon_{fs}}{\varepsilon_{mp}}} \quad (3.30)$$

式中，k 为传输数据包的字节数；d 为发送的距离，当传输距离小于阈值 d_0 时，功率放大损耗采用自由空间模式，否则采用多径衰减模式；E_{elec}(nJ/bit)为射频能耗系数；ε_{fs} 和 ε_{mp} 分别为两种模式下电路放大器的能耗系数。

接收这个消息所消耗的能量为

$$E_{Rx}(k) = E_{Rx\text{-elec}}(k) = kE_{elec} \quad (3.31)$$

数据融合技术是将网络中若干节点的多个信息或数据进行处理，整合出更有效、更符合需求的信息的过程，核心主要是对网内冗余数据的处理，即簇头节点或中继节点在接收并转发数据时，首先对接收的数据进行整合处理，去除冗余信息，在满足应用需求的前提下，最小化数据传输量，从而节省节点发送信息的能耗。

采用较好的数据融合技术减少传输数据量，是节能分簇路由的基本思想之一，在实际网络应用中，通过将数据融合技术与高效路由协议相结合，已存在许多相关数据融合技术，但因为簇间数据的差异性较大，在我们的仿真中，将不考虑簇间的数据融合，中继簇头只负责数据转发，而对簇内成员节点的数据融合，为了便于仿真，假设为每个成员节点向簇头发送 k bit 的数据，无论簇内节点数目为多少，均压缩为 k bit 数据，簇内数据融合能耗设定为 $E_{CH,D} = 5nJ/bit$。

3.5.4 协议设计

在我们的模型中，由于基站是位于区域外侧的，尤其在一些环境恶劣的，需要抛洒节点的区域，基站肯定是会与监测区域有一定距离的，在这种情况下，显然无论单跳路由通信还是多跳路由，节点能量的消耗与基站距离有关，且距离近的节点会比远的节点消耗得更快，为了使网络能耗更均衡，我们的算法将网络区域划分，并结合不同的竞争半径机制，实现网络中簇的不均匀分布，以更好地解决网络"热点"问题。

1. 网络区域划分

在网络准备阶段：①通过基站向区域中的节点发送一条信息（基站会以足够大的功率，以保证覆盖到网络中的所有节点），来确定节点与基站的距离；②节点会根据收到消息能量的强度来确定自己所在的区域。

由于基站的能量相对于区域节点来说，是无限且可供应的，基站的大功率广播能量消耗不需要考虑，对于装有 RSSI 测量芯片的节点 N_i，可以通过接收信号强度（RSSI）求出该节点距离基站的距离 $d_{toBS}(N_i)$，接收功率与距离的关系采用简化模式来表示：

$$\text{RSSO} = A - 10 \times n \lg d_{toBS} \tag{3.32}$$

由此得

$$d_{toBS} = 10^{\frac{|\text{RSSI}-A|}{10 \times n}} \tag{3.33}$$

区域中的每个节点根据距离基站的距离加入相应的域，假设第一层的半径为 R，以基站为圆心，向外画环形，环与环之间的距离为 r。

半径 R 的确定：为了更好地节省临近基站的节点的能量，就要使这部分区域的节点减少或不执行簇的重构，只作为转发消息与基站联系，这样就避免了既分簇又与基站联系的过多能量消耗，而且由于已经证明的，在一定距离内单跳远距离通信消耗能量要比多跳通信多，为了节省与基站单跳通信的能量，所以选择基站与区域边界的最近距离为半径 R。

定义 3.4 临域。在 $M \times M$ 的监测区域中,由于基站位于监测区域的外部,且有一定距离,当以基站为圆心向监测区域辐射时,距离越远,环形区域越大,包含节点越多,而距离基站较近区域的节点,作为整个监测区域的中继节点与基站通信,这部分节点所在的区域定义为临域,这些节点称为临域节点。

其他节点皆为非邻域节点,为了确保临域的节点减少成簇的能量消耗,必须选出一定范围的临域,既能包含一定的节点负责与基站的通信,又因为与基站通信会消耗更多的能量,所以又不能包括太多的节点,增加临域节点的负担,如果节点过少会增加这部分节点的通信压力,则节点过多又会造成这部分区域的过多不必要的单跳通信能量损耗。我们以下面的公式选取临域的范围。

$$r = 2\sqrt{\frac{M \times M}{n \cdot \pi}} \tag{3.34}$$

式中,r 为临域环形的半径;n 为区域中节点的总个数;M 为方形监测区域的边长长度。

假设区域边界到基站的最近距离为 R,那么临域在监测区域的边界到基站的距离便为 $R+r$,如图 3.16 所示。我们设定临域中的节点不参与分簇,减少重构能量消耗,只负责接收信息并发送给基站。

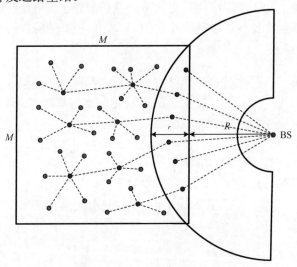

图 3.16 网络模型图

其中,灰色节点为普通节点,黑色节点为选出的簇头汇聚节点 Sink,环形层中的黑色节点为邻域节点,负责与区域外基站的通信。

临域的确定:所有节点在监测区域部署完毕后,基站会以足够大的功率,向监测区域中广播信息,足够大的广播范围使所有节点确保都能收到基站信息,根据 RSSI 计算公式,节点可计算出距离基站的大致距离,如果节点到基站的距离满足:$d_{\text{toBS}}(N_i) \leqslant R+r$,$1 \leqslant i \leqslant n$,则此节点标记自己为临域节点,记为 $N_i.\text{near}=1$,否则

$N_i.\text{near} = 0$,N_i 为节点的唯一标识 ID,则节点的集合可以表示为 $V = V_{\text{usual}} \bigcup V_{\text{near}}$,其中 $V_{\text{near}} = \{N_i | d_{\text{toBS}}(N_i) \leq R + r\}$ 为邻域节点集合,V_{usual} 为非邻域普通节点集合。

2. 簇的建立

当临域确定后,临域中节点自动进入休眠状态,不广播也不接收信息,并且在每轮簇的重构阶段都进入休眠状态,这样就节省了临域节点的能量开销。

非临域节点在确定自己的区域后,开始执行分簇,分簇的过程采用竞争机制,每个节点有自己不同的竞争半径,计算公式为

$$N_i(R) = \left[1 - c\frac{d_{\text{dist}} - d_{\text{toBS}}(N_i)}{\text{AreaM}}\right]R_c \quad (3.35)$$

式中,d_{dist} 为区域远边界到基站的距离;AreaM 为监测区域的边长;$d_{\text{toBS}}(N_i)$ 为节点 N_i 到基站的距离;R_c 为节点的最大竞争半径;c 为用来控制取值范围的参数,其取值范围为[0,1]。由公式可以看出,将与基站的距离加入竞争半径计算后,距离基站越近的点,竞争半径越小,越远的点,竞争半径越大,这样就实现了网络的不均等分簇,使网络中的节点,越靠近基站,越能节省成簇的能量消耗。

成簇步骤:在初始阶段,假设所有网络节点都具有相同的时钟,在接收到基站发送的消息后,根据距离计算便可确定临域,各节点确定自己所在的域。

分簇阶段,临域节点进入休眠,非临域节点执行分簇。

在非临域中,所有节点根据式(3.35)和与基站的距离,计算出自己的竞争半径,并在竞争半径内以泛洪的方式广播自己的 ID 信息,节点根据收到的信息统计自己的节点度。

定义 3.5 节点间距离。当节点收到其他节点发送来的消息后,也会根据 RSSI 距离计算公式计算出收发信息的节点间的距离,用 $d(N_i, N_j)$ 表示,为节点 N_i 与 N_j 之间的距离。

定义 3.6 节点度。即节点感知范围内的邻居节点个数,定义为

$$N_i.D = \{N_i | N_i \in V_{\text{usual}}, d(N_i, N_j) \leq N_i(R)\} \quad (3.36)$$

式中,V_{usual} 为所有非临域普通节点的集合,若 $d(N_i, N_j)$ 这个距离小于等于节点的竞争半径,即节点所能广播通信到的范围,初始阶段,当节点收到广播消息后,将发送消息的节点的距离与自己的广播半径比较,若在自己的广播半径内,则记为此节点的邻居节点,并累加为节点度。

为了节省成簇时各种广播交换信息的能量消耗,只在初始准备阶段,所有节点广播一次消息,在以后的簇重构周期中,都采用定时机制,每个节点根据公式计算出自己的定时时间,若在定时时间内收到其他节点的广播消息,则自动退出簇头竞争进入等待状态,若在定时内没有收到消息,则确定自己为簇头,并在自己的竞争半径内广播成为簇头的消息。到达最大竞争时间后,进入等待的节点,根据收到的簇头广播消息,选择相应的簇加入。

设置定时时间公式为

$$T_{CH}(N_i) = k \cdot T_{CH0} \left[1 - \left(\alpha \frac{E_R(N_i)}{E_0} + \beta \frac{N_i D}{n} + \gamma \left(1 - \frac{1}{N_i(R)} \right) \right) \right] \quad (3.37)$$

式中，$\alpha + \beta + \gamma = 1$，为各参数的权重调节系数；$k$ 为一个调节系数，设为（0.9，1）的一个随机数，为了减少节点间广播消息时，时间冲突的可能性；T_{CH0} 为设定的最大竞争时间；E_0 为节点的初始能量；$E_R(N_i)$ 为节点当前的剩余能量；$N_i D$ 为节点的节点度；n 为节点的总个数；$N_i(R)$ 为节点的竞争半径。

由式（3.37）可以看出，影响定时时间的设定主要有三个参数，当节点剩余能量越多，节点度越高，竞争半径越大时，所设定的定时时间越短，即越容易成为簇头节点。

在成簇时，节点会根据收到的信号强度，选择较近的簇头加入簇，如果距离相同，则选择节点度低的簇头加入簇。

引理 3.1 在网络分簇阶段终止时，每个存活的节点都会成为簇头节点或簇的成员节点。

证明 在 UCNDD 算法中，若节点的定时时间比较小，则会首先宣布成为簇头，其竞争半径内的节点退出竞争，选择合适的簇头成为成员节点，若节点没有收到簇头广播消息，则在到达自己的定时时间后，会宣布自己成为簇头，即使在网络生命后期，节点能耗过多，部分节点死亡，节点的定时时间仍满足 $T_{CH}(N_i) < T_{CH0}$，在分簇阶段终止前，必会成为簇头或收到簇头广播消息成为成员节点。

由于在节点能量均衡的情况下，竞争半径越大的节点会首先成为簇头，而且所覆盖的退出簇头竞争的节点会更多，这样，距离基站越远的点，竞争半径越大，形成的簇也越大。如图 3.17 所示。

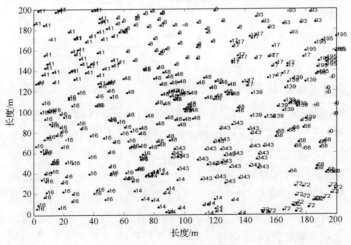

图 3.17 网络节点分簇图

整个准备阶段与分簇阶段流程如图 3.18 所示。

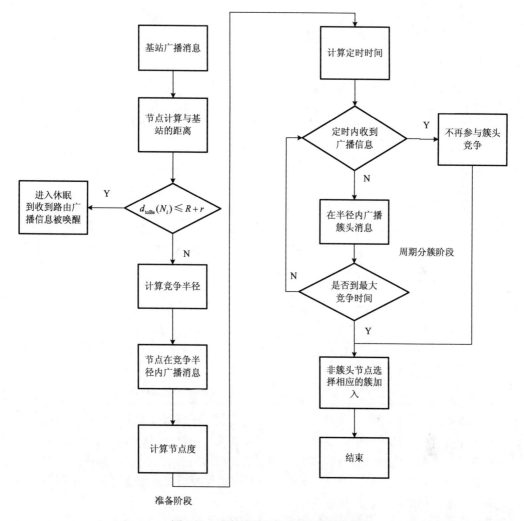

图 3.18 准备阶段与分簇阶段流程图

分簇建立完成后,每个簇的簇头节点会建立本簇的 TDMA 时间表,并通知其成员节点发送数据的时隙,各簇的成员节点只在所分配的时隙内与本簇头节点通信,每隔一定的时间 T_{dy} 后,进行簇的重构。

通过划分临域,并综合相关参数设定定时时间,可以使整个网络的不均等分簇更加合理、均衡,保证了更高的网络质量。

引理 3.2 UCNDD 算法在分簇阶段的消息复杂度为 $O(N)$,其中 N 为网络普通节点个数。

证明 在分簇算法中,设在分簇阶段计时到达后,网络中共选出 K 个簇头节点,则一共广播了 K 条簇头广播消息,收到消息的网络节点退出竞争,N–K 个非簇头节点在竞争完成后向簇头节点发送 $N-K$ 条入簇消息,因此在网络分簇阶段,总共发送消息仅为 N 条,所以消息复杂度为 $O(N)$。

3. 簇间路由确定

簇间路由建立由远端节点发起,所有簇头节点进行消息广播,因为由距离基站近的区域到远的区域,网络节点是呈层次分布的,首先临域节点不分簇,然后簇的范围由小变大,为了使相邻簇的簇头节点都能广播到本簇的上下级临簇头节点,广播半径选择为自身竞争半径的 3 倍。

簇头 N_i 广播的信息包括:自身的 ID 信息、到基站的距离、本簇的成员节点度、本节点的剩余能量。

各簇头节点根据收到的消息,当临簇头传来的基站距离大于等于自身与基站的距离时,为上级簇头,不予处理,反之,为下级簇头信息,这里,我们为了寻找下一跳转发节点,只关心下跳簇头信息,在每个簇头节点建立下级簇头信息表,如表 3.2 所示。

表 3.2 下级簇头信息表

标 识	含 义
CH_i	下级簇头编号
$E_R(CH_i)$	下级簇头剩余能量
$d_{toBS}(CH_i)$	下级簇头与基站距离
$CH_i.D$	下级簇头成员节点度
$d(CH_i, CH_j)$	下级簇头节点与本节点的距离

临域中的节点在此阶段都当成独立的簇头处理,在收到临簇头的广播消息后被唤醒,并将自身的信息反馈给临簇头,但为了节省能量,只反馈给最近的临簇头节点,显然临域节点都为下级节点,临簇头根据临域节点发来的信息计算选择函数,确定下一跳临域节点,临域节点没有下一跳节点,收到远区域转发来的信息后,根据与基站的距离,直接单跳将信息发送到基站。

从簇头 CH_i 发送消息到 CH_j,且 CH_j 为下级簇头,定义一个距离差公式:

$$d_{select} = d(CH_i, CH_j) - [d_{toBS}(CH_i) - d_{toBS}(CH_j)] \quad (3.38)$$

式中,$d(CH_i, CH_j)$ 为两簇头之间的距离,由公式可以看出,当 d_{select} 越小且越接近于 0 时,两簇头越接近于在连向基站的一条直线上,为转发消息到基站的最短路径,这会影响下一跳节点位置的优化选择。

同时为了不使 d_{select} 偏差太大,d_{select} 需满足以下公式:

$$d_{select} < \delta[d_{toBS}(CH_i) - d_{toBS}(CH_j)] \quad (3.39)$$

式中,$0 < \delta < 1$。

CH_j 为 CH_i 下级簇头信息表中的一个簇头,若簇头 CH_i 选择 CH_j 为下一跳节点,则选择下一跳的函数式为

$$\text{select}(\text{CH}_i, \text{CH}_j) = \frac{E_R(\text{CH}_j)}{\overline{E}_R \cdot \lg(d_{\text{select}})} \times \frac{n}{\text{CH}_j.D + n} \quad (3.40)$$

式中，$E_R(\text{CH}_j)$ 为簇头 CH_j 的剩余能量；$\overline{E}_R$ 为下级簇头的平均剩余能量；$\text{CH}_j.D$ 为簇头 CH_j 的成员节点度，簇头 CH_i 会通过选择函数值最大的簇头 CH_j 作为下一跳节点，由式（3.40）可以看出，下一跳簇头节点的剩余能量越大，两个簇头与基站越接近于直线，且下一跳簇头节点的成员节点度越低，越会被选为下一跳节点。每个上级簇头节点在自己的下级簇头信息表中计算选出自己的下一跳簇头节点，临域节点都作为独立的簇头节点对待，其成员节点度为 0。这样通过每级选择，网络路由建立起来，临域节点收到信息后，根据与基站的距离，以一定的功率直接转发到基站。

路由建立阶段流程如图 3.19 所示。

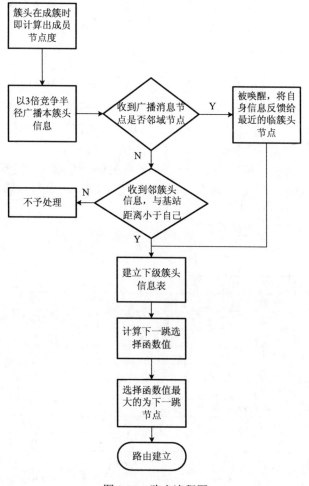

图 3.19 路由流程图

网络节点热度的分析：网络中有可能会出现两个或多个簇头节点，选择同一下跳簇头节点作为转发节点的情况，即此节点的转发热度较高，本算法没有考虑下跳节点的转发热度，是因为由网络拓扑可知，整个网络成簇是由近及远呈层次大小变化的，下一跳会选择接近于与基站为直线距离的，各簇头节点的转发热度不会差距太大，且已经将剩余能量考虑在内，上一周期转发热度相对高一些的簇头节点，在新的分簇和转发周期都会计算为小概率，从而节省热度较高节点的能量，保证能量消耗均衡。

若要记录某簇头节点的转发热度，则需要在上一级节点确定自己为下一跳节点后广播通知自己的转发热度，在3倍于自身竞争半径的广播半径下，为了通知到所有的上级节点，这对于转发热度相对较高的簇头节点，反而会加大能耗，与此簇头作为下一跳节点直接转发消息代价是等同的。

发送消息的能量消耗量与广播距离有关，在路由确定阶段，由于簇头节点会以更长的距离广播，能量消耗相对于簇内通信大得多，所以要尽量减少簇头间的广播次数，综合考虑后以相对少的能量代价获得一个优化的路由路径。

3.5.5 协议仿真与分析

网络的仿真借助于 MATLAB 平台，对本算法进行验证，并与典型的 LEACH 协议、EEUC 协议及对 EEUC 的改进协议，在相同的情景与条件下进行对比分析，其中(a)、(b)、(c)、(d)分别表示 LEACH 协议、EEUC 协议、I_EEUC 协议和我们的算法 UCNDD 协议。

网络中的节点随机分布在 200m×200m 的区域内，基站位于监测区域的外侧，我们设置两种场景模拟，分别设场景Ⅰ，基站位于（250，100）；场景Ⅱ，基站位于（300,100）。

网络中的参数设置如表 3.3 所示。

表3.3 仿真参数

参　　数	取　　值
节点分布范围	200m×200m
BS 节点坐标	(250,100)/(300,100)
网络节点总个数 n	400
数据包长度	2000bit
距离阈值 d_0	87m
最大竞争半径 R_c	90m
节点的初始能量 E_0	0.3J
电路消耗能量系数 E_{elec}	5.0×10^{-8}J/bit
数据融合能耗 $E_{ch}.D$	5.0×10^{-9}J/bit
信道传播模型能耗系数	ε_{fs}：　1.0×10^{-11}J/(bit·m^{-2}) ε_{mp}：　1.3×10^{-15}J/(bit·m^{-4})

簇头的变化如下。我们的算法中，簇头的数目受 c 的取值和最大竞争半径设定的影响，簇头数目为未有死亡节点时，随机轮次的平均值，图 3.20 中反映了在 c 取三种不同的值时，簇头数目与最大竞争半径的关系，最大竞争半径取值越小，簇头数目越多，而 c 取值越大，节点的竞争半径越小，所以线型越高，则簇头数目越多。

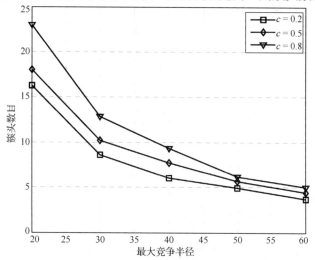

图 3.20　簇头数量与 c 值及竞争半径关系图

成簇的数量在层次路由中是一个很重要的指标，会直接影响网络的整体性能，对于某个网络环境，每轮都有一个期望的成簇数量，如图 3.21 和图 3.22 所示，LEACH 协议中，由于簇头是按概率随机选取的，所以簇头数量的起伏较大，而本算法采用的定时与距离结合的分簇机制，使网络中的分簇数量保持一个数量的基本平衡，在未有节点死亡时，不会产生过多或过少的簇。

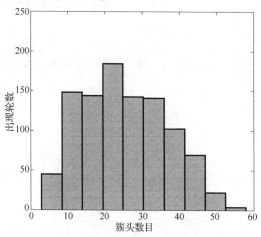

图 3.21　LEACH 簇头数目图

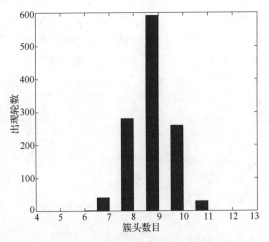

图 3.22　UCNDD 簇头数目图

簇头数量的不稳定及分簇算法的不同，也导致每轮中所有簇头消耗能量的差别，如图 3.23 所示，为网络前 30 轮的簇头能量消耗，由图可以看出，LEACH 协议的簇头能量消耗不仅大，而且很不稳定，EEUC 和 I_EEUC 及本算法簇消耗比较稳定，但由于本算法采用了定时选取簇头的策略，相比其他协议，节省了部分簇头开销。

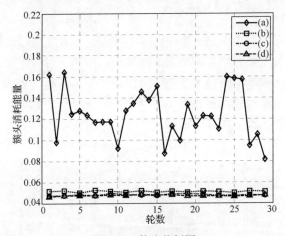

图 3.23　簇头能耗图

图 3.24 分别为 LEACH、EEUC 及本协议的死亡节点分布，由图可以看出，LEACH 协议由于簇头需要将信息直接传送到基站，所以距离远的节点先死亡，而与 LEACH 正相反，EEUC 通过多跳路由将信息传送到基站，距离基站近的节点消耗较大，而在本协议中，通过网络划分出临域，减缓了临近基站节点的死亡，使网络能耗更均衡一些。

在本实验中，当网络中的节点没有足够的能量再接收或发送信息时，记为节点死亡，图 3.25 为网络场景Ⅰ和场景Ⅱ的生命周期对比图。

第 3 章 无线传感网络节能路由方法

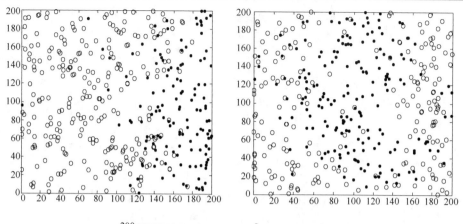

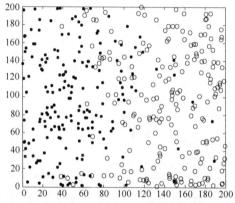

图 3.24 死亡节点分布图

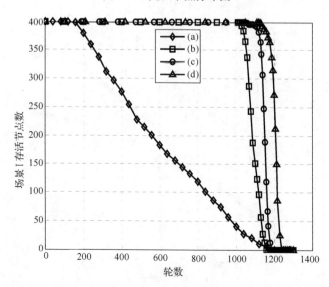

图 3.25 网络生命周期图

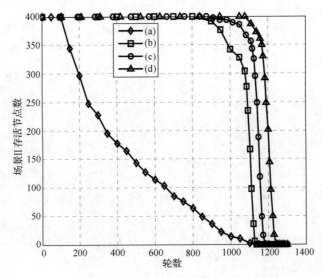

图 3.25 网络生命周期图（续）

由图 3.25 可以看出，由于 LEACH 的单跳路由机制，节点能量消耗不均衡，未足 200 轮时就有死亡节点出现，且在基站坐标远离后，生命周期明显缩短，而对比 EEUC、I_EEUC 与本协议，基站坐标远离后，网络生命周期虽无明显变化，但在死亡节点出现的前期，都出现了振荡，因为基站的远离，会导致临近节点更快死亡，但由于本协议临域的加入，振荡幅度相比其他两种非均匀分簇协议偏小。

图 3.26 为网络存活时，网络中传送的数据包的数量对比，生命周期的延长及能耗的减少，使本算法在网络中传送了更多的数据包。

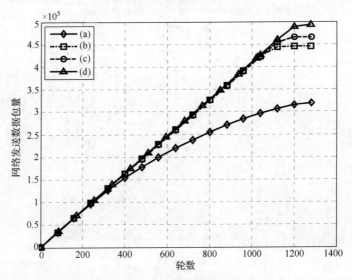

图 3.26 网络发送数据包

图 3.27 为四种协议的网络能耗对比,本协议的曲线明显低于 LEACH、EEUC 和 I_EEUC,显示了较慢的能量消耗及更长的网络生存时间。

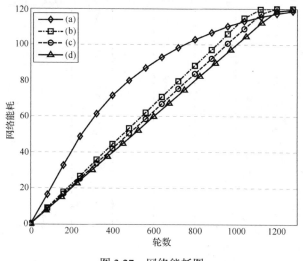

图 3.27 网络能耗图

图 3.28 和图 3.29 为四种协议的网络能耗均值及标准差的对比,在网络能耗均值图中,本协议的曲线高于另外三种协议,显示了较少的能量消耗;在能耗标准差图中,本协议的标准差数值一直较低且变化不大,显示了更好的能耗均衡性。

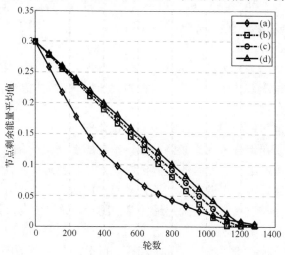

图 3.28 网络能耗均值变化图

我们主要设计了一种基于网络区域划分和距离的分均匀分簇节能路由算法,在本算法中将网络区域划分,定义了临域的概念,在减少临近基站节点能耗的同时,也延长了网络的生命周期,对于分簇和路由机制的改进,也节省并均衡了网络能量消耗,通过实验对 LEACH、EEUC 和 I_EEUC 协议进行对比仿真分析，结果显示，本算法对比其他三者有更好的网络能量均衡表现和更长的网络有效工作时间。

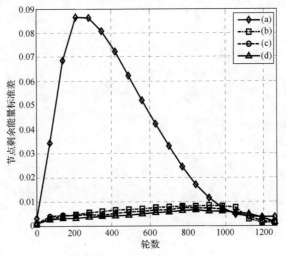

图 3.29　网络能耗标准差图

3.6　本章小结

本章提出了一种新的面向无线传感网络的预测性能量高效分簇路由方法 PEECR，该方法分为簇的形成和数据的稳定传输两个阶段。在簇的形成阶段，综合考虑节点的度数、节点间相对距离以及节点的剩余能量，提出了一种能量有效分簇路由方法。选择簇首节点时，将节点度数及节点间相对距离考虑进来，如此选出的簇首覆盖性较好，而且簇内成员节点与簇首之间平均距离比较短，所以簇内通信开销比较小；另外，此算法也顾及到了各个节点所剩余的能量，具有较低能量的节点当选簇首节点的概率比较低。在数据的稳定传输阶段，通过采用蜂群优化模型，提出了一种新的预测性能量高效数据传输策略。在综合考虑某条路径预期消耗的能量值、跳数和该条路径上传播延迟的基础上，该策略给出了路径收益率的精确定义，并通过使用两种类型的蜜蜂代理：侦察蜂和觅食者发现某个源节点和汇聚节点之间所有可能的路径，并预测每一条潜在路由路径的路径收益率，以此确定最优路由路径。通过仿真可知，PEECR 算法降低并均衡了网络耗能，明显增加了网络寿命，与传统分簇路由算法相比具有明显的优势。本章还设计了一种基于网络区域划分和距离的分均匀分簇节能路由算法，在本算法中将网络区域划分，定义了临域的概念，在减少临近基站节点能耗的同时，也延长了网络的生命周期，对于分簇和路由机制的改进，也节省并均衡了网络能量消耗，通过实验对 LEACH、EEUC 和 I_EEUC 协议进行对比仿真分析，结果显示，本算法对比其他三者有更好的网络能量均衡表现和更长的网络有效工作时间。

第 4 章　无线 Mesh 多播路由及优化方法

4.1　概　　述

无线 Mesh 网络基于基础设施的结构如图 4.1 所示。

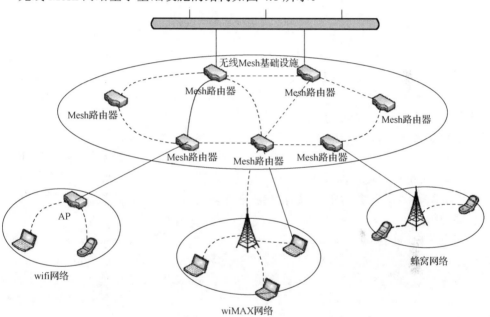

图 4.1　无线 Mesh 网络基础设施

基于客户机的结构如图 4.2 所示，如笔记本、平板电脑、手机等具有移动性的客户端组成了自组织的网络结构，所以客户机结构移动性和自配置能力较强。

混合式结构就是将以上两种结构结合。我们主要研究的是基于混合式结构的 Mesh 网络。

对于不同的业务需求，无线网络一般可以采取单播、多播和广播等不同形式完成业务要求。

对于视频语音等业务，可能会要求某一节点向多个不同的目的节点发送同样的数据，这种情况下可以采用多播技术。采用多播技术可以保证源节点只需发送一次即可将数据发送至所有目的节点，减少了网络负载，提高了网络效率。

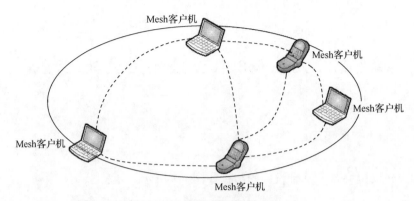

图 4.2 Mesh 客户机结构

IP 协议使用 D 类地址（范围为：224.0.0.0～239.255.255.255）进行数据的多播。路由器负责报文的转发，如果接收到的报文的目的节点是 D 类地址，表示该报文是多播报文，则根据多播协议将报文进行转发。因此，负责多播业务的路由器既要能够管理多播组，负责节点的加入和离开，又要能够根据适当的多播路由协议，建立起相关的多播路由表，存储相应的信息，使得多播业务能够顺利地执行。

多播管理协议负责节点的加入和离开。目前最普遍的多播组管理协议是 IGMP（Internet Group Management Protocol）。当路由器收到请求后，会根据协议作出相应的处理，更新路由表信息。同时，路由器周期性地发送相应报文对多播组进行检查，以维护多播组。

多播路由协议负责多播树的建立和维护。源节点要进行多播业务时，首先根据协议建立起多播树，然后将数据沿着多播树进行传输，路由器负责转发和维护工作。

多播协议基本类型如下：基于最短路径优先与多播开放原理（Multicast Open Shortest Path First，MOSPF）的多播路由协议，基于距离矢量的多播路由协议（Distance Vector Multicast Routing Protocol，DVMRP），基于自主协议的多播（protocol-independence multicast）路由协议和基于核心树（Core Based Tree，CBT）的多播路由协议等。

由于无线 Mesh 网络更符合未来无线网络多播业务的需求，所以需要提出更合适的多播路由协议。

由于无线 Mesh 网络在网络结构、节点类型、连接方式等方面与传统网络相比更加复杂，例如，异构性更强，多跳传输，多信道通信，路由节点性能高等，所以现有的多播协议很难满足无线 Mesh 网络下的多播业务。因此需要改进现有多播技术，提出新的解决方案，考虑更多的衡量标准，针对不同的业务需求提出统一的解决方案，将现有的多播协议进行整合，提出更符合 Mesh 网络的协议。

4.2 多播路由协议原理

4.2.1 Mesh 网络的拓扑形成

无线 Mesh 网络的客户节点加入网络的技术较为简单。不需要采用新协议或者对原有协议进行较大改进，只需根据具体的情况选择相应的传统协议加入网络。

本节主要介绍路由节点加入的方法。路由节点的加入较为复杂，一般分为 MP 和 MAP，由于两者有所不同，所以应分别进行考虑。

节点加入的相关步骤如下。

（1）Mesh 网络主要通过 MeshID 来进行标识。节点加入 Mesh 网络后，会收到包含 MeshID 的报文。该节点提取相关信息后进行处理，并根据相关协议文件判断网络的协议情况。最后该节点加入网络。

（2）新加入的节点首先向邻居节点广播报文。接收到应答报文后，从报文中提取相应信息，将邻居节点的信息放入相应的路由表，并分析各节点的网络情况。

（3）当路由节点成功加入网络后，首先获得当前网络的协议情况，然后根据相应协议建立起相应路由。Ad hoc 网络的协议只需经过简单的修改就可以用于 Mesh 网络。可以将各种协议结合，从而更加适合新网络环境。

（4）路由节点加入网络并建立起相应路由之后，可以开始接收和转发相应的网络报文。通信节点可能在 Mesh 网内部，也可能在网外通过路由节点与网内节点进行通信。我们主要研究的是多播节点均在网络的内部，不需要考虑多播节点在网外的情况，而且外部节点一般通过有线方式与网内节点通信，可以将接入点当成外部多播节点进行考虑。

4.2.2 HWMP 路由协议

由于 Mesh 网络的路由节点具有接入点的作用，所以可以采用树形多播的方式。HWMP 协议主要工作在 Mesh 网络的 MAC 层。配置 HWMP 协议的过程如图 4.3 所示。

根据不同的情况，该协议分为被动式 HWMP 协议和主动式 HWMP 协议。

被动式 HWMP 协议以 AODV 协议为基础，针对 Mesh 网络的特点进行了改进。该协议属于按需路由协议，工作在链路层。

主动式 HWMP 协议属于先验式路由。该协议使用路由节点作为根节点。多播源节点负责建立多播树。如果源节点在无线 Mesh 网络外部，则用相应的接入点作为组头节点。

源节点首先广播路由请求报文，中间节点对该报文进行处理和转发，目的节点发送应答报文，源节点根据应答报文建立起路由。具体的路由发现和维护机制如下。

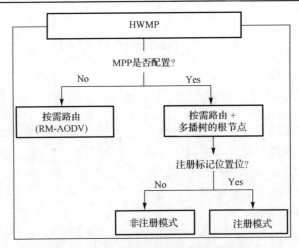

图 4.3 配置 HWMP 协议的过程示意图

假设在无线 Mesh 网络中,源节点 S 要向目的节点 D 发送数据。节点 S 首先检测自身路由表,判断是否存在到达节点 D 的路径。若存在,则将按照该路径传输数据。否则,将生成 RREQ 请求报文,发起路由请求。该报文的结构如图 4.4 所示。

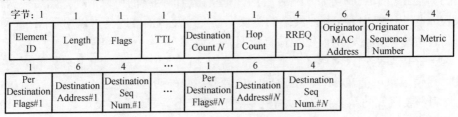

图 4.4 RREQ 报文格式

如图 4.4 所示,该报文可以保存多个目的节点的地址。单条报文可以用于发现多个目的节点。

报文中的 Destination Count 一项表示目的节点的个数。

Per Destination Flags 一项中包含 DO(Destination Only Flag)和 RF(Reply and Forward Flag)两个标识位。当 DO 设为 1 时,只有目的节点能够对接收到的报文进行答复。当 DO 设为 0 时,RF 表示节点对收到的报文进行指定的处理。

UB(Unicast or Broadcast)表示 RREQ 是使用广播还是单播的形式发送。该值默认设为 1,表示广播发送。

该协议一般采用跳数作为路径选择的参考。源节点将序列号填入报文,发送给邻居节点。

目的节点接收到报文后,回复 RREP 报文,源节点收到后建立路由。

中间节点接收到该报文后,根据协议和具体情况处理该报文,并且修改自身的路由表。

当前节点首先保持到源节点的路径。如果路由表中的路径序列号较小，则更新该路由表。然后将路由表中的相关数据进行修改。根据协议继续转发该报文。

RREP 报文格式如图 4.5 所示。

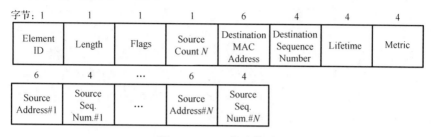

图 4.5　RREP 报文格式

节点可以根据协议和具体情况生成 RREP 应答报文。

当中间节点接收到 DO 值为 1 的报文时，可以回复应答报文。

当 DO 值为 0 时，路由表不存在到达目的节点的路径，则会将该报文广播给周围的邻居节点。当路由表中存在到达目的节点的路径时，会沿着该路径转发报文。

当 RF 值为 0 时，中间节点不会继续转发报文，而是根据自身路由表生成应答报文，发送至源节点。

当 RF 值为 1 时，中间节点会将该报文继续广播给邻居节点。只有目的节点才能回复该报文。

目的节点接收到 RREQ 报文后，会首先更新自身路由表，然后根据路由信息生成 RREP 报文。最后根据报文的传输路径，将报文逆向发送出去。

逆向路径的建立过程如图 4.6 所示。

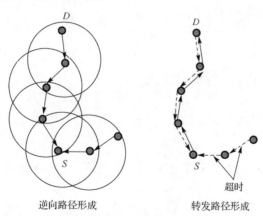

图 4.6　路径的建立形成

RREP 报文沿逆向路径传输。中间节点接收到该报文后，更新路由表，填入相应参数。如果路由表中存在到达目的节点的路径，则比较序列号，按照协议进行处理。

然后按照逆向路径继续转发。源节点接收到该报文后，根据报文信息，建立起传输路径。传输路径的建立过程如图 4.6 所示。

由于无线 Mesh 网络的节点具有移动性，所以拓扑结构会发生变化。随着节点的移动，正在使用的路由路径可能会中断或者性能降低。为解决这一问题，无线 Mesh 网络采用两种方法维护路由。

（1）源节点周期性地发送 RREQ 报文维护路由。可以设置报文使得目的节点回复报文。由于可以使用同一个报文查找多个节点，所以不会影响网络的性能。

（2）当某条链路中断时，源节点广播 RRER 报文。接收到该报文的节点会得到链路中断的消息。RRER 报文的结构如图 4.7 所示。

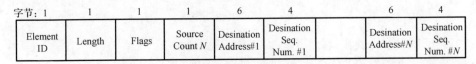

图 4.7　RRER 报文格式

在主动式路由协议中，源节点首先将自身设置为根节点，并周期性地广播 RANN 报文，维护该多网络。其他节点会向源节点发送相应报文维护该路由。该报文的格式如图 4.8 所示。

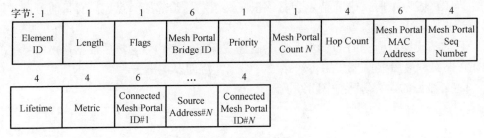

图 4.8　RANN 报文格式

Mesh Portal 保存源节点的 MAC 地址。

序列号用来维护路由路径。

中间节点接收到该报文后，根据 RE 标记采用如下两种不同的处理方法。

1）非注册模式

该模式下形成网络拓扑的开销最小，网络通过广播 RANN 报文建立一条从目的节点到根节点的路径。

当节点接收到 RANN 报文后，首先根据报文信息更新路由表中的相关信息，然后对 RANN 报文进行处理，更新报文的相关信息。若自身路由表中已存在相应的路由，则比较序列号，然后完成更新。

在该模式下，节点只会更新和广播 RANN 报文，不做其他处理。

2）注册模式

在该模式下，若节点在一定时间内只收到一个报文，则首先回复邻居节点，邻居节点将相应的信息发送给该节点，然后该节点完成路由表的更新。

节点会周期性地向自身的上游节点发送报文，如果在规定时间内接收不到回复报文，则会更新路由表，广播出错信息，然后发起路由请求。

主动式路由通过以上方式形成网络拓扑结构，其中主动式路由对于组头节点的判定很重要。

4.2.3 MAODV 多播路由协议

MAODV（Muticast Ad hoc On-demand Distance Vector Routing）协议是基于无线 Ad hoc 网络的按需距离矢量多播路由协议。协议具体过程如下。

按需距离矢量多播路由协议 MAODV 的多播业务一般情况下使用 RREQ 请求报文、RREP 应答报文、MACT 路由激活报文和 GRPH 路由维护报文。下面将介绍 MAODV 协议的报文格式。

1）RREQ 报文的格式

图 4.9 为 RREQ 报文的格式。

报文类型	J|R|G	保留位	跳数
RREQ ID			
目的节点 IP 地址			
目的节点序列号			
源节点 IP 地址			
源节点序列号			
多播组头节点扩展			

图 4.9　RREQ 报文的格式

报文类型：该值一般设为 1，表示该报文用于路由发现，设为 4，则表示用于修复多播树。

JRG：表示报文的性质，如广播、修复、请求加入等。

跳数：当该报文用于建立路由时，表示的是从源节点到控制请求节点；当该报文用于修复多播树时，表示的是从组头节点到修复请求节点。

RREQ ID 和源节点 IP 地址：这两项结合成为报文的标识，对于不同报文，只有这两项完全相同时才表示该报文是重复报文。

目的节点 IP 地址：表示目的节点地址。

目的节点序列号：该值用于更新多播树。当多播树发生改变时，源节点更新序列号，该值越大，表示更新时间越新。

源节点 IP 地址：即多播源节点的 IP 地址。

源节点序列号：源节点保存的序列号。

多播组头节点扩展：根据组头节点的 IP 地址判定报文的发送方式。

2）RREP 报文的格式

图 4.10 为 RREP 报文的格式。

报文类型	|R|	保留位	跳数
目的节点 IP 地址			
目的节点序列号			
源节点 IP 地址			
生存时间			
多播组头节点扩展			

图 4.10　RREP 报文的格式

其中，R 值作为多播树修复的标识，设置该位，表示节点响应收到的修复请求报文，将会修复断裂的多播树。生存时间值作为 RREP 报文的有效时间，只有在生存时间内回复的 RREP 报文有效，否则需要重新进行多播路由请求。

3）MACT 报文的格式

图 4.11 为 MACT 报文的格式。

报文类型	J|P|G|U|R	保留位	跳数
目的节点 IP 地址			
源节点 IP 地址			
源序列号			

图 4.11　MACT 报文的格式

其中，J|P|G|U 分别表示将该节点激活，成功加入多播组，某一节点从多播树中断裂，需要修剪多播树，以自身为根形成多播树，该位值为 1 时表示节点对跳数进行了更新。

4）GRPH 报文的格式

图 4.12 为 GRPH 报文的格式。

类型	U|O	保留位	跳数
组头 IP 地址			
多播组地址			
多播组序列号			

图 4.12　GRPH 报文的格式

其中，U/O 分别表示组头节点的状态和不同的节点类型。

1. MAODV 协议的路由建立

多播树节点在多播树建立后会维护一个多播路由表，源节点向目的节点发送数据，中间节点接收到报文后，根据路由表的信息将报文转发给相应的下一跳节点，直到发送至目的节点。

若当前节点的下游节点不止一个，则使用广播方式将数据发送给所有邻居节点，直到将数据发送到所有目的节点。当网内节点要加入多播树时，直接发送相关报文即可，而网外节点则需要通过接入点加入多播树，数据将通过接入点发送至多播树。

节点加入多播树的过程如图 4.13 所示。

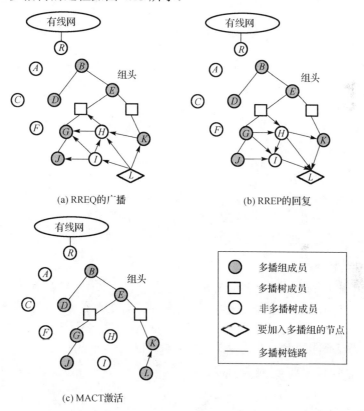

图 4.13 MAODV 路由建立

1）RREQ 报文的发送

RREQ 报文根据参数设置的不同可以具有不同的作用，如 J 位可以表示请求节点是否是多播成员节点。当 J 位为 1 时，表示请求节点已经是成员节点。如果 J 位为 0，则表示该请求节点不是成员节点。

请求节点会在一定时间内等待回复报文，否则将重新发送该报文。如果请求节点再次广播该报文，依然没有能够在规定时间内收到回复，则表示该多播组并不存在。

该节点会主动申请以自身为源节点建立多播树，如果无法建立该多播树，则该节点放弃相关任务。

2）RREQ 报文的接收

根据上述 J 位的标识，报文会得到不同的处理方式。J 位为 1 的情况下，则该报文只能够被多播节点进行处理，且报文要具有更大的序列号。J 位为 0 的情况下，则任何节点都可以回复该报文，只要该节点具有更好的路径。

如果不存在满足上述要求的中间节点，则该节点将跳数加 1，TTL 减 1，将自身节点的 IP 地址放入 RREQ 报文中，然后将更新过的报文广播出去。广播过程如图 4.13(a)所示。

3）RREP 报文的产生

报文的 J 位决定了回复报文的形式。在 J 位为 1 的情况下，接收到报文的节点首先提取报文信息，然后相应地更新路由表，并生成 RREP 报文，将该报文沿着逆向路径发送至请求节点。

在 J 位为 0 的情况下，只有当节点存在更好的路径时，才会回复该报文，具体的生产和发送方式与前一种情况一致。

4）RREP 报文的转发

当中间节点收到该回复报文后，则提取相应信息，根据该信息建立新的路径，然后继续转发该报文。由于可能会存在接收到多个相同报文的情况，所以节点要对相应信息进行比对，选取一个性能最好的路径进行转发。转发过程如图 4.13(b)所示。

5）多播路由的激活

当 RREP 报文发送至源节点或请求加入多播树的节点后，节点会首先比较各 RREP 报文，选出报文中序列号最大、跳数最小、性能最好的路径作为最佳路径。然后该节点会发送 MACT 报文以激活该路径。非多播节点收到报文后，会将自身状态改成多播成员节点，然后继续转发，直到发送至多播树。激活过程如图 4.13(c)所示。

2. MAODV 协议的多播路由维护

1）序列号的定期维护

多播组的序列号表示多播组的更新情况，所以该值的维护至关重要。该值一般由组头节点进行维护。组头节点定期更新序列号，并通过 GRPH 报文发送出去。当多播组成员节点收到报文后，根据报文信息更新序列号，然后转发该报文。

2）多播树的剪枝

多播组节点根据类型不同采取不同的离开方式。中间节点可以随时离开多播树，不需要进行任何处理。多播节点可以通过发送 MACT 报文从而离开，报文发出后节点就可以离开多播树，不需要任何回复信息。上游节点收到报文后，发送信息到源节点，源节点随即更新多播树。当中间节点成为叶子节点后，会生成 MACT 报文，执行以上步骤，离开多播树。

3）多播树的修复

由于节点的不断移动，多播树可能在某一时间断开，需要进行及时修复。路径断开后，相关节点会更新路由表，更改多播信息，丢失的节点会及时发出请求报文，并进行广播。为了避免下游节点回复路由请求导致路由环路，节点将自身至组头节点的跳数加入 RREQ 报文中，保证只有该跳数更小的节点才能回复该报文，然后节点发送 MACT 报文，以激活丢失节点所在路径，丢失节点会更新路由表，然后继续进行多播传输。

4）多播树的合并与分离

在修复失败的情况下，多播树将会分裂成两个子树。

4.3 DT-MAODV 协议设计

4.3.1 MAODV 协议的改进思想

由于无线 Mesh 网络与传统网络有很大的不同，所以 MAODV 协议的一些策略不适合该网络环境，这些问题影响了网络的性能，需要针对性地进行改进。将通过以下实例进行说明。该协议在 Mesh 网络的实例如图 4.14 所示，源节点 S 维护着一个多播树，节点 A 与节点 B 均是多播组节点。

由于无线 Mesh 网络的节点具有移动性，网络拓扑结构会随之改变，按照 MAODV 协议，多播树只能够通过自身的剪枝与修复等情况改变多播树结构。如图 4.15 所示，节点 A 和节点 B 在一段时间后进入了彼此的通信范围内，且节点 B 的跳数明显要多，说明端到端时延更长。但是由于 MAODV 协议的缺点，节点 B 不能连接至节点 A，只能保持原拓扑结构。

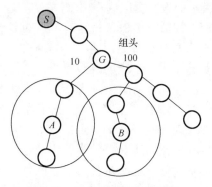

图 4.14　MAODV 协议实例图

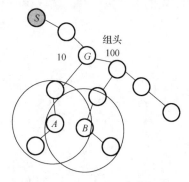

图 4.15　拓扑变化示意图

4.3.2 DT-MAODV 协议

我们根据以上存在的问题，采用了一种动态拓扑的策略，提出了一种新的多播路由协议 DT-MAODV。该协议分析和判断无线 Mesh 网络拓扑结构的动态改变，当拓扑满足协议的优化条件时，会对多播树进行优化，得到更好的多播传输效果。

我们将对 DT-MAODV 协议的相关概念进行定义。

定义 4.1 DT-MAODV 协议主要是利用 GRPH 报文的保留字段，增加跳数和转发次数两个字段，其他节点收到报文后会对该字段进行分析并判断是否满足协议的要求，若满足，则多播树节点首先从多播树上断开，然后通过修复的方式重新连接至多播树，从而提高了多播业务的性能。

定义 4.2 容忍度和报文最大转发次数。多播树进行拓扑优化必然会导致网络路由开销的增加，所以为了平衡优化性能与增加开销，我们提出了优化容忍度 C 这一参数。同时，报文的转发会增加网络负载，为避免 GRPH 报文转发次数过多导致网络负载加重，报文的转发次数应小于所设定的最大转发次数 TN。只有在以上两个参数满足条件的情况下，多播树才会进行优化。

定义 4.3 多播树优化指根据节点移动和加入等情况导致的网络拓扑变化，多播树主动改变自身结构，得到具有更好传输性能的新多播树。

定义 4.4 路由开销是业务过程中用于管理维护的报文占总报文的比例，优秀的路由协议的开销一般很小，使得网络具有更高的效率。

定义 4.5 节点多播信息表。该协议中多播节点将要保存和维护信息表，该表结构如下。

N_ID	S_count	S_node

其中，N_ID 表示该节点的某一邻居节点的 ID。S_count 表示该邻居节点到达多播源节点的跳数。S_node 表示与该邻居节点相连的多播节点的 ID。当节点接收到来自同一节点的多条报文时，选取相应 S_count 值最小的报文提取到路由表。

定义 4.6 上下行节点。协议将当前节点的多播邻居节点分为上行节点和下行节点。两者都与当前节点直接相连，不同之处在于上行节点的跳数更小，而下行节点的跳数更大。如图 4.16 所示，对于节点 A，节点 E 为上行节点，节点 C 和节点 D 为下行节点，而节点 B 与节点 F 既不是上行节点又不是下行节点。

由于无线 Mesh 网络节点具有较强的移动性，网络拓扑较为复杂，多播树的优化基本分为以下两种情况：节点加入优化以及上下行节点优化。

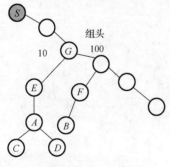

图 4.16 上下行节点

图 4.17 所示为节点加入优化。节点 B 从多播树上主动断开后通过节点 C 和节点 D 连接至节点 A。具体步骤如下。

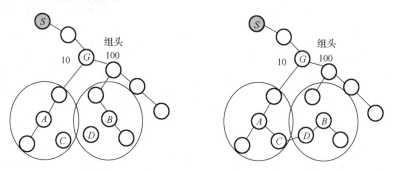

图 4.17 节点加入优化

（1）节点 A 转发 GRPH 报文，根据协议，设置跳数项 SC 的值为 13，转发次数项 T_count 的值为 0。

（2）节点 C 接收到该报文之后，检查 T_count 小于最大转发次数 TN，提取报文信息存入自身路由表中，然后将 T_count 设为 1，转发该报文。

| A | 13 | A |

（3）节点 D 接收到该报文后，检查 T_count 小于 TN，提取报文信息存入路由表中，然后将 T_count 设为 2，转发该报文。

| C | 14 | A |

（4）节点 B 接收到报文后，提取信息存入路由表中，然后根据自身的跳数 BS_hop，节点 A 的跳数 AS_hop，转发次数 T_count 为 3，可以得出以下结论：新路径的跳数小于节点 B 的跳数，满足协议的优化条件，将要对多播树进行优化。

| D | 15 | A |

（5）根据协议，节点 B 以及所有的下行节点主动从多播树上断开，然后根据节点路由表中的信息，通过节点 C 和节点 D 连接至节点 A，形成新的多播树。

图 4.18 所示为上下行节点优化，节点 B 从多播树上断开后通过节点 C 连接至上行节点 A，多播树得到了优化。具体的优化步骤如下。

（1）节点 A 发生 GRPH 报文，并设置 SC 为 12，T_count 为 0。

（2）节点 C 接收到该报文之后，检查 T_count 小于 TN，提取报文信息存入路由表中，然后将 T_count 设为 1，转发该报文。

| A | 12 | A |

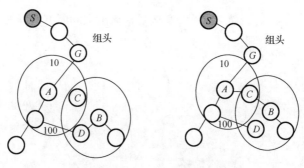

图 4.18 上下行节点优化

（3）节点 B 接收到节点 D 转发的报文后，提取报文信息存入路由表中，然后根据 BS_hop=114，AS_hop=12，T_count=2，可以得到以下结论：新路径的跳数小于节点 B 的跳数，满足协议的优化条件，将要对多播树进行优化。

| C | 13 | A |

（4）根据协议，节点 B 以及所有的下行节点主动从多播树上断开，然后根据节点路由表中的信息，通过节点 C 连接至节点 A，形成新的多播树。

4.3.3 优化判定参数

由于 Mesh 网络的结构较为复杂，所以优化判定参数的选择对于 DT-MAODV 协议的性能起到关键作用。

符合容忍度 C 是新协议对多播树优化的前提。由于无线 Mesh 网络的拓扑结构复杂、业务种类不同等，优化容忍度 C 的具体取值根据具体情况的不同发生变化。如果设定的优化容忍度值过大，则会导致多播树变化频繁，网络负载加大，可能会出现性能下降的情况。所以要根据具体情况选择合适的容忍度。

假设多播树节点个数为 n，单跳时延为 t，多播业务的时延要求为 T_{avg}，则最差情况下的数据传输平均时延为

$$T_{bad} = \frac{1+n}{2} \times t \tag{4.1}$$

这种情况下网络的拓扑结构为单一树，即每个节点只有一个父节点或子节点。优化容忍度 C 的计算方式如下。

（1）若 $T_{bad} < T_{avg}$，则表明在最差情况下网络也可以满足多播业务的时延要求，则将优化容忍度 C 设为 0，表明不需要对多播树进行优化。

（2）若 $T_{bad} > T_{avg}$，则表明在某些情况下可能会对网络进行优化，设置优化容忍度为

$$C = 1 - \frac{T_{avg}}{T_{bad}} = 1 - \frac{2T_{avg}}{1+n} \times t \tag{4.2}$$

根据式（4.2），C 的值与节点个数 n 成正比。经过多次实验可以得出，C 的值一般选择 0～5%的范围内。如果优化容忍度 C 的值过大，则可能会导致拓扑变化频繁，网络负载加大，反而导致性能下降。

最大转发次数 TN 用于判断是否继续转发 GRPH 报文。TN 的值过大会导致转发次数增加，影响网络性能。所以适当的最大转发次数对于 DT-MAODV 协议非常重要。一般情况下，多播树的最差平均跳数为

$$H_{bad} = \frac{1+n}{2} \tag{4.3}$$

此时拓扑结构与上述结构相同。若要满足业务的时延要求，则相应的跳数为

$$H_{avg} = \frac{T_{avg}}{t} \tag{4.4}$$

（1）若 $H_{bad} < H_{avg}$，则表示网络在最差情况下也满足需求，此时 TN 设为 0，即多播树不进行优化。

（2）若 $H_{bad} > H_{avg}$，则表示网络可能需要进行优化，设 TN 为

$$TN = \left(1 - \frac{H_{avg}}{H_{bad}}\right) \times n = \left(1 - \frac{2T_{avg}}{nt}\right) \times n \tag{4.5}$$

由式（4.5）可以看出，最大转发次数 TN 随着节点个数 n 的增加而增大，正常情况下最大转发次数 TN 的值应介于 0～$0.05n$，如果 TN 的值过大，则会导致网络负载过大，性能下降。

4.3.4 优化算法描述

根据上述内容，新协议对多播树优化的判定定理如下。

在多播树满足容忍度 C 和转发次数 TN 的前提下，根据 DT-MAODV 协议对网络拓扑结构进行改变，得到了性能更好的多播树，则称对多播树进行了优化。

根据以上的判定定理，多播树优化算法如下。

多播树节点在转发 GRPH 报文时,通过报文中的保留字段增加到源节点的跳数 SC 和转发次数 T_count 两个字段，其中 T_count 值为 0，随着转发次数递增。

当非多播树节点收到该报文后，则首先检测 T_count 的值，当 T_count 的值等于 TN 时，则提取信息存入信息表中，其中 S_count 为报文中 SC 值与 T_count 之和，然后丢弃该报文；否则直接提取信息存入自身的路由信息表中，并将 T_count 值加 1，然后继续转发该报文。

当多播节点收到该报文后，则提取相关信息存入路由表中，并将 T_count 值加 1，然后通过以下算法判定协议是否满足优化条件：

```
Function Optimization (A, B)
Begin
```

```
if (AS_hop<BS_hop&& (AS_hop+T_count) /BS_hop<=C)
begin
Break (B);
Restore (A, B);
end
End
```

其中发送节点 A 到源节点的跳数为 AS_hop,接收节点 B 到源节点的跳数为 BS_hop。

节点 B 首先判断节点 A 的跳数更少,这样可以避免出现上下行节点的情况。然后判断是否满足容忍度 C,若不满足,则路由开销与性能提升相比过高,所以不对多播树进行优化。此时,对多播数进行优化,首先节点 B 及子节点主动离开多播树,然后重新连接至节点 A。

该协议的优化算法的流程图如图 4.19 所示。

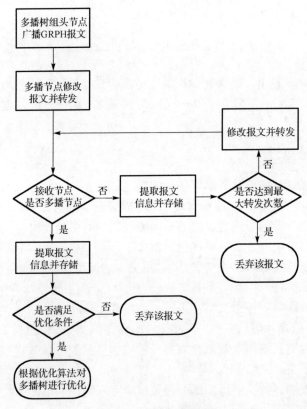

图 4.19 算法流程图

4.4 预先修复机制

4.4.1 MAODV 协议路由修复机制

MAODV 多播路由协议根据不同情况一般采用本地修复和源节点重建两种路由维护机制。

源节点路由重建是指当中间节点监测到链路中断时,向周围的邻居节点广播报文示意链路中断,当邻居节点接收到该报文后,首先根据自身是否受影响来对多播路由信息表进行修改,然后转发至上游节点,源节点收到报文后,会发起路由请求,建立新的多播树。

对于本地修复机制,当中间节点监测到链路中断时,将向目的节点发送路由请求报文,如果能够在规定时间内收到应答报文,则按照应答报文恢复多播树,否则将该任务交给源节点处理。

以上的路由修复机制如图 4.20 所示。

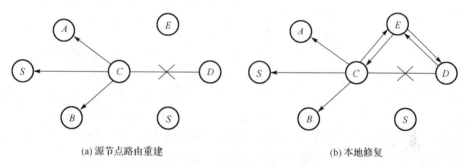

(a) 源节点路由重建　　　　　　　　(b) 本地修复

图 4.20　MAODV 协议路由修复机制

对于源节点路由重建机制,当节点 C 监测到与目的节点 D 之间的链接断开时,节点 C 首先向周围的邻居节点广播报文,源节点 S 收到该信息后,发起路由请求,建立新的多播树。

对于本地修复机制,当节点 C 监测到与目的节点 D 之间的链接断开时,节点 C 向目的节点 D 发起路由请求,收到应答报文后,建立起新的链接,然后将之前缓存的数据发送至目的节点 D。

4.4.2 预先修复机制原理

根据上面介绍的 MAODV 路由协议的多播树检测,多播源节点定期发送 GRPH 报文以检测链路是否断开,而节点只有在链路断开后才采取相应的修复措施。这种滞后的修复方式会造成不必要的时延,不能满足网络的需求。

例如，随着网络拓扑结构的不断变化和网络负载的变化，在某一时刻，多播路径不能满足多播业务的要求，如时延过高、丢包率过高等情况。但是 MAODV 协议不能够提前改变多播树，寻找更好的路径。

针对 MAODV 协议的这一缺点，我们提出了采用预先修复机制的 PR-MAODV 协议。在多播过程中，多播树的中间节点会将端到端时延、带宽和丢包率等相关数据填入报文的保留字段中，目的节点收到报文后会检测报文中的相关数据，当发现某一数据超过了规定的门限值，目的节点会向源节点发送预警消息，表明该路径将要不满足业务的要求。源节点接收到预警消息后，会寻找新路径以取代之前的路径。这种方式使得多播树能够主动改变拓扑结构以满足业务需求，并减少了路径断开造成的时延。

实现 PR-MAODV 协议有两个关键因素。

（1）首先要确定端到端时延、带宽、丢包率等参数的阈值，使得多播树在合适的情况下进行拓扑优化。

（2）检测是否存在瓶颈节点，从而确定负责寻找新路径的节点是源节点还是瓶颈节点。

假设多播业务允许的最大端到端时延为 D_{max}，$\theta \cdot D_{max}$ 表示门限值，θ 的取值范围为 0~1，而实际的端到端时延为 D_{act}。

当 $D_{act} > \theta \cdot D_{max}$ 时，表明时延超过门限值，目的节点需要发送预警消息。θ 的取值非常重要。如果 θ 取值过小，则门限值过低，导致目的节点发送预警信息过早，而且对于时延要求高的业务，不容易找到符合要求的新路径。如果 θ 取值过大，则门限值过高，目的节点不能够及时发出预警消息，找到替代的路径，从而影响数据的传输。

同理，可以根据上述时延阈值的判定方法，对带宽和丢包率进行门限值的判定。带宽的门限值设为 B_{max}/θ，丢包率的门限值设为 $\theta \cdot L_{max}$。

4.4.3 瓶颈节点以及路由修复过程

1）端到端时延

（1）当各链路的时延值相差不多时，则说明整条路径存在问题，各链路均出现延迟过大的情况，目的节点将向源节点发出预警信息，源节点负责寻找新路径。

（2）当某段链路的时延与其他各段相比过大时，则需要调整该路径，目的节点向瓶颈节点发送预警信息，然后该节点负责寻找新路径。

2）带宽

假设各条链路的实际带宽为（$B1, B2, B3, \cdots, Bn$），业务需求的最小带宽为 B_{max}。敏感系数 I_B 值为 0 时，表示对带宽没有要求，值为 1 时表示对带宽有要求。

（1）$I_B = 0$ 时，表示传输过程中不考虑带宽问题。

（2）$I_B = 1$ 时，表示网络需要考虑路由带宽问题。（$B1, B2, B3, \cdots, Bn$）>B_{max}/θ，表

示带宽情况良好；$(B1, B2, B3, \cdots, Bn) < B_{max}/\theta$，表示带宽出现问题。与时延的处理方式类似，若只有某段链路出现问题，则只需要针对性地更新路径，若多段链路出现问题，则从源节点重新发起路由请求。

3）丢包率

路径的丢包率为 L_{act}，业务需求的最大丢包率为 L_{max}。I_L 表示敏感值，值为 0 时表示业务对丢包率没有要求，值为 1 时表示对丢包率有要求。

（1）$I_L = 0$ 时表示不需要考虑丢包率。

（2）$I_L = 1$ 时表示网络需要考虑丢包率。与时延的处理方式类似，$L_{act} < \theta \cdot L_{max}$，表示丢包率情况良好；$L_{act} > \theta \cdot L_{max}$，表示网络的丢包率过高，需要通知源节点寻找新的替代路径。

我们通过仿真实验，尝试了不同的 θ 值，根据不同 θ 值下无线 Mesh 网络多播传输的性能，得到 θ 在 0.8～0.9 时性能最高，我们在实验中取 θ 值为 0.85，并假设业务对带宽和丢包率也有要求。

4.4.4 相关参数的测量

1）端到端时延的测量

在同步传输的传统网络中，节点只要将数据包的接收时间减去发送时间，就能够准确得到端到端时延参数。

虽然无线 Mesh 网络采用的是异步传输方式，各节点时间不同步，但是这一问题不是我们的研究重点，所以这里假定各多播节点是同步的。

2）可用带宽的测量

传统的无线网络一般采用共享传输媒介的方式对数据进行传输，可用带宽的测量方式较为复杂。网络对于可用带宽的计算一般采用主动式测量和被动式测量两种方式。

主动式测量是通过邻居节点发送的 HELLO 报文，获得邻居节点占用的带宽，从而计算自身节点的可用带宽。

我们使用被动式测量取得可用带宽，主要通过载波监听机制获得信道的空闲时间，从而计算出可用带宽。

3）丢包率的测量

丢包率的测量较为简单，如图 4.21 所示，节点 1 与节点 2 进行通信，若在规定的时段内节点 1 发送了 10 个数据包，节点 2 只接收到其中的 9 个，则该链路的丢包率为 10%。

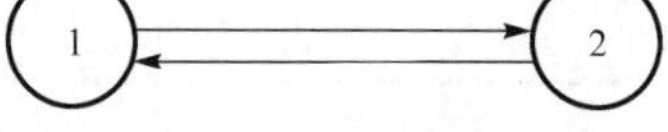

图 4.21　丢包率测量示意图

4.4.5 路由修复详细过程

PR-MAODV 协议的路由修复过程如图 4.22 所示。源节点首先将各参数的阈值信息发送至目的节点，目的节点根据该信息更新路由表中的相关阈值。当目的节点收到多播报文后，根据相关阈值，检测报文中包含的时延等参数，如果超过阈值，则上述协议的修复原理，判定负责寻找新路径的是源节点还是瓶颈节点，然后向该节点发送预警信息。

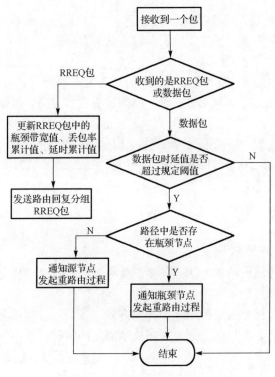

图 4.22 路由修复示意图

4.4.6 实验结果与分析

我们通过 NS-2 仿真软件对 PR-MAODV 协议进行仿真，通过路由开销率、时延、丢包率和吞吐量等参数对两种协议进行了分析和对比。实验参数如表 4.1 所示。

表 4.1 实验参数

参数名称	参数值	参数名称	参数值
仿真范围	300×1500	数据发送速率	2 数据包/s
节点个数	200	无线传输范围	125m
MAC 层	802.11, 2Mbit/s	节点移动速度	10m/s, 20m/s
仿真时间	900s	数据流	CBR
数据包大小	256 字节	门限参数 θ	0.85

PR-MAODV 的路由开效率的仿真结果如图 4.23 所示,多播组成员移动速度越快,网络拓扑变化越大,路由开销就越大,而且多播组成员个数越多,网络拓扑越复杂,路由开销也就越大。图 4.23 说明新算法导致网络增加的路由开销相对较小,影响并不明显。

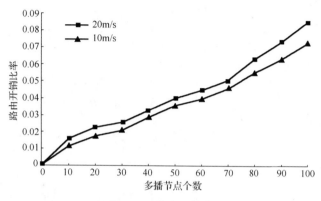

图 4.23 路由开效率

PR-MAODV 协议根据网络的动态拓扑改变多播树的结构,使得多播组成员到源节点的跳数减少,从而降低端到端的传输时延。如图 4.24 所示,随着多播组成员个数的增加,平均时延也相应增加;同时根据节点移动速度的不同,平均时延也有所变化。根据图中数据,PR-MAODV 协议在平均时延方面具有更好的性能。

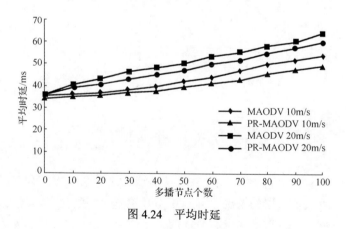

图 4.24 平均时延

如图 4.25 所示,随着多播组节点的增加和移动速度的加快,发送的数据包碰撞的概率加大,导致节点必须重新发送数据,数据包递交率下降。PR-MAODV 协议的递交率明显更高。

由图 4.26 可以看出,PR-MAODV 协议下网络的吞吐量明显高于 MAODV 协议。

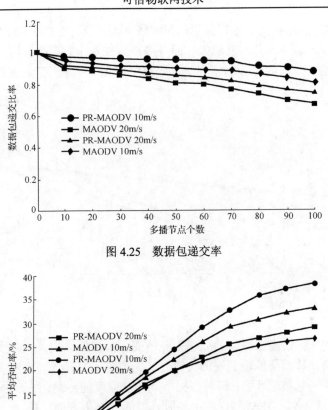

图 4.25 数据包递交率

图 4.26 吞吐量

4.5 新协议仿真结果与分析

我们将通过 NS-2 仿真软件对 DT-MAODV 协议进行仿真实验,假设单个数据源节点向多个目的节点发送数据的情况,并对路由开销率、端到端平均时延、数据包递交率、吞吐量等参数进行分析,比较新协议的改进效果。

4.5.1 NS-2 环境概述

网络仿真器 NS-2 主要用于仿真虚拟的网络环境,已经成为世界性的开放源代码的网络模拟器。现有的各种类型的网络协议及相应的测试脚本均在 NS-2 中获得支持。NS-2 对于对象的开发采用分裂机制,并提供两种编程语言进行网络仿真。网络仿真过程首先要模拟和实现具体的网络协议，C++是面向过程的语言，且具有封装性好、处理时间短等特点，使用 C++实现网络协议，可以使得协议的处理速度快，封装性好，使得网络协议在仿真过程中效果更好。进行网络仿真实验第二步要配置具体的网络实验环境，即相关的网络组件和环境的具体参数，OTCL 是以 TCL 语言为基础提出的一种面向对象的脚本语言，OTCL 能直接调用底层的协议对仿真场景进行快速配置，具有很大优势。

在网络仿真实验中网络节点最为关键，是整个仿真网络的重点，对网络仿真实验的过程起着关键的作用。如图 4.27 所示，NS-2 仿真的每一个节点均包含地址分类器和端口分类器，用于限制节点对报文的处理，分别对应实际网络节点的 IP 地址和端口号两项。由此可以看出 NS-2 仿真的节点与实际网络环境中的节点具有很高相似度。当节点收到数据时，首先使用地址分类器判定目的地址是否是自身，如果是，则使用端口分类器将数据包根据报文的端口号传输到应用层，选择相应的程序进行处理。如果不是，则将该报文继续转发。

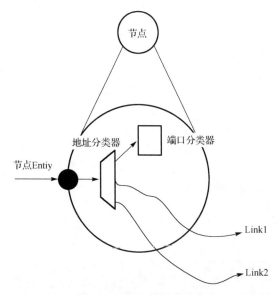

图 4.27　NS-2 的节点结构

NS-2 对于网络仿真实验主要采用 OTCL 和 C++两种语言来完成。由于网络仿真过程中只能够依照顺序对定时器的调度和数据包进行处理，而不能够准确地对同时发生的事件进行模拟。由于在网络仿真实验中事件的持续时间较短，所以对于 NS-2 来说不会造成较大的影响。NS-2 通过模拟时延和队列复合的方式形成了链路，而链路与网络节点和队列组成了 NS-2 的仿真网络。NS-2 生成事件调度与仿真过程中的每个事件相对应，然后依次将事件调度放入队列中等待执行。

NS-2 仿真网络所对应的每一层已经实现了部分相关的网络协议。使用 NS-2 进行仿真实验之前，要根据具体情况考虑实验所要涉及的网络层，并考虑是使用解释层还是使用编译层。对于 NS-2,解释层较为简单,即在进行仿真实验时只需要使用 NS-2 本身具有的网络协议,然后使用 OTCL 脚本语言搭建合适的仿真网络拓扑,确定延迟、带宽等相关参数,对节点代理、路由协议等信息进行配置。解释层是指 NS-2 本身具有的网络协议不能满足仿真需求,则需要对现有网络协议进行修改或者是编写新的协议。仿真实验的过程如图 4.28 所示。

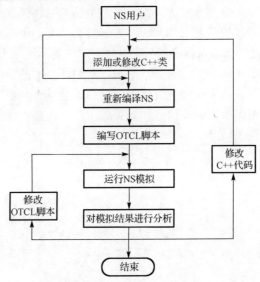

图 4.28　NS 网络仿真过程

4.5.2　实验主要参数设置

本次实验相关参数如表 4.2 所示。

表 4.2　实验参数

参数名称	参数值	参数名称	参数值
仿真范围	300×1500	数据发送速率	2 数据包/s
节点个数	200	无线传输范围	125m
MAC 层	802.11, 2Mbit/s	节点移动速度	5m/s, 10m/s, 15m/s, 20m/s
仿真时间	900s	数据流	CBR
数据包大小	256 字节	优化容忍度 C	5%
最大转发次数 TN	10		

4.5.3　DT-MAODV 协议实验结果与分析

路由开销率是指优化算法所增加的路由开销与原 MAODV 协议的路由开销的比值,公式如下。通过统计仿真过程中 RREQ,RREP,GRPH,MACT 报文,再进行计算得出,该值越小说明新协议性能越好。

$$R = \frac{O_n - O}{O} \quad (4.6)$$

式中，R 表示路由开销率；O 表示 MAODV 协议下的路由开销；O_n 表示 DT-MAODV 协议下的路由开销。

仿真结果如图 4.29 所示，多播组成员移动速度越快，网络拓扑变化越大，路由开销就越大；而且多播组成员个数越多，网络拓扑越复杂，路由开销也就越大。图 4.30 说明新算法导致网络增加的路由开销相对较小，影响并不明显。

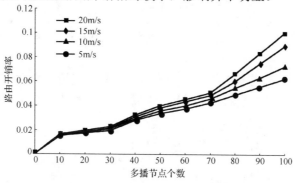

图 4.29 路由开销率

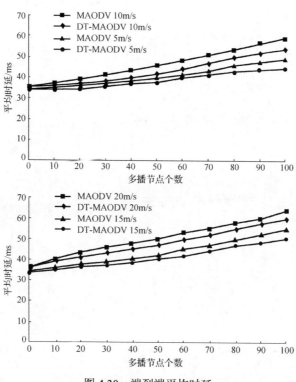

图 4.30 端到端平均时延

DT-MAODV 协议根据网络的动态拓扑改变多播树的结构，使得多播组成员到源节点的跳数减少，从而降低端到端的传输时延。如图 4.30 所示，随着多播组成员个数的增加，平均时延也相应增加；同时根据节点移动速度的不同，平均时延也有所变化。根据图中数据，DT-MAODV 协议在平均时延方面具有更好的性能。

数据包递交率是节点接收到的数据包与发送的数据包的比值，反映当前的网络状况，即

$$R = \frac{P_R}{P_S} \tag{4.7}$$

式中，R 表示数据包递交率；P_R 表示节点收到的数据包的个数；P_S 表示节点发送的数据包的个数。

如图 4.31 所示，随着多播组节点的增加和移动速度的加快，发送的数据包碰撞的概率加大，导致节点必须重新发送数据，数据包递交率下降。DT-MAODV 协议的递交率要高于 MAODV 协议。

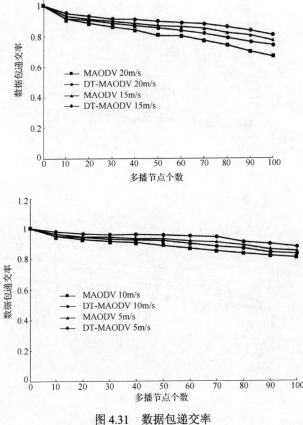

图 4.31 数据包递交率

丢包率是网络性能的重要指标，本次实验对丢包率进行了分析，计算公式和结果为

$$L = 1 - \frac{P_R}{P_S} \tag{4.8}$$

式中，L 表示丢包率；P_R 表示节点收到的数据包的个数；P_S 表示节点发送的数据包的个数。由图 4.32 可以看出，新协议在丢包率方面的性能要高于 MAODV 协议。

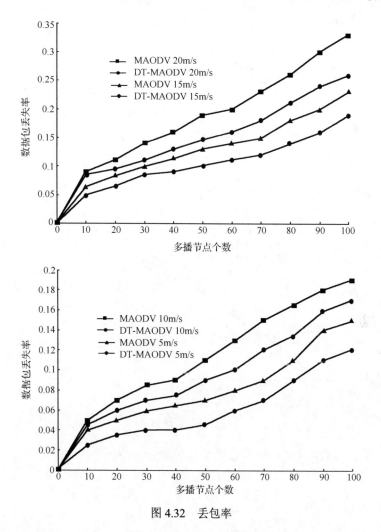

图 4.32 丢包率

吞吐量是网络性能的重要指标，关于吞吐量的计算公式和仿真结果为

$$T = \frac{D_R}{t} \tag{4.9}$$

式中，T 表示吞吐量；D_R 表示节点收到的数据总量；t 表示端到端时延。由图 4.33 可以看出，DT-MAODV 协议的吞吐量明显高于 MAODV 协议。

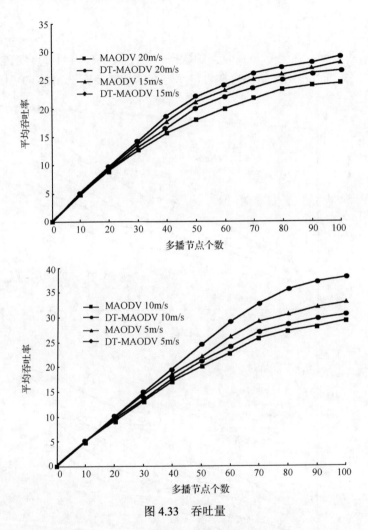

图 4.33 吞吐量

实验结果表明 DT-MAODV 协议更符合多播业务的需求。

4.6 本章小结

本章根据无线 Mesh 网络的特点，对现有多播路由协议进行了研究，并进行了改进。我们的具体工作如下：介绍了物联网和无线 Mesh 网络的发展及研究情况，关注当前无线 Mesh 网络研究的热门领域，对 HWMP 协议和 MAODV 协议进行了分析，发现协议的不足之处。针对无线 Mesh 网络所具有的特点，提出了 DT-MAODV

（Dynamic Topology-MAODV）多播路由协议。该协议针对无线网络的节点移动特性，提出了动态改变多播树结构的策略。在满足优化判定参数的前提下，多播树会主动改变拓扑结构，以得到更高的传输性能。由于 MAODV 协议不能够主动及时地修复和维护多播树，提出了采用预先修复策略的 PR-MAODV（Pre-Repair MAODV）协议。多播目的节点接收到报文后检测传输时延、带宽、丢包率等相关参数。当某一参数超过相应阈值时，目的节点会发送预警信息给相应节点。节点重新发起路由请求，建立性能更好的路由。通过仿真实验对传输时延、带宽、吞吐量等参数进行分析与比较，证明了 DT-MAODV 协议和 PR-MAODV 协议在无线 Mesh 网络下具有较好的性能。

第 5 章 信任及其管理模型

5.1 关于信任的理解

物联网中的信任问题与广义的"信任"具有相同的特质，因此，我们这里讨论的信任同样适用于物联网应用环境。信任作为一个社会认知概念，对它的研究应该综合考虑与之紧密相关的一些要素。我们认为，信任至少与以下几个方面有关：目标和任务、关系、交互行为（多次行动构成行为）和情感因素（或者叫做心理状态）。首先，信任是基于具体的目标和任务的。如果没有具体的目标和任务，也就不会存在交互关系和交互行为。目标和任务就像一个导航的东西，是信任产生的根本。其次，信任是社会关系的产物，只有在一个相互联系的群体或组织中才存在信任。再次，信任是与行动紧密联系在一起的，如果没有交互这种行动，信任就没有任何价值可言，当然也就没有存在的可能（但是有可能有所谓的"信任势"的存在）。最后，信任是一种心理状态，或者称为"情感倾向（affective propensity）"，有的研究人员把这种心理状态叫做"信念"。这种情感倾向就像在电磁场里面遇到的"势能"一样，当个体或者组织在进行信任决策的时候，会根据这种"信任势"的高低来作出最后的信任决策结果。

我们对虚拟社会进行这样的几个假定：①社会由许多可以独立地作出决策并行动的个体所构成；②每一个个体可以是理性的、非理性的以及有限理性的；③每个个体的得益不仅取决于自己的行为，同时取决于其他个体的行动。这三个假定分别称为"多主体假定""理性程度假定"和"得益依存性假定"。

需要说明的是，理性的行动者或者主体是力图通过自己的行动使得自己的收益最大化的个体。在交互活动中的理性个体即"经济人"努力使自己的收益最大化。然而，并非所有个体任何时候都是完全理性的，根据理性程度的不同，可以把各种主体大概分为三种：完全理性的主体、非理性的主体以及有限理性的主体。与此同时，由于社会中存在不止一个主体，行动者的收益不仅取决于自己的行动，而且取决于其他个体的行动。此时，行动者的目标在多个行动者的交互中得以实现。

在社会决策中，每一个行动者必须考虑其他个体有着同样的使自身利益最大化的想法，而每一个个体也要考虑其他人知道自己在考虑其他个体的这个同样的想法……这是一个无穷无尽的过程。即"每一个个体都是不同理性程度的"，这一点可以看成一种"潜在的知识"。

前面已经说过，虚拟社会中的个体都是一种带有某种程度的理性，它们可能是智能 Agent，也可能是具有认知能力的带有自治性、自主性的其他实体。那么究竟什么是理性的呢？这里讨论的"理性的"意味着在给定目标下是"可计算的"。不同的信任决策者的"目标"也许不同，但在给定目标下，经过计算，如果在某种策略下能实现它的目标，那么信任的决策者将采取这种决策。当然，很有可能的是，信任的决策者的理性是有限的，并且信息也是不充分的。

什么是理性？研究社会选择的经济学家一般将理性定义在偏好关系上或者定义在选择规则上。这里同样将它定义在偏好关系上。具体的定义在此不再罗列。

在整个虚拟社会中，根据不同的偏好，也就产生了不同个体的个性不同，于是也就有了在理性程度上的差别，一般来说，作为每一个智能 Agent，都是有限理性的，这是因为：第一，计算能力的有限；第二，相关知识的有限；第三，获取的相关信息的有限。这个假定意味着不同的信任决策者在"计算能力""相关知识""相关信息"三方面存在着差别，或者说在这些方面存在"非对称性（asymmetry）"，从而使得信任决策者进行决策时存在强势和弱势之分。

信任在人类社会的发展过程中扮演着非常重要的角色，但是直到最近的五十多年，信任才逐渐成为社会学家和人类学家的中心研究课题。尤其是随着智能机器（如多 Agent 系统和情景计算）的出现，由于网络社会的信任危机日趋显著。尽管虚拟社会的信任问题研究已经引起了来自各个学科的诸多专家学者的广泛关注，也已经有了一些初步的成果，但是真正基于信任的本质特征的认知剖析却并不多见。我们的主要内容就是总结前人在信任认知研究方面的成果，构建关于信任的认知结构体系。

信任在人类生活中的重要性自古以来就受到中外思想家的重视。但是，将信任作为社会科学中理论探讨和实证研究的一个中心课题却还是近五十年的事。在 1950 年，美国心理学家 Deutsch 对囚徒困境中的人际信任的实验研究，与 Hovland，Janis 和 Kelly 对人际沟通过程中的信源可信度（source credibility）的研究一起，开创了社会心理学中信任研究的先河，被视为人际信任的经典研究。在信任研究的过程中，信任的定义可能是首要的，也可能是最困难的。在经典的信任研究取向中，国内外研究主要分为如下四种。

1）将信任理解为对情境的反应，是由情境刺激决定的个体心理和行为

Deutsch 研究了囚徒困境实验。在该实验中，人际信任的有无以合作与否来表示。他发现人们之间的合作与否（即信任程度的高低）随着外界条件的改变而改变，由此得出结论：信任是外界刺激的产物。

由于人是一种有情感的动物，在进行任何决策的时候（当然也包括信任决策），或多或少都会受到外界环境的影响。正如班杜拉提出的"三方互惠决定论"所指出的那样：人的行为 B、认知等主体因素 P 以及环境 E 三者之间构成动态的交互决定关系，其中任何两个因素之间的双向互动关系的强度和模式，都随行为、个体、环境的不同而发生变化。信任作为一种个体的主体因素，受到客观环境的影响而发生改变是非常有可能的。因此，从这个层面上来说，Deutsch 的这种关于信任的情景刺激决定论是有一定道理的。

2）将信任理解为个人人格特质的表现，是一种经过社会学习而形成的相对稳定的人格特点

其代表人物有 Rotter，Wrightsman 等。他们认为，一个人的生活经历和对人性的看法会使他（她）形成对他人的可信赖程度的概化期望（generalized expectancy）或信念，而且形成了个体之间不同的信任偏好，有的人倾向于信任他人，有的人则倾向于怀疑他人。持这种取向的学者编制了很多量表来测量人们在人际信任特质上的个体差异。他们主要强调的是个体或者群体在信任水平上存在差异，个体在任何带有主观色彩的主体认知决策或者活动时，当然不可避免地带有一定的偏向。

在认知心理学中也有类似的研究，当一个人所经历的事情，所处在的环境不同，接受的文化教育和相处的人群不同时，往往会形成个体性格上的差异，进而影响他们的主观行为和思维模式，于是形成了个体在信任水平上的个体偏好不同。因此，从这一点来说，他们仍然是在研究环境对信任的影响，与 Deutsch 等持有的"情景刺激决定论"其实是同一种取向，即研究环境对信任的影响。

3）将信任理解为人际关系的产物，是由人际关系中的理性计算和情感关联决定的人际态度

其代表人物有 Lewis 和 Weigert。他们对信任的特点、维度、基本类型等进行了颇为系统的分析。他们认为理性和情感是人际信任中的两个重要维度，二者的不同组合可以形成不同类型的信任，其中认知性信任（cognitive trust，基于对他人的可信程度的理性考察而产生的信任）和情感性信任（emotional trust，基于强烈的情感联系而产生的信任）是最重要的两种，日常生活中的人际信任大都是这两者的组合。他们还认为，随着社会结构的变化和社会流动性的增加，越来越多的社会关系都以认知性信任而非情感性信任为基础。

他们首次提出信任是社会关系的产物这一观点。事实上，如果人与人之间不存在关系，不存在联系，那么信任这种"关联性"的概念或行动是不可能存在的。正是因为关系的存在，人与人之间需要通过这种关系来实现沟通和交互，实现利益的互换。

由于某些客观的原因又导致了这种交互存在一定的风险，存在不确定性，制度上和法规上的保证难以奏效时（在人类社会的最原始时期，根本就没有制度和法规可依靠），人们才不得不冒着利益受损的风险，乐观地假定对方不会伤害自己。就是这种乐观的假设和冒风险的客观需要，才产生了信任。当然，人不是冷血动物，人是带有情感的，因此人在做任何事情和行动时，都带有或多或少的情感倾向。人类在作信任决策时也同样如此，总会带有一些个体的情感"噪声"。作为人类制造的机器——智能 Agent 系统必然要烙上这种情感的印痕。应该肯定的是，他们首次重视关系在信任中所扮演的重要角色，正如前面所说：信任是关系的产物，没有关系，信任也就没有存在的必要。从这个意义上说，与其说信任是行动的，还不如说是"关联的"。

4）将信任理解为社会制度和文化规范的产物，是建立在法理（法规制度）或伦理（社会文化规范）基础上的一种社会现象

如"系统信任"（system trust，Luhmann）、"基于制度的信任"（institution-based trust，Zucker）、"非私人信任"（impersonal trust，Shapiro）、"社会信任"（social trust，Earle 和 Cvetkovich）。近年来，使用"社会信任"一词的学者似乎更多一些。

我们认为，信任作为一种非正式制度在社会正常运转中所起到的作用是无可替代的，从根本上来说"是一种社会资本"，它在推动内部整合和良好运作的同时，也是对外交流的重要支柱。但是，从根本上说，它是社会制度和文化规范的产物，这种说法未免有点牵强。信任在维持社会秩序，促进人际交互中所扮演的角色正是社会制度和文化规范功能的强有力的补充。但是早期在人类社会还没有任何社会制度和文化规范的时候，信任照样存在，只是随着社会制度和相关的一些文化规范的不断补充和健全，人们在选择信任的时候，心理有一个对方对社会制度和伦理道德的威慑依靠，更加强化和刺激了合作与交互，反过来增强了信任。我们认为，适当的监控才是信任产生的正道。

5.2 信任关系的分类

在研究人的信任行为时有两点值得特别注意。首先，信任不只是个体的心理和行为，更是一种与社会文化环境密切相关的社会现象，应该将信任放在社会关系中来理解和研究。其次，信任也是一种历史现象。随着社会的发展，信任的构成和产生信任的机制会发生变化。此外，社会流动性的增加可能使交往关系的重要性增加，因此有必要对交往关系给予更多的注意。

研究发现：①信任的核心意义是相信对方的言行在主观上和客观上都有益于，至少是不会伤害自己的利益。信任包括"人品信任"和"能力信任"两方面，"人品信任"主要是对私德的信任，是由双方的私人关系决定的。②信任可以通过三个方面的八种行为来反映。一是钱财上的信任。如借一大笔钱给对方（且不留字据），在自己住所没人时把房门钥匙给对方，请对方保管自己的财物。二是隐私上的信任。例如，把自己的隐私告诉对方，告诉对方自己对上司的不满，告诉对方自己对双方共同的熟人的不满。三是办事上的信任。例如，托对方办一件重要的事情，与对方长期合作做某件事情。③信任程度与人际关系的密切度成正比，也就是说，关系越密切，信任程度越高。但是关系并不是影响信任大小的唯一因素，人们的信任行为存在事件区分性，即对同一个人在不同事件上的信任程度显著不同。④人们可以通过一定的方法来增加他人的可信程度，发展与他人的相互信任。关系运作是建立和增强信任的重要机制。关系运作不仅包括利用关系网或请客送礼等工具性色彩较强的方法，还有相互尊重、交流思想感情等情感性色彩较强的方法。不同的关系运作方法有不同的适用范围。在长期合作关系中，加深情感的关系运作方法较受重视，而在一次性交往中，利用关系网或利

益给予的关系运作方法较受重视。此外，在经济合作关系中，为了增强信任，人们除了进行关系运作，还会采用法制手段。关系运作和法制手段二者可以共存。

综合相关研究成果，我们将智能 Agent 系统中的 Agent 分为两种：认知性 Agent 和非认知性 Agent，所谓的"认知性 Agent"是指具有认知能力的，有一定的智能性、自治性特点的 Agent，而"非认知性 Agent"是指不具有认知能力的 Agent。我们认为，认知性 Agent 和非认知性 Agent 在信任决策时采用的机制是不一样的，认知性 Agent 信任决策时，能够产生真正的"信任（trust）行为"，而非认知性 Agent 不能产生真正的信任行为，只能像工具一样机械地产生"委托（delegation）行为"。

了解了信任与关系的联系后，回到信任关系的研究上。我们把在信任领域涉及的关系称为信任关系。根据不同类型的个体或 Agent 的信任关系是不同的，就可以得到完全的信任关系分类，如图 5.1 所示。接下来的部分主要讨论认知性信任的结构成分，即对信任的一个认知剖析。

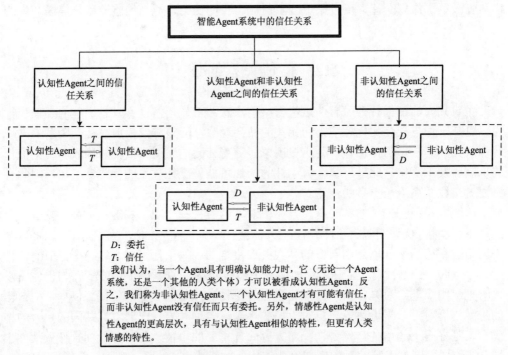

图 5.1 智能 Agent 系统中信任关系的分类

5.3 信任的认知性结构

有很多人较早从社会认知的角度来研究信任，我们认为，一个完整的信任认知结构主要包括三个主要的模块：基于控制策略或者契约的信任模块、基于信心的信任模块以及基于理性计算的信任模块。

5.3.1 基于控制策略或者契约的信任

首先是基于控制策略或者契约的信任(trust based on control and/or contract)。这种情况下能够产生信任,主要是因为类似的策略或机制使得交互对象处在一种畏惧利益受损的基础上,施信者采用一种具有足够威慑力的策略或机制迫使受信者不得不按照预期那样以不伤害对方的方式行事,这就是所谓的基于"控制的信任"。无可否认,控制在信任的产生和维护方面发挥了积极的作用,但是关于控制和自由哪一个更有利于信任的产生和维持,目前还在争论当中。但是,适当的监控措施应该是信任存在的必要条件。

目前的控制策略主要包括两种方式:监控措施以及奖惩机制。至于监控对于信任的影响,可以用有监督学习和无监督学习的例子来对比说明。当然,事实上,监控最后还是通过对交互的对象实际获利的"增加或者减少"来对信任行为进行控制。

对于奖惩机制对信任的影响,可以更直观地理解为:通过对交互对方的奖励,让他得到更多更好的利益,增加了对方的"额外的利益增值",事实上是暗地里增大了他通过理性计算得到的最终获利;而通过惩罚机制,变相地减少了对方的实际获利。当然,奖惩机制能够发挥作用是建立在交互对方是理性计算的预设和前提上的。至于契约方面对信任的刺激和影响作用,主要是通过某些制度或法规以具体条文的形式将双方应尽的义务和享受的权力以一种更为明确的方式记录下来,并规定违反条约的相关奖惩措施。当然,这种契约的生效是建立在制度和法规健全和有效性的基础之上的,只有当签订契约的双方或几方都能够受到相关制度和法律法规的约束和制裁的时候,它才能够发挥对信任行为的刺激和监督作用。

5.3.2 基于信心的信任

基于信心的信任这方面作出巨大贡献的主要有 Castelfranchi 和 Falcone 等。他们根据认知层面的不同具体探讨了一些所谓的"核心信心"和"拓展信心"。我们认为,信任是基于具体目标和任务的,但是无论对哪个目标和任务的信任决策过程,都有一个共同的所谓的"本体成分结构",它们是由具体的任务类别的一些领域本体所组成的。这些本体结构就构成了 Castelfranchi 和 Falcone 等提出的"核心信心",也就构成了信任的共享知识体。基于信心的信任的本体成分主要分为五类:依赖信心、(胜任)能力信心、自信的信心、部署(意愿)的信心以及目标完成(持久)的信心。

1) 依赖信心

依赖信心主要指的是:Agent X(作为施信者)相信它需要 Agent Y(受信者):①X 依赖于 Y。为了完成既定的目标和任务,单靠 X 自己是不可能完成的,只有在 Agent Y 的合作和帮助下,才有可能完成任务。这时候 Y 是 X 必须依赖的对象,也就是没有 Y 就不行。持这一观点的学者有:Sichman, Conte, Castelfranchi, Demazeau, Hewett, Bearden 以及 Andaleeb 等。②X 希望 Y 能够按照预期行事,因为那样更好,或者完成任务的速度、效率更高，或者完成的质量效益更好。这时候 X 自己一个人，即使没有 Y 的参与，照样能够完成既定的目标任务。持这一观点的学者有：Jennings, Zaheer, Venkatraman 等。

2)（胜任）能力信心

这是一种对能力的评价指标，Agent X 相信 Agent Y 有足够能力完成交给的子目标和子任务。当然，这种能力是一种综合的考察，主要包括 Y 有足够的技术水平、管理措施、良好的行动基础等诸多影响子目标或者子任务顺利完成的要素。对这一方面较早研究的是 Falcone 和 Castelfranchi。

3) 自信的信心

这里包括如下几个方面的自信。

（1）X 对自己能够完成分配的子目标和任务有充分的自信。X 无论从技术角度还是管理措施等诸多方面来考察自己后，得出结论：它有足够的信心能够完成既有的目标和任务。

（2）X 认为 Y 相信 X 有足够的自信心。除了要对 X 本身的自信心关注，还要关注在 X 的心目中，Y 是否相信 X 有足够的自信。理由很简单，自信是成功的一半，而且这种自信要让你的交互对象清楚地了解和知道。

（3）在 X 看来，Y 也是具有足够自信心的。如果不能判断交互对象是否具有自信，那么也就不能知道它有坚持完成任务的根本动力，即没有让交互对象开始和持久信心的源泉。

除了以上包含的三种最基本的自信心，根据三方互惠决定论的观点，X 可能还需要对环境是否允许它从事并坚持到完成该目标和任务等方面的自信。

4) 部署（意愿）信心

X 相信 Y 愿意去做行动 α 来实现目标和任务。仅有这种意愿也是不够的，还要判断：在 Y 经过深思熟虑之后，是否已经决定和倾向于去做行动 α。其实这是一个关于付出信任行动的初始"心理状态"的描述，一旦某个个体达到了这种"意愿"的心理状态，就表明接下来它要采取相关的一系列行动了，而这一系列的行动构成的行为就构成了信任行为的回报。

5) 目标完成（持久）信心

前面所说的自信其实还包括对目标的信心，一旦 Agent X 认为制定的目标不能被实现或完成，那么自然也就失去了为之奋斗的勇气和信心。或者勉强很迷茫地做了一些开始的工作，也没有动力和信心去完成剩下的工作，即没有持久的信心。

以上分析的是五类基本的信心，主要指出了信任决策最根本的一些信心依据。在前面已经提到了，信任是基于具体的目标和任务的，而每一种不同的目标和任务的具体情况又各不相同，还要根据其他的一些要素如对任务完成的质量、速度和效率等其他方面的考察，才能作出最后的信任决策。总之，以上分析的只是信任决策的一些本体结构，根据不同目标和任务的需求，在此基础上，结合考察其他一些具体领域的要素，才能形成正确的信任决策。

5.3.3 基于理性计算的信任

从理性计算的角度来研究信任，这是当前信任研究的主流。原因很简单，现在的电子计算机是建立在数理逻辑基础上的，它从根本上只是一台数字计算的机器，没有人类所具有的一些情感因素。当然不能像人一样带有情感地去处理问题。但是随着科学技术，尤其是人工智能和软件工程技术的突破，人们希望计算机能够具有智能性、自主性、自治性的意愿正在慢慢实现，尤其是智能 Agent 和情景计算的出现，使得曾经石沉海底的人工心理和人工情感突然之间又变得异常火热起来，人类仿佛看到了人工智能光明的未来。但是，无可否认，大多数情况下，人类是理性的，更别提计算机了。因此，基于理性计算的信任仍然是信任最重要的一种。

目前，对于信任的研究成果里面，最成功的也是基于理性计算的信任建模。其中，传统的信任研究主要基于博弈论框架——从经济学的角度，利益成本效益的严格计算来刻画信任主体的信任决策和推理。另外，现在人们越来越关注以下几种信任观点。

（1）基于自我价值和满足感的定性计算。在社会信任当中，也涉及个体的自我价值的实现和其他一些自身方面的满足感。很显然，这种隐形的获利不能够完全用获得的经济利益来衡量。但是作为一个有感情的个体，当他的自身价值得到认可和实现时，那么就会得到精神方面的一些满足感。这时候在心理上或精神上就会觉得他的信任行为获得了不错的回报，尽管这些回报不是以物质和数值可计算的形式出现的。在虚拟的 Agent 社会里，一个 Agent 具有认知功能，就意味着它也有可能在信念、愿望和意愿等方面表现出一定的智能性、自治性和自主性。只有在它的一些精神状态方面获得最佳体验，它才会按照施信者的预期去行事。

（2）基于角色的信任。世界是一个舞台，所有男人和女人都是演员，他们有各自的进口与出口，一个人在一生中扮演许多角色。角色是个体与整个社会、他人与自我之间的一座"桥"，是社会交往的"纽带"。似影子形影不离，如面具同生共舞。它就是角色，只要生存在这个世界上，就难免充当社会角色。按照我们的理解，角色其实归根结底还是社会分工的产物。随着整个社会分工的不断发展，越来越多的改造客观世界的活动需要更多的人力物力、技术和措施，而每个人的总的能力毕竟有限，这样就需要很多的人协作才能完成某些活动，于是对应于每一个具体分工的不同，他所扮演的作用也就不同，占据的地位也就不同，这就产生了不同的"角色"。回到虚拟社会中，由于目前的计算机主要还只是一个计算工具，真正具有"智能的情感"计算机还没有问世，因此，目前对于信任的研究，自然而然更多地关注着基于角色的信任研究。

（3）基于社会道德得失计算的信任。与自我价值和自我满足不同的是，这种道德的得失会在客观上对自身的利益产生直接或间接的损失。例如，整个社会系统对个体的道德评价倾向、个人品质和个人魅力等与整个社会道德的规范是否吻合，一旦在道德上被其他个体评价为不好，别人很难再相信或者信任该个体了。当然这种社会道德的得失计算在信任决策中起作用，主要还是因为害怕相关道德规范的奖惩机制。

5.4 信任的社会关系网络表示

自从班杜拉提出"三方互惠决定论"以来，它就受到了广泛的关注。在社会网络分析的过程中引入三方互惠决定论，目的是更好地了解和分析关于信任的社会关系网络结构。前面已经说过："三方互惠"中的"三方"分别指的是行为、个体和环境。这里主要关注的是信任行为、信任主体和信任的关系网络环境。假设 number-of-mediators=1，则 Agent 之间的信任关系如图 5.2 所示。

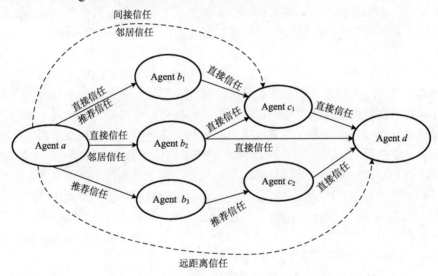

图 5.2 信任关系网络示意图

要考察信任的评价和推理等，必须要考虑相应的社会关系网络。由于信任是一个动态的、历史相关的东西，也就是说它的时效性很强，所以，就有所谓的"信任的时间效应"：Agent 如何对过去的经验进行处理，即过去的某个时间点上发生的事情对现在的认知影响，有如下两种情况。

（1）等效性：不论事件发生的早晚，同样的事件对一个 Agent 对另一个 Agent 的信任的影响产生的作用是等效的。

（2）记忆性：事件发生的时间对信任的影响呈现出记忆性的特点，即离现在时间点越近的事件对信任的影响相对较大，反之，离现在时间点越远的事件对信任的影响越小。

另外，针对空间距离对信任的影响，可以将信任分为邻居信任和远距离信任。在这里，"邻居"和"远距离"的区分可以根据两个 Agent 的连通是通过多少个中间人联系在一起的,其中对中间人的证词的信任称为"推荐信任"。假定两个 Agent 之间的中间人个数（number-of-mediators）设置一个门槛值 threshold,如果两个 Agent 之间的中间人个数大于该门槛值,则这两个 Agent 之间的信任就是"远距离信任",否则为"邻居信任"。另外,如果两个 Agent 是直接关联的,则它们二者之间的信任称为直接信任,否则称为间接信任。

我们采用形式化的方法来描述 Agent 之间的信任关系。其中,每个节点 Agent 都包含一个信任关系结构 Relation-Structure,信任关系结构的形式化结构如下:

Relation-Structure(trustor,trustee,i,number-of-routers) = [type-of-trust,

Task,environment,number-of-mediators,mediators-list-in-order,

Threshold,recommendation-trust-degree-in-order,direct-trust-degree]

其中,trustor 表示的是该信任结构考察的施信者名称；trustee 指的是受信者的名称；i 是第 i 条路；number-of-routers 表示的是两个 Agent 之间有多少条路可连通；type-of-trust 指的是施信者和受信者之间的信任关系属于直接信任还是间接信任,属于邻居信任还是远距离信任；task 基于什么样的目标任务,前面已经说过,信任是基于具体任务的；environment 是指什么样的环境,该环境主要有哪些相关的特征参数；number-of-mediators 是指施信者和受信者之间的中间人的个数；mediators-list-in-order 是按顺序列出中间人的名称；threshold 是指 number-of-mediators 的门槛值,高于该门槛值距离的两个 Agent 之间的信任就是远距离信任；recommendation-trust-degree-in-order 是按顺序列出推荐信任的程度；direct-trust-degree 指的是直接信任度。

例如,信任关系如表 5.1 表示的一个信任关系网,可以把它对应的信任关系网络刻画出来,如图 5.3 所示。

表 5.1 某信任关系网的形式化描述

Relation-Structure($a, d, 1, 4$) =
[(间接信任，远距离信任)，找物流公司将行李从天津托运到长沙,
(交通情况良好，天空晴朗), 3, (c_1, c_4, c_6),
1, (0.8, 0.5, 0.7), 0.9]

Relation-Structure($a, d, 2, 4$) =
[(间接信任，远距离信任)，找物流公司将行李从天津托运到长沙,
(交通情况良好，天空晴朗), 3, (c_2, c_5, c_7),
1, (0.6, 0.5, 0.6), 0.7]

Relation-Structure($a, d, 3, 4$) =
[(间接信任，远距离信任)，找物流公司将行李从天津托运到长沙,
(交通情况良好，天空晴朗), 2, (c_2, c_7),
1, (0.6, 0.7), 0.7]

Relation-Structure($a, d, 4, 4$) =
[(间接信任，远距离信任)，找物流公司将行李从天津托运到长沙,
(交通情况良好，天空晴朗), 3, (c_3, c_6, c_7),
1, (0.8, 0.7, 0.3), 0.7]

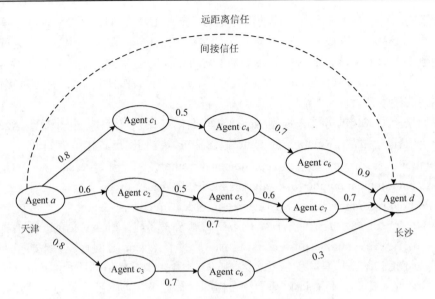

图 5.3 表 5.1 描述的信任关系网络示意图

当然，上面的信任程度用一个单值来表示是为了讲述的方便，根据不同的信任评价方法不同，信任程度的表示方法也不一样。在此不再详细讨论。

5.5 信任管理的概念模型

对信任的认知结构做了剖析之后，在接下来的部分将讨论非认知性信任的结构成分，并试图建立一个信任管理系统的概念模型。

5.5.1 非认知性信任结构

我们认为，一个不具有认知性能的 Agent 是只能存在一种所谓的"非认知性信任"，"非认知性信任"指的是：建立在完全理性计算的基础上的信任。这种情况下，不需要 Agent 具有认知和情感的高级功能，它们只需要根据程序设计者的要求计算最终的收益，这时候它们扮演的是计算工具的角色。对于这种信任，有很多人也从不同的角度来研究，其中主要包括基于声誉的信任、基于角色的信任、基于目标和任务的信任以及基于过程和行为的信任等。

1. 基于声誉的信任

目前对信任机制的研究，主要还是集中在信誉上。在通常情况下，信任关系必须基于"第一原则"建立，即使用诸如信誉管理的方法来建立和检测信任管理。

有学者利用直接经验和证人信息来评价 Agent。一个 Agent 怎么通过直接交互的经验来评价另一个 Agent？作者提出的方法是只考虑最近几次交互的情况，并把交互结果记录在给定的 Agent 的历史中。那么一个 Agent 怎么找到合适的证人？这里提出的方法是推荐的方法，通过推荐来彼此帮助找到合适的证人。

在上面主要采用的信息只有直接经验和证人信息，还有部分研究人员采用了第三种信息——社会网络信息，如在社会科学研究成果的基础上提出一个建模信任和信誉的数学框架。该模型侧重了社会网络信息的作用。使用这种间接推演信任的评价系统尤其适合评价者是个体的情况。最后，根据社会学和生物学的研究成果扩展了上述模型：合作的进化。在自私的 Agent 之间信任和信誉的繁殖和合作可以解释为博弈模拟。

2. 基于角色的信任

从某种意义上讲，环境造就角色，环境中的主题是角色定位的基础。不同环境中的主题或者任务不同，造成个体或者群体的角色不同；或者同一环境下，具体任务的分工不同，导致每个个体的角色不同。角色是基于具体目标和任务的，角色是任务（复杂任务）分解的结果，角色是完成任务的代理体。目前基于角色的信任研究也已经成为了这个"毫无情感，冷冰冰"的计算机组成的虚拟社会中信任研究的主要方向，相关的研究成果有很多文献。

我们认为，一个虚拟系统中的角色主要由以下几个部分组成：①身份。每一个个体都是一个角色，它代表了该个体在这个虚拟系统中的地位和所从事的子任务范畴。个体的 IP 号可以作为身份的象征。一定意义上讲，身份是构成角色的前提和基础。人没有身份也就无角色可言，一个 Agent 个体同样如此。当一个 Agent 个体的身份发生了变化，由此派生出来的角色也就变了。因此，从这个意义上来说，信任是基于身份的，更是基于角色的。②义务和权力。只有分享义务和权利，才能实现公平、公正，才能维持整个虚拟系统的良好运转。定义角色时应明确规定每个角色的义务和权利。③习惯。约定俗成的惯例，这里指的是基于角色的习惯，而非个体的习惯，如作为一个医生的职业习惯，作为一个数学家的习惯等。④人格。角色规定的人格，是各个个体在不同职业群体长期社会实践中形成的相对稳定的内在品质，它与职业的特殊性要求相适应，是构成角色的重要因素之一。人格指的是该角色要求个体或群体必须具有的品质和资质，只有具备相应角色的品质和资质，才能胜任该角色。

总之，构成角色的各种要素，在角色扮演者身上综合地表现为一种行为模式，它使不同角色有着不同的形象和行为风格。角色的各种要素在分析基于角色的信任机制方面有着非常重要的借鉴作用。正是基于上述角色构成成分的分析，我们认为基于角色的信任具有如下的几个特征。

（1）信任是一个动态的、多变的概念或行为模式。由于角色具有动态性、多变性的外在特征，每一次任务实现中，该 Agent（身份）扮演的角色不同，而它又不得不连续扮演不同的角色，也就造成了信任的动态和多变性特征。

（2）某个信任过程中个体的角色是固定的。角色是一种行为模式，每一个虚拟系统中的个体只有严格按照角色的要求和规范行事，才能产生较高的信任。

（3）信任是施信者对受信者的一种预期。其他个体或群体对角色行为的期待就构成了信任的核心内容。这是一种严格按照角色范畴行事的预期，这是自我与角色的混沌不清、交叉所致，随着网络虚拟社区的出现，自我（ego）与角色越来越难以区分。

综上所述，虚拟社会中的角色是整个系统给某个 Agent 个体规定的权利、义务和行为规范。它是对各个个体行为的期待，是在社会关系网络中的地位的外在动态的表现形式，同时也是整个系统、Agent 群体和 Agent 个体之间的联结点，它综合表现为一种行为模式。

3. 基于目标和任务的信任

事实上，随着任务驱动的合作方式和程序设计理念的发展，基于目标的决策模式已经越来越发挥出它的重要作用。前面已经说过，信任是基于具体目标和任务的。由于信任依赖于具体的任务和分工，相关的基于任务的信任研究也已经引起了一些研究人员的重视。

4. 基于过程和行为的信任

同样的一件事件，同样的一个目标和任务，在不同的实现方法和环境下，它的实现过程对信任的形成有着直接的影响。例如，目前可信计算的研究方法上，大多数科研人员都从软件生产的具体过程着手，通过确定每一步骤的可信来保证整个系统或者平台的可信性；又如，REGRET 系统中，为了表征每一个信任值的可靠程度，采用的是结合计算该信任值的具体过程来考察的方法。至于行为与信任的关系，Luhmann 早就做了较为深入的探讨：信任与风险、选择和行动之间是四位一体的关系。

总之，信任的非认知性结构主要分析的是信任的理性计算方面，在这里，每一个虚拟社会中的 Agent 个体都是完全理性的，它们的信任决策的唯一依据就是典型的"唯利是图"。

5.5.2 信任管理系统架构

目前的信任管理系统研究主要集中在以"信任凭证"为主的刚性机制上，而忽视了信任作为一个社会认知概念的本质特征的研究。因此，从根本上说，目前的信任管理系统仍然只是"系统安全的一种扩展"，而不是严格意义上的信任管理系统。在对信任的认知剖析和社会关系网络分析之后，需要构建一个模块化的信任管理系统，实现信任的产生、评价、推理和信任库的管理等功能。

在分析和研究已有的信任管理系统之后，我们提出如图 5.4 所示的信任管理系统架构。整个系统是一个分层的结构，从交互请求者的请求到交互对象的响应，整个过程是一个多层响应过程，每一层的响应都要以上一级的响应结果为依据。系统的安全主要由两层来保障：即安全处理层和信任处理层，其中安全处理层主要负责对网络欺骗、病毒以及其他恶意请求的过滤等安全相关工作；而信任处理层是整个信任管理系统的核心所在，它提供信任的管理功能，主要包括信任凭证管理和信任策略管理。

信任策略管理主要指的是一些柔性策略，它由一个本地解析模块支撑。由这个解析模块将具体的一些策略库里面的策略进行适当的调整和解析后，交给策略管理系统处理，然后结合信任凭证管理系统的结果，由 TMS（Trust Management System）进行最后的信任决策。

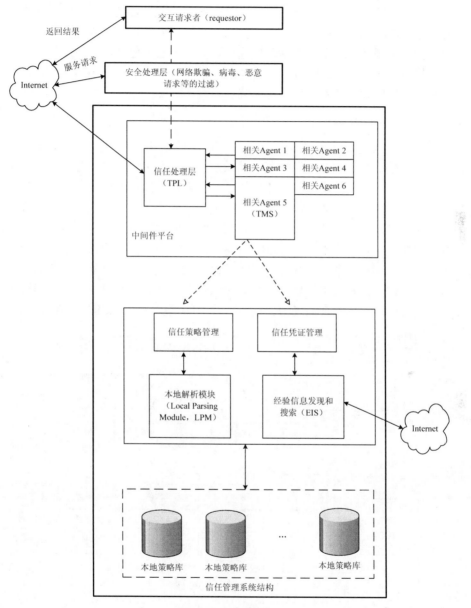

图 5.4 信任管理系统架构

5.5.3 信任凭证管理

目前针对信任凭证的信任管理研究工作已经取得了不少的研究成果，如 Arts 系统、分布式信任管理（decentralized trust management）系统等。我们从社会关系网络的角度将信任凭证类型分为三类：垂直信任证书、平行信任证书以及交叉信任证书。其中垂直信任证书指的是在社会关系网络中 Agent 的父子节点之间的信任状，而平行信任证书是两个在同样深度的节点之间的信任状，交叉信任是指在不同的信任关系网络中的节点之间的信任状。一个完整的信任凭证机制至少应该包括两方面：信任证书和信任度评估模型。只有结合这两种方法才能克服信任证书的缺失和不准确性以及信任度评估模型的结果的有误和不精确性等缺陷。

5.5.4 信任策略管理

我们提出的信任策略管理系统是一个模块化的系统。其中主要包括直接信任模块、间接信任模块（信任推理解析模块）以及信任度的可信性模块等三个部分。数据库则主要有三个：交互历史记录、信任的社会关系网络知识库以及存有他方的相关信息数据库等。间接信任模块即信任推理解析模块又分为三个子模块：理性信任模块、有限信任模块以及非理性信任模块。整个信任决策的过程有可能是完全理性的，也可能是有限理性的（大多数情况都是如此），以及非理性的（如盲目信任以及"死马当作活马医"等），而且每一种信任的子模块都有可能是三种信任（非认知性信任、认知性信任以及情感性信任）的组合体，当然这种组合可能不是线性组合，这种组合的策略可以由用户自己确定。整个系统的信任策略管理的模块化结构如图 5.5 所示。

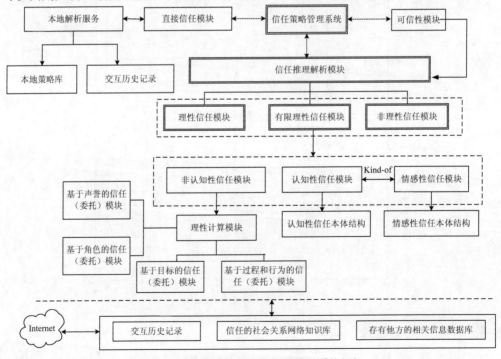

图 5.5　基于模块化的信任策略管理系统框架

5.6 本章小结

由于物联网中的信任问题与广义的"信任"具有相同的特质,所以,这里讨论的信任同样适用于物联网应用环境。本章描述了虚拟社会信任关系的分类情况,提出了我们关于信任的认知结构,主要的信任来源有三种,即基于控制策略或者契约的信任、基于信心的信任以及基于完全理性计算的信任。简要分析了信任的社会关系网络的形式化描述。对非认知性信任的基本结构做了探讨。提出了虚拟社会中信任管理系统的概念模型,该模型主要是基于模块化的思想架构的,用户可以根据实际需要选用不同的模块组成不同的信任管理系统,具有较为灵活的特点。该模型只是在概念上给出一个大致的框架,要想真正用到具体的应用系统当中,还需要一些具体的信任评价机制、信任推理和管理机制等。

第 6 章 信任量化及计算方法

6.1 虚拟临时系统与快速信任

由于物联网网络用户的急剧增加，某些特定的人群就构成了一个所谓的虚拟社会。在这个虚拟社会里，人们之间的交互与现实社会中一样，仍然离不开彼此的信任。再加上法律法规在网络社会方面的缺乏和薄弱，信任所扮演的角色更加重要。事实上，网络社会中的人们可能是完全的陌生人，对于交易双方的任何一方，与现实社会一样，它们不能掌握足够的关于交易对象的相关信息。尽管如此，在条件允许的情况下，他们仍然愿意与对方交易。事实上，为了各自的利益，他们甚至是非常渴望合作的发生。我们研究的虚拟系统是一种临时的，只有在任务执行期间才存在的，在任务执行前和完成后都不存在的"虚拟临时系统"。在这样的一种临时系统中，信任的表现形式和产生、传递机制都是很特殊的，这种特殊的信任叫做"快速信任（swift trust）"。

下面给出虚拟临时系统的定义。

定义 6.1 如果一个虚拟系统具有以下特征，则称为"临时系统"。

（1）Agent（也就是信任主体）拥有必需的设备来保证它们能够加入虚拟社会中，而且它们的加入依赖于虚拟社会的建立。在这里，系统的创建者被称为"契约人"。

（2）Agent 以前没有（或者很少有）机会在一起工作，而且一旦任务完成，将没有机会再在一起工作。

（3）每一次交互都有明确的目标和有限的时间。

（4）对于急需完成的任务，通常是非常复杂和困难的不同一般的任务。

（5）这些任务的完成需要 Agent 通力合作才有可能实现。

（6）一旦任务完成，将会有很大的获益。

根据这个定义，一个系统被称为"临时的"是因为它在目标完成前和目标完成后都不存在。

定义 6.2 在虚拟临时系统中，行动中潜在的一些不确定性因素使得这样的一个系统变成了一个非常独特的组织，在这样的组织中，假定信任早已存在一段较长的时间了，并且把这种信任称为"快速信任"。

对于快速信任，学者是这样表述的："临时系统中的信任可以更为精确地描述为某种集体理解和集体关联的特殊形式，它们可以控制（临时系统）不稳定、不确定、风险和预期的问题。一旦临时系统开始形成，这四者就立即变得相互关联。我们认为所有这四种事物都可以通过信任行为的变化得到控制……"。

虚拟临时系统不同于普通的系统，在这样的一个独特的系统中，由于没有时间能够产生交互经验（其中包括直接交互经验和间接交互经验），相关的信息获取途径也几乎没有。此外，由于缺乏现实社会中的面对面的"第一印象"，通常意义上的信任建立变得更加困难。那么，这时传统的信任产生机制就不能解释这种信任，这种特殊的"信任"称为"快速信任"。

总地来说，快速信任不是一种社会交互的信任，而是一种基于行动的"认知前（precognitive）"信任。在下面的分析中，可以发现信任是与"相互依赖"紧密联系在一起的，而当相互依赖程度达到中等水平的时候，快速信任就很容易建立。为了找出影响相互依赖的影响因子，分析了距离的适应性，基于角色的而不是基于个性的交互，以及把 Agent 的加入看成处于一种半自愿半不情愿的状态。简言之，快速信任与其说是相关的，还不如说是行动的。

下面将从三个关于信任的最经典的定义出发，来考察产生快速信任的原因。

定义 6.3　Baier 认为信任就是"对别人可能但却非预期的恶意（或者说缺乏善意）加以接受的脆弱性"。

Baier 认为，信任别人的这种行为其实是一种很脆弱的选择，因为人们无法去预测别人的行事是否会符合自己的预判，这种无法确定受信方的行事所带来的后果（有时候是灾难性的）就是：人们变得很脆弱。他提出的这个定义主要包含下列含义。

（1）人们有准备面对这种恶意，如受托人的背叛或其他原因导致预期的落空、任务或交互的失败，当然也包括客观环境的影响等，从而导致借助"信任别人"完成交互存在脆弱性，即存在风险。

（2）当然这种恶意是人们不愿意看到的，但是为了获得"交互的收益"，人们宁愿接受这种脆弱性和风险。

根据 Baier 的观点，信任至少同时包含两方面的意思。

（1）人们有足够的理由相信别人不会利用自己的脆弱性。

（2）同时也有足够的理由相信自己不会被任何人伤害。

第一个方面的含义其实就是对别人的一种信念，相信别人不会以对自己不利的方式行事，这是一种"感性信任"；而第二方面的含义是对自身抵抗"伤害"的一种"信心"，属于"理性信任"的范畴。

事实上，大多数情况下，这种脆弱性通常会使人感到不安甚至焦虑，因此，人们就会想尽办法试图来减少这种脆弱性。这时候，通常有三种方法可以实现这个目标。首先，可以减少对别人的依赖，途径就是培养替代的合作伙伴、项目和网络。这是一种防范的做法。然而，利益常是一定的，特别是对于新来者更是如此。其次，由于相互依赖可能是任务本身所具有的特殊性，所以也可以通过培养适应性和自我控制感以减少这种不确定性，这种控制就是"我能处理所遇到的任何事情"，同时还要把自己与周围环境"隔离"起来。控制上的感觉可以成为某种认识上的幻想，它可以被看成一种方法，它给机构植入了一种弹性与活力。最后，假定机构中的他人是可以信赖的。如果你对别人充满信任，那么信任这种假设会成为一种自我证明的预言，它能够创造出信任的行动，仿佛人们真的相互信任。另外，这种以信任的方式行事的行为不仅是一种证明自我的需要，有时候也是道德和其他社会美德的自我满足感在起作用。

当临时系统中的成员把诸如声誉之类的东西委托给别人时，他们也考虑遇到恶意的可能性，但是在通常情况下，他们并不期待这种事情的发生。这就意味着进一步考察他们这些期待的理由会使人们对临时系统中的信任有更进一层的认识。人们已经看到为什么人类即使处于不稳定状态下仍然不会期待恶意的两个可能的原因：机构中潜在的威胁（如命运的相互控制）和将来相互影响的前景。这两个原因都是由任务的相互依赖性所决定的。最后一个原因可能是角色清晰。如果临时系统中的人们相互之间处理事情或执行任务不是作为个体而是作为角色（由于临时系统是由陌生人组成的，他们相互影响的目的就是按期完成任务，所以这是很有可能的），那么预期会更为稳定、更少重复、更加标准化，而且主要是由任务和专长所规定而非个人的人格。同时，那些角色是基于有效原则和实践的稳定组合体之上的。正如Dawes所说：人们信任工程师是因为他们信任工程学，他们相信工程师已经受到良好的训练，工程师可以运用这些工程学的有效原则。当人们每天看见天上的飞机飞来飞去的时候，有理由相信这些原则是有效的。同样，人们信任医生是因为他们信任现代医学，当他们看到药品和手术能够治愈病人时，有理由相信现代医学是很有效的。

如果利用这种办法来探讨预期的问题，那么颇有讽刺意味的是，那些用创新、特殊的行为来扮演角色的人可能招致不信任。因为很难给他们明显的不可预知性划出一个范围，这可能意味着这种不可预知性能够扩展到如何处理委托给他们的事情上。这就暗示了角色清晰程度的增加会导致恶意期待的减少，同时信任的增加假定临时系统中的角色是明确的，人们之间的行动都是依据角色进行的，并且对别人的角色有着清楚的理解。这三个变量中的任何一个发生变化都会导致信任的变化。此外，关于临时系统一个很明显的特征就是这些结构是由不同专长的人们组成的，在临时系统中发生在角色之间的联系与人员之间的联系一样多。任何一种角色阐述很大程度上都排除了对"恶意"的期待，取而代之的是对角色扮演者贡献的合法期待。

可以断言，相互依赖在快速信任的建立过程中是最为关键的因素之一。正是临时系统中各个成员间由于任务和利益上的相互依赖性，而且他们也都肯定，临时系统的组织者（即所谓的"核心链条"）在选择其他成员的时候，与选择自己的标准和原则是一样的。这样，系统的"契约人"和所有参与者都有信誉上的风险，都对其他人有一定程度的依赖性，这种依赖性在风险的潜在威胁下，就变成了成员的"脆弱性"。这种"相互依赖性"越高，也就意味着在这样的一个临时系统中的成员都是脆弱的。因此，必须指出，尽管相互依赖性很重要，但是它也不能走向极端，过高的相互依赖性反而会给那些"准成员"(即那些观望者)以该系统是"脆弱的,不可靠的"威胁恐惧。同样,过低的相互依赖性也是不能产生信任的,最起码,那些"观望者"也就没有必要冒着风险来加入这个临时系统中。

综合前面所说的,只有当各"准成员"之间存在一些所谓的"预设"时,其中包括适当的相互依赖程度、范畴化和基于角色的行动,才有可能导致快速信任的产生。

6.2 快速信任与不确定性

定义 6.4 Gambetta 对信任进行了另一番描述,他说:信任一个人就意味着相信一旦提供机会,他不会以某种对别人有害的方式行事,而且当交互双方至少有一方可以随便让另一方失望,对方都能自由地避免这样的一种危险的关系时,他也不得不把这种关系看成一种很有吸引力的选择时,信任很典型地存在于这些场合之中。

换句话说,信任是与不确定性一致的,它能够通过使人们的期望落空让他们感到失望。他同时指出,信任是一个数字概率,它的值在 0~1 变动,其中点是 0.5。因此,就有如下两方面值得讨论。

(1) 当不确定性程度处在一个很大而不可接受的水平时,或者在某些情况下人们认为其他人是可信的,这时候快速信任就有可能产生。例如,在战场上,敌我双方经过一场惨烈的厮杀以后,各方均只剩下一个人。这个时候,这种环境下,对于这两个人,要想走出战场,生存下去,会遇到许多不可想象的困难,这时候的不确定性程度是非常大的,甚至是难以接受的。但是,为了继续活下去,他们必须选择相互信任,互相帮助才能完成他们的目标和任务——走出战场,继续活下去。尽管对于双方,他们之间是没有任何信任可言的。原因也许可以这样来解释:人们更愿意选择更多的信任或者不信任来减少或降低不确定性来完成一些任务,实现一些目标。

(2) Gambetta 关于信任和不确定性的分析意味着,如果人们发现很难快速地减少这种不确定性,那么将不得不以一种盲目的方式来选择信任或者是不信任。

正是因为以上所说的,所谓的"相关陌生人"(他们本质上是陌生人,但是由于任务和目标的相互依赖性使得他们相互关联起来)不得不转向一些与事实不符的假设,还有一些范畴化的前提假设和暗示理论来寻找帮助,从而使得他们能够走向更加信任或者不信任,来达到降低不确定性的目的,而且由此产生信任的速度是很快的,通常不需要太多的时间和相关信息。也就是说,从某种程度上来讲,这种信任的建立是独立于他们对事情本身的理解的。在临时系统中,与个人打交道的同时充当了某种获得深思熟虑的倾向和认知结构的背景,给个体的信任和不信任提供了参考依据。为方便起见,我们把这些有关的倾向和认知结构的背景统称为环境因子,或者叫做环境要素。信任与不确定性的关系示意图,如图 6.1 所示。

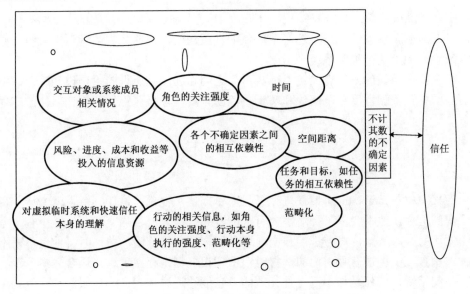

图 6.1　信任与不确定性的关系示意图

6.3　快速信任与风险性

Luhmann 认为，临时系统本身的建立很大程度上是依赖于信任的，因为建立这种临时系统有可能到最后会一无所获。Luhmann 关于风险的观点也表明了建立临时系统的另外一种不同的方法，它是与行动紧密联系在一起的。

定义 6.5　信任是与风险紧密联系在一起的，而风险是在某种场合下招致的损失有可能比获取的收益还大时，人们所做的选择。

在如何界定信任以及如何界定快速信任方面，Luhmann 提出了自己的看法。对于 Luhmann，信任是关于风险的。以上定义强调了招致的损失有可能比获利大的规定，这种规定是很有必要的，也是非常关键的。如果没有这种规定，人们所面临的风险都在理性选择的可接受范围之内，那么信任在人们作决定的时候将起不到任何作用。Luhmann 警告说，必须要对临时系统中的风险更加认真地审视。

人们试图寻找信任和系统之间的紧密联系，对此 Luhmann 早就观察到了，他看到"一个系统需要把信任作为一种投入，以便激发起在不确定或风险的情况下的支持行为"。信任是人们判断期望的一条途径，它预先假定了风险和失望的可能性场景，它部分地依赖于自己以前的行为和选择。Luhmann 把这些情况串在一起，认为信任"需要先前的约定，它以风险为前提条件"。因此，信任是"一种允许作出冒风险的决定的态度"，没有信任，风险就可以避免，创新性行动就不会出现，有的只是为回顾性意义而采取的常规性行动，可是不确定性的问题还是没有得到解决。

一般而言，一旦把这些关于信任的考察运用到临时系统中，它们会给人们几点启发。要理解临时系统中的信任，不应该过于注重这种机构的短命、易逝的事实。如果这样，则会丧失临时系统中同样重要的一点，就是风险。风险从来都是不小的，而且失望也不只是一种纯粹的讨厌的东西。临时系统产生于巨大的风险的场合之中，在这里一旦出现损失就会超过所获得的收益。信任不像理性计算那样，它必须应付这种不平衡。因此，从根本上说，信任是一种超乎理性的东西。对一件事情的信任是从一开始就有的。这种临时系统一旦建立，对潜在威胁的评估就不再起作用：$"$除非建立这种机构，否则事情会变得越来越糟，可是即使建立这一机构，也不能保证就一定会变得好起来$"$。尽管有这些威胁的存在，临时系统还是建立起来了，这本身就是一种信任的表现，因为其后果很可能是做了一些无用功。临时系统本身必须包含信任，因为它面临着将来可能会遇到的潜在的失望和相关陌生人之间合作的不稳定性。

Luhmann关于风险的观点同样指明了临时系统的不同的一面——即它们与行动的高度一致。快速信任也许是非常活跃的、热情的、创造力强的活动的副产品。这种可能性得以产生的原因在于前面所说的风险、选择、行动和信任都具有一种非同寻常的自我增强的特征。Luhmann是这样论述这一点的：信任是建立在风险和行动的循环关系之上的，它们二者都是补充的要求。行动通过某一特殊的风险相联系来定义自身，这种风险作为一种外在的（未来的）可能性存在，尽管风险同时又是天生存在于行动之中的，而且只是当行动者选择蒙受不幸后果的机会并且加以信任时，风险才存在。

总之，随着行动越来越有力，与行动相联系的风险的特质就会变得更加清楚，当行动更为清楚并且自我增强的时候，它反过来又增加了风险的观念，如此反复。由于这些"补充要求"是建立在相互循环互动的基础上的，行动者往往会更加愿意选择可能招致不幸结果的机会并且赋予信任。行动越是有力，这种信任的意愿就越强烈，信任也就越能够迅速地产生。因此，临时系统采取行动的能力很强，其采取行动的文化价值由于这些倾向也增强了风险观念，它们愿意承担风险、愿意信任别人。也就是说，归根结底，行动的强度是决定快速信任能否产生的关键因素之一。

6.4 快速信任的量化方式

目前主要有两种关于信任的观点：一种是认知的观点，这种观点认为信任是由一些潜在的信念组成的，也就是说，信任是关于信念的一个函数；另一种是数学的观点，这种观点忽略了潜在的信念的角色，而通过模型的方法，使用一种数量的方式来评估信任的主观概率。这个概率所表述的是信任主体执行某个行动的意愿程度。

我们使用的方法是一种强化了的数学方法。尽管并没有直接考虑那些应用在判断信任过程中的具体的认知概念，但是我们提出的模型仍然比传统的数学模型要优，主要体现在：一是我们的模型是从社会认知科学的角度出发，充分剖析和了解快速信任的产生机制的基础上建立起来的；二是模型中运用的证据理论既强调客观证据的作用，又反映了信任作为一个主观的认知概念的一面,即在充分的客观证据的基础上,由信任主体根据推理规则主观得出的一个对交互对象的信任水平的一个评估。

基于直接经验和证人证词的信任评价思想在关于信誉研究的文献中很是常见,然而,要应用到虚拟临时系统中,还有一些关键的问题有待解决。

(1) 一个信任主体如何根据他们的直接交互信息来评价交互对象?在临时系统中,信任主体此前没有或者很少有机会在一起工作。因此,很难跟踪他们之间的交互历史,也就是说,在这样的一个特殊的系统中,是不存在直接交互信息的。通过前面的分析和研究可以知道,在这种独特的临时系统中,信任的影响因素和其他正常的普通系统是有很大区别的。

(2) 一个信任主体如何才能找到合适的证人呢?在临时系统中,除了系统的核心链条,即契约人之外,各个成员之间的联系基本没有。

(3) 假设契约人是合适的证人,又怎么去合成他所提供的证词呢?这里采用信度理论里面的 Shafer 证据合成规则来实现不同证词的合成。

需要特别指出的是,我们提出的方法在解决第一个和第三个难题时有独特的优势。

由于下列几点原因,我们使用信度理论作为信任评价和推理的首选工具。

(1) 即使在现实系统中,尤其是在现实的临时系统中,也很少存在确定的因素,尽管许多研究人员已经使用确定性方法和工具来评价信誉。事实上,也有更多的研究者采用不确定性的数学工具来表示证词,如采用模糊集理论和信度理论。

(2) 信度理论是从正反两面来处理证据这个概念的。我们假定:在假设和它的否定之间没有因果关系,因此缺少证据并不意味着不信任。在任何特定的假设中缺少证据意味着有可能相信所有的假设集,这些也被称为不确定状态。这就导致了假设集的变窄,这时候随着证据的不断积累,原始的不确定性逐渐被信任或不信任所取代。

(3) 大部分的研究人员都认为信任(包括快速信任)是一个模糊的不确定性的概念。Meyerson 等指出,快速信任是一个可应用性的策略,利用它能够处理不确定性。因此使用不确定性的方法来处理信任管理是合适的。现有的不确定性数学理论主要包括模糊集理论和信任理论,当然还包括其他一些不确定性理论,但是都不是很成熟。在模糊集理论和信度理论之间,选择后者主要是因为:后者能够处理没有证据的情况。用信度函数(Belief Function,BF)和似真度函数(Plausible Function,PL)来表示概念估计的下界和上界,也就是说用区间[BF,PL]来表示对相关概念的不确定程度的估计。

我们把临时系统中直接影响快速信任的因素称为"影响因子(influencing factor)"。因此,从前面的分析得到快速信任的影响因子有:相互依赖程度、角色化的关注强度、范畴化、环境因素和行动的强度。在这些影响因子中,相互依赖程度、角色的关注强度和范畴化是从信任与脆弱性的关系分析和研究中得出的结论,而环境因子和行动的强度分别在信任的不确定性和风险性分析中挖掘出来。

从前面的分析中知道,快速信任主要是与相互依赖程度联系在一起的。在 Meyerson 看来,快速信任在相互依赖程度处于中等水平的时候最有可能产生,尤其是当距离、适应性、基于角色的交互和把个人的加入看成部分自愿和部分不自愿等相关因素也处于中等水平的时候，快速信任是很容易就会产生的。也就是说，这四种相关的证据将会支持相互依赖性这个命题。当然，所有从契约人那里获得的信息有可能只是这四种证据中的一部分，也就是说，不是所有相关证据都能得到的，甚至还有可能得不到任何相关的证据来支持这个影响因子（相互依赖程度）。为了简单起见，分别用 e_1, e_2, e_3, e_4 来表示上述四种证据，而且每一种证据都在一定程度上支持相互依赖性。

就角色的关注强度而言，角色的定义和 Agent 的感知与敏捷程度构成了它的主要证据。在虚拟临时系统中，当行动者与其他基于角色而不是基于个人的 Agent 交互时，他更有可能变得可信，也更有可能获得成功。同样，分别用 e_5, e_6 来表示这两种证据，当然也有可能只有一种或者没有证据的可能。

在临时系统中，各个成员都面临着时间紧迫的压力，那就使得他们不得不采用范畴驱动的信息处理方法（category-driven information processing method）。这里假定临时系统中的人际观念与在其他类型的系统中一样，有着相同的"速度-正确率之间的权衡效用（speed-accuracy tradeoff）"模式。因此，系统建立的时间长短和契约人提供的关于范畴的信息的可靠性就构成了范畴化的主要支持证据。同样，为了简便，这两种证据分别记为 e_7, e_8，证据的种数也有可能少于两种甚至是没有。

在虚拟临时系统中，存在着很多的不确定性因素，也正是由于这些不确定性的因素才使得临时系统变得很独特。在 Gambetta 看来，信任就是一个监控的问题。当一个人处在一个充满不确定性的环境下，他会偏向选择绝对的信任或者不信任，当然这种选择是盲目的。因此，当不确定性变得很大和不可接受时，他的这种选择只是为了一个目的，那就是减少不确定性，往往这种时候快速信任就能产生。因此，从这个意义上讲，临时系统是一个被暗示理论（cue theory）控制的"暗示"系统（cue system）。暗示的强度是这种系统的不确定性的重要指标。事实上，从某些方面来说，不确定性是一个复杂的因素，它由所处的环境的诸多复杂的因素所引起，我们把这些因素统称为"环境因素"或"环境因子"。同样，为了方便，用 e_9 表示一个证据来支持环境因子。当然，由于能力和信息的匮乏，也有可能没有相关方面的证据支持环境因子。

至于行动的强度，它是减少风险的重要因素。当一个 Agent 主体以某种强度的行动行事时，风险也就被降低了。因此每个 Agent 主体愿意以什么样的行动强度来行动就变成了显示他赋予交互对象多大程度的信任，而一般的情况下，交互对象会以相同强度的行动来行事，实现自我价值和自我满足（如在道德准则和良心等方面的满足感和自豪感）以及自身利益的攫取。为了简便，用 e_{10} 来表示支持行动的强度的相关证据。当然，没有任何证据的概率也是有的。

假定所有相关信息都是由契约人来提供的，其中包括所有的证据，这些证据用 Shafer 组合规则来组合。有学者提出了虚拟临时系统中快速信任的一个分层推理模型。

这里所有证据都是由契约人搜集和提供的。脆弱性、不确定性和风险性分别构成了快速信任的三个子目标（sub-object），这些子目标又有五个相关的影响因子，这些影响因子被看成五个子命题。证据节点 $e_i, 1 \leq i \leq 10$ 表示由契约人提供的支持每个影响因子的相关证据。为了得到同一个影响因子的所有证据的整体效果，我们采用 Shafer 组合规则来组合相关证据。

我们认为，快速信任也不是凭空产生的。环境中的许多因素都构成了产生和刺激快速信任的前提条件。正如前面讨论的那样，单纯由某个子目标产生的快速信任都不是完全合适的，只有综合三个子目标才能更好地理解信任本身，而且在一个虚拟临时系统建立以前，各个"准成员"之间必须存在一个初始的信任，否则，这样的一个虚拟临时系统是没有办法建立起来的。

正因如此，可以给予一个已经加入该虚拟临时系统中的成员一个初始信任值，记为 T_0。然后可以根据三个子目标来定义三种不同类型的快速信任。最后整合得到的三种快速信任来获得快速信任的系统模型。

6.5 证据理论的扩展

信度理论（又叫做 D-S 理论、证据理论）是一种基于信度函数和似真度函数来进行推理的数学学科分支，它是由 Dempster 和 Shafer 两人建立和发展起来的。通过组合不同的信息（或者叫做证据）来计算一个事件发生的概率，与传统的不确定性数学理论不同，它既考虑了客观证据，又强调主体的主观能动性。它的基本决策方法是在证据支持的前提下，人们根据自己的经验知识和相关信息来判断一个事件发生的概率。1976 年，Shafer 出版了"A Mathematical Theory of Evidence"一书，标志着证据理论的诞生。证据理论从诞生到现在虽然仅经过几十年的时间，但是理论上却取得了许多丰硕的成果，得到了国际学术界的普遍重视。

证据理论一诞生，专家系统的许多建造者就注意到了这种理论。由于证据理论可以作为研究某种不确定性推理的理论，所以专家系统的建造者就试图利用这种理论建造专家系统中大量存在的不确定性问题。利用证据理论建造专家系统取得了一定的成果，但是还有许多不完善的地方。这种研究尚在进行中。

但是，自从证据理论诞生以来，也只有专家系统的研究者和建造者在应用证据理论。证据理论在其他领域的应用还很缺乏。证据理论是一种关于判决的理论，因此在所有包含判决的领域中都可以尝试应用证据理论。

决策领域包含大量的判决问题，所以我们认为，证据理论的一个最合适的应用领域就是决策。各个学科中均有大量的决策问题，尤其是涉及社会科学、认知科学和人工智能的一些交叉问题的研究问题，更是充斥着计算机代表人进行决策的场景。因此，作者认为，利用证据理论作决策的一般方法可以在许多充斥着不确定性的领域中得到广泛应用，可以作为其中的一种研究工具。作为一种不确定性推理的决策，信任决策的研究应该是证据理论可以大施拳脚的场合。

6.5.1 证据理论的演进

十几年来，许多作者又为证据理论的发展作出了许多贡献。现在证据理论已经取得了许多丰硕的成果，得到了国际学术界的承认。为证据理论作出重大贡献的第一个人物是 Dempster。Dempster 于 1967 年给出过上、下概率的概念，第一次明确地给出了不满足可加性的概率。1968 年，他又探讨了统计推理的一般化问题，而且针对统计问题给出了两批证据（即两个独立的信息源）合成的原则。Shafer 证据理论就是在 Dempster 工作的基础上产生的。在 Shafer 证据理论当中，最重要的合成法则——Dempster 合成法则也是 Dempster 在研究统计问题时首先给出的，Shafer 只不过把它推广到更加一般的情况。为了纪念 Dempster 对该理论的贡献，有人也称证据理论为"Dempster-Shafer"理论。

Dubois 和 Prade 为证据理论的发展也作出了贡献，他们从数学形式上研究了信度函数，得出了信度函数是一模糊测度的结论。另外，在信度理论与可能性理论的联系中也得出了许多有益的结果。他们又以一种所谓的集论观点分析、研究了证据，得到了诸如证据的并、证据的交、证据的补以及证据的包含等概念。现在他们仍然在为证据理论的发展辛勤工作着。

模糊数学的创始人 Zadeh 也为证据理论的发展作出了大量的贡献。他给出了对 Dempster 合成法则的看法，建议去掉 K，引入假设 $m(\varnothing) > 0$，而 $m(\varnothing) > 0$ 意味着真值可以在框架 θ 之外。另外，在其他的文章中，他也曾经研究过证据理论与可能性理论的关系。

Smets 是另一位对证据理论作出过贡献的人。他将信度函数推广到框架的所有模糊子集上，得出了许多有益的结果。他将模糊集和信度函数用于医疗诊断。

当然还有许多其他的研究人员对证据理论的发展作出了贡献。在此不再一一介绍。我国的学者通过引入定义不完全的代数系统的概念，提出了一种研究证据合成的公理化方法。给出了多层证据处理的概念和处理方法，并且针对 Shafer 无线框架上信度函数的定义，应用 Pawlak 于 1982 年创立的粗糙集理论给出了无限框架上的证据处理向有限框架上的证据处理的近似转化，从而得到了一种比较可行的无限框架上的证据处理的方法。

6.5.2 识别框架、信任函数与似真度函数

假设有一判决问题，对于该问题人们所能认识到的所有可能的结果的集合用 θ 表示，那么人们所关心的任一命题都对应于 θ 的一个子集。例如，有这样一个判决问题：今年高考录取最低分数线是多少？对于这样的一个判决问题，根据历年分数线变化以及所掌握的其他情况，可以先确定的是分数线的一个范围。假设分数线只能是几百几而不是几百几十几，这样就得到了相对于以上判决问题的可能性集合 $\theta = \{490, 500, \cdots, 540\}$。

在这几个问题当中,人们所关心的是分数线是几或几和几,几到几,而这些都是 θ 的子集。将命题和子集对应起来使得人们把比较抽象的逻辑概念转化为比较直观的集论概念。事实上,任何两个命题的析取、合取和蕴含分别对应于这两个命题对应的集合的并、交和包含,任何一个命题的否定对应于该命题对于集合的补。那么集合到底应该怎么样来选取呢?Shafer 指出:θ 的选取依赖于人们的知识,依赖于人们的认识水平,依赖于所知道的以及想要知道的。为了强调可能性集合 θ 所具有的这种认识论的特性,Shafer 称其为识别框架(frame of discernment),而且当一个命题对应于该框架的一个子集时,称为该框架能够识别该命题。另外,θ 的选取也足够丰富,使所考虑的任何特定的命题集都可以对应于 θ 的幂集中的某一集类。

有了识别框架的概念以后,就可以建立证据处理的数学模型了。如何来表达人们关于一个命题的信任即相信一个命题为真的程度呢?不同的学者有着不同的看法。

逻辑主义以及频率主义者认为:一个命题为真的程度是由证据完全决定的——片面强调证据的作用,忽视了人的判决作用。

主观主义者认为:一个命题为真的程度完全由人决定,是人主观想象的结果——他们片面强调人的认识作用,而忽视了证据的作用。

Shafer 认为:在给定的一批证据与一个给定的命题之间没有什么一定的客观联系能够确定一个精确的支持度;一个实在的人对于一个命题的心理描述也不是总能够用一个相当精确的量表示,而且也并不是总能确定这样一个数。但是,对于一个命题可以作出一种判决,在考虑了一个给定的证据组中的条件之后,能够说出一个数字来表示据他本人判断出的该证据支持一个给定的命题的程度,即他本人希望赋予该命题的那种信度。

在证据、命题与人之间所划的实线表示人可以对证据加以分析,从而得到他本人希望赋予命题的信度 Bel;与命题之间所划的虚线表示一种人假想出来的证据对于命题的支持关系,支持程度 $s = \text{Bel}$。所以,支持度与信度是人根据证据判断出来的对命题的看法的两个方面。

这种基于证据分析,确定相信一个命题为真的程度的方法,称为证据处理。按照 Shafer 的观点,证据处理的数学模型如下。

(1) 确立识别框架 θ 才能使人们对于命题的研究转化为对集合的研究。

(2) 根据证据建立一个信度的初始分配,即证据处理人员对证据加以分析,确定出证据对每一集合(命题)本身的支持程度,而不去管它的任何真子集(前因后果)。

(3) 分析前因后果,算出对于所有命题的信度。

从直观上看,一批证据对一个命题提供支持,那么它也应该对该命题的推论提供同样的支持。所以,对于一个命题的信度应该等于证据对它的所有前提本身提供的支持度之和。

根据证据建立的信度的初始分配用下面的集函数基本可信度分配(basic probability assignment)来表达,对每个命题的信度用信度函数(belief function)来表达。

定义 6.6 设 θ 为识别框架。如果集函数 $m:2^\theta \to [0,1]$（2^θ 为 θ 的幂集）满足：$m(\varnothing)=0$，$\sum_{A\subset\theta} m(A)=1$，则称 m 为框架 θ 上的基本可信度分配；$\forall A\subset\theta, m(A)$ 称为 A 的基本可信数（basic probability number）。

基本可信数反映了对 A 本身的信度大小。$m(\varnothing)=0$ 反映了对于空集（空命题）不产生任何信度值，但要求给所有命题赋的信度值的和等于 1，即总信度为 1。

定义 6.7 设 θ 为识别框架，$m:2^\theta \to [0,1]$ 为框架 θ 上的基本可信度分配，则称由

$$\mathrm{Bel}(A) = \sum_{B\subset A} m(B), \quad \forall A\subset\theta$$

所定义的函数 $\mathrm{Bel}:2^\theta \to [0,1]$ 为 θ 上的信度函数。

当基本可信度分配 $m(A)=\begin{cases}1, & A=\theta \\ 0, & A\neq\theta\end{cases}$ 时，信度函数的结构是最简单的，此时

$$\mathrm{Bel}(A) = \begin{cases}1, & A=\theta \\ 0, & A\neq\theta\end{cases}$$

该信度函数称为空信度函数（vacuous belief function）。空信度函数适合于无任何证据的情况。

关于一个命题 A 的信任单用信度函数来描述还是不够的，因为信度函数 $\mathrm{Bel}(A)$ 不能反映出人们怀疑 A 的程度即相信 A 的非为真的程度。所以为了能够全面描述对 A 的信任，还必须引入若干表示人们怀疑 A 的程度的量。

定义 6.8 设函数 $\mathrm{Bel}:2^\theta \to [0,1]$ 为 θ 上的一个信度函数。定义 $\mathrm{Dou}:2^\theta \to [0,1]$ 和 $\mathrm{Pl}:2^\theta \to [0,1]$ 为

$$\forall A\subset\theta \quad \mathrm{Dou}(A) = \mathrm{Bel}(\neg A)$$

$$\mathrm{Pl}(A) = 1 - \mathrm{Bel}(\neg A)$$

则称 Dou 为 Bel 的怀疑函数，Pl 为 Bel 的似真度函数。$\mathrm{Dou}(A)$ 表示人们怀疑 A 的程度，而 $\mathrm{Pl}(A)$ 表示不怀疑 A 的程度或者说人们发现 A 可靠或似真的程度。由于 Dou 在今后的讨论中作用不大，所以一般都注重似真度函数 Pl。$\mathrm{Pl}(A)$ 是比 $\mathrm{Bel}(A)$ 更宽松的一种估计，或者说 $\mathrm{Bel}(A)$ 是比 $\mathrm{Pl}(A)$ 更保守的一种估计。因此，一般的情况，人们就把对某一事件 A 的估计的最小值定为 $\mathrm{Bel}(A)$，而最大值是 $\mathrm{Pl}(A)$，也就是对事件的估计区间是 $[\mathrm{Bel}(A), \mathrm{Pl}(A)]$。

6.5.3 信度理论的扩展

下面在信度理论的基础上，扩展得到了在识别框架元素个数为 2 的情况下，为了得到相互依赖性这一事件的估计，依次定义识别框架、相互依赖函数和似真度函数，最后得到相互依赖程度的区间估计表示。

定义 6.9 设有一识别框架 U 是集合 $\{D(\text{dependence}), \neg D(\text{independence})\}$，它的幂集是 $\{\varnothing, \{D\}, \{\neg D\}, \{D, \neg D\}\}$。幂集中的每一个元素都可以用来表示一个命题，该命题可能在包含一个或几个状态（元素）上为真。

定义 6.10 基本信度分配 $m_{XY}: 2^U \to [0,1]$，它使得

$$m_{XY}(\varphi) = 0, \sum_{A \subseteq 2^U} m_{XY}(A) = m_{XY}(\{D\}) + m_{XY}(\{\neg D\}) + m_{XY}(\{D, \neg D\}) = 1$$

式中，m_{XY} 表示的是在 Agent X 的眼里，y 的可信程度；$m_{XY}(\{D, \neg D\})$ 表示的是人们不知道怎么去给该命题分配信度。根据基本信度分配，可以定义一个信度区间的上下限，该区间包含了一系列获利的准确概率，而被两个非附加的连续测度（相互依赖程度和似真度）所约束。

定义 6.11 相互依赖函数 $\text{Dep}_{XY}: 2^U \to [0,1], \text{Dep}_{XY}(A) = \sum_{B \subseteq A} m_{XY}(B), A \subseteq 2^U, B \subseteq 2^U$，则

$$\text{Dep}_{XY}(\{D\}) = \sum_{B \subseteq \{D\}} m_{XY}(B) = m_{XY}(\{D\})$$

这里，A 和 B 为两个集合（包含在识别框架 U 内），分别表示一个相关的断言或者叫做命题。例如，$A = (\{D, \neg D\}) \subseteq U$，$B = (\{D\}) \subseteq U$，而 $\text{Dep}_{XY}(\{D\})$ 表示 Agent X 依赖 Agent Y 的程度，断言$(\{D\})$ 表示 Agent X 依赖于 Agent Y。

定义 6.12 似真度函数 $\text{Pl}_{XY}: 2^U \to [0,1]$，

$$\text{Pl}_{XY}(A) = 1 - \text{Dep}_{XY}(\neg A) = \sum_{B \cap A \neq \varphi} m_{XY}(B), \quad A \subseteq 2^U, B \subseteq 2^U$$

则

$$\text{Pl}_{XY}(\{D\}) = m_{XY}(\{D\}) + m_{XY}(\{D, \neg D\}) = 1 - \text{Dep}_{XY}(\{\neg D\})$$

式中，$\text{Pl}_{XY}(\{D\})$ 表示的是 Agent X 依赖于 Agent Y 的最大程度。于是可以得到相互依赖区间 $[\text{Dep}_{XY}(\{D\}), \text{Pl}_{XY}(\{D\})]$。从前面的分析可以看出，只要知道三个函数（基本信度分配、相互依赖函数和似真度函数）的其中一个就可以推出另外的两个。类似地，可以定义角色的关注强度区间、范畴化区间、不确定性区间以及行动强度区间等。

6.6 快速信任的计算方法

6.6.1 建立在脆弱性基础上的快速信任

根据前面的脆弱性与信任的分析，可以知道快速信任在中等程度的相互依赖性、范畴化和基于角色的行动的时候是最容易发挥作用的。这里提及的三个概念都是所谓

的"主观贝叶斯概念",因此,根据前面的分析,采用信度理论来进行相关证据的推理是合适的。

首先要定义相互依赖区间。

前面已经指出,类似于相互依赖性这样的概念是不能用一个固定的值来表示的,因此用相互依赖区间来表示这种不确定性。在开始定义之前,还要进行一些假设。

(1)研究对象有三种不同的 Agent(或者叫做信任主体),分别记为 Agent X,Y 和 Z。在我们提出的方法中,其中 Agent X 是施信者,即所谓的 trustor;Y 和 Z 是受信者,即 trustee。

(2)假定这里涉及的 Agent 在它们被临时系统的创建者(系统的契约人)集合起来组成临时系统之前,它们之间没有交互,或者只有非常少的交互。

根据前面所述,可以得到相互依赖区间,表示为 $[\text{Dep}_{XY}(\{D\}), \text{Pl}_{XY}(\{D\})]$,其中 $\text{Dep}_{XY}(\{D\})$ 表示施信者对受信者的依赖程度的一个最小值,即下界,而 $\text{Pl}_{XY}(\{D\})$ 表示的是施信者对受信者的依赖程度的一个最大值,即上界。给出了相互依赖区间以后,为了组合不同的证据,还需要推出两个推理规则:即有的时候,在两个信任主体之间,可能有多于一个证据的情况,如何融合它们是一个难题;而另外一些时候,两个信任主体之间的相互依赖程度没有直接的证据来支持,只能够通过证人的证词来判断它们之间的相互依赖程度。下面将对这两种不同的情况展开详细的讨论,并在信度理论的基础上,推出了在识别框架元素为 2 的情况下,证据融合的传递机制和聚合机制。值得注意的是,虽然我们的证据传递机制和聚合机制是在相互依赖函数和似真度函数的基础上推导出来的,但是它同样适合于任何识别框架中的元素个数为 2 的情况。

下面探讨相互依赖程度的传递机制。

在虚拟社会中,如果两个 Agent 不是直接交互的,或者说施信者不能直接得出对受信者的依赖水平的判断,这时候只能从证人的证词来推断依赖水平,这时候就出现了一个信任传递的问题,如图 6.2 所示。

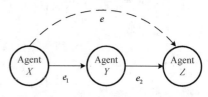

图 6.2 相互依赖关系的传递机制示意图

假定 Agent X 对 Y 的相互依赖区间是 $[\text{Dep}_{XY}(\{D\}), \text{Pl}_{XY}(\{D\})]$,而 Agent Y 对 Z 的相互依赖区间为 $[\text{Dep}_{YZ}(\{D\}), \text{Pl}_{YZ}(\{D\})]$,那么根据衰减原则,可得

$$m_{XZ}(\{D\}) = m_{XY}(\{D\}) m_{YZ}(\{D\}),$$

$$m_{XZ}(\{\neg D\}) = m_{XY}(\{\neg D\}) m_{YZ}(\{\neg D\})$$

则

$$\text{Dep}_{XZ}(\{D\}) = \text{Dep}_{XY}(\{D\}) \text{Dep}_{YZ}(\{D\}),$$

$$\text{Dep}_{XZ}(\{\neg D\}) = \text{Dep}_{XY}(\{\neg D\}) \text{Dep}_{YZ}(\{\neg D\})$$

和

$$\text{Pl}_{XZ}(\{D\}) = 1 - \text{Dep}_{XZ}(\{\neg D\}) = 1 - \text{Dep}_{XY}(\{\neg D\})\text{Dep}_{YZ}(\{\neg D\})$$
$$= 1 - (1 - \text{Pl}_{XY}(\{D\}))(1 - \text{Pl}_{YZ}(\{D\}))$$
$$= \text{Pl}_{XY}(\{D\}) + \text{Pl}_{YZ}(\{D\}) - \text{Pl}_{XY}(\{D\})\text{Pl}_{YZ}(\{D\})$$

另外，可以证明：
$$\text{Dep}_{XZ}(\{D\}) \leq \min(\text{Dep}_{XY}(\{D\}), \text{Dep}_{YZ}(\{D\})),$$
$$\text{Pl}_{XZ}(\{D\}) \geq \max(\text{Pl}_{XY}(\{D\}), \text{Pl}_{YZ}(\{D\}))$$

事实上，根据 $\text{Dep}_{XZ}(\{D\}) = \text{Dep}_{XY}(\{D\})\text{Dep}_{YZ}(\{D\})$，而又有 $\text{Dep}_{XY}(\{D\}) \leq 1$ 以及 $\text{Dep}_{YZ}(\{D\}) \leq 1$，则很容易得到 $\text{Dep}_{XZ}(\{D\}) \leq \min(\text{Dep}_{XY}(\{D\}), \text{Dep}_{YZ}(\{D\}))$。同样，由于 $\text{Pl}_{XZ}(\{D\}) = \text{Pl}_{XY}(\{D\}) + \text{Pl}_{YZ}(\{D\}) - \text{Pl}_{XY}(\{D\})\text{Pl}_{YZ}(\{D\})$，而且有 $\text{Pl}_{XY}(\{D\}) \leq 1$ 以及 $\text{Pl}_{YZ}(\{D\}) \leq 1$。

假设 $\text{Pl}_{XY}(\{D\}) \geq \text{Pl}_{YZ}(\{D\})$，则
$$\text{Pl}_{YZ}(\{D\}) - \text{Pl}_{XY}(\{D\})\text{Pl}_{YZ}(\{D\})$$
$$= \text{Pl}_{YZ}(\{D\}) \times [1 - \text{Pl}_{XY}(\{D\})] \geq 0$$

于是
$$\text{Pl}_{XZ}(\{D\}) = \text{Pl}_{XY}(\{D\}) + \text{Pl}_{YZ}(\{D\}) - \text{Pl}_{XY}(\{D\})\text{Pl}_{YZ}(\{D\}) \geq \text{Pl}_{XY}(\{D\})$$

同样，假设 $\text{Pl}_{XY}(\{D\}) \leq \text{Pl}_{YZ}(\{D\})$，则
$$\text{Pl}_{XY}(\{D\}) - \text{Pl}_{XY}(\{D\})\text{Pl}_{YZ}(\{D\})$$
$$= \text{Pl}_{XY}(\{D\}) \times [1 - \text{Pl}_{YZ}(\{D\})] \geq 0$$

于是
$$\text{Pl}_{XZ}(\{D\}) = \text{Pl}_{XY}(\{D\}) + \text{Pl}_{YZ}(\{D\}) - \text{Pl}_{XY}(\{D\})\text{Pl}_{YZ}(\{D\}) \geq \text{Pl}_{YZ}(\{D\})$$

综上所述，可得
$$\text{Pl}_{XZ}(\{D\}) \geq \max(\text{Pl}_{XY}(\{D\}), \text{Pl}_{YZ}(\{D\}))$$

当然，可以将上面两个公式推广到中间具有 n 个证人证词的情况，得到一般表达式为

$$\text{Dep}_{1n}(\{D\}) = \text{Dep}_{12}(\{D\})\text{Dep}_{23}(\{D\})\cdots\text{Dep}_{(n-2),(n-1)}(\{D\})\text{Dep}_{(n-1),n}(\{D\})$$
$$\text{Dep}_{1n}(\{\neg D\}) = \text{Dep}_{12}(\{\neg D\})\text{Dep}_{23}(\{\neg D\})\cdots\text{Dep}_{(n-2),(n-1)}(\{\neg D\})\text{Dep}_{(n-1),n}(\{\neg D\})$$

似真度函数的一般表达式为

$$\text{Pl}_{1n}(\{D\}) = \sum_{i=1}^{n-1}\text{Pl}_{i,(i+1)}(\{D\}) - \sum_{\substack{j,k=1 \\ j\neq k}}^{n-1}\text{Pl}_{j,(j+1)}(\{D\})\text{Pl}_{k,(k+1)}(\{D\})$$
$$+ \sum_{\substack{l,m,o=1 \\ l\neq m\neq o}}^{n-1}\text{Pl}_{l,(l+1)}(\{D\})\text{Pl}_{m,(m+1)}(\{D\})\text{Pl}_{o,(o+1)}(\{D\})$$
$$+ \cdots + (-1)^{n-1}\prod_{x=1}^{n-1}\text{Pl}_{x,(x+1)}(\{D\})$$

上面两个一般表达式都可以用数学归纳法简单地证明，在此不再详细证明。

接下来还要推导出相互依赖程度的聚合机制。

现在遇到的问题是：如何来组合两个（甚至更多，如 n 个）基本概率分配函数表示的相互依赖程度函数。原始的组合规则，也就是著名的 Dempster-Shafer 组合规则，是贝叶斯规则的一个扩展。这个组合规则强调了多个信息源（即证据）之间的一致性，而通过一个所谓的正交化因子忽视了所有互相冲突的证据。具体来说，当这些基本概率分配的焦元相交时，可以用该组合规则来组合证据。假定 n 个基本概率分配分别表示为 $m_1, m_2, \cdots, m_n$，如果在两个 Agent（假设是 X 和 Y）之间存在一个以上（如 n 个）的证据来支持 Agent X 对 Y 的相互依赖程度，如图 6.3 所示，那么可以得到 n 个相互依赖程度区间 $[\text{Dep}_i(\{D\}), \text{Pl}_i(\{D\})]$，$1 \leqslant i \leqslant n$。

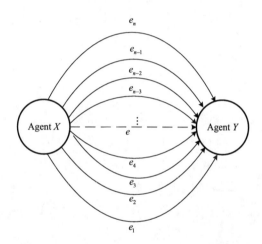

图 6.3 相互依赖关系的聚合机制示意图

而且还可以推断 Agent X 对 Agent Y 的相互依赖程度区间，记为 $[\text{Dep}_{XY}(\{D\}), \text{Pl}_{XY}(\{D\})]$。

$$m_{XY} = m_1 \oplus m_2 \oplus \cdots \oplus m_n$$

$$m_{XY}(A) = \begin{cases} 0, & A = \varphi \\ K \sum_{\cap A_i = A} \prod_{1 \leqslant i \leqslant n} m_i(A_i), & A \neq \varphi \end{cases}$$

式中，$A \subseteq 2^U, A_i \subseteq 2^U, K = \left[\sum_{\cap A_i \neq \varphi} \prod_{1 \leqslant i \leqslant n} m_i(A_i) \right]^{-1}$ 即是所谓的正交化因子；符号 $\oplus$ 表示的正是计算直和，很容易就可以得到

$$K^{-1} = \sum_{\cap A_i \neq \varphi} m_1(A_1) m_2(A_2) \cdots m_n(A_n)$$

如果 $n = 2$，则可以得到下面几个式子：

$$
\begin{aligned}
K^{-1} = \sum_{A \cap B \neq \phi} m_1(A)m_2(B) &= m_1(\{D\})m_2(\{D\}) + m_1(\{D\})m_2(\{D, \neg D\}) \\
&\quad + m_1(\{\neg D\})m_2(\{\neg D\}) + m_1(\{\neg D\})m_2(\{D, \neg D\}) + m_1(\{D, \neg D\})m_2(\{D\}) \\
&\quad + m_1(\{D, \neg D\})m_2(\{\neg D\}) + m_1(\{D, \neg D\})m_2(\{D, \neg D\}) \\
&= 1 - \mathrm{Dep}_1(\{D\}) - \mathrm{Dep}_2(\{D\}) + \mathrm{Dep}_1(\{D\})\mathrm{Pl}_2(\{D\}) + \mathrm{Dep}_2(\{D\})\mathrm{Pl}_1(\{D\})
\end{aligned}
\tag{6.1}
$$

$$
\begin{aligned}
\mathrm{Dep}_{XY}(\{D\}) = m_{XY}(\{D\}) &= K \sum_{A \cap B = \{D\}} m_1(A)m_2(B) \\
&= K[m_1(\{D\})m_2(\{D\}) + m_1(\{D\})m_2(\{D, \neg D\}) \\
&\quad + m_1(\{D, \neg D\})m_2(\{D\})] \\
&= K[\mathrm{Dep}_1(\{D\})\mathrm{Pl}_2(\{D\}) + \mathrm{Pl}_1(\{D\})\mathrm{Dep}_2(\{D\}) \\
&\quad - \mathrm{Dep}_1(\{D\})\mathrm{Dep}_2(\{D\})]
\end{aligned}
\tag{6.2}
$$

$$
\begin{aligned}
\mathrm{Pl}_{XY}(\{D\}) &= m_{XY}(\{D\}) + m_{XY}(\{D, \neg D\}) \\
&= K \left\{ \sum_{A \cap B = \{D\}} m_1(A)m_2(B) + \sum_{A \cap B = \{D, I\}} m_1(A)m_2(B) \right\} \\
&= K\{m_1(\{D\})m_2(\{D\}) + m_1(\{D\})m_2(\{D, \neg D\}) \\
&\quad + m_1(\{D, \neg D\})m_2(\{D\}) + m_1(\{D, \neg D\})m_2(\{D, \neg D\})\} \\
&= K\mathrm{Pl}_1(\{D\})\mathrm{Pl}_2(\{D\})
\end{aligned}
\tag{6.3}
$$

为了简短起见，记 $\mathrm{Dep}(\{D\}) = \mathrm{Dep}$ 以及 $\mathrm{Pl}(\{D\}) = \mathrm{Pl}$，那么可以得到下面的一般表达式：

$$
\begin{aligned}
K_n^{-1} = 1 + (-1)^l \sum_{l=1}^{n-1} \prod_{1 \leq i_1 \neq i_2 \neq \cdots \neq i_l \neq \cdots \neq i_{n-1} \leq n} \mathrm{Dep}_{i_1}\mathrm{Dep}_{i_2}\cdots\mathrm{Dep}_{i_l} + (-1)^{n-\theta+1} \\
\sum_{\theta=1}^{n-1} \prod_{1 \leq j_1 \neq j_2 \neq \cdots \neq j_\theta \neq k_1 \neq k_2 \neq \cdots \neq k_{n-\theta} \leq n} \mathrm{Pl}_{j_1}\mathrm{Pl}_{j_2}\cdots\mathrm{Pl}_{j_\theta}\mathrm{Dep}_{k_1}\mathrm{Dep}_{k_2}\cdots\mathrm{Dep}_{k_{n-\theta}}
\end{aligned}
\tag{6.4}
$$

$$
\mathrm{Pl}_{XY_n} = K_n \mathrm{Pl}_1 \mathrm{Pl}_2 \cdots \mathrm{Pl}_n \tag{6.5}
$$

$$
\begin{aligned}
\mathrm{Dep}_{XY_n} = K_n \Bigg[&(-1)^{l-1} \sum_{l=1}^{n-1} \prod_{1 \leq i_1 \neq i_2 \neq \cdots \neq i_l \neq j_1 \neq j_2 \neq \cdots \neq j_{n-l} \leq n} \mathrm{Dep}_{i_1}\mathrm{Dep}_{i_2}\cdots\mathrm{Dep}_{i_l}\mathrm{Pl}_{j_1}\mathrm{Pl}_{j_2}\cdots\mathrm{Pl}_{j_{n-l}} \\
&+ (-1)^{n-1} \prod_{\mu=1}^{n} \mathrm{Dep}_\mu \Bigg]
\end{aligned}
\tag{6.6}
$$

下面开始正式探讨基于脆弱性的快速信任的计算方法。

前面已经讨论过，包括相互依赖程度（IF_1）、范畴化（IF_2）以及行动中的角色的关注强度（IF_3）在内的影响因子都是不确定性的影响因子（IF_s）。类似地，可以定义识别

框架 $\{F(\text{focused}), \neg F(\text{unfocused})\}$，角色强度函数（intensity function）$\text{Int}_{XY}: 2^U \to [0,1]$，这里强度函数应该满足下面的式子：

$$\text{Int}_{XY}(A) = \sum_{B \subseteq A} m_{XY}(B), \quad A \subseteq 2^U, B \subseteq 2^U$$

$$\text{Int}_{XY}(\{F\}) = \sum_{B \subseteq \{F\}} m_{XY}(B) = m_{XY}(\{F\})$$

因此可以得到角色强度区间为：$[\text{Int}_{XY}(\{F\}), \text{Pl}_{XY}(\{F\})]$。

类似地，也可以定义识别框架 U：$\{C(\text{categorized}), \neg C(\text{uncategorized})\}$，而范畴化函数为 $C_{XY}: 2^U \to [0,1]$，这里范畴化函数应该满足下面的式子：

$$C_{XY}(A) = \sum_{B \subseteq A} m_{XY}(B), \quad A \subseteq 2^U, B \subseteq 2^U$$

则

$$C_{XY}(\{C\}) = \sum_{B \subseteq \{F\}} m_{XY}(B) = m_{XY}(\{C\})$$

因此，可以得到范畴化区间为：$[C_{XY}(\{C\}), \text{Pl}_{XY}(\{C\})]$。

为了从证据中推断出快速信任，首先定义所谓的快速信任函数（swift trust function）。

定义 6.13 快速信任函数是用加权平均来定义的，即 $\text{ST}_\lambda = \sum_{1 \leq i \leq 5} w_i f(\text{IF}_i)$，这里 $\text{IF}_i (1 \leq i \leq 5)$ 包括相互依赖程度（IF_1）、范畴化（IF_2）、角色关注强度（IF_3）、环境因子（IF_4）、行动强调（IF_5）；而 w_i 是因式 $f(\text{IF}_i)$ 的权重，它的取值范围是 $[0,1]$，它的具体的取值大小是由快速信任的评价者根据具体情况来决定的。$f(\text{IF}_i)$ 是一个关于影响因子 IF_i 的函数，函数类型将在后面详细给出；λ 表示的是一个子目标，当 $\lambda = 1$ 时，也就是 ST_1，它表示的是从第一个子目标（脆弱性）推断出的快速信任的值；ST_2 表示的是由第二个子目标（不确定性）导出的快速信任的值；类似地，ST_3 表示的是由第三个子目标（风险性）推断出的快速信任的值。

根据上面的分析结果，中等程度的相互依赖程度、范畴化以及角色的关注强度都能有助于产生快速信任。因此，根据信任的衰减原则和前面得到的聚合机制，有

$$\text{ST}_1(\text{swift trust}) = \sum_{1 \leq i \leq 3} w_i f(\text{IF}_i) = w_1 p + w_2 q + w_3 r, \quad p = e^{-\left|\frac{1}{2} - \text{IF}_1\right|}, \quad q = e^{-\left|\frac{1}{2} - \text{IF}_3\right|} \quad (6.7)$$

式中，p, q, r 分别是关于 $\text{IF}_1, \text{IF}_2, \text{IF}_3$ 的函数，$p = e^{-\left|\frac{1}{2} - \text{IF}_1\right|}$ 表示的是根据相互依赖程度 IF_1 能够产生的快速信任的值，$q = e^{-\left|\frac{1}{2} - \text{IF}_3\right|}$ 由角色的关注强度 IF_3 产生的快速信任的值，而 r 表示的是由范畴化（IF_2）产生的快速信任的值；w_1, w_2 和 w_3 分别表示的权。至于不同影响因子采用的函数类型不同，则可以这样来解释。

(1) 采用衰减函数 $f(x) = e^{\left|\frac{1}{2} - x\right|}$ 来模拟相互依赖程度和角色关注强度的原因很简单：它能够很近似地反映出这两个影响因子对快速信任的值有何影响的特征。也就是说，快速信任是一个衰减函数的变形，这里的 x 是两个影响因子的取值。只有当自变量 x 处于 0.5 这个值的时候，函数值达到最大，而 x 在区间[0, 0.5]以及区间[0.5, 1]变化时，函数值都会逐渐变小。用这个函数来模拟这两个影响因子对快速信任的影响的这种特性主要是因为：两者的中等程度的取值更加容易产生和维持快速信任。

(2) 采用简单的正比函数（比例系数是 1）来模拟第二个影响因子——范畴化，其中的原因很简单，范畴化和快速信任的值的大小是成正比关系的。也就是说，在信任的决策时，范畴化的程度越高，就越容易产生快速信任，反之亦然。这个结论在前面已经详细讨论过。

现在已经根据第一个子目标得出了快速信任的计算公式或者叫做函数，接下来将要考虑另外两个子目标的实现对快速信任产生的影响。

6.6.2 基于不确定性和风险性的快速信任

根据前面对信任与不确定性关系的分析，可以知道：快速信任的产生受一定的预知，假设以及"暗示"理论等被统称为环境因子（IF_4）的影响。因此，从某种意义上讲，这时候的快速信任的建立是不依赖于对事物本身的理解的。类似地，得到环境因子区间为 $[\text{Unc}_{XY}(\{U\}), \text{Pl}_{XY}(\{U\})]$，这里 $\text{Unc}_{XY}(\{U\})$ 是所谓的环境因子函数，而 $\text{Pl}_{XY}(\{U\})$ 是似真度函数，它们分别是环境因子的下界和上界。另外，用 ST_2 来表示这种快速信任，即

$$ST_2 = f(IF_4) = IF_4 = [\text{Unc}_{XY}(\{U\}), \text{Pl}_{XY}(\{U\})] \tag{6.8}$$

这里，为了简便起见，使得快速信任区间等于环境因子区间。

类似地，根据前面对信任和风险性概念的分析和研究知道：事实上，信任、选择、行动和风险这四者其实是循环互动的关系，而且随着行动强度的增强，信任的程度也就会越高。或者换句话说，行动越是有力，越能激发起临时系统中涉及该行动的成员会以可信的方式行事。因此，可以得到行动的强度区间为：$[\text{Str}_{XY}(\{P\}), \text{Pl}_{XY}(\{P\})]$，其中 $\text{Str}_{XY}(\{P\})$ 是所谓的行动强度函数，而 $\text{Pl}_{XY}(\{P\})$ 是似真度函数。类似地，可以用 ST_3 来表示这种快速信任，即

$$ST_3 = f(IF_5) = IF_5 = [\text{Str}_{XY}(\{P\}), \text{Pl}_{XY}(\{P\})] \tag{6.9}$$

再次使得这种快速信任等于行动的强度区间。

6.6.3 快速信任的系统模型

在网络这个虚拟社会中，临时系统越来越多。通过前面的分析，可以得出结论：临时系统有着一些不同于普通系统的特性，主要包括但不局限于下列所述。

(1) 系统中存在着许多不同的资源和服务，尤其是当任务或者目标对于每一个个体来说都不可能完成或者完成起来相当困难的时候，不得不去寻找一些有着完成任务必需的与自己所拥有的不同资源和信息专长的人来组成一个所谓的"临时系统"。因此，从这个意义上来讲，临时系统是为了完成某一种或几种特殊任务而组建的。

(2) 由于临时系统的建立只是为了完成一些所谓的"临时的、特殊的任务"，这些任务的周期一般都不会太长。在建立临时系统之后，各个成员为了完成自己的任务，实现自己的目标，所进行的一些交互活动持续的时间相对来说是很短暂的。换句话说，临时系统中的成员之间的交互历史很有限。

(3) 前面已经讨论过，由于建立临时系统的目的就是完成一些任务，当然这些任务就必须是很复杂的、相互依赖性较强的，否则，临时系统的建立就显得没有必要。

(4) 系统的建立有可能会失败，或者即使临时系统能够顺利地建立起来，但是完成预定的任务或者说实现既定的目标也有很大的概率会不成功。

当然，除此之外，还有许多独特的性质，在此不再详细讨论。正是由于临时系统的独特性，使得它的建立、运行和消亡都与普通系统有着本质的区别。我们认为，如果没有快速信任这个所谓的"非正式的社会制度或者叫做伦理保障"，虚拟临时系统成员之间的交互几乎是不可能的。正是由于快速信任又能在某些环境下建立，所以临时系统的交互就变得可能。在此，主要讨论的是临时系统建立后的信任，而不去仔细考虑在临时系统建立前信任是如何建立起来的。此外，通过前面的分析，在临时系统建立前夕，所谓的"准成员"之间肯定存在"初始信任（initial trust）"，记为 T_0。

为了能够组合前面所提到的概念模型里面的三个不同的子目标，还需要定义一下"同构证据（homogeneous evidence）"和"异构证据（heterogeneous evidence）"。需要指出的是，把三个子目标看成三种不同的证据，都以某种程度支持或否定快速信任。下面首先给出同构证据和异构证据的定义。

定义 6.14 假定存在有一批证据，它们的识别框架各不相同，如果都支持同一个命题或者叫做断言（assertion），就称这批证据为同构证据；反之，如果这批证据分别支持不同的命题，则称它们为异构证据。

例如，证据 E_1 支持命题 A，而证据 E_2 也支持命题 A。那么，证据 E_1 和 E_2 构成了所谓的"同构证据"。又如，证据 E_3 支持命题 C 而证据 E_4 支持命题 D，那么证据 E_3 和 E_4 就构成了所谓的"异构证据"。

同构证据能够被 Shafer 组合规则来组合。至于异构证据，当它们指向同一个方向——即所谓的"父类命题"的时候，它们也可以用 Shafer 组合规则来组合。在前面设计的概念模型中，每一个影响因子的相关证据都被看成同构证据，由它们构建和支持的快速信任函数分别指向三个子目标（也可以看成"三个命题"，其中第一个快速信任函数 ST_1 支持第一个子目标，即脆弱性；第二个快速信任函数 ST_2 支持第二个子目标，即不确定性；而第三个快速信任函数 ST_3 指向的是第三个子目标，即风险性），但是这三个命题同时指向一个方向——快速信任，因此，它们能够用 Shafer 组合规则来组合。

就像定义相互依赖区间一样，也可以定义快速信任区间 $[\text{Bel}_{XY}(\{T\}), \text{Pl}_{XY}(\{T\})]$，其中，$\text{Bel}_{XY}(\{T\})$ 即是所谓的信任度函数，它表示的是快速信任的最小值，即下界，而 $\text{Pl}_{XY}(\{T\})$ 仍然是似真度函数，它的含义是快速信任的最大值（上界）。具体的定义过程与前面一样，在此不再重复。

根据前面的分析，概括起来，虚拟临时系统中的快速信任由以下主要成分组成。

（1）初始信任 T_0。前面已经分析过，一个临时系统的建立，必须是在各个"准成员"之间已经有一个"初始信任"的基础上才能成功的。那么，在研究临时系统中的快速信任时，当然要考虑各个成员之间的初始信任值，这也可以很形象地叫做"快速信任的初始化"。

（2）快速信任值的变化的一个模拟函数。在此选择正弦函数来模拟临时系统中快速信任值的变化情况，具体的原因稍后将做进一步的阐述。

（3）最后一个重要的成分是在概念模型里面提到的三个子目标。在前面分别给每一个子目标定义了一个不同的快速信任函数，在这里，将使用前面得到的三个快速信任值作为整个虚拟临时系统快速信任的重要参数。

用公式来表示，即

$$\text{ST} = \begin{cases} \sin\left\{\dfrac{\pi T_0}{2}[1+(\text{ST}_1 \oplus \text{ST}_2 \oplus \text{ST}_3)-T_0]\right\}, & \text{ST}_1 \oplus \text{ST}_2 \oplus \text{ST}_3 \subset \left[0, \dfrac{1}{T_0}+T_0-1\right] \\ 1, & \text{其他} \end{cases}$$

事实上，上面式子的条件式 $\text{ST}_1 \oplus \text{ST}_2 \oplus \text{ST}_3 \subset \left[0, \dfrac{1}{T_0}+T_0-1\right]$ 是恒成立的，下面是对此命题的一个简短的证明：

$$\because 0 \leq T_0[1+(\text{ST}_1 \oplus \text{ST}_2 \oplus \text{ST}_3)-T_0] \leq 1$$

$$\text{即} \ 0 \leq [1+(\text{ST}_1 \oplus \text{ST}_2 \oplus \text{ST}_3)-T_0] \leq \dfrac{1}{T_0}$$

$$T_0-1 \leq \text{ST}_1 \oplus \text{ST}_2 \oplus \text{ST}_3 \leq \dfrac{1}{T_0}+T_0-1$$

又因为

$$\text{ST}_1 \oplus \text{ST}_2 \oplus \text{ST}_3 \geq 0$$

$$\therefore 0 \leq \text{ST}_1 \oplus \text{ST}_2 \oplus \text{ST}_3 \leq \dfrac{1}{T_0}+T_0-1$$

证毕。

因此，得到整个系统快速信任值的计算公式为

$$\text{ST} = \sin\left\{\dfrac{\pi T_0}{2}[1+(\text{ST}_1 \oplus \text{ST}_2 \oplus \text{ST}_3)-T_0]\right\} \tag{6.10}$$

下面解释一下为什么这样来计算快速信任？首先，对于初始信任，我们认为：所谓的"第一印象"是经常为人们所看重的，临时系统中的快速信任的变化情况基于前面所说的"初始信任" T_0。其次，对于三个子目标在建立快速信任方面的作用结果，用 $ST_1 \oplus ST_2 \oplus ST_3$ 来计算，其原因是前面所说的这三个子目标是同构证据，它们能够用 Shafer 组合规则来组合。可以用一个适当的函数来模拟临时系统中快速信任的变化，而正弦函数 $f(x) = \sin\left(\dfrac{\pi}{2}x\right)$ $(0 \leqslant x \leqslant 1)$ 就是这样的一个合适的函数，快速信任函数 $ST(x) = \sin\left(\dfrac{\pi}{2}x\right)$ $(0 \leqslant x \leqslant 1)$ 的变化曲线。

在 Greed 和 Mile 看来，信任可以简化为一个函数，这一个研究成果对人们在信任研究方面的意义是巨大的：那就意味着人们可以通过使用适当的函数将信任量化，并建立可计算模型。在虚拟临时系统中，当前面分析的三个子目标和其他的相关因子增强的时候，快速信任的值也会变大。人们可以选择一个简单的函数来给信任建模，尽管目前也无法证明其有效性和完备性，但是稍后的实验结果将会证明这样的一个正弦函数是合理和有效的。

6.7　快速信任的可信性讨论

在虚拟临时系统中充斥着各种不确定性。对于快速信任也同样如此，在现实生活中，百分之百的快速信任是不可能存在的，也就是说，完全可靠的、可信的事物是不存在的。整个虚拟临时系统就是被不确定性笼罩的环境，只要有虚拟临时系统的存在，就有许多的不确定性因素。因此，从这个角度来说，人们能够做的不是去寻找百分之百的快速信任，更实际的可能是考虑快速信任多大程度上是可靠的、可信的。我们认为，这样的一个问题的讨论应该至少包含两个方面：一方面，快速信任在建立和维持这样的虚拟临时系统的可靠性；另一方面，利用我们设计的方法和模型计算出来的快速信任值的可靠性问题。事实上，前一个问题是对于所有研究信任的人所共有的问题，而后者是我们工作的特殊问题。因此，如果要很好地解释快速信任的可信性问题，则需要分别从两个方面来详细讨论。

6.7.1　虚拟临时系统中快速信任的可靠性

首先，探讨第一个问题，即快速信任在建立和维持这样的虚拟临时系统的作用。

事实上，如果承认快速信任在建立虚拟临时系统和维护它的正常运行方面的核心功能，并且这种观点是正确的，那么快速信任是可靠的。否则，虚拟临时系统是不可能存活下去的，因为它总要遇到一些重大的灾难，难以克服的事故，以及来自抗辩和不信任的风险。这个时候，如果人们赖以为计的快速信任不可靠，那么临时系统不可能有着良好的运行环境，甚至直接导致消亡。一般而言，研究人员认为，不同类型的信任在它们的脆弱性和弹性方面也相应地不同。例如，与密切的个人关系联系在一起的信任被认为是相对来说很有弹性和持久性的"深"层次的信任：一旦产生，很难破裂，不过一旦破裂，就很难重建。相对而言，其他类型的信任，被认为是脆弱的或者是"浅"层次的，因为它们的产生极不容易，相反，消失却很容易。人们可以在一个新建立的交互关系或合作中看到这种信任：预期很高，可是保留程度同样也很大。一只脚踏入水中，可是另一只脚却牢固地停留在岸上。

在一个既定的社会或者组织背景下，信任的深浅是与这种背景相适应的。这一问题带来了困难，同样它又使得个人最初如何测定和更新自己关于别人可否信任的预期的问题突显了出来。就虚拟临时系统而言，这就带来了在其他事情中作决定的问题，不管从另一群体成员的某种特殊经历中吸取教训时还是没有这种教训时都一样。换句话说，它包括知道和决定一个人什么时候应该停止或者撤销进一步的信任、什么时候应该把自己的怀疑再搁置一段时间。

大多数关于信任是如何产生和更新的思想都强调信任是一个历史依赖的过程。在这个过程中，个人就像Bayesian统计学家基于相关却有限的经验例子作出统计推理一样的行事。Boyle和Bonacich的特征化（characterization）就是很典型的例子，他们认为：个人的"对于信任行为或者合作行为的预期会根据经验的指导而变化，而且会达到同他们的经验与最初的预期之间的差距相适应的程度"。根据这些思想，可以很明显地看出，信任是不断增加、积累而建立起来的。换句话说，信任是一种会随着使用的增加而增强的独特的东西，而且它不会像物理实体那样被"磨损"，只能是慢慢减弱，减弱的前提是不去使用它或者出现了"背信弃义"的行为，迫使信任的决策主体内心的信念发生了改变。这种看法意味着，在一定程度上，它要求对合作的可能受益的预期，以及随之而来的对脆弱性和剥削的控制，快速信任应该浓缩或浅化为历史显现物（history unfold）。然而，正如前面所说的，临时系统典型地缺乏必要的历史。更严格地说，在一个虚拟临时系统中，既没有时间，又没有机会去创造为建构更深层次的信任所必需的经验。因而，考虑历史（或者更准确地说，历史的替代品或者代理者）是如何有助于临时系统中信任的发展会比较有用。

在这里，契约人又一次扮演着一个很重要的角色——以他的名声做担保创建或组织成功的临时系统。相应地，契约人的信誉就变成了交互历史的替代者或代理者，换句话说，契约人的信誉越高，这种由该契约人建立起来的虚拟临时系统中的快速信任也就越可靠。当然，还有一些其他的心理机制能够有助于减少快速信任的最初的这种"脆弱性观念"，从而使得快速信任能够有一个所谓的落脚点（toe-fold），其中包括以下几点。

第一，关于积极的幻想的研究发现了一系列心理机制，假设人们信任他们的环境和他们的经历。

特别是关于控制感和稳定感的研究表明，大多数个体都有一系列的认识策略来帮助他们保持信心，相信自己会成为他们经历的主宰者而不是牺牲品。根据类似的方法，关于不现实的乐观主义的研究显示，个体经常期望自己的未来会更好，而且比别人的未来更光明。即使当他们知道把世界看成一个可能发生坏事情的地方，他们仍然会低估这些坏事情发生在他们身上的可能性。因此，即使在一个他们知道信任可能会受到侵害的世界里，他们倾向于至少是一半对一半地假定别人而非自己将会失望。最近的研究进一步表明这些关于控制、稳定和乐观的幻想在群体场景中，扩展到了个体的层次上。有证据表明，个体进入群体时，他们期待好事情发生在他们自己的身上，而坏事情通常与他们无关，而且他们经常觉得与其他普通成员相比（从这个意义上来说，其实每个加入临时系统中的个体都在把自己当成一个"特权"成员，或者说他们总是把自己看得与众不同），他们干得更好，从参与中获得的利益也更多。所有的这些归因倾向肯定有助于增加临时系统中快速信任的可靠性或者叫做弹性。

第二，所谓的"社会证据"在每一个个体的内心世界里形成了一种理性的东西。

在前面对快速信任的风险性分析中，得知信任、风险、选择和行动是四位一体的，这四者之间的关系是循环互动的。因此，可以断定，虚拟临时系统中的快速信任的存在与否是由该系统自身的行动来证明的，主要是通过对利益的积极期待和减少参与风险的办法。在一个临时系统中，人们在行动的时候往往遐想信任已经存在，而且信任行为是毫不迟疑的、互惠的并且共担的，它们可能提供社会证据（social proof），来表明或者宣称某种对现实的特定的解释是正确的。因此，通过观察那些用一种信任的方式行事的其他参与者，个体就能够体验到他们做出的选择或者所持有的观念是毫不愚蠢的。因此，每一个虚拟临时系统中的个体不管其本身如何渺小和微不足道，都有助于他们持有这样的一种集体的观念，那就是快速信任是合理的、合适的。同时，从这个意义上出发，虚拟临时系统中的个体，特别是在其生命的早期，当他们对事物的预期还很薄弱的时候，或者说仍处于形成的过程中的时候，与处于某种紧急状态之中的旁观者很类似，这些旁观者巡视周围其他旁观者冷漠的脸孔也决定不采取行动，因为在其他人看来好像并不存在什么紧急的状态，没有采取行动。

这种认知的过程充当了另一个自我实现或者叫做自我满足（正如前面所说的，其中有的时候是个体本身的一种自我价值的实现，有的时候是个体在某些伦理、道德、职责等"非约束类需求"的自我满足）的原动力，它进一步增大了快速信任的弹性（可靠性）。正是因为在某些个体看来，某些社会证据的存在强化其内心对快速信任的理性认同感，也就是说，他们认为在这样的一个虚拟临时系统中，快速地产生信任是可能的，也是理性的一种表现。于是个体可能会意识到加入这个临时系统中是可行的，反过来又强化了快速信任的可靠性。

第三，在建立和维持快速信任的过程中，防范也起着很重要的作用。

防范的作用就是减少觉察到的风险和信任的脆弱性，具体的办法就是减少相互依赖以及由此带来的可能的代价。用 Baier 的话说，当某一个事物有很高价值时，防范措施就是为了预防风险或把错误的信任行为带来的危险降低到最小的程度。防范就意味着一种暧昧的关系和态度：一方面，既然该个体付出了信任行为，就表明它对另一个体有一定的信任；另一方面，它又通过各种防范的手段表明了它的不完全信任的一面。防范的存在就允许人们参与某种风险行为，因为即使是"最坏的结果"都已经被预见到并被考虑到了。在这一点上，防范的功能非常类似于谈判中的对谈判协议的最佳替代方案（Best Alternative to a Negotiated Agreement，BATNA）。BATNA 使谈判者得以从谈判的重压下解脱出来，因为他们减少了想象中的降低砝码会导致讨价还价的失败。在求职面试中的"候补"工作也具有同样的缓释功能，当某人想要更高一点的薪水时就是如此（这里存在着一种重要的不对称性，因为大多数群体成员很可能希望他们自己能够有很好的选择余地而别人没有。他们希望别人没有别的选择余地但却真正地承担着义务，而他们却喜欢对别人进行防范）。

防范的情形在 weich 和 Roberts 的观察中反映出来了，他们研究了带有核弹头的飞机发生事故时的飞行操作，人们在这种场合通过一种信念来避免事故和获得生存，那就是"千万别干任何没有把握的事情"。另外，防范暗示着一种取向，它类似于 Meacham 所描述的那样，既相信又怀疑、既理解又质疑的明智的态度。这种最初的信任行为能够开创一种熟悉的循环，其中，信任成为相互作用的东西，并且在不断增强：信任允许一个人参加某些行为，而这些行为又反过来增强了成员之间的信任。当然，在防范中确实存在着一种功能上的反讽，因为它代表了部分不信任的行动，它也允许群体中授予和加强信任的循环得以开始。

尽管防范对于增加快速信任的弹性很有帮助，但是同时也应该认识到防范过程并不是没有自己的风险和不足的。

首先，如果别人发现他们最初的信任行为以某种防范或部分不信任为前提条件，那么前面描述的自我增强的循环很可能会受到很大的伤害。因此，从这个意义上讲，契约人和其他人获得一个办事过于稳妥、必须找到所有的行事原则（包括经常给自己留有余地等自我保护意识等）的名声，这可能根本就不会激发别人的多大信任。

其次，防范有时候可能会减少或者消除对群众的承诺。一旦事情的进展不太顺利，那些拥有很大的选择余地的人可能会决定抛弃群体。这就是行为自我管理策略后面的直觉，假定决策者如果想使他们对行动有最大程度的忠诚度，就必须要有"破釜沉舟"的勇气和决心，以便任何退路都不可能找着。

另外，防范还可能导致一种稳定和安全的错误感觉，它们致使人们过分信赖自己处理某些问题的能力，而这些问题在虚拟临时系统中经常遇到。如果想象中的风险和不稳定能够有效地减少，那么按照 Luhmann 的说法，人们会变得自信（在某些时候某些场合中，甚至是过分自信），而且不再需要依赖于信任。正如 Bach 关于制作电影《天堂之门》时说的那样，决策者如果认为他们会对全部的风险和不稳定性都能够控制，或者在理性选择的范围之内，那么他们可能会放弃对自我的保护。

还有一种不那么起眼的与防范联系在一起的潜在危险。产生防范的过程需要一种对事情可能搞砸的预见性的思考（anticipatory rumination）。尽管防范本来是一种适应策略，但它是一种先见性的悲观主义。可是有证据表明，采用这种"坏个案"（worse-case）思考方法的认识策略会导致一些意想不到的后果，如不切实际地取消某些预期。

以上是关于虚拟临时系统中快速信任的可靠性的讨论，然而由于快速信任的脆弱性或弹性问题，同样带来了信任如何在临时系统的整个生命历程中得以维持的问题。

第一，具有明确的预期和稳定的角色体系的群体看上去可能对于信任的破裂问题会具有更少的脆弱性。然而出于它们的本质，与临时系统联系少的预期和角色体系几乎不可避免地会不时地终止或破裂。在临时系统中，例如，在拍摄外景的电影制作群体中，许多事情发生了，有的事情却没有发生，而且发不发生都很快，也是很正常的事情。由于这个原因，人们怀疑集体性的信任可能在那些临时群体中更具有弹性，因为在这些群体中，成员在艺术和临时应变的态度方面都很有技巧。临时应变的态度要求细致的关注、倾听和相互尊重。

正如 Putnam 所说，信任不仅"促进合作"，而且"合作本身也产生了信任"。这种信任与合作的关系讨论正好说明了一个所谓的"社会资本的稳步积累"的过程。前面已经说过，信任其实就是一种社会资本，它作为一种非正式的制度维系着整个系统或社会的稳定运行。因此，与任何其他的社会资本一样，它也有一个"积累过程"，这尤其在集体信任的维持中起到了核心的作用。

第二，临时系统的另一个特征即结构性的特征也许有助于快速信任的维持，也许人们会认为它阻碍了快速信任。这就是说，临时系统有一个不得不做自己工作的强制性时间。在许多临时系统中，活动开展的节奏以及必须集中精力于手头上的任务等因素有可能会消除某些功能不良的群体活动的产生机制。因为时间很短而且必须集中精力，所以在临时系统中，那些常烦扰长期群体的各种不良人际和群体活动机制的出现机会反而更少。所有因为"更加密切关系"而产生的混乱的事情（如冲突、嫉妒、误解、感情伤害、报复幻想和坚持秘密行动等），在临时系统的生命历程中出现和发挥作用的可能会更小。因为没有时间让事情变得比现状更糟糕。相比较而言，有更多时间去完成自己任务的群体同样也有更多的时间去发展更为复杂的关系，当然这些关系也有可能会变得糟糕。因此，临时系统有限的生命可能会让人们集中精力在手头的任务上，从而又使得人际关系不至于陷到进退两难的困境。

第三，如"越俎代庖"那样的超乎某个角色的行为可能会招致不信任的出现，从而也就不能维持快速信任的持久。这是因为，一般的快速信任都是基于对某个个体的能力以及它在某种角色上所表现出来的真诚度的基础上的，一旦有超出"职责"范围之内的行为出现，人们通常难以理解和接受，要正常化地理解和接受这种改变，应该是一个漫长的适应性的过程。临时系统中个体的预期建立在自己和别人的行为之上，正如前面论述的，这些预期以 Barber 所定义的那种委托信任为前提。他发现这种"在社会关系和系统中与我们联系在一起的人能够从技术角度上成功地实现角色扮演的预期"，反映了一种"在相互交往中合伙人能够完成他们的任务的期望"。在这种意义上来说，赋予快速信任的行为要求一种对别人职业的判断甚至于对别人性格的判断。

第四，契约人在快速信任的建立和维持的过程中扮演着不可替代的作用，他们不只是快速信任的建筑师和修理师，而且是快速信任的主导者。在谈论高效和团结的电影制作小组时，Ladd 把它们放在一起，他说，"如果是花你的钱，可是有人工作不得力时你就有可能会开除他，不管你多么欣赏他；你已经承担起对别人的一种责任，包括他本人，而且你本人承担不起因为某个人不能发挥自己的力量而耽误整个工作的责任。"契约人必须具备合作以及宽容的精神，同时他还必须具有煽动性。

与此同时，上述提到的所有要素以一种复杂的非常奇怪的方式组合（甚至是无序的、杂乱的混在一起，它们相互交织、影响和关联着），可以归结为：由于缺少时间，而且对于必需的角色扮演中的失误缺乏集体的耐心，所以这有可能会有助于完成临时系统的特殊任务。尽管这些因素可能会阻碍深层次的信任的发展（即具有"深"层次的快速信任的发展，换句话说，这种快速信任是具有"弹性的而不是脆弱的"），但是它们却有助于维持快速信任。

总之，在虚拟临时系统中，快速信任的发展和维持依靠一系列的精妙的心理机制（当然这种心理机制大多数情况下是人类的本能,而不是被外界强加的）和社会构建（这种涉及社会关系的基础构建一般来说就是被外界强加于身的）。从这些因素合力运作的程度来看，快速信任是被过度地决定了。从这个意义上讲，快速信任可能是微妙的，但它同时可能会是弹性的。

6.7.2 采用我们的方法计算的快速信任值的可靠性

在讨论了快速信任的可靠性之后，转过头来探讨利用我们设计的方法和模型计算出来的快速信任值的可靠性问题——也就是要讨论的第二个问题。

目前已经有些研究人员在这个问题上做了一些工作，在这些模型中，用来考虑计算可靠性的方法和措施也存在着较大的差别。其中包括利用经验信息的数量、证人的可靠性，以及用来建立和维持信任与信誉的信息的寿命长短等元素来计算信任的可靠性。在 Sporas 中，作者利用了一种基于信誉值的标准差来衡量用户的信誉的可靠程度。Carbo 等在他们的模型中也提到了考虑信誉的可靠程度的问题。在他们看来，信誉值的可靠性概念是一个模糊的概念，他们用模糊集来给它建模。如果一个信誉值的模糊集是一个宽的模糊集，那么说明这个信誉值具有很高的不确定性；反之，如果一个信誉值的模糊集是一个窄模糊集，那么说明该信誉值是可靠的。在 ReGret 系统中，每一个信任和信誉值都有一个相应的可靠量度。该系统根据信任和信誉值的计算过程来决定整个系统的可靠程度。正是由于这种方法的支持，该信任的主体能够知道将这个信任和信誉值作为信任决策的依据是否是明智的。

当然还有许多的研究人员提出了许多的方法来考察信任值的可靠性。有学者就考虑了包括在计算信任值的时候用到的证据数量多少以及它们的评价值变量两个因素。这种方法与 Sporas 系统中用到的方法类似。

假定计算结果的一些因素的总的数量记为 No。仅是一个孤立的经验（当然这包括直接经验和间接经验）或者只是少数的经验对于要做出一个正确的信任决策来说是不够的，还需要获得一定数量的经验才能判断一个 Agent 的信誉情况。随着证据数量的不断增加,计算出来的信任值也就越可靠,直到最后,它的可靠程度达到了一个峰值,这就是所谓的"交互的亲密程度"(记为 itm)。这时即使再有更多的证据可以提供,信任值的可靠程度也不会增加。从社会学的观点来说,这就是一个所谓的"亲近关系(close relation)"。在作者看来,虚拟临时系统中的快速信任值的可靠程度是依赖于契约人的信誉(记为 Roct)的,因此 Sabater 和 Sierra 用到的函数被改为

$$\text{No} = \begin{cases} \sin\left(\text{Roct} \cdot \dfrac{A_{\text{evidence}}}{\text{itm}}\right), & A_{\text{evidence}} \leq \text{itm} \\ 1, & \text{其他} \end{cases} \quad (6.11)$$

其中,A_{evidence} 代表证据的数量。通过使用正弦函数,个体可以这样来惩罚在任务执行过程中的欺骗行为:即一旦受信者违背了或者叫做失信于施信者,那么施信者可以用一个接近于 -1 的值来惩罚背叛者;反之,该个体也可以用一个接近于 1 的值来表扬和鼓励受信者很好地达到了它的预期。这里 itm 是依赖于具体的临时系统的环境的,如它依赖于在该临时系统中个体的交互频率等。

快速信任的偏差(记为 Dt)是另一个用来考察快速信任值的可靠性的因子。一个个体的评价值越是多变,它的交互对象或者伙伴在执行任务的时候也就越脆弱。为了得到这种变化的一个量度,需要考虑既定任务的实际执行的期望效应的影响。

快速信任偏差可以这样来计算,即

$$\text{Dt} = \sum_{O_i} \rho(t, t_i) |\text{Imp}(O_i) - \text{ST}| \quad (6.12)$$

式中,O_i 表示的是被临时系统分配的每一个任务或目标;$\rho(t, t_i) = \dfrac{f(t_i, t)}{\sum_{O_j} f(t_j, t)}$ 是一个"时间效用函数",它表示的是任务的执行效率高低,t_j 是任务 O_i 的实际花费时间,t 是相应的预期时间,$f(t_i, t)$ 是一个时间依赖函数(它的赋值规则是:如果一个 t_j 值越靠近于 t,则它的取值也就越大),其中一个比较简单的函数,可以取 $f(t_i, t) = \dfrac{t_i}{t}$;$\text{Imp}(O_i)$ 表示的是实际获得的利益的效用函数,它可以有下列的形式:

$$\text{Imp}(O_i) = g(V(X^i) - V(X^e))$$

式中,$V(X^i)$ 是实际的效用的满意程度;$V(X^e)$ 是相应的期望效益;g 是一个根据欺骗程度的对结果的分析后得到的报酬情况来决定的模拟某个主体行为的函数,其中一个合适的函数为

$$g(x) = \sin\left(\dfrac{\pi}{2} x\right)$$

最后,可以将快速信任的可靠性评估定义为这两个函数(No 和 Dt)的凸组合,它可以理解为加权平均,即

$$RL = \mu No + (1-\mu)Dt \qquad (6.13)$$

式中，μ 是函数 No 的权重，它的取值范围为[0, 1]；$(1-\mu)$ 是分配给 Dt 函数的权重。

总之，快速信任本身是一个不确定性的概念，正如前面所说的，100%的信任在现实中是不存在的，不确定也就是所谓的"不可捉摸"、"飘忽不定"。例如，我们研究的虚拟临时系统中的环境、信息、相互依赖程度和任务或目标等包含不确定性，而这些不确定性在证据理论中都被一系列的证据来支持它，它的描述是用一个信度区间"PL-BF"的形式来表示的，利用证据理论可以很好地克服缺乏证据的难题。正是以这种"PL-BF"的方式，快速信任模型才得以建立。

相比较这里讨论的快速信任值的可靠性，前面讨论的关于快速信任在建立和维持虚拟临时系统中的可靠性可以归结为"未定的"或者"未知的"事物，对于这些所谓的"未知事物"，人们不可能知道或了解它们的确切的值或者区间。当在讨论虚拟临时系统中快速信任在建立和维持系统方面的功能的时候，快速信任实际上和其他的一些认知概念一起变成了不确定性的事物，而这又有助于在临时系统中建立快速信任。尽管它或许会使事情变得更加复杂，如我们的概念模型里面的某个子目标那样的不确定性都将有助于建立快速信任。

因此，快速信任的不确定性可以从两个方面来解释：一方面，快速信任作为一种信任，与其他任何的认知概念一样，都有它自己的不确定性的一面，它在建立虚拟临时系统以及维持它的正常运行方面扮演着非常重要的难以替代的角色；另一方面，当用证据理论里面的"PL-BF"方式来表示快速信任的时候，无法保证它的准确性，因此还需要其他的一些方法和手段来评价计算得到的快速信任值的可靠性，这就是这部分工作的必要性所在。

6.8　实 验 验 证

将通过一个简单的例子来详述上述可计算模型，在此基础上，通过在 NetLogo 仿真实验平台上的实验验证了该模型的正确性。

6.8.1　计算相互依赖区间

首先，假定 Agent X 有四个不同的证据 e_1, e_2, e_3 和 e_4 支持对 Agent Y 的相互依赖性，假定这些证据由临时系统的创建者即契约人所提供。如果这四个证据支持相互依赖的程度分别是 0.3，0.4，0.5 和 0.7，而否定它的概率是 0.2，0.1，0.2 和 0.2，那么根据公式 $Pl_{XY}(D) = 1 - Dep_{XY}(\neg D)$，就可以得出似真度为 0.8，0.9，0.8，0.8。于是可以得到它们的四个相互依赖区间分别是[0.3，0.8]，[0.4，0.9]，[0.5，0.8]以及[0.7，0.8]，而且根据聚合机制以及式（6.1）～式（6.3），证据 e_1 和 e_2 可以按下列方法组合：

$$Dep_1(\{D\}) = 0.3, Pl_1(\{D\}) = 0.8$$

$$Dep_2(\{D\}) = 0.4, Pl_2(\{D\}) = 0.9$$

则
$$K^{-1} = 1 - \text{Dep}_1(\{D\}) - \text{Dep}_2(\{D\}) + \text{Dep}_1(\{D\})\text{Pl}_2(\{D\}) + \text{Dep}_2(\{D\})\text{Pl}_1(\{D\})$$
$$= 1 - 0.3 - 0.4 + 0.3 \times 0.9 + 0.4 \times 0.8 = 0.89$$
$$\text{Dep}_{XY}(\{D\}) = K[\text{Dep}_1(\{D\})\text{Pl}_2(\{D\}) + \text{Pl}_1(\{D\})\text{Dep}_2(\{D\}) - \text{Dep}_1(\{D\})\text{Dep}_2(\{D\})]$$
$$= (0.3 \times 0.9 + 0.8 \times 0.4 - 0.3 \times 0.4) / 0.89 \approx 0.53$$
$$\text{Pl}_{XY}(\{D\}) = K\text{Pl}_1(\{D\})\text{Pl}_2(\{D\})$$
$$= (0.8 \times 0.9) / 0.89 \approx 0.81$$

这样，组合第一个和第二个证据 e_1, e_2 后，相互依赖区间就变为 [0.53, 0.81]，记为 $[\text{Dep}_5(\{D\}), \text{Pl}_5(\{D\})] = [0.53, 0.81]$。

接下来组合剩下的两个证据：
$$\text{Dep}_3(\{D\}) = 0.5, \text{Pl}_3(\{D\}) = 0.8$$
$$\text{Dep}_4(\{D\}) = 0.7, \text{Pl}_4(\{D\}) = 0.8$$

则
$$K^{-1} = 1 - \text{Dep}_3(\{D\}) - \text{Dep}_4(\{D\}) + \text{Dep}_3(\{D\})\text{Pl}_4(\{D\}) + \text{Dep}_4(\{D\})\text{Pl}_3(\{D\})$$
$$= 1 - 0.5 - 0.7 + 0.5 \times 0.8 + 0.7 \times 0.8 = 0.76$$
$$\text{Dep}_{XY}(\{D\}) = K[\text{Dep}_3(\{D\})\text{Pl}_4(\{D\}) + \text{Pl}_3(\{D\})\text{Dep}_4(\{D\}) - \text{Dep}_3(\{D\})\text{Dep}_4(\{D\})]$$
$$= (0.5 \times 0.8 + 0.8 \times 0.7 - 0.5 \times 0.7) / 0.76 \approx 0.80263$$
$$\text{Pl}_{XY}(\{D\}) = K\text{Pl}_3(\{D\})\text{Pl}_4(\{D\})$$
$$= (0.8 \times 0.8) / 0.76 \approx 0.84211$$

因此，在组合证据 e_3 和 e_4 之后，Agent X 对 Y 的相互依赖区间就变为 [0.80263, 0.84211]，有 $[\text{Dep}_6(\{D\}), \text{Pl}_6(\{D\})] = [0.80263, 0.84211]$。

最后为了能够得到 Agent X 对 Agent Y 的四个相关证据支持的整体相互依赖区间，还要将上面得到的两个区间进行直和来求得。即有 $e_1 \oplus e_2 \oplus e_3 \oplus e_4 = [\text{Dep}_5(\{D\}), \text{Pl}_5(\{D\})] \oplus [\text{Dep}_6(\{D\}), \text{Pl}_6(\{D\})]$，能够按照下列方法来计算：
$$\text{Dep}_5(\{D\}) = 0.53, \text{Pl}_5(\{D\}) = 0.81$$
$$\text{Dep}_6(\{D\}) = 0.80263, \text{Pl}_6(\{D\}) = 0.84211$$

则
$$K^{-1} = 1 - \text{Dep}_5(\{D\}) - \text{Dep}_6(\{D\}) + \text{Dep}_5(\{D\})\text{Pl}_6(\{D\}) + \text{Dep}_6(\{D\})\text{Pl}_5(\{D\})$$
$$= 1 - 0.53 - 0.80263 + 0.53 \times 0.84211 + 0.80263 \times 0.81 = 0.76382$$
$$\text{Dep}_{XY}(\{D\}) = K[\text{Dep}_5(\{D\})\text{Pl}_6(\{D\}) + \text{Pl}_5(\{D\})\text{Dep}_6(\{D\}) - \text{Dep}_5(\{D\})\text{Dep}_6(\{D\})]$$
$$= (0.53 \times 0.84211 + 0.81 \times 0.80263 - 0.53 \times 0.80263) / 0.76382 \approx 0.87855$$

$$Pl_{XY}(\{D\}) = KPl_5(\{D\})Pl_6(\{D\})$$
$$= (0.81 \times 0.84211) / 0.76382 \approx 0.89302$$

这样，得到了最终的相互依赖区间为

$$[Dep_{XY}(\{D\}), Pl_{XY}(\{D\})] = [0.87855, 0.89302]$$

6.8.2 计算角色的关注强度区间

类似地，两个 Agent 之间的角色的关注强度也可以用"PL-BF"的形式来表示，为了计算出强度区间，可以从其相应的支持证据来得到。在这里假定 e_5 和 e_6 是由契约人提供的支持角色的关注强度的相关证据，并且 e_5 和 e_6 支持角色的关注强度分别是 0.4 和 0.5，而否定它的概率水平分别是 0.4 和 0.3，那么根据公式 $Pl_{XY}(D) = 1 - Dep_{XY}(\neg D)$ 就可以得出似真度为 0.6, 0.7。于是就可以得到角色的关注强度区间分别是 [0.4, 0.6] 和 [0.5, 0.7]，则根据式（6.1）～式（6.3），就有

$$Int_1(\{F\}) = 0.4, Pl_1(\{F\}) = 0.6$$
$$Int_2(\{F\}) = 0.5, Pl_2(\{F\}) = 0.7$$
$$K^{-1} = 1 - Int_1(\{F\}) - Int_2(\{F\}) + Int_1(\{F\})Pl_2(\{F\}) + Int_2(\{F\})Pl_1(\{F\})$$
$$= 1 - 0.4 - 0.5 + 0.4 \times 0.7 + 0.5 \times 0.6 = 0.68$$
$$Int_{XY}(\{F\}) = K[Int_1(\{F\})Pl_2(\{F\}) + Pl_1(\{F\})Int_2(\{F\}) - Int_1(\{F\})Int_2(\{F\})]$$
$$= [0.4 \times 0.7 + 0.6 \times 0.5 - 0.4 \times 0.5] / 0.68 \approx 0.56$$
$$Pl_{XY}(\{F\}) = KPl_1(\{F\})Pl_2(\{F\}) = [0.6 \times 0.7] / 0.68 \approx 0.62$$

这样，得到了角色的关注强度区间为 [0.56, 0.62]。

6.8.3 计算范畴化区间

同样的方法，可以根据它的由虚拟临时系统的契约人提供的相关支持证据 e_7 和 e_8 来计算所谓的"范畴化区间"。在这里，仍然假定证据 e_7 和 e_8 的支持概率和否定概率，在实际中，这种经验知识是由专家系统提供的。类似地，假定两个证据 e_7 和 e_8 的支持范畴化的程度是 0.3 和 0.2，而否定范畴化的概率水平分别是 0.5 和 0.4，那么根据公式 $Pl_{XY}(D) = 1 - Dep_{XY}(\neg D)$ 就可以得出似真度为 0.5, 0.6，于是范畴化区间分别是 [0.3, 0.5]，[0.2, 0.6]，仿照前面的方法，通过计算得到了范畴化区间，即 $[C_{XY}(\{C\}), Pl_{XY}(\{C\})]$ = [0.28, 0.38]。

现在已经求出了脆弱性这个子目标的三个影响因子，也就是说，第一个快速信任函数可以按照式（6.7）计算得到，同时假定从专家系统处得到的权限分别是 $w_1 = 0.5$，$w_2 = 0.2, w_3 = 0.3$，则

$$D = [0.87855, 0.89302], F = [0.56, 0.62], C = [0.28, 0.38]$$

$p = \mathrm{e}^{-\left|\frac{1}{2}-D\right|} = [0.67501, 0.68485]$，$q = \mathrm{e}^{-\left|\frac{1}{2}-F\right|} = [0.88692, 0.94176]$，$r = [0.28, 0.38]$

那么根据式（6.7），可以得到下面的快速信任函数：

$$\mathrm{ST}_1(\mathrm{swift\ trust}) = w_1 p + w_2 q + w_3 r = 0.5p + 0.2q + 0.3r =$$
$$0.5 \times [0.67501, 0.68485] + 0.2 \times [0.88692, 0.94176] + 0.3 \times [0.28, 0.38]$$
$$= [0.598889, 0.644777]$$

也就是说，通过对第一个快速信任的子目标（即脆弱性）的分析和计算，得到了在脆弱性这个子目标的实现基础上，快速信任可以达到如上式所示的一个水准。

6.8.4 计算不确定性区间

为了简便起见，假定只有一个相关的证据 e_9 支持不确定性。如果 e_9 支持不确定性的程度是 0.4，而否定它的概率水平是 0.2，那么根据公式 $\mathrm{Pl}_{XY}(D) = 1 - \mathrm{Dep}_{XY}(\neg D)$ 就可以得出似真度值为 0.8，于是就有不确定性区间为 $[0.4, 0.8]$，即

$$[\mathrm{Unc}_{XY}(\{U\}), \mathrm{Pl}_{XY}(\{U\})] = [0.4, 0.8]$$

于是根据前面的讨论，不确定性区间就等于快速信任的值，有

$$\mathrm{ST}_2 = [\mathrm{Unc}_{XY}(\{U\}), \mathrm{Pl}_{XY}(\{U\})] = [0.4, 0.8]$$

这样，得到了根据第二个子目标（即不确定性）的分析和计算，得到了快速信任的第二个维度上的值。

同样地，为了简便，假定只有一个相关的证据支持行动的强度这个影响因子，即契约人提供的关于行动的强度的证据只有一个（注意，纯粹是为了计算的方便而做的假设，事实情况未必如此），即 e_{10} 支持行动的强度的程度为 0.85，而否定行动的强度的概率水平在 0.1，那么根据公式 $\mathrm{Pl}_{XY}(D) = 1 - \mathrm{Dep}_{XY}(\neg D)$ 就可以得出似真度为 0.9，也就可以得到行动的强度区间：$[0.85, 0.9]$。同样，根据前面的分析，把行动的强度等同于快速信任的强度（因为前面已经得出结论：风险、选择、行动和信任实际上是循环互动的关系，是四位一体的关系），即

$$\mathrm{ST}_3 = [\mathrm{Str}_{XY}(\{P\}), \mathrm{Pl}_{XY}(\{P\})] = [0.85, 0.9]$$

6.8.5 系统最终的快速信任

为了得到最后的快速信任的值，假定虚拟临时系统的初始信任的值也是一个区间，即 $T_0 = [0.3, 0.8]$，既然三个子目标相互之间是独立的（事实上，也许并不如此，在这里，为了简便的需要，假定它们是互不依赖、互不影响的），那么它们就可以用 Shafer 组合规则组合起来，即

$$ST_1 \oplus ST_2 \oplus ST_3 = [0.598889, 0.644777] \oplus [0.4, 0.8] \oplus [0.85, 0.9]$$

根据式（6.4）～式（6.6），使得 $\mathrm{Bel}(\{T\}) = \mathrm{Bel}$ 以及 $\mathrm{Pl}(\{T\}) = \mathrm{Pl}$，则

$$Bel_1 = 0.598889, Pl_1 = 0.644777$$
$$Bel_2 = 0.4, Pl_2 = 0.8$$
$$Bel_3 = 0.85, Pl_3 = 0.9$$

有

$$\begin{aligned}K^{-1} &= 1 - Bel_1 - Bel_2 - Bel_3 + Bel_1 Bel_2 + Bel_2 Bel_3 + Bel_1 Bel_3 + Pl_1 Pl_2 Bel_3 \\ &\quad + Pl_1 Bel_2 Pl_3 + Bel_1 Pl_2 Pl_3 - Bel_1 Bel_2 Pl_3 - Bel_1 Pl_2 Bel_3 - Pl_1 Bel_2 Bel_3 \\ &= 1 - 0.598889 - 0.4 - 0.85 + 0.598889 \times 0.4 + 0.4 \times 0.85 \\ &\quad + 0.598889 \times 0.85 + 0.644777 \times 0.8 \times 0.85 + 0.644777 \times 0.4 \times 0.9 \\ &\quad + 0.598889 \times 0.8 \times 0.9 - 0.598889 \times 0.4 \times 0.9 - 0.598889 \\ &\quad \times 0.85 \times 0.8 - 0.4 \times 0.85 \times 0.644777 \\ &\approx 0.49942167\end{aligned}$$

$$\begin{aligned}Bel_{XY} &= K[Pl_1 Bel_2 Pl_3 + Pl_1 Pl_2 Bel_3 + Bel_1 Pl_2 Pl_3 \\ &\quad - Pl_1 Bel_2 Bel_3 - Bel_1 Pl_2 Bel_3 - Bel_1 Bel_2 Pl_3 + Bel_1 Bel_2 Bel_3] \\ &= (0.644777 \times 0.4 \times 0.9 + 0.644777 \times 0.8 \times 0.85 + \\ &\quad 0.598889 \times 0.8 \times 0.9 - 0.644777 \times 0.4 \times 0.85 \\ &\quad - 0.598889 \times 0.8 \times 0.85 - 0.598889 \times 0.4 \times 0.9 \\ &\quad + 0.598889 \times 0.4 \times 0.85) \div 0.49942167 \\ &\approx 0.92772\end{aligned}$$

$$Pl_{XY} = Pl_1 Pl_2 Pl_3 / K = \frac{0.8 \times 0.9 \times 0.644777}{0.49942167}$$

最后得到

$$ST_1 \oplus ST_2 \oplus ST_3 = [0.92772, 0.92955]$$

前面假定 $T_0 = [0.3, 0.8]$，则

$$\begin{aligned}ST &= \sin\left\{\frac{\pi}{2} T_0 [1 + (ST_1 \oplus ST_2 \oplus ST_3) - T_0]\right\} \\ &= \sin\left\{\frac{\pi}{2} \times [0.3, 0.8] \times [1 + [0.92772, 0.92955] - [0.3, 0.8]]\right\} \\ &= \sin\left\{\frac{\pi}{2} \times [0.3, 0.8] \times [1.12772, 1.62955]\right\} \\ &\approx [0.50676, 0.88840]\end{aligned}$$

最后得到了虚拟临时系统的快速信任的区间值为 $[0.50676, 0.88840]$，很明显初始信任在快速信任的建立过程中扮演着非常重要的角色，而这在实际系统中也是很合理的。

6.9 本章小结

本章介绍了虚拟临时系统和快速信任的概念，讨论了快速信任与脆弱性、不确定性和风险性的关系，并得出了影响快速信任的要素。在此基础上，实现了快速信任的概念模型的建立，并利用证据理论的证据推理方法，扩展了在二值条件下证据的推理机制。综合前面的研究成果，建立了快速信任的可计算模型。讨论了快速信任的可信性问题。建立了快速信任的可计算模型。快速信任分为三个子目标来考虑（即基于脆弱性的快速信任、基于不确定性的快速信任和基于风险性的快速信任），而这些子目标又由五个不同的影响因子（IF）来决定。在具体分析每一个影响因子的本质特征之后，找到相应的证据来支持每一个影响因子。基于证据理论定义了快速信任函数，利用快速信任函数可以得到最后的快速信任值的计算公式，用示例详细阐述了我们提出的计算方法的具体应用，并验证了计算方法的正确性。

第7章 基于智能卡的实体认证方案

7.1 概 述

7.1.1 实体认证

物联网中的实体认证与广义的"实体认证"具有共性,因此,我们这里讨论的实体认证同样适用于物联网应用环境。实体认证是如何让一方(验证者)充分相信与其通信的另一方(宣称者)确实具有他所宣称的身份,而不存在冒充问题。最一般的方法就是验证者检验一条来自宣称者的消息的正确性(这条消息也可能是对早先验证者发出消息的回复),借此,证明宣称者确实拥有只有真实实体才享有的秘密,从而就此认证了宣称者身份的真实性。这一技术的其他名字可以是:鉴别或身份识别。

实体认证和消息认证的一个最大区别在于,消息认证本身并不提供消息是什么时间产生的保证,而实体认证是通过在信道上执行具体认证会话将验证者和宣称者实时地联系起来。另一点就是,一般实体认证中产生的消息如果不与特定的宣称者相联系就毫无意义,但消息认证中每一条消息通常都是有它的现实含义的。

认证中通常有两个角色,宣称者 A 和验证者 B。验证者一般是自然呈现或事先确定好的,而宣称者的身份通常是自称的。实体认证的目的就是要确信宣称者的身份就是 A。

实体认证是一个过程。在这个过程中一方通过获得一些确定的证据来确认参加实体认证的另一方的身份,而具有相应身份的实体也确实就是另一方正在参与这一认证过程。

从验证者的角度来看,实体认证的执行结果无非是两种:要么,全盘接受宣称者所宣称的身份的真实性;要么,终止执行不接受宣称者所宣称的身份。更加明确地说,实体认证的目标包括如下几个方面。

(1)在宣称者 A 和验证者 B 都诚实地执行认证时,A 能向 B 成功地证明自己,即 B 将执行并接受 A 所宣称的身份。

(2)(可转移性)B 不能从与 A 交互中获得的信息,成功地向第三方 C 来冒充 A。

(3)(冒充性)任何一个非宣称者 A 的 C 想通过扮演 A 的身份,通过 B 的认证让 B 接受 A 的身份的可能性可以忽略。这里,可以忽略的含义是概率小到没有具体的实际意义,准确的度量需要根据实际应用而定。

(4)即使如下条件存在,以上三个条件仍然成立。

① A 和 B 之间以前进行的多项式次认证会话被窃听。
② 攻击者 C 以前参加了同 A 或（和）B 的认证执行。
③ 攻击者 C 可能发起的多个会话并行运行。

事实上，实体认证是一项最为基本的安全服务机制。实体认证是一个实时的过程，它确保了被认证一方从开始运行起，就确实参加了这个执行过程，做了一些具体的操作。认证只能确保被认证的实体在认证成功的执行完成后的时间点确实参与了认证过程。这里不考虑在认证完成后，真实实体被替换的情况。如果考虑这种情况，则还需要增加安全性目标。

如果按宣称者所拥有的排它秘密种类来分，实体认证技术可以分成下面三种类型。

（1）宣称者知道一些秘密。这种情况的应用实例包括：标准的口令认证来产生对称密钥，个人认证码（PIN），以及在公钥密码中秘密密钥的掌握。

（2）宣称者拥有一些物件。其中最为典型的就是拥有一些物理附件作为标识实体身份的证件。具体的应用实例包括：磁条卡、智能卡（塑料卡或信用卡中包含了微处理芯片或集成电路，也被称为芯片卡），以及可以用来产生时变口令的各种手持式用户计算设备（口令发生器）。

（3）宣称者个人与生俱来的特征信息。其中包括了使用人类物理特征和无意识行为（生物学鉴定）的技术，如手写签名、指纹、声音、虹膜、手形、动态敲击键盘特征。

实体认证的性质众多，但最为让人关注的主要有以下几点。

（1）互惠的考虑。实体认证可能只实现一方确定另一方的身份，也可能相互确定对方的身份，这分别是单边和双边认证协议。在有些应用环境下，单边认证就够了。但另一些环境下则希望能达成双边认证，这常出现在双方身份是对等的，或是在后续的交互中需要提供互惠的服务而不是单方面由一方向另一方提供服务的情况。

（2）计算效率。这是指执行一次认证需要操作的数量。

（3）通信效率。这包括需要的交互次数（消息交互）以及需要的通信带宽（总共交互的比特数量）。

更进一步的性质包括：是否需要实时的第三方参与，对第三方的信任程度如何，安全保证的种类，秘密的存储方式等。

实体认证与签名有着紧密的联系，但是相对于签名更为单纯。作为一个签名方案常需要与变化的消息相关联，并且将来如果发生争端，则能提供适当的证据提交法官裁决，也就是不可否认性。对于实体认证方案，消息的语义较为固定就是某个时间点的即时宣称者身份。宣称者要么被立即确认，要么被立即拒绝。认证并不具有像签名那样的生命周期，即不会有对前面认证的争议留待需要后续解决，对现在和将来可能存在的攻击也不会对过去的认证存在威胁。毕竟，认证是一项实时的技术。在许多情况下，实体认证方案也可以使用标准的技术转化为签名方案。

实体认证的一个基本应用就是实现对资源的访问控制。资源的访问权限与实体具体的身份相关联。例如，本地或远程访问一个计算机账户，从自动取款机里取钱，获准使用一个通信端口，允许使用一个应用软件或收看付费电视，通过一个安全门进入受限访问区或跨越国境等。在我们的个人计算机 Windows 系统中，用来允许用户访问计算机账户的口令认证方案可以看作一个最为简单的访问控制实例。每一个资源都有一个与它相关的实体身份列表，而成功确认了身份的实体将有使用系统授权过的资源的权利。在许多应用中，例如，移动电话中，认证的目的是追踪资源使用者的身份，以便按使用时间支付相应的费用。当然，认证也是会话密钥协商协议所必需的一项安全服务，主要用它来抵抗中间人攻击。

按使用的具体密码技术，可以把认证方案分为基于对称密码技术的方案和基于非对称密码技术的方案。在历史上，设计这些认证方案是相当复杂且安全性十分脆弱的。不过目前已经形成了比较公认的认证框架。

基于对称密码技术的框架要求宣称者和验证共享一个秘密密钥。在实体数量很少的封闭系统中，可以让每一对用户都享有一对秘密密钥。在大型开放式系统中，认证方案常要使用一个在线可信任第三方。每个实体与第三方共享一个秘密密钥，在两个实体需要互相认证对方时，可信任第三方充当一个网络集线器的作用，提供会话密钥将它们连接起来。符号约定：R_A 和 T_A 分别表示由 A 产生的随机数和时间戳，在这些机制中时间戳 T_A 可以由序列数 N_A 代替。E_K 表示使用 A 和 B 共享的秘密密钥 K 进行对称加密。假定双方从上下文已经知道将要交互的对方，否则可以在方案中附加一个身份标识字段来加以说明。可选的消息字段用星号（*）表示，在 E_K 中的逗号表示字段的连接操作符。$A \rightarrow B: M$ 表示 A 将消息 M 传递给 B。

基于非对称密码技术的框架包括基于公开密钥技术的认证、基于公开密钥解密技术的认证、基于数字签名技术的认证等。

7.1.2 对认证的基本攻击方法

事实上，对认证方案的攻击方法不胜枚举，即使是业内专家也需要非常小心，其设计的方案可能包含各种安全漏洞。下面介绍的只是一些最为典型的攻击方法。

（1）基于认证方案结构的攻击。在具体的认证方案中，经常需要计算一些认证方程。对于这些认证方程结构的攻击使得认证目标不能实现，是最具破坏力的攻击。如果使用标准加密、签名等算法，则对认证方程结构的攻击实际就转化成了对这些标准算法结构的攻击。由于标准算法经常是经过严格评估符合一定安全假设的，出现各种结构问题的可能性小。但是，如果是自行设计一些认证方程，则需要特别谨慎，否则，出现各种结构问题的可能将大大增加。

（2）消息重放攻击。在消息重放攻击中，攻击者预先记录某个方案以前的某次运行会话中的某条消息，然后在该方案新的运行会话中重放记录的消息。由于认证方案的目标是建立通信方之间的真实通信，并且该目标通常通过在两个或多个通信实体之间交换新鲜的消息来实现，认证方案中的消息重放违反了认证目标。消息重放攻击是对认证方案的传统攻击。最为普遍的做法是将新鲜标识符（一次性随机数或时间戳）引入消息，以表明消息为新近产生。人们对该攻击已经有了一定的警觉性。目前，存在的认证方案普遍包含了新鲜标识符。

（3）平行会话攻击。在平行会话攻击中，在攻击者的特意安排下，一个方案的两个或多个会话并发执行。依靠并发的多个会话，攻击者能够从一个会话中得到另外某个会话中单凭攻击者自身很难解决问题的答案。

（4）反射攻击。在反射攻击中，当一个诚实主体给某个通信方发送消息用来让他完成密码操作时，攻击者截取该消息，并把该消息发送给消息的产生者。注意，这里把消息返回，并不是把消息原封不动地返回，攻击者可能会修改底层通信协议的地址和身份等信息，以使消息的产生者不会意识到反射回来的消息实际是由他自己产生的。在此类攻击中，攻击者的目的是使消息的产生者相信反射回来的消息来自于消息产生者认为的通信方，该消息可以是对消息产生者的应答或者询问。如果攻击者成功了，那么要么消息产生者接受对问题的回答，这实质上是自问自答，要么为攻击者提供了预言机服务，完成了单凭攻击者自己所完不成的功能并把结果交给了攻击者。

（5）交错攻击。在交错攻击中，某个方案的两次或多次会话在攻击者的特意安排下按交织的方式执行。在这样一种攻击下，攻击者可以合成某条消息并发给某个会话运行中的主体，期望收到该主体的一个应答，而该应答可能对于另外某个会话运行中的另一个主体是有用的；在接下来的会话运行中，从前面会话运行中得到的应答可能会促使后面的主体对某个问题做出应答，而这个应答又恰好能用于第一个会话运行，如此交错地运行。

7.1.3 智能卡

智能卡在物联网中经常用到。现在已有各种各样的智能卡，每一种由其使用的芯片类型来定义。这些芯片的处理能力、灵活性、内存和价格各不相同。以下描述了智能卡的两种主要类型：存储卡和微处理器卡。

1. 存储卡

存储卡没有复杂的处理能力，并且不能动态管理文件。所有的存储卡通过同步协议和读卡器通信。三种主要类型的存储卡如下。

（1）标准存储卡。这类智能卡仅用于存储数据，没有数据处理能力。这类智能卡的每比特用户内存是最便宜的。应该将它们看作没有加锁机制的大小不同的软盘。存储卡不能向读卡器证明它自己，因此，主机系统必须要能识别插入读卡器中的智能卡类型。

（2）保护/分段式存储卡。这类卡具有控制内存访问的内在逻辑。有时也被称为智能存储卡。这类设备的某些或者全部内存阵列可以被设置为写保护。某些这种类型的卡是可以配置的，如使用口令或者系统密钥来限制对卡的读写访问。分段式存储卡可以划分为不同逻辑部分，以用于所设计的多种功能。

（3）储值型存储卡。这种卡经常用来存储数值或者令牌。它可能是一次性的，要么是可反复充值的。大多数这种类型的卡在制造的时候都集成了永久的安全措施。这些措施可能包括：固化在芯片中的口令和逻辑。这些设备的内存阵列被设置成递减器或者计数器，通常很少或者没有预留用于任何其他应用的内存。当所有的存储单元用完之后，该卡就不再有用了，可以丢弃或者需要重新充值。

2. 微处理器 CPU/MPU 多功能卡

这类卡具有卡内动态数据处理能力。多功能卡将内存分配成独立的部分，并将之赋予特定的功能或者应用。嵌入在卡中的是一个微处理器或者微控制器芯片，这种类型的芯片与那些在个人计算机里面的芯片很相似，它管理着内存的分配和文件的访问。智能卡通过卡操作系统（COS）以文件形式来组织数据，与其他的操作系统不同，这种软件控制的是对卡内用户内存的访问。因此，各种各样的功能和应用都可以驻留在卡中。这意味着在商业中，可以使用这种卡分配和管理一系列的产品。

这种卡有足够的内存来存储数字凭证（也就是公开和秘密密钥对）。此外，通过使用卡上的微处理器芯片，还可以提供许多必要的密码功能。某些卡甚至可以存放多个数字凭证对。

3. 智能卡的一个实例：Java 卡

Java 卡是一种典型的智能卡：它符合所有智能卡标准，对于现有的使用智能卡的应用不需要做任何改动。Java 卡的只读内存（ROM）掩模实现了一个 Java 虚拟机（JVM）。JVM 控制着对所有智能卡资源的访问，如内存和 I/O。本质上，它就是一个智能卡操作系统。JMV 执行智能卡上一个 Java 字节码的子集，最终允许通常在卡外完成的功能可以在卡内以可信的形式来完成。例如，除了利用智能卡来简单地存储一个秘密密钥，还可以使用该秘密密钥进行一次数字签名操作。这种方法的优点显而易见，不必利用基于特定硬件的汇编语言代码来编写智能卡的代码，可以用可移植的 Java 语言来开发新的应用。除此之外，可以在卡发行后将应用安全地加载到智能卡中，即将 Java 卡颁发给用户后。通过这种方式，厂商就可以不断地用新的功能来增强 Java 卡。例如，最初让用户通过 Internet 来安全地访问他们银行账户的银行卡（可能会让 Java 卡升级），包括：电子现金（e-cash），经常乘机者的里程记录，以及电子邮件证书等信息。Java 卡按照一张典型的智能卡方式运作。当智能卡读卡器发送一个命令时，Java 卡处理该命令并返回一个应答。为了维护与现有的智能卡应用的兼容，一张单一的 Java 卡一次仅可以处理一个命令。关于 Java 卡的更多技术细节可以参考 JavaCard 2.x 规范以及开放卡框架（Open Card Framework，OCF）标准。前者是为运行在卡上的应用提供开发规范，后者是为运行于计算机和终端上的应用提供开发规范。由 OCF 提供的开发规范不仅可以用于 Java 卡上通信的系统,还可以用于遵守 PKCS#11 标准的任何智能卡通信系统。

4. 智能卡的优缺点

有足够的证据证明智能卡的使用极大提高了交易的便利性与安全性。它提供了用户和账户信息的防篡改存储,可以防止相当多的安全威胁。近年来,也正是由于智能卡的大范围普及,智能卡的安全性在被业界仔细评估。与其他的硬件设备一样,智能卡也容易受到各种各样的攻击。最具威胁的攻击来自各种针对具体执行的攻击,其中,又以电源攻击对智能卡的威胁最强。这是因为智能卡需要外界提供电源才能工作,攻击者可以通过观察执行密码操作时电源消耗的变化来判断具体的操作类型,来推定存储在智能卡中的秘密信息。几乎所有密码算法的智能卡执行都会遭到电源攻击,各种就事论事的抵抗攻击的方法也不断提出。事实上,从总体上看,智能卡本身的安全性可以接受。一个例子是,移动通信中,作为智能卡的一种 SIM(Subscriber Identity Module)卡很好地保护了 GSM 网络并将手机用户与网络绑定。我们可以相信:智能卡也将在未来相当长的一段时间里在安全领域占据一席之地。方便使用和防篡改是它最吸引人之处。

7.1.4 问题原型及基本角色分析

本章讨论的实体认证机制是从访问控制问题抽象而来的。在一个分布式物联网系统中,由服务器和大量的用户组成,这里可以看成一个典型的客户端-服务器模式。用户远程(本地)访问服务器,要求服务器提供各种有价值的服务。当然,在提供这些服务之前,服务器需要通过一个简单而安全的机制来识别用户的合法性。在这种环境下,认证方案相当于通向各种服务和资源的一道安全门,只有合法用户才能通过这道门。还必须指出的是,作为辅助认证工具,每个用户都持有一定计算和存储能力的个人嵌入式设备(智能卡)。如图 7.1 所示,给出了智能卡认证的基本结构,用户通过服务器颁发的智能卡向服务器确定自己的身份。攻击者则可以通过公共信道观察用户和服务器的所有消息交互,当然,也可以像一般用户一样尝试登录服务器系统,获得各种服务。

我们隐含了认证服务中常出现的可信任第三方,而假定服务器就是可信任第三方,这是因为认证的目的是服务器向合法的用户提供访问授权,真实的服务器并不能从认证中获得益处。服务器和用户是一对多的关系,它没有必要冒充用户欺骗自己,因此,服务器完全可以充当可信任第三方。

在以上的问题中,很自然存在三种角色:服务器、用户和攻击者。

服务器:对服务器而言,所希望的情况就是,如果合法用户和它诚实地执行一系列步骤之后,它就可以正确地识别用户;否则,就认为本次识别活动失败。

用户:对一般的用户而言,他希望如果诚实地与服务器执行一系列步骤之后,服务器就可以正确识别他的合法身份。

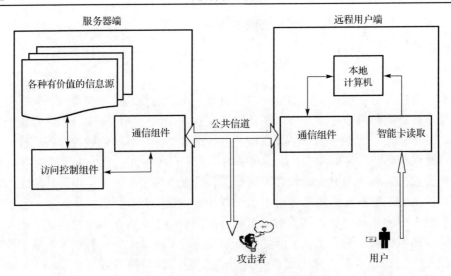

图 7.1　智能卡实体认证基本组成结构

攻击者：攻击者会做各种坏事，不仅是被动地窃听，而且会主动地改变（可能用某些未知的运算或方法）、伪造、复制、删除或注入消息。

进一步，我们必须考虑不诚实用户的情况，也就是怀有恶意的用户。他们的主要目的可以认为是：冒充其他合法用户和以其掌握的信息以各种方式来破坏服务器系统的正常运行。事实上，把怀有恶意的用户看成攻击者可以使问题变得清晰，在后面的讨论中可以充分体会到这样处理的好处。

在设计认证方案时，诚实服务器和用户的要求通常很容易得到满足，真正艰巨的任务在于限制攻击者的破坏行为。在我们讨论的分布式应用环境下，攻击者是具备相当强大能力的对手，他可以实行各种主动和被动攻击，可以合法身份成功注册任意多个系统合法用户来实施各种超出使用权限的行为。但攻击者也有不能做的事情，那就是不能直接破解密码学的本原问题，如对密码 Hash 函数求逆、分解大整数等；也不能控制计算机环境中具有高保密级别的私有区域，如服务器中存放系统秘密密钥的区域。否则，任何以密码学为工具的认证机制都无法保证系统的安全。

7.1.5　研究这一问题的动机

从上面可以看到，我们的实体认证结构与传统意义上的结构稍有差别。如图 7.2 所示，传统认证结构考虑的是两个从未接触过的用户实现认证问题，因为双方的地位是完全对等的，所以经常需要借助可信任第三方来协助认证过程，当然，可信任第三方既可以是在线的又可以是离线的。我们的认证结构基于用户-服务器模式，服务器同时充当可信任第三方。这可以看成一个认证双方地位不对等的特殊结构。事实上，我们这里讨论的认证结构也可以认为是传统认证结构的一种退化形式，因此，对传统认证结构的成功解决方案可以做适当调整后应用于解决这种退化形式。过于泛泛而论固然具有普遍指导意义，但是我们认为，只有针对特定问题的特定解决方案才能使认证机制的安全性、效率性和可用性达到最优。这一点对于使用智能卡这种在存储和计算上都受到限制的密码嵌入式设备来说就显得特别有意义。因此，设计更适合于这种结构和更适合于智能卡执行的认证方案是我们主要的研究动机。

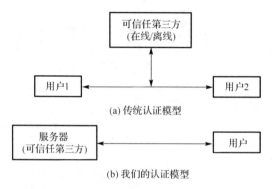

图 7.2　两种认证模型中的可信任第三方

在下面的讨论中，我们的认证方案设计虽然是以智能卡访问控制作为具体应用背景的，但设计架构同样也可以直接用于解决具有类似结构（图 7.2(b)）的认证问题。这样处理主要是考虑到理论与实践的兼顾。事实上，我们希望以一个具体的应用范例来启示对这类认证问题的解决，尝试为同类问题提供一个合理的认证架构。这类认证问题的具体应用背景可能是：通过 Telnet 登录到某台计算机或者通过 FTP（文件传输协议）执行文件传输；用户通过 ATM 自动提取现金或通过各种信用卡进行电子支付这样更为严格的应用环境；以及现在比较流行的分布式计算的一些敏感的应用中，一个主机可能会给外部的进程授予不同的接入权限，例如，"某段代码"或者"Java 程序"可以到达远程主机并作为远程进程在该主机上运行等。

7.2　智能卡实体认证方案的目标

7.2.1　安全是认证方案的基本要求

安全性可以说是任何实体认证方案都需要达到的基本要求，也是最具有挑战性的要求。如果用非形式化的表述可以说：理想的情形下，实体认证就是要求认证双方能像现实生活中面对面地识别对方一样，在分布环境下识别与其通信的实体，而任何其他实体都不可能成功冒充。简而言之，就是要在分布式环境模拟现实世界中的识别行为。很不幸的是，这样一个抽象的安全目标是很难达到的。即使准确而明晰地阐述一个实体认证方案的安全需求,也不是一件容易的事情。尽管如此,这些年来还是形成了一些较为具体化的安全要求。

由于实体认证方案是设计应用于物联网这样的分布式环境的,所以简单地说,一个安全的认证方案必须可以抵抗各种来自攻击者的主动和被动攻击。具体的安全性形式化描述将在后面详细讨论。我们只是在这里强调和申明几点涉及我们讨论的实体认证安全概念和界限。

(1) 在本领域中的一个共识是,黑手党诈骗(象棋大师问题),也就是攻击者在合法认证实体间诚实地传递消息的情况在其他的安全服务中可能构成严重的危害,但在讨论实体认证中,这种诚实地传递消息并不构成危害,可以看成一个良性的攻击,甚至可以作为分析认证方案安全的工具。

(2) 从严格的实体认证定义出发,认证过程是为了确定具体通信实体在某个时间点是否参与了通信,因此,在认证之后通信实体被攻击者所替代的情况也不是我们考虑的有效攻击。

(3) 后面的讨论中,我们也不考虑攻击者采用边信道攻击,如定时分析、电源攻击、出错攻击等方法,来威胁认证方案的情况。我们认为这些攻击实际上是针对具体的工程实践中算法执行的攻击,因此,在设计认证方案阶段是不可能很好解决这一问题的,需留待具体执行算法设计阶段解决。

7.2.2 针对智能卡认证方案提出的特殊要求

对智能卡实体认证方案还需要附加一些更具针对性的要求,以满足特定的应用背景。

(1) 智能卡的安全问题需要考虑。我们提出了智能卡丢失的安全假设,即将用户的智能卡作为一个黑盒,攻击者即使在得到用户的智能卡后,也不能冒充用户得到系统的认证,对用户的损害至多是否定服务攻击。因为智能卡这种小型的嵌入式设备是发给每个用户的,与大型的加密机不同,其丢失或被盗用的可能性十分大,所以,针对认证方案提出智能卡丢失安全的要求是合理的。

(2) 尽可能减少执行的开销。具体包括三个方面:①尽量少的通信交互,也就是尽量少的消息交换次数以及每次交互尽量少的数据量;②尽量少的计算开销,以及通过离线预先计算以减少在线计算的可能。③用户需要存储的信息应该尽可能少,这些信息可能是公开信息也可能是区别用户身份的秘密信息。从经济的角度来看,执行开销往往是决定一个认证方案能否在应用中取得成功的关键因素。特别是对于使用智能卡的认证方案,由于智能卡的通信、计算和存储能力都有限,执行开销大就意味着用户要为更大处理能力的智能卡支付更多费用以及忍受缓慢的认证过程,这一切显然都是不受欢迎的。

(3) 从用户的角度来看,认证方案应该合乎一般用户的使用习惯。用户可以选择自己的口令而不是服务器选择口令提供给用户,用户也可以对自己选择的口令进行修改。只有便于使用的认证方案才可能得到用户的青睐，在现实中才更有可能提供最佳的安全服务。

（4）问题来自于访问控制原形。传统的访问控制都需要使用认证表来作为认证的支持部件。认证表至少要做到不可非法修改，才能保证认证系统的可靠性。当用户增多时，认证表的数据量也就自然增大。认证表的难以维护是信息安全领域中有目共睹的事实，因此，在认证方案中希望尽可能避免使用认证表来实现认证服务。

（5）单边认证与双边认证。毫无疑问，单边认证即服务器对用户的认证是基本的安全服务，但有时在我们的认证结构下同时实现用户对服务器的认证也是非常必要的。举例来说，用户在银行服务器提取资金时可以仅需要单边认证，但用户还需要向银行服务器存入资金时，从用户的角度来说，就需要认证银行服务器。最为简单的实现双边认证的方法是通信双方各执行一次单边认证方案，然而，由于两次会话缺乏逻辑上的连接，事实证明这样做并不可靠，同时，按照这样的思路简单地将单边认证方案拼凑得到双边认证方案基本上都是不安全的认证方案。单边认证和双边认证的微妙关系将在后面的一系列讨论中清楚地看到，必须谨慎对待将单边认证扩展为双边认证的问题。

7.3 符号约定

我们约定一些符号表达特定的语义，它们出现在本章的具体方案中将不再加以说明，这样可以使叙述简单明了。约定列举如下：U_i 表示一个用户；ID_i 表示 U_i 的身份参数；PW_i 表示 U_i 的口令参数；CID_i 表示 U_i 的智能卡标识符；S 表示系统服务器；x 表示 S 的秘密密钥参数；T, T_1, T_2 表示密码即时时间戳；N, N_1, N_2 表示密码随机数；$h(\cdot)$ 表示密码单向 Hash 函数；$\oplus$ 表示按二进制位进行逻辑异或（XOR）操作；$A \Rightarrow B: M$ 表示实体 A 通过安全信道向实体 B 传递 M；$A \rightarrow B: M$ 表示实体 A 通过公共信道（可能被攻击者控制）向实体 B 传递 M。

7.4 以往方案的回顾与缺陷评述

由于基于上述典型应用环境的智能卡实体认证问题已经成为近来研究的一个热点，所以这一类型的方案也层出不穷。很不幸的是，这些方案经常都在提出不久就发现存在安全缺陷。有些缺陷是致命的，有些缺陷只是小瑕疵。在这一节中，我们准备回顾一下最具有代表性的方案，其中也包括了前人和我们的不少密码分析结果，以及我们对方案的总体评价。根本目的不在于渲染攻击的威胁，而在于总结吸取前人在设计此类方案中的经验和教训，做到知己知彼。同时，也可以通过对同类方案的分析比较，体会到我们将要提出的认证方案的合理之处。从使用密码本原的不同，以往认证方案可以分成基于对称密钥本原和非对称本原的实体认证方案。

按照此类方案的描述习惯，一般可以分成三个阶段：注册阶段、登录阶段和认证阶段，也可能增加一个口令修改阶段。注册阶段定义的功能是：为需要加入认证系统的用户颁发智能卡。登录阶段定义的功能是：用户用自己的智能卡产生登录请求消息并由终端发送给远程服务器。认证阶段定义的功能是：服务器根据提交的登录消息决定是接受还是拒绝用户的登录请求，如果是双边认证，则还包括用户认证服务器的具体操作。口令修改阶段定义的功能是：用户按照自己的选择修改口令。本章所有方案都将遵循上述的叙述功能划分。为了使讨论更具有针对性，我们仅考虑纯粹的实体认证方案，不涉及会话密钥建立问题。

7.4.1 基于非对称密钥本原的认证方案

1. Yang 和 Shieh 的方案

Yang 和 Shieh 提出了两个单边认证方案：一个基于时间戳；另一个基于新鲜随机数。方案由三个阶段组成：注册阶段、登录阶段和认证阶段。认证系统中存在一个密钥信息中心，我们可以把它看作 S 的一个组成部分，它不仅负责验明用户的真实身份，而且负责为用户产生密钥信息，发放智能卡，以及改变用户的口令信息。密钥信息中心按照 RSA 的要求选择大素数 p 和 q，公开密钥 e 和秘密密钥 d。选择一个整数 g 同时是 GF(p) 和 GF(q) 的生成元，g 也是公开参数。

1）基于时间戳的方案
注册阶段
（1）$U_i \Rightarrow$ 密钥信息中心：$\{ID_i, PW_i\}$。
（2）验明 U_i 合法性之后，密钥信息中心，为用户的智能卡产生标识符 CID_i 并计算用户的认证秘密参数：

$$S_i = ID_i^d \bmod n \tag{7.1}$$

和

$$h_i = g^{PW_i \times d} \bmod n \tag{7.2}$$

将参数组 $\{ID_i, CID_i, S_i, h_i, e, g, n\}$ 写入 U_i 的智能卡内存。
（3）密钥信息中心 $\Rightarrow U_i$：U_i 的智能卡。
登录阶段
（1）$U_i \Rightarrow U_i$ 的智能卡：$\{ID_i, PW_i\}$。说明 U_i 通过本地的读卡机终端与自己的卡交互。
（2）卡检查用户键入的 ID_i 和卡中存储的 ID_i 一致性。如果不一致则终止操作；否则，U_i 的卡任意产生一个随机数 r_i，计算如下两个整数：

$$X_i = g^{r_i \times PW_i} \bmod n \tag{7.3}$$

和

$$Y_i = S_i \times h_i^{r_i \times h(\text{CID}_i, T)} \mod n \tag{7.4}$$

（3）$U_i \to S$：$m = \{\text{ID}_i, \text{CID}_i, X_i, Y_i, T, e, g, n\}$。

认证阶段

（1）检查 ID_i 和 CID_i 是否正确；验证收到的用户时间戳 T 的时间延迟是否在预先规定的范围之内。如果任何一项不正确，则拒绝登录请求。

（2）验证方程：

$$Y_i^e \stackrel{?}{=} \text{ID}_i \times X_i^{h(\text{CID}_i, T)} \mod n \tag{7.5}$$

如果方程成立，则接受登录者为用户 U_i 允许登录请求，否则，拒绝登录请求。

由于

$$Y_i^e = S_i^e \times h_i^{r_i \times h(\text{CID}_i, T) e} = S_i^e \times g^{\text{PW}_i \times d r_i \times h(\text{CID}_i, T) \times e} = \text{ID}_i \times g^{e \times d \times r_i \times \text{PW}_i \times h(\text{CID}_i, T)}$$
$$= \text{ID}_i \times (g^{r_i \times \text{PW}_i})^{h(\text{CID}_i, T)} \mod n = \text{ID}_i \times X_i^{h(\text{CID}_i, T)}$$

如果双方忠实执行这个方案，则最终将实现 S 对 U_i 的认证。因此，这个方案是正确的。这个基于时间戳的方案也可以简单地用图 7.3 表示。后面还将主要使用这种形式的图描述各个认证方案。

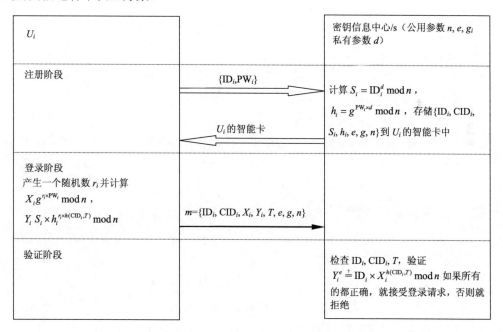

图 7.3　Yang 和 Shieh 提出的基于时间戳单边认证方案

2）基于随机数的方案

随机数方案是对时间戳方案的一个简单扩展。在这个方案中只是用随机数来代替时间戳抵抗重放攻击。注册阶段完全与时间戳方案的相同。不同之处在于登录阶段和认证阶段，我们可以用图 7.4 简单描述。

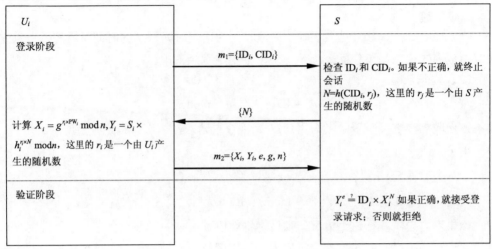

图 7.4　Yang 和 Shieh 提出的随机数方案的会话

2. Chan 和 Cheng 以及 Fan 等对 Yang 和 Shieh 方案的伪造和相关修正

Chan 和 Cheng 的攻击是针对基于时间戳的方案提出的，但很明显，它同样适用于基于随机数的方案。如果攻击者截获一条正确的登录消息 $m=\{ID_i,CID_i,X_i,Y_i,T,e,g,n\}$，他可以通过如下步骤伪造另一条可以通过认证的消息。

（1）建立另一个标识符 $ID_f = Y_i^e \bmod n$。

（2）计算与之对应的参数 $X_f = Y_i^e \bmod n$ 和 $Y_f = Y_i \times Y_i^{h(CID_i,T_f)} \bmod n$，这里，$T_f$ 是攻击者的即时时间戳。

（3）攻击者得到认证消息 $m_f = \{ID_f,CID_i,X_f,Y_f,T_f,e,g,n\}$。

因为 $Y_f^e = Y_i^e \times Y_i^{e \times h(CID_i,T_f)} = ID_f \times X_f^{h(CID_i,T_f)} \bmod n$，所以伪造消息 m_f 可以通过认证。

Fan 等改进了 Chan 和 Cheng 的伪造攻击。不再需要合法参数 X_i 和 Y_i，只需要一个 CID_i，具体做法如下。

（1）任意选择一个随机数 r，构建一个用户的标识符 $ID_f = r^e \bmod n$。

（2）任意选择一个随机数 k，产生参数 $X_f = k^e \bmod n$ 和 $Y_f = r \times k^{h(CID_i,T_f)} \bmod n$，这里，$T_f$ 是攻击者的即时时间戳。

（3）得到认证消息 $m_f = \{ID_f,CID_i,X_f,Y_f,T_f,e,g,n\}$。

因为 $Y_f^e = (r \times k^{h(CID_i,T_f)})^e = r^e \times k^{e \times h(CID_i,T_f)} = ID_f \times X_f^{h(CID_i,T_f)} \bmod n$，所以这条消息同样可以通过认证。

Fan 等进一步给出了对 Yang 和 Shieh 基于时间戳方案的一个改进，显然，这一改进同样适用于基于随机数的方案。攻击能够成功是因为攻击者可以任意选择用户的标识符。如果对用户的标识符加以限定，就有可能抵抗上面提到的两种伪造攻击。为了保证大数分解问题困难，在 Yang 和 Shieh 的方案中，两个大素数的乘积 n 的长度至少为 1024 位。这就使得标识符长度也可达到 1024 位。如此长的标识符是没有必要的，因为即使认证系统中有 1 亿用户，也只需要 27 位就可以表示全部用户了。方案可以做如下修改：ID_i 的最低 27 位用来区分不同的用户，可以任意取值，其他 997 位都填充 0。这样，用户的身份参数都在 $1 \sim 2^{27}-1$，而在认证阶段，服务器也必须检查这一点。如果标识符不符合这一点，也拒绝登录请求。这样修改后，如果 Chan 和 Cheng 的伪造攻击要成立，则攻击者产生的标识符 $ID_f = Y_i^e \bmod n$ 必须落在 $1 \sim 2^{27}-1$，显然，这一计算将会产生一个在 $1 \sim 2^{1024}-1$ 的随机数。

Wang 和 Li 也提出了对 Yang 和 Shieh 基于时间戳方案的一个修改，这一修改也适用于基于随机数方案。思路是：要伪造一条消息必须有 U_i 的 CID_i。如果不用明文传输而改用密码 Hash 值 $h(CID_i)$ 传输，攻击者就得不到 CID_i，则不能实施以上的攻击，具体的修改可用图 7.5 描述。

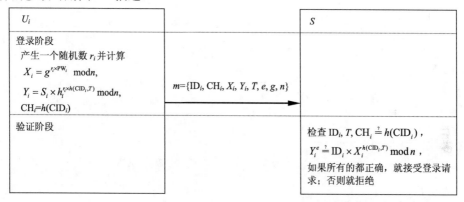

图 7.5　Wang 和 Li 对 Yang 和 Shieh 的时间戳方案修改

Wang 和 Li 宣称这样修改比 Fan 等人的修改有两点好处。

（1）由于 ID_i 不用同 Fan 等的修改中只使用最后的 27 位，而需要在前面填满 0，所以在注册阶段和认证阶段计算式（7.3）～式（7.5）时，计算量大大减少。

（2）也不必像 Fan 等的修改中事先限定 ID_i 长度，从而在系统建立时就确定了用户的固定数量，因而更容易扩展系统。

不利之处在于，要求 S 维护一个用户 CID 表。

我们认为，Wang 和 Li 宣称的第（1）条好处是不合理的，这是因为式（7.3）～式（7.5）的运算量主要取决于大数模幂 $ID_i^d \bmod n$，$Y_i^e \bmod n$，$g^{PW_i \times d} \bmod n$ 和 $X_i^{h(CID_i, T_f)} \bmod n$ 的计算。固定模 n 后，模幂计算量的大小又主要取决于指数 d，e，$PW_i \times d$ 和

$h(\text{CID}_i, T)$ 的具体取值情况。同时，限定 ID_i 只使用最后的 27 位，只能使涉及其的模乘操作数比任意选取要小，只可能使相关模乘更加有效率。因此，我们认为 Fan 等的修改比 Wang 和 Li 的修改计算量更小。

Jiang 等对 Yang 和 Shieh 方案用形式语言作为工具进行了安全分析。用 Guttman 和 Fabrega 给出的认证测试的方法，验证了 Yang 和 Shieh 方案确实不能抵抗 Chan 和 Cheng 以及 Fan 等给出的伪造攻击。同时，也给出了对 Yang 和 Shieh 基于随机数方案的一个伪造攻击。Jiang 等也对 Yang 和 Shieh 的方案给出了改进方案，并采用 Guttman 和 Fabrega 的线性空间模型证明了，改进方案确实可以抵抗 Chan 和 Cheng 以及 Fan 等给出的伪造攻击。

Jiang 等对 Yang 和 Shieh 方案的修改也十分简单。与 Yang 和 Shieh 方案不同之处也仅在会话阶段，可以用图 7.6 和图 7.7 描述。S 在认证过程中需要使用密钥信息中心的秘密密钥 d。

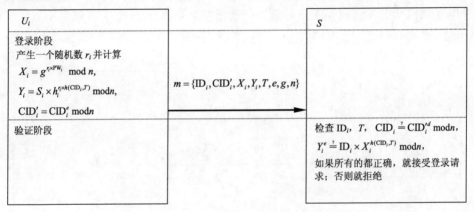

图 7.6　Jiang 等对 Yang 和 Shieh 的时间戳方案修改

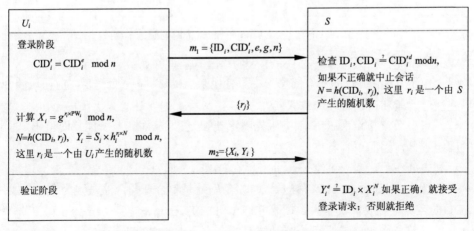

图 7.7　Jiang 对 Yang 和 Shieh 的随机数方案修改

Shen 等也针对 Chan 和 Cheng 以及 Fan 等提出的伪造攻击给出了修改方案，S 在认证过程中也需要使用密钥信息中心的秘密密钥 d。同时，Shen 等的修改方案同时提供了 U_i 和 S 之间的互认证功能。图 7.8 可以描述 Shen 等的修改方案。

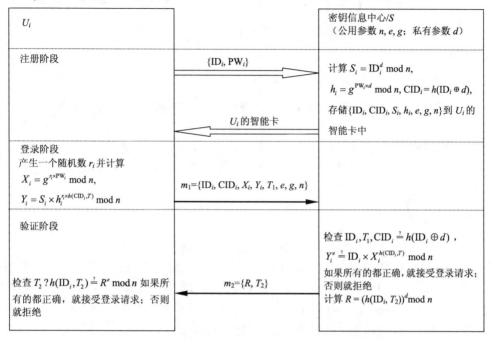

图 7.8 Shen 等对 Yang 和 Shieh 时间戳认证方案的修改

3. Chen 和 Zhong 对 Fan 等修正的伪造攻击

Chen 和 Zhong 先给出了对 Fan 等的修改方案伪造攻击的一个特例。如果 $e < 27$，则攻击者可以选择 $X_f = 1$，$Y_f = 2$ 和 $ID_f = Y_f^e$。显然，伪造的消息为 $\{ID_f, CID_i, X_f, Y_f, T_f, e, g, n\}$，这里，$T_f$ 是攻击者的即时时间戳。伪造消息可以通过：$Y_f^e = ID_f = ID_f \times 1^{h(CID_i, T_f)} = ID_f \times X_f^{h(CID_i, T_f)} \bmod n$。同时，由于 $e < 27$，保证了 $ID_f = 2^e$ 在 $1 \sim 2^{27}-1$，所以 ID_f 也是合法的。但是，这种伪造攻击在 $e > 27$ 时，就可能不成立了。因此，Chen 和 Zhong 进一步给出了一个适合任意 e 的伪造攻击方法。假定攻击者希望冒充 U_i，攻击的具体步骤如下。

（1）任意选择一个 CID_f，使用扩展 Euclidean 算法计算最大公约数 $\gcd(e, h(CID_f, T_f))$，T_f 是攻击者的即时时间戳。如果 $\gcd(e, h(CID_f, T_f)) = 1$，那么可以同时得到两个整数 a 和 b 满足：$a \times e + b \times h(CID_f, T_f) = 1$，接着执行第（2）步操作，否则，另选一个 CID_f 重新执行第（1）步。

（2）计算参数 $Y_f = ID_i^a \bmod n$ 和 $X_f = ID_i^b \bmod n$。

（3）得到认证消息 $m_f = \{\text{ID}_i, \text{CID}_f, X_f, Y_f, T_f, e, g, n\}$。

因为 $Y_f^e = (\text{ID}_i)^{a \times e} = \text{ID}_i^{1+b \times h(\text{CID}_i, T_f)} = \text{ID}_i \times \text{ID}_i^{b \times h(\text{CID}_i, T_f)} = \text{ID}_i X_f^{h(\text{CID}_i, T_f)} \bmod n$，所以这一方法可以成立，也可以不通过任意选择智能卡标识符，而是适当调节攻击的时间戳 T_f 超前或滞后，来满足最大公约数 $\gcd(e, h(\text{CID}_i, T_f))$ 为 1，当然也可以同时调节智能卡标识符和即时时间戳。

4. Sun 和 Yeh 对 Yang 和 Shieh 方案的伪造攻击

Sun 和 Yeh 认为 Chan 和 Cheng 的伪造攻击是不合理的，因为随机伪造出来的用户身份参数 ID_f 通常不具有真实身份参数的格式和实际意义，所以不可能获得通过对其的正确性检查。他们同时也给出了一个伪造攻击方法。这个方法与 Chen 和 Zhong 的伪造攻击基本相同，只是考虑 U_i 的 ID_i 不变，适当调节即时时间戳 T_f 超前或滞后，来满足最大公约数 $\gcd(e, h(\text{CID}_f, T_f)) = 1$，这里就不再叙述了。

5. Yang 等的修改方案

考虑到存在 Sun 和 Yeh 的伪造攻击，Yang 等改进了 Yang 和 Shieh 的两个认证方案，这也是最新的对 Yang 和 Shieh 方案的修改版本。他们试图通过改变认证方程的结构来阻止伪造的可能性。方案也是由注册阶段、登录阶段和认证阶段组成的。我们用图 7.9 和图 7.10 来描述 Yang 等的改进方案，由于随机数方案的注册阶段和时间戳方案的完全相同，我们只给出随机数方案的会话部分。

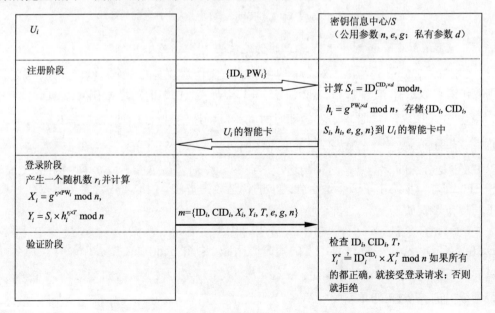

图 7.9　Yang 等对 Yang 和 Shieh 时间戳认证方案的修改

第 7 章 基于智能卡的实体认证方案

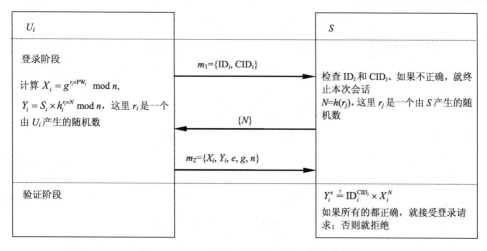

图 7.10 Yang 等修改后的随机数方案会话

6. 我们对 Yang 等修改方案的伪造攻击考虑

1) 对 Yang 等基于时间戳方案的伪造攻击

如果攻击者希望冒充合法 U_i，他可以做如下的工作。

（1）得到用户 U_i 的公开参数 ID_i 和 CID_i。

（2）选择目前合法的时间戳 T_f，同时满足 $\gcd(T_f, e) | CID_i$。

（3）得到认证消息 $m_f = \{ID_i, CID_i, X_f, Y_f, T_f, e, g, n\}$。

很容易看出，S 将认为伪造的消息 m_f 来自合法 U_i，这是因为 $Y_f^e = ID_i^{e \times a_2} = ID_i^{CID_i + T_f \times a_1} = ID_i^{CID_i} \times (ID_i^{a_1})^{T_f} = ID_i^{CID_i} \times (X_f)^{T_f} \mod n$。这里，必须指出的是 U_i 和 S，都必须为时间戳设定一个时间窗口，用来补偿本地时钟漂移以及网络消息传递的延时等问题。因此，任何一个具体的时间戳 T_f 只要在这个时间窗口以内，都将被视为有效的时间戳。

2) 对 Yang 等基于随机数方案的伪造攻击

类似时间戳方案，Yang 等随机数方案同样会受到这种伪造攻击。具体说来，攻击者可以这样做来冒充合法 U_i。

（1）得到 U_i 的公开参数 ID_i 和 CID_i。冒充合法 U_i 发送消息 $m_1 = \{ID_i, CID_i\}$ 给 S 请求开始登录会话。

（2）在收到随机数 N 后，计算 $\gcd(N, e)$。如果 $\gcd(N, e) | CID_i$ 是真，则转到第（3）步，否则，终止本次会话，回到第（1）步，重新开始一次新的会话尝试。

（3）计算伪造参数：$X_f = ID_i^{a_1} \mod n$ 和 $Y_f = ID_i^{a_2} \mod n$。

（4）得到认证消息 $m_f = \{X_f, Y_f, e, g, n\}$。

很容易看出，消息 m_f 可以通过 S 的认证，这是由于 $Y_f^e = \mathrm{ID}_i^{e \times a_2} = \mathrm{ID}_i^{\mathrm{CID}_i + N \times a_1} = \mathrm{ID}_i^{\mathrm{CID}_i} \times (\mathrm{ID}_i^{a_1})^N = \mathrm{ID}_i^{\mathrm{CID}_i} \times (X_f)^N \bmod n$。剩下的问题就是，考虑攻击中第（2）步是否足够有效率。如果假定参数 N 和 e 都是随机产生的，它们互素，即 $\gcd(N,e)=1$ 的概率为 0.608。因此，在攻击中第（3）步重复 10 次，还不能成功满足 $\gcd(N,e) \mid \mathrm{CID}_i$ 的概率要小于 0.000086，说明这种攻击方法是十分有效的算法。

3）对以上两个伪造攻击的评价

我们给出的这两个伪造攻击方法可以看成是对 Chen 和 Zhong 以及 Sun 和 Yeh 的伪造攻击的一种推广形式。伪造问题的实质是求解线性 Diophantine 方程 $a \times x + b \times y = 1$ 而不是 $a \times x + b \times y = c$ 的问题。我们的方法中刻意没有对 U_i 的 ID_i 和 CID_i 提出特别要求，回避了对 ID_i 和 CID_i 是否有意义还是随机字段，以及 ID_i 和 CID_i 的关联性的争议问题，事实上，在 Yang 和 Shieh 的方案中也并没有说明这一点。毫无疑问，放宽对 ID_i 和 CID_i 的要求只能使我们的伪造攻击方法更有效。另外，需要提出，Shen 等的方案也存在此类伪造问题。

7. 我们对两个错误伪造攻击的说明

1）Yang 等的伪造攻击

Yang 等给出了 Shen 等基于时间戳修改方案的一个伪造攻击方法。在攻击者截获了一条 U_i 的合法消息 $m = \{\mathrm{ID}_i, \mathrm{CID}_i, X_i, Y_i, T, e, g, n\}$ 后，他可以通过如下步骤来进行伪造。

（1）计算一个值 a 满足 $a \times h(\mathrm{CID}_i, T_f) = h(\mathrm{CID}_i, T) \bmod n$（原文中是 $a \times h(\mathrm{CID}_i, T_f) = h(\mathrm{CID}_i, T)$，我们认为刚好选择得到一个密码 Hash 值是一个确定的密码 Hash 值的因子可能性极小，是作者疏漏应该有的模 n，这样 a 就平凡存在，这是因为 $h(\mathrm{CID}_i, T_f)$ 模 n 的逆元存在，否则意味着 n 被分解。增加模 n 并不影响攻击的运行），T_f 表示攻击者伪造时的即时时间戳。

（2）计算 $X_f = X_i^a = g^{r_i \times \mathrm{PW}_i \times a} \bmod n$。

（3）得到 $m_f = \{\mathrm{ID}_i, \mathrm{CID}_i, X_f, Y_i, T_f, e, g, n\}$。

因为

$$Y_i^e = (S_i \times h_i^{r_i \times h(\mathrm{CID}_i, T)})^e = S_i^e \times (g^{\mathrm{PW}_i \times d})^{r_i \times h(\mathrm{CID}_i, T) \times e} = \mathrm{ID}_i \times (g^{e \times d})^{r_i \times \mathrm{PW}_i \times h(\mathrm{CID}_i, T)}$$

$$= \mathrm{ID}_i \times g^{r_i \times \mathrm{PW}_i \times h(\mathrm{CID}_i, T)} = \mathrm{ID}_i \times g^{r_i \times \mathrm{PW}_i \times a \times h(\mathrm{CID}_i, T_f)} = \mathrm{ID}_i \times X_f^{h(\mathrm{CID}_i, T_f)} \bmod n$$

所以伪造的消息 m_f 同样可以通过 S 的认证过程。

2）Wang 等的伪造攻击

Wang 等提出一个对 Fan 等修改方案的伪造攻击。假定攻击者截获了 U_i 两条合法的登录消息 $\{\mathrm{ID}_i, \mathrm{CID}_i, X_i^{(1)}, Y_i^{(1)}, T^{(1)}, e, g, n\}$ 和 $\{\mathrm{ID}_i, \mathrm{CID}_i, X_i^{(2)}, Y_i^{(2)}, T^{(2)}, e, g, n\}$，他就可以通过如下的步骤冒充 U_i。

(1)计算参数 $h(\text{CID}_i, T_f), u$ 与 v 满足：$h(\text{CID}_i, T^{(1)}) = h(\text{CID}_i, T_f) \times u \bmod n$ 和 $h(\text{CID}_i, T^{(2)}) = h(\text{CID}_i, T_f) \times v \bmod n$，这里，$T_f$ 是伪造时的即时时间戳。

(2)计算 $X_f = (X_i^{(1)})^{2u} \times (X_i^{(2)})^{-v} \bmod n$ 和 $Y_f = (Y_i^{(1)})^2 \times (Y_i^{(2)})^{-1} \bmod n$。

(3)得到认证消息 $m_f = \{\text{ID}_i, \text{CID}_i, X_f, Y_f, T_f, e, g, n\}$。

伪造的消息 m_f 可以通过认证的原因是：

$$Y_f^e = ((Y_i^{(1)})^2 \times (Y_i^{(2)})^{-1})^e = (\text{ID}_i \times X_i^{(1)h(\text{CID}_i, T^{(1)})})^2 \times (\text{ID}_i \times X_i^{(2)h(\text{CID}_i, T(2))})^{-1}$$
$$= \text{ID}_i((X_i^{(1)})^{2u} \times (X_i^{(2)})^{-v})^{h(\text{CID}_i, T_f)} = \text{ID}_i \times (X_f)^{h(\text{CID}_i, T_f)} \bmod n$$

另外，需要考虑的是，参数 $h(\text{CID}_i, T_f), X_i^{(2)}$ 和 $Y_i^{(2)}$ 必须在有限域 Z_n^* 上存在模 n 的逆元。这一点实际上很好保证，否则，就意味着可以直接分解大整数 n，因此，攻击可以获得成功。

3) 我们对上述两类伪造攻击不正确的说明

从上面对 Yang 等和 Wang 等的伪造攻击叙述中，可以看到都需要如下的命题才能成立，而在他们的攻击方法中都默认了这一点。

命题 7.1 如果 $x_1 = x_2 \bmod n$，$x_1 \neq x_2$，则 $g^{x_1} = g^{x_2} \bmod n$。

为了说明命题 7.1 不成立，我们先介绍一些数论方面的准备知识。

定义 7.1 设 $b > 1$，$\gcd(a, b) = 1$，l 是使 $a^l = 1 \bmod b$ 成立的最小正整数，则 l 叫作 a 对模 b 的次数。

定理 7.1 设 a 对模 b 的次数为 l，若 $a^x = 1 \bmod b$，$x > 0$，则 $l | x$。

证明 如果以上结论不成立，则必有两个整数 q 和 r，使
$$x = ql + r, \quad 0 < r < l \tag{7.6}$$
而 $1 = a^x = a^{ql+r} = a^r \bmod b$，这就违背了 l 的定义，所以 $l | x$。

定理 7.2 如果 $b = p_1^{l_1} \times p_2^{l_2} \times \cdots \times p_k^{l_k}$ 是 m 的标准分解式，整数 a 对模 b 的次数等于整数 a 对 $p_i^{l_i} (i = 1, 2, \cdots, k)$ 的诸次数的最小公倍数。

证明 这是数论中的一条著名定理，这里不加证明，有兴趣的读者可以参考相关文献。

现在，来研讨命题 7.1，不妨假定 $x_1 > x_2$：

∵ $x_1 = x_2 \bmod n$

∴ $x_1 = t \times n^c + x_2$，这里，$0 < t < n$，t 和 c 都是正整数。

∴ $g^{x_1} = g^{t \times n^c + x_2} = g^{t \times n^c} \times g^{x_2} = g^{x_2} \bmod n$。

∴ 要命题 7.1 成立，应该保证 $g^{t \times n^c} = 1 \bmod n$；否则，$g^{x_2}$ 在有限域 Z_n^* 上不存在模 n 的逆元，意味着大整数 n 被分解。

我们得出结论：按照 Yang 等和 Wang 等的伪造攻击伪造出来的消息以不可忽略的概率不能通过认证。

8. 我们对这类方案的看法

通过对 Yang 和 Shieh 方案以及后续一些修改的安全分析结果，我们得出如下结论。

（1）在 Yang 和 Shieh 方案中，并没有明确说明 U_i 的参数 ID_i 和 CID_i 的具体取定方法和规则。但是我们认为：参数 ID_i 具有可辨别的实际意义，例如，就是或一部分是用户的身份证号或驾驶执照号等，更为有利于方案的安全。这样，可以防止攻击者任意篡改参数 ID_i 以便伪造认证消息登录系统。参数 CID_i 同样也最好具有可辨别的实际意义并与参数 ID_i 具有一定的关联性，例如，参数 CID_i 的部分位就是参数 ID_i 的部分位或参数 ID_i 的一个简单密码 Hash 值，这样，就可以防止参数 CID_i 被任意篡改以利于攻击者的伪造活动。总之，赋予参数 ID_i 和 CID_i 实际意义，并且使它们具有一定的可识别关联，无疑可以增加伪造攻击的难度。从前面的讨论结果可以看出，这样做可以抵抗 Chan 和 Cheng，Fan 等，Jiang 等以及部分 Chen 和 Zhong 的伪造攻击。

（2）我们认为：Wang 等和 Jiang 等的修改方案并不成功。Wang 等是建议在公共信道上传输参数 CID_i 的密码单向函数值，而不是参数 CID_i 本身，并要求 S 维护一个用户 CID 表。虽然在方案中没有明确说明，但可以推断每个用户参数 CID_i 都必须保密，否则，如果攻击者知道了一个合法的参数 CID_i，前面提到的伪造攻击都将适用于这个修改的方案。进而，用户 CID 表实际上就相当于传统意义上的认证表，即表中的内容全部需要保密，不能丢失、泄露或被窃取。Jiang 等的修改方案与 Wang 等的修改方案有类似的问题，唯一不同的是 Jiang 等的修改方案传输的是 $CID'_i = CID_i^e \bmod n$，而不是密码单向函数值，这实际上只不过是对参数 CID_i 进行了一次 RSA 公开密钥加密传输。此外，因为认为 CID_i 是具有 S 可识别意义的参数，所以没有要求维护一个用户 CID 表。Jiang 等的修改方案因为需要做一个模幂运算而在效率方面要低于 Wang 等的修改方案。这可能也是形式语言分析证明密码方案的一个不足之处，虽然能判定一个方案是否能够抵抗已知的某种攻击，但通过证明的方案不意味着就是安全以及有效率的方案。

我们必须指出的是：在认证系统中，如果存在一个如同 Wang 等和 Jiang 等的修改方案中，保密但可被 S 识别的智能卡标识符 CID_i，那么从原理上考虑，因为只有合法用户才拥有参数 CID_i，所以对参数 CID_i 的识别即可确认 U_i 的真实性，剩下的问题只是考虑防止重放攻击，而不再额外需要用户的保密参数 S_i 和 h_i，也就没有什么必要再做后续的认证工作。

另外，从一般实际应用的意义上来理解，作为智能卡标识符，原则上是不需要保密的。

（3）由于 S 的认证方程结构没有任何的改变，Shen 等的修改方案，仍然不能抵抗 Sun 和 Yeh 的伪造攻击。Yang 等的修改方案力图修改 S 的认证方程结构来抵抗伪造攻击，但也不能抵抗我们提出的伪造攻击。因此，寻找可以抵抗伪造攻击而且效率高的认证结构，可能是今后在这一方向上有意义的工作。

7.4.2 依赖离散对数问题的方案

1）Hwang 和 Li 的方案

方案也是由注册阶段、登录阶段和认证阶段三部分组成的。在访问 S 之前，新 U_i 必须提交自己的 ID_i 完成注册，S 将通过安全信道将智能卡和 PW_i 发送给 U_i。这里与依赖分解和离散对数问题方案的主要不同之处在于 PW_i 是根据提交的 ID_i 使用离散对数问题产生的，因此，认证系统有一个离散对数计算困难的大素数 p 作为公开参数。当然，U_i 登录 S 时，U_i 需要通过本地的读卡机终端向自己的卡输入 $\{PW_i\}$，同时，认证消息的产生和认证方程需要做适当的调整。图 7.11 是对 Hwang 和 Li 方案的具体描述。

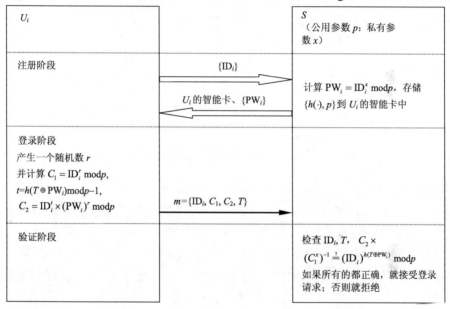

图 7.11 Hwang 和 Li 提出的时间戳单边认证方案

2）Chan 和 Cheng 以及 Shen 等对 Hwang 和 Li 方案的伪造攻击

在 Hwang 和 Li 方案中，U_i 希望从自己合法的身份参数-口令对 (ID_i, PW_i) 解出认证系统的秘密密钥 x，即 $PW_i = ID_i^x \bmod p$，是一个离散对数问题，具有很大难度。Chan 和 Cheng 考虑通过一个用户的合法身份参数-口令对去伪造另一个可以使用的身份参数-口令对的可能性。具体做法如下。

（1）不诚实的合法 U_i 提交自己的身份参数 ID_i 给 S。S 计算对应的口令参数 $PW_i = ID_i^x \bmod p$，并将参数 PW_i 发送给 U_i。

（2）用户可以计算：$ID_f = ID_i \times ID_i \bmod p$ 和 $PW_f = PW_i \times PW_i \bmod p$，则伪造的身份参数-口令对 (ID_f, PW_f)，同样可以用来计算认证消息登录 S。

S 将认为 (ID_f, PW_f) 是合法的，这是因为 $PW_f = PW_i \times PW_i = ID_i^x \times ID_i^x = (ID_i \times ID_i)^x = ID_f^x \mod p$。可以很容易地把这一攻击推广：如果 U_i 有合法的身份参数-口令对 (ID_i, PW_i)，则可以得到任意另一对合法的身份参数-口令对（$ID_f = ID_i^r \mod p$，$PW_f = PW_i^r \mod p$，这里，r 是整数）。

3）Shen 等对 Hwang 和 Li 方案的修改方案以及其仍存在的弱点

Shen 等进一步对 Hwang 和 Li 方案进行了修改。主要思路是：赋予 ID_i 实际意义，如包含用户的名字、唯一标识的数字等，通过一个由 S 维护密码单向函数 $Red(\cdot)$ 得到可公开的身份参数的映像 SID_i。登录和认证阶段用参数 SID_i 代替 ID_i，其他完全与 Hwang 和 Li 的方案相同。注册阶段的改变可以用图 7.12 描述。

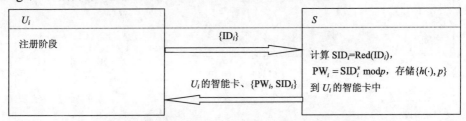

图 7.12　Shen 等对 Hwang 和 Li 方案注册阶段的修改

Leung 等发现 Shen 等提出的修改虽然可以抵抗他们自己提出的针对特定目标 U_i 的伪造攻击，但仍然不能抵抗 Chan 和 Cheng 的伪造攻击，这是因为登录和认证阶段只是简单地用参数 SID_i 替代 ID_i。不诚实的 U_i 可以通过类似的方法进行伪造，计算 $SID_f = SID_i^r \mod p$ 和 $PW_f = SID_f^x = (SID_i^x)^r = PW_i^r \mod p$，这里，$r$ 是整数。结果 (SID_f, PW_f) 同样可以作为一对合法的身份参数映像-口令对进行登录，而 S 无法识别它们的真伪。

4）Awasthi 和 Lai 以及 Kumar 对 Shen 等方案的再修改

为了抵抗 Leung 等的伪造攻击，Awasthi 和 Lai 以及 Kumar 分别再次修改了 Shen 等的方案。修改的思路也都是通过附加对一个用户参数的认证来防止用户自己的伪造。在方案的叙述中，他们增加了一个管理员 SA 负责专门的注册工作，SA 和 S 拥有完全一样的系统秘密，因此，可以把 SA 看成 S 的一个组成部分。Awasthi 和 Lai 的修改仅在会话过程与 Shen 等方案有所不同，可以用图 7.13 描述。

Kumar 的修改方案与 Awasthi 和 Lai 的修改方案基本相同，区别在于：引入了一个仅能由管理员 SA 和 S 计算和验证的注册身份摘要检查函数 $C_K(\cdot)$，SA 为每个注册 U_i 产生身份摘要参数 $DID_i = C_K(SID_i)$，在注册阶段同时交给 U_i，登录阶段由 U_i 包含在登录认证消息，认证阶段 S 检查身份摘要参数 DID_i 的合法性，这就不必包含参数 ID_i。我们不再详述。

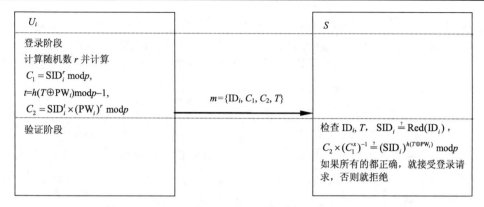

图 7.13　Awasthi 和 Lai 对 Shen 等方案会话过程的修改

7.4.3　用户提交口令的方案

1）Wu 和 Chieu 的方案

这个方案也是由注册阶段、登录阶段和认证阶段组成的。与 Hwang 和 Li 方案的不同之处在于，由 U_i 提交自己的 PW_i 给 S 注册成为系统用户。假定 p 是安全的大素数，g 是 $GF(p)$ 上的生成元，具体方案可以由图 7.14 描述。参数 B_i^* 由登录时输入的口令计算，参数 C_1 由智能卡存储的参数 B_i 计算。

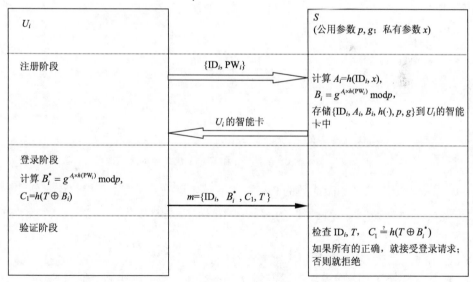

图 7.14　Wu 和 Chieu 提出的时间戳单边认证方案

2）对 Wu 和 Chieu 方案的安全分析

Yang 和 Wang 发现 Wu 和 Chieu 方案完全不能抵抗伪造攻击。主要原因在于，登

录认证消息 $m=\{ID_i, B_i^*, C_1, T\}$ 是通过公共信道传输的，攻击者可以任意伪造这条登录消息，同时，S 的认证完全依赖这条消息，而不使用任何自己的秘密参数。具体伪造方法是：任意选择一个随机数 a 和伪造时的即时时间戳 T_f，计算：$C_f = h(T_f \oplus a)$，这样就得到伪造消息 $m_f = \{ID_i, a, C_f, T_f\}$。很显然，这条消息也可以通过 S 的认证。Lee 和 Chiu 以及 Wang 等也发现了这个问题。

Yang 和 Wang 同时还指出如果攻击者得到 U_i 的智能卡，则攻击者就可以实施口令猜测攻击，即向智能卡输入猜测的口令 PW_{guess}，让智能卡计算得到相应的参数 $B_{guess} = g^{A_i \times h(PW_{guess})} \mod p$。与以往用户正常登录时使用的参数 B_i^* 进行比较，如果相等，则说明猜测的口令就是 U_i 真实的口令，即 $PW_{guess} = PW_i$。

3）Lee 和 Chiu 对 Wu 和 Chieu 方案的修改及我们发现的安全漏洞

为了修补 Wu 和 Chieu 方案存在的问题，Lee 和 Chiu 也给出了一个修改方案。这一方案是由注册阶段、登录阶段、认证阶段和口令修改阶段组成的。注册阶段与 Wu 和 Chieu 方案完全相同。我们用图 7.15 描述 Lee 和 Chiu 对 Wu 和 Chieu 方案会话的修改。B_i^* 参数根据登录者输入的口令即时计算，B_i 参数是智能卡中存储的原始数据。Lee 和 Chiu 同时描述了一个口令修改方法如下。

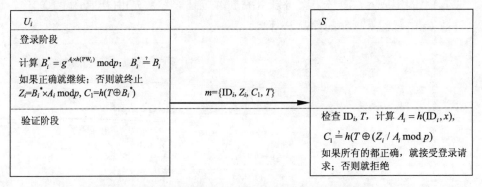

图 7.15 Lee 和 Chiu 对 Wu 和 Chieu 方案会话的修改

U_i 希望将原来的 PW_i 改成新的 PW_i^{new}，他首先正确登录 S，S 接着计算新的参数 $B_i^{new} = g^{A_i \times h(PW_i^{new})} \mod p$，最后用新的参数 B_i^{new} 替代原来的参数 B_i。这样，U_i 以后就可以用新的 PW_i^{new} 登录 S 了。

Lee 和 Chiu 等宣称，即使用户将其持有的智能卡丢失，认证系统也是安全的。我们认为，这显然不正确，如果攻击者得到 U_i 的智能卡，就可以实施类似对 Wu 和 Chieu 方案的口令猜测攻击，即在登录阶段，向智能卡输入猜测的口令 PW^{guess}，让智能卡计算得到相应的参数 $B^{guess} = g^{A_i \times h(PW^{guess})} \mod p$。如果本次会话得已继续，则说明猜测的 PW^{guess} 就是用户真实的 PW_i；否则，更换输入新的猜测口令开始另一次会话。

此外，我们还认为，Lee 和 Chiu 的口令修改阶段也存在缺陷。因为考虑的是远程登录前的实体认证，并不存在会话密钥的建立，因此，由 S 产生的参数 B_i^{new} 需要通过公开信道传输。这是不可行的，因为如果为攻击者截获了参数 B_i^{new}，再通过对以后 U_i 一条合法登录消息 $m = \{ID_i, Z_i^{new}, C_1, T\}$ 的收集，可以得到参数 $A_i = Z_i^{new} / B_i^{new}$。这实际得到了 U_i 的所有秘密，攻击者之后可以任意冒充 U_i 而不会被发现。如果由 S 加密传输也存在问题，则这样起码经受不起否定服务攻击，也就是攻击者将一个随机数 a 替代加密参数 B_i^{new} 传输给 U_i，这样智能卡里的该参数将被修改成随机数 a，U_i 就不能用自己指定的口令 PW_i^{new} 登录 S，给 U_i 带来了不便。加密参数 B_i^{new} 必将引入一个 U_i 和 S 的共享秘密密钥，显然又增加了认证系统的复杂性。

4）Wang 等对 Wu 和 Chieu 方案的修改及我们发现的安全漏洞

Wang 等也改进了 Wu 和 Chieu 方案。他们的方案是由注册阶段、登录阶段和认证阶段组成的。与 Wu 和 Chieu 方案的不同之处也仅在会话过程，可以用图 7.16 加以描述。B_i^* 参数根据登录者输入的 PW_i 即时计算，参数 A_i 和 B_i 是智能卡中存储的原始数据。

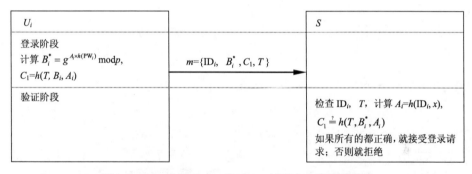

图 7.16　Wang 等对 Wu 和 Chieu 认证方案会话的修改

我们认为 Wang 等的修改方案在用户智能卡丢失的情况下是不安全的。如果攻击者得到 U_i 的智能卡，则可以模仿 Yang 和 Wang 对 Wu 和 Chieu 的方案那样，执行用户口令猜测攻击。但是，我们发现在 Wang 等的修改方案中还有更有效的方法利用 U_i 的智能卡来冒充 U_i，而根本无须知道该用户的 PW_i。假定攻击者事先得到了一条合法 U_i 登录认证消息 $m^{pre} = \{ID_i, B_i^*, C_1^{pre}, T^{pre}\}$，他的具体做法如下。

（1）随机选择一个伪造的口令参数 PW_f。

（2）通过智能卡读卡机的终端将参数对 (ID_i, PW_f) 输入智能卡。

（3）截获即时发送的登录消息 $m = \{ID_i, B_f^*, C_f, T_f\}$，而将重新组装的伪造消息 $m_f = \{ID_i, B_i^*, C_f, T_f\}$ 发送给 S。这里，仅是用参数 B_i^* 取代了参数 B_f^*。

很明显，由于 $C_f = h(T_f, B_i, A_i) = h(T_f, B_i^*, A_i)$，伪造的消息 $m_f = \{ID_i, B_i^*, C_f, T_f\}$ 可

以通过 S 认证。如果攻击者企图冒充目标 U_i，则事先从公共信道收集 U_i 的一条合法登录消息 m^{pre} 也是非常合理的。

7.4.4 错误安全分析和问题方案

1）Chang 和 Hwang 对 Hwang 和 Li 方案的伪造攻击

Chang 和 Hwang 指出 Chan 和 Cheng 的伪造攻击并未考虑到在 Hwang 和 Li 方案的认证阶段需要检查 U_i 的 ID_i 是否合法。通过计算 $ID_f = ID_i \times ID_i \mod p$，未必就能得到一个可以通过 S 检查的参数 ID_f。因此，Chan 和 Cheng 的伪造攻击通常不成立。Chang 和 Hwang 给出了两种方法来得到有效的用户身份参数。

方法一：计算伪造用户身份参数 $ID_f = ID_i^r \mod p$，这里，r 是任意整数。检查是否为一个合法的用户身份参数，如果是，则计算与之对应的口令参数 $PW_f = PW_i^r \mod p$；否则，选择另一个 r 重复计算参数 ID_f，直到找到一个合法的用户身份参数。作者认为，只要 ID_i 是 $GF(p)$ 的生成元，通过这样的计算将可以得到所有可能的用户身份和与之对应的口令，因此，不诚实的 U_i 最终总可以成功。

方法二：如果 j 个不诚实的用户分别拥有自己合法的身份参数-口令对 (ID_{i_1}, PW_{i_1}), $(ID_{i_2}, PW_{i_2}), \cdots, (ID_{i_j}, PW_{i_j})$，那么他们也可以联合生成伪造的身份参数 $ID_f = ID_{i_1} \times ID_{i_2} \times \cdots \times ID_{i_j} \mod p$。如果参数 ID_f 符合身份格式，则相应的口令可以通过 $PW_f = ID_f^x = (ID_{i_1} \times ID_{i_2} \times \cdots \times ID_{i_j})^x = PW_{i_1} \times PW_{i_2} \times \cdots \times PW_{i_j} \mod p$ 来计算。

我们认为，如果考虑用户身份参数具有一定格式，则 Chang 和 Hwang 的方法并不有效。这是由于为了保证认证系统的安全素数 p 必须至少取到 1024 位，假定系统有 $2^{30} = 1073741824 \approx 10^9$ 个符合认证格式的用户身份参数（这差不多可以容纳 10 亿用户）。考虑第一种方法，如果认为 $ID_i^r \mod p$ 运算的结果是在有限域 $GF(p)$ 上的一个均匀分布，那么进行 m 次 $ID_i^r \mod p$ 运算，成功找到一个合法参数 ID_f 的概率很小。

换一个角度来看这个问题，如果这种伪造真的有效，那么相当于在 ElGamal 密码系统中，通过系统的公开参数：模 p 的生成元 $g = ID_i$，找到了一组用户中的某个用户的公开密钥 $ID_f = ID_i^r = g^r$ 所对应的秘密密钥 $k = r$，结论是：在 ElGamal 密码系统中秘密密钥可以从公开参数中直接推导出来，因而不安全。这显然与事实不相符。第二种方法也存在类似的问题，这里不再详细讨论。

2）关于 Hwang 和 Li 方案的前项安全考虑

Awasthi 和 Lai 认为：在 Hwang 和 Li 方案中，如果系统 x 被攻击者获得，则他将可以知道任何现有 U_i 的 $PW_i = ID_i^x \mod p$，并同时可以伪造新的用户。解决的办法只能是更换系统的秘密密钥，并重新为已经注册的用户发放新的口令，这样做代价十分昂贵。因此，Awasthi 和 Lai 提出前项安全的要求，如果 S 的 x 被攻击者截获，则系统以前颁发的用户口令仍然可以使用。为了达到这种前项安全，Awasthi 和 Lai 提出了一个对 Hwang 和 Li 方案的改进。方案中使用了管理员 SA 负责专门的注册工作。SA 和 S 拥有完全一样的系统秘密，因此，可以把 SA 看成 S 的一个组成部分。还使用了一个时间戳权威机构 TSA，负责在每个用户注册时发放可信任的时间戳 T_{TSA}。具体的方案可以用图 7.17 描述。

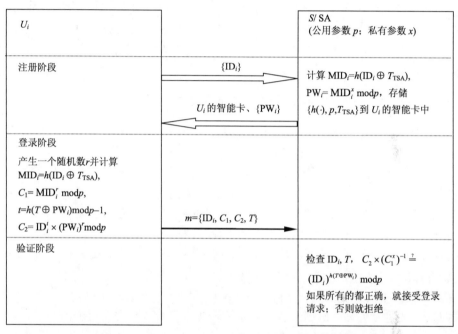

图 7.17　Awasthi 和 Lai 为实现前项安全提出的认证方案

　　Kumar 认为 Awasthi 和 Lai 的修改存在一些实践方面的缺陷：①S 的 x 丢失认定缺乏实际可行的办法。电子数据与物理上的钥匙丢失或失窃不一样，攻击者只要简单地读取数据或复制，就给发现 x 丢失带来困难。②如果多次更新密钥，各个秘密密钥阶段注册的用户并存于同一个认证系统中，则给 S 的认证带来麻烦。③在同一个认证系统中，使用一个已经泄露的 x 产生的认证参数始终是一个安全隐患。④在智能卡中增加一个与具体用户相关的由时间戳权威机构颁发的时间戳，相比 Hwang 和 Li 方案在智能卡的制作方面增加了工序。Kumar 同时也给出了在 S 的 x 丢失后对 Awasthi 和 Lai 修改的两个伪造攻击方法。这些攻击是假定攻击者可以随意得到时间戳权威机构颁发的合法时间戳。这一假设下，伪造是显然的，不再叙述。

　　我们认为，Awasthi 和 Lai 的前项安全在概念上根本就是错误的，当然也是不可能实现的。前项安全最早是由 Diffie 等针对认证密钥协商提出的，具体含义是：如果参与密钥协商的实体一方或双方的长期秘密密钥泄露，那么通过泄露的长期秘密密钥建立起来的以前会话中的临时会话密钥并不因此而被泄露。这样,就可以保证即使实体的长期秘密密钥泄露,从前使用临时会话密钥进行的保密通信内容也不会泄露。最典型的前项安全是通过 Diffie-Hellman 密钥协商协议由用户双方随机产生临时指数形成一个临时会话密钥来实现。但是,Hwang 和 Li 的方案是一个单纯的实体认证机制,不涉及任何密钥协商,认证系统中任何用户的用于表明其身份的秘密参数都是长期性的秘密,不存在临时性的秘密。事实上,普遍认为,实体认证不存在前项安全问题。认证系统 S 的 x 在 Hwang 和 Li 的方案中是系统用于识别合法用户的最高秘密,是决定认证系统安全的根秘密参数,如果丢失,则认证系统必须重新建立。S 的 x 可以通过门限方案或其他硬件和软件的控制方法进行重点保护,但这并不是在设计认证方案时需要主要考虑的问题。

7.4.5 我们对依赖离散对数问题认证方案的几点看法

我们回顾了目前存在的依赖离散对数问题的典型认证方案,并展示它们存在的安全问题。现在,对这一类方案给出我们的一些简单结论和观点。

(1) 按照用户口令产生的方法,可以把方案分成认证系统为用户产生和用户自行提交两大类方案。以 Hwang 和 Li 方案为代表的系统为用户产生口令方案,都是通过方程 $PW_i = ID_i^x \mod p$ 或类似变化形式产生 U_i 的 PW_i,这样产生的 PW_i 实际是一个与参数 p 长度相当的随机数,是一般意义上的强秘密密钥(高熵)。以 Wu 和 Chieu 方案为代表的用户自行提交口令方案,是由用户选择 PW_i,考虑人的记忆和心理因素,U_i 更倾向于选择便于记忆的弱秘密密钥(低熵)。

(2) 从用户的观点来看,Wu 和 Chieu 类型的方案要比 Hwang 和 Li 类型的方案更受欢迎。这是因为在 Wu 和 Chieu 类型的方案中,U_i 可以按照自己的习惯选择 PW_i,在 Hwang 和 Li 类型的方案中,U_i 将被迫记忆一个由 S 颁发的相当长的随机数位串作为登录 PW_i。以参数 p 取 1024 位为例,这个 PW_i 值可能长达 300 多个十进制数位,对于一般 U_i,仅凭大脑记住这样的 PW_i 是相当困难的。

(3) 从设计和安全的观点来看,Wu 和 Chieu 类型的方案要比 Hwang 和 Li 类型的方案更多考虑一类安全问题:口令猜测攻击。正是因为 U_i 选择便于记忆的 PW_i,攻击者猜测用户的这个弱秘密密钥成为可能,所以在设计这类方案时要考虑这类潜在攻击问题,特别是 PW_i 参与计算公开认证参数的情况。在 Lee 和 Chiu 以及 Wang 等的修改方案中,如果 U_i 的智能卡丢失都会出现这类安全隐患,则正好体现了这一点。此外,Hwang 和 Li 类型的方案对智能卡的要求显然比 Wu 和 Chieu 类型的方案要低。在 Hwang 和 Li 类型的方案中,只要求智能卡实现安全计算,而在 Wu 和 Chieu 类型的方案中,还要求安全存储秘密认证参数。

(4) 我们认为抵抗 Chan 和 Cheng 以及后续几个对 Hwang 和 Li 方案的伪造攻击,最为简单而直接的方法就是,为 U_i 的 ID_i 取值和格式设定实际的意义,例如,哪些位是用户的身份证号,哪些位是姓名,哪些位是驾驶执照号等,从而限定合法的 ID_i 在一个较为有限的范围。我们展示 Chan 和 Cheng 伪造攻击的失败正说明了这种方法的有效性。这样做既使得 U_i 便于记忆自己的 ID_i,又使得 S 可以有效识别 ID_i 的合法性,同时,也不必像 Awasthi 和 Lai 的修改方案和 Kumar 的修改方案那样,增加额外的映像函数 $Red(\cdot)$ 或注册身份摘要检查函数 $C_K(\cdot)$,给整个认证服务增加计算和维护开销。

7.4.6 依赖分解问题的方案

1) 关于 Rabin 签名方案

我们就先来简单介绍这个改进 Rabin 签名方案。

p 和 q 是两个安全的大素数,满足 $p \equiv q \equiv \mod 4$,计算 $n = p \times q$。选择一个参数 a,满足 Jacobi 符号 $\left(\dfrac{a}{n}\right) = -1$。这样,秘密密钥就是 (p, q) 对应的公开密钥 (n, a)。

签名算法

假定对一条消息 $m \in \{0,1\}^*$ 进行签名。签名者执行如下步骤。

(1) 计算 $h(m)$ 和 c_1,如果 $\left(\dfrac{h(m)}{n}\right) = 1$,则 $c_1 = 0$,如果 $\left(\dfrac{h(m)}{n}\right) = -1$,则 $c_1 = 1$。

(2) 计算 $t = a^{c_1} \times h(m)$ 和 c_2,如果 $\left(\dfrac{t}{p}\right) = \left(\dfrac{t}{q}\right) = 1$,则 $c_2 = 0$,如果 $\left(\dfrac{t}{p}\right) = \left(\dfrac{t}{q}\right) = -1$,则 $c_2 = 1$。

(3) 计算 $r = (1)^{c_2} \times a^{c_1} \times h(m)$ 并解同余方程 $s^2 = r \mod n$ 得到四个不同余的根 s_1, s_2, s_3 和 s_4。由于这四个根是通过剩余定理得到的,所以我们能通过这样的方法区分定义它们:s_1 满足 $\left(\dfrac{s_1}{p}\right) = \left(\dfrac{s_1}{q}\right) = 1$;$s_2$ 满足 $\left(\dfrac{s_2}{p}\right) = \left(\dfrac{s_2}{q}\right) = -1$;$s_3$ 满足 $\left(\dfrac{s_3}{p}\right) = 1$ 和 $\left(\dfrac{s_3}{q}\right) = -1$;$s_4$ 满足 $\left(\dfrac{s_4}{p}\right) = -1$ 和 $\left(\dfrac{s_4}{q}\right) = 1$。

在签名方案中,签名者通常选择参数 s_1 作为所需要的同余方程的解,这样对消息 m 的签名就是 $s^* = s_1, c_1, c_2$。

验证算法

任何希望验证签名 s^*, c_1, c_2 的人,可以计算如下验证方程的真实性:

$$s^{*2} \stackrel{?}{=} (-1)^{c_2} \times a^{c_1} \times h(m) \mod n \tag{7.7}$$

如果方程成立,则签名被认可;否则,就拒绝该签名。

很显然,这个改进的 Rabin 签名基于大整数分解问题。

2) Lu 和 Cao 的方案

下面就来介绍 Lu 和 Cao 的方案。这个方案主要由注册阶段、登录阶段和认证阶段组成。认证初始准备阶段，S 选择两个不同的安全素数 p 和 q，计算 $n = p \times q$，同时，在有限域 Z_n^* 上，任意选择一个数 a，满足 $\left(\dfrac{a}{n}\right) = -1$。Lu 和 Cao 的方案可以用图 7.18 描述。

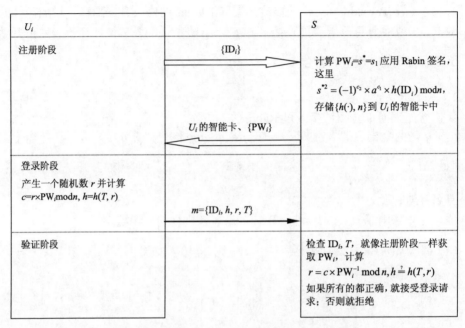

图 7.18 Lu 和 Cao 提出的时间戳单边认证方案

我们对 Lu 和 Cao 方案的看法如下。

事实上，目前存在的仅依赖分解问题的方案并不多。对 Lu 和 Cao 方案提出三点简单的看法。

（1）这个方案的实质是，利用改进 Rabin 签名方案为每个注册 U_i 的合法 ID_i 提供一个只有 U_i 和 S 知道的秘密签名，即用户的 PW_i。每次会话通过验证这个秘密签名的真实性来认证用户，同时，为了抵抗重放攻击，还必须在认证消息中加入时间戳。应该说，由于改进 Rabin 签名方案是安全的，就在一定程度上保证了该方案的安全。

（2）从用户的观点来看，Lu 和 Cao 的方案也存在类似 Hwang 和 Li 类型方案的问题。由于 U_i 的 PW_i 是 S 对 ID_i 的密码单向 Hash 值的一个签名，所以这个 PW_i 也将是一个随机数位串。正如 Lu 和 Cao 的方案考虑到的，为了保证认证系统的安全参数 n 至少取 1024 位，这时，这个 PW_i 可能长达 300 多个十进制随机数位。对于一般的 U_i，仅凭大脑记住这样的 PW_i 是相当困难的。

（3）既然 U_i 的 PW_i 是高熵的强秘密密钥，因此，可以不必考虑口令猜测攻击。我们考虑 Lu 和 Cao 的方案可以进一步简化：在登录阶段，U_i 的智能卡直接计算 $h = h(T, \mathrm{PW}_i)$，发送登录消息 $m = \{\mathrm{ID}_i, h, T\}$ 给 S。在认证阶段，改为直接验证方程

$h \stackrel{?}{=} h(T, \text{PW}_i)$，其他操作不变。这样修改后的好处是既可以减少计算的消耗，又可以减少通信传输的消耗。

7.4.7 基于对称密码本原的认证方案

这里提及的方案不依赖任何 NP 问题，仅使用密码单向 Hash 函数作为工具，提供用户实体认证服务。因此，我们将这些方案归为一类。按照提供的安全服务功能不同分为：单边认证方案和双边认证方案，同时，也给出前人和我们的一些安全分析结果。

最有代表性的密码单向函数认证方案有 Sun 的方案、Hwang 等的方案和 Das 等的方案。首先，分别回顾它们；接着，给出对这些方案的安全分析结果；最后，给出我们的一些观点和结论。

1）Sun 的方案

Sun 的方案由注册阶段、登录阶段和认证阶段组成，可以由图 7.19 描述。

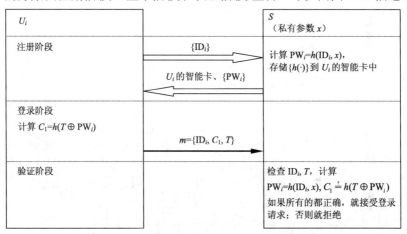

图 7.19　Sun 提出的时间戳单边认证方案

2）Hwang 等的方案

Hwang 等的方案是由注册阶段、登录阶段、认证阶段和口令修改阶段组成的。口令修改阶段，U_i 想要把原来的 PW_i 改成新的 PW_i^{new}。通过读卡机的终端将两个口令参数输入智能卡，智能卡经过计算，用新的参数 A_i^{new} 代替原来的参数 A_i，之后 U_i 可以用新的 PW_i^{new} 登录 S。我们用图 7.20 描述 Hwang 等的方案。

3）Das 等的方案

Das 等考虑到以前的部分方案因为身份参数为静态固定数值而遭到伪造攻击，希望改用动态身份参数克服这一问题。方案由注册阶段、鉴定阶段和口令修改阶段组成，鉴定阶段又分成登录阶段和认证阶段，具体描述如图 7.21 所示。S 增加了一个写入注册智能卡中的秘密参数 y 用于辅助认证，口令修改方法与 Hwang 等的方案中类似。

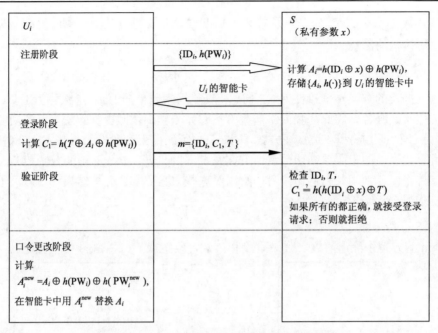

图 7.20 Hwang 等提出的时间戳单边认证方案

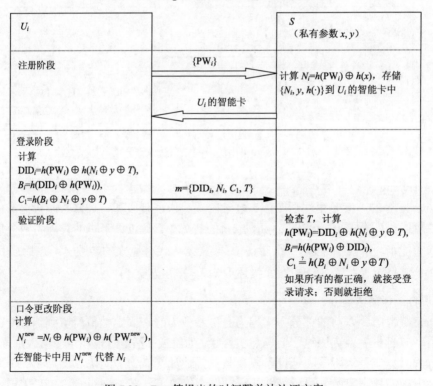

图 7.21 Das 等提出的时间戳单边认证方案

我们发现，参数 DID_i 实际上是多余的，由于 $B_i = h(DID_i \oplus h(PW_i)) = h(h(N_i \oplus y \oplus T))$，$S$ 在认证 U_i 时，没有必要使用参数 DID_i，进行重复计算以取得参数 B_i。

针对 Sun 的方案，Phan 和 Goi 设想，如果 U_i 使用的本地智能卡读卡机终端不够安全，那么攻击者可能在 U_i 输入 PW_i 时得到它，这就使得攻击者可以在将来任意冒充 U_i 登录 S 而不被发现。

另外，在登录认证消息 $m = \{ID_i, C_1, T\}$ 中，参数 C_1 的计算使用 $h(T \oplus PW_i))$ 结构，密码单向 Hash 函数的输入是 $T \oplus PW_i$。T 是一个可知的变化参数，而 PW_i 是唯一标识 U_i 身份的秘密参数，也是攻击者的主要目标。对于攻击者，T 和 PW_i 的二进制位进行逻辑异或（XOR）操作，意味着知道对秘密 PW_i 的二进制位确定变化后，密码单向 Hash 的输出值为 C_1。通过对一定数量的目标 U_i 登录认证消息收集，将有助于使用差分分析法分析一些密码单向 Hash 函数来得到 U_i 的 PW_i。

Ku 和 Chang 发现 Das 等的方案存在严重安全问题。首先是冒充攻击问题。攻击者得到 U_i 的一条以前登录的消息 $m = \{DID_i, N_i, C_i, T\}$，可以冒充 U_i 在 T_f 时刻登录 S。具体的冒充攻击可以按如下步骤进行。

（1）计算 $\Delta t = T \oplus T_f$ 和 $N_f = N_i \oplus \Delta t$。

（2）得到一条伪造的登录认证消息 $m_f = \{DID_i, N_f, C_i, T_f\}$。

由于 $DID_i \oplus h(N_f \oplus y \oplus T_f) = DID_i \oplus h(N_i \oplus \Delta t \oplus y \oplus T_f) = h(N_i \oplus T \oplus T_f \oplus y \oplus T_f) = h(N_i \oplus T \oplus y) = h(PW_i)$ 和 $C_i = h(B_i \oplus N_f \oplus y \oplus T_f) = h(B_i \oplus N_i \oplus \Delta t \oplus y \oplus T_f) = h(B_i \oplus N_i \oplus T \oplus T_f \oplus y \oplus T_f) = h(B_i \oplus N_i \oplus T \oplus y)$，$S$ 将接受认证消息 m_f 的真实性。

其次，删除用户的困难性和不可修复性。认证系统一般都需要有删除机制，但在这个方案中，S 不能区分哪些是合法哪些是被删除了的非法用户，并且如果 U_i 得到了存储在智能卡中的参数 y，则它可以任意伪造认证消息登录 S。具体方法如下。

（1）选择两个参数 $h(PW_f)$ 和 N_f，计算 $DID_f = h(PW_f) \oplus h(N_f \oplus y \oplus T_f)$。

（2）计算 $B_f = h(DID_f \oplus h(PW_f))$ 和 $C_f = h(B_f \oplus N_f \oplus y \oplus T_f)$。

（3）得到伪造的登录认证消息 $m_f = \{DID_f, N_f, C_f, T_f\}$。

因为认证阶段 S 实际上并不验证 N_f 的合法性，而以上的伪造过程与正常生成一条登录消息的过程完全相同，所以 S 将接受这条消息的合法性。除非 S 用新的参数取代原来的 y 并重新更新所有智能卡中的该值，以后用新的值进行认证，否则，这一问题将不会消除。

对上面提及的仅使用密码单向 Hash 函数的单边认证方案，我们给出如下几点看法。

（1）在 Sun 和 Hwang 等的方案中，使用 $T \oplus s$，这里，s 是用户的秘密参数，作为密码单向 Hash 函数的输入，而输出以明文形式在公共信道上传输，是一种不好的设计。这是因为这样做实际上是给了攻击者一个分析密码单向 Hash 函数放宽条件的

预言机。一般使用密码单向 Hash 函数的方法是将不同字段以连接方式作为输入，即 $T \| s$。后面提到的一些双边认证方案也存在类似的问题，将不再论述。

（2）Sun 的方案和 Hwang 等的方案相比较，Sun 的方案对智能卡的要求更低，只要求进行安全计算就可以，但 Hwang 等的方案还要求可以安全存储认证参数 A_i。但是，从用户使用的角度来讲，显然 Hwang 等的方案更受欢迎，因为 U_i 用自己选择的 PW_i 登录，而不是像 Sun 的方案中由 S 计算一个随机 PW_i 颁发给 U_i。也正因为如此，Hsu 提出的对 Sun 的方案的口令猜测攻击是错误的，这里每个 U_i 使用的是由 Hash 函数计算出来的高熵强口令，所以使用口令字典并不能帮助缩小口令猜测范围来提高成功率。此外，如果考虑不安全的本地智能卡读卡机终端，Hwang 等的方案的安全强度要高于 Sun 的方案。这是因为在 Sun 的方案中，攻击者截获了 PW_i 就获得了 U_i 的一切秘密，而在 Hwang 等的方案中即使截获了 PW_i，攻击者还需要得到 U_i 的智能卡，才算获得了 U_i 的一切秘密。

（3）Das 等的方案初衷可能是好的，但是安全问题很多，价值也不大。首先，S 的 x 在方案中没有任何实际用处。其次，将整个认证系统实际的根秘密参数 y 写入智能卡发放给每个 U_i 显然是不符合逻辑的。再次，简单的动态身份参数使得 S 识别更新 U_i 都很困难，不能识别就不能根据身份提供相应的后续服务，不能更新使得整个认证系统的可用性降低。

7.4.8 双边认证机制

1. Chien 等的方案

这一方案由注册阶段、登录阶段和认证阶段组成，可以用图 7.22 描述。

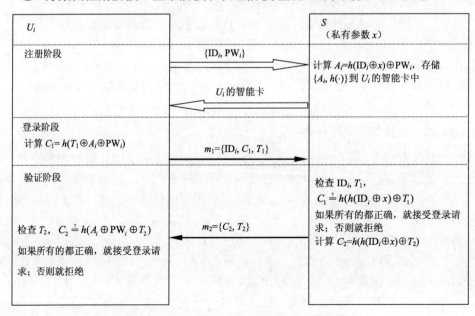

图 7.22 Chien 等提出的时间戳双边认证方案

我们注意到，Chien 等的方案的会话部分可以看成 Hwang 等单边认证机制简单地执行了两次，第一次 U_i 向 S 认证自己的身份，第二次 S 向 U_i 认证自己的身份，这样的单边认证简单叠加形成的双边认证方案自然存在许多安全问题。

Chien 等的方案的主要安全问题如下。

1）平行会话攻击

Hsu 提出了对 Chien 等的方案的平行会话攻击，具体方法如下。

（1）攻击者得到一条 S 发送给 U_i 的认证消息 $m_2 = \{C_2, T_2\}$。

（2）攻击者重新组装一条冒充 U_i 的伪造登录消息 $m_{1f} = \{\text{ID}_i, C_{1f}, T_{1f}\} = \{\text{ID}_i, C_{1f} = C_2, T_{1f} = T_2\}$。

只要 T_{1f} 能在 S 允许的时间窗口内，S 就会认定消息 m_{1f} 是 U_i 发来的。

2）反射攻击

Ku 和 Chen 提出了对 Chien 等的方案的反射攻击，具体方法如下。

（1）攻击者截获一条 U_i 发送给 S 的认证消息 $m_1 = \{\text{ID}_i, C_1, T_1\}$。

（2）攻击者阻止 m_1 发送给 S，而将自己重新组装的消息 $m_{2f} = \{C_{2f}, T_{2f}\} = \{C_{2f} = C_1, T_{2f} = T_1\}$ 发送给 U_i。

只要 U_i 不检查自己是否使用过与时间戳 T_{2f} 相同的时间戳 T_1，U_i 就会认定消息 m_{2f} 是由 S 发送的。

2. 对 Chien 等的方案的不成功的几个修改

1）Lee 等对 Chien 等的方案的修改及缺点

Lee 等仅对 Chien 等的方案的认证阶段做了适当修改，可以用图 7.23 描述。

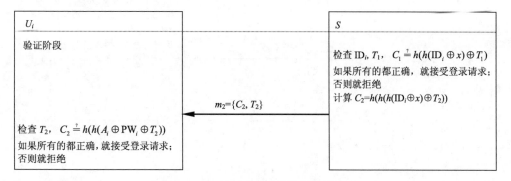

图 7.23　Lee 等对 Chien 等的方案的修改

Lee 等试图通过在计算参数 C_2 时，增加一次单向密码 Hash 函数计算来抵抗平行会话攻击，但我们发现这一修改仍然不能抵抗反射攻击。具体做法如下。

（1）攻击者截获一条 U_i 发送给 S 的合法认证消息 $m_1 = \{\text{ID}_i, C_1, T_1\}$。

（2）攻击者阻止 m_1 发送给 S，而将自己重新组装的消息 $m_{2f} = \{C_{2f} = h(C_1), T_{2f} = T_1\}$ 发送给 U_i。

由于 $C_{2f} = h(C_1) = h(h(T_1 \oplus A_i \oplus \text{PW}_i)) = h(h(T_{2f} \oplus A_i \oplus \text{PW}_i))$，伪造消息 m_{2f} 同样可以通过 U_i 的认证。

2）Ku 和 Chen 以及 Yoon 等对 Chien 等的方案的修改及我们的看法

在 Ku 和 Chen 的修改中，要求 S 建立一个用户账户数据库并为每个 U_i 存储一个参数 n，初始值为 0，每注册一次就增加 1，即 $n = n + 1$，这样，就可以用同一个 ID_i 重复注册，以应对 U_i 的某个秘密参数 A_i 泄露的情况发生。可以用图 7.24 具体描述 Ku 和 Chen 的修改。

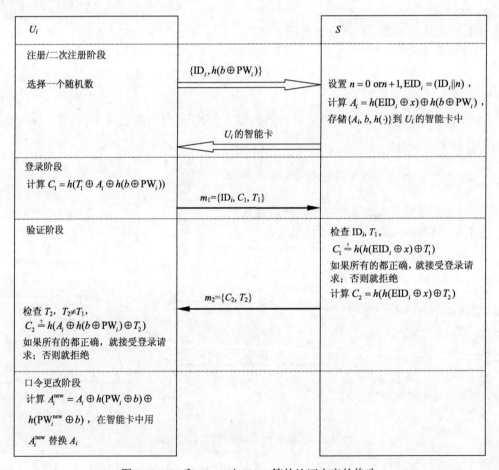

图 7.24　Ku 和 Chen 对 Chien 等的认证方案的修改

但是，Yoon 等发现 Ku 和 Chen 的修改不能抵抗并行会话攻击，即攻击者得到一条 S 发送给 U_i 的认证消息 $m_2 = \{C_2, T_2\}$ 后，冒充 U_i 开始一个新的会话以伪造的消息 $m_{1f} = \{ID_i, C_{1f} = C_2, T_{1f} = T_2\}$ 登录 S。此外，Yoon 等还考虑到，如果攻击者得到了 U_i 的智能卡，则可以任意选择两个数 a 和 b 要求修改口令，结果是即使 U_i 再得到智能卡也不能用它登录 S 了。据此，他们对 Ku 和 Chen 的修改做了进一步的变化：①在认证阶段，S 也增加验证 $T_1 \ne T_2$，即验证收到的时间戳是否是从前自己使用过的，以此来抵抗并行会话攻击；②在注册/重注册阶段，S 增加计算一个 $V_i = h(EID_i \oplus x)$ 并将它也存储在卡中，在口令修改阶段，卡要先验证 $V_i \stackrel{?}{=} A_i \oplus h(PW_i \oplus b)$，再对参数进行修改，以此来抵抗丢失智能卡后的否定服务攻击。我们认为，借由增加一个对时间戳是否已经被使用过的判断来抵抗并行会话攻击和反射攻击的方法并不理想。在具体执行中，对于 S 一方，要求在整个可接受的时间窗口内，为每一个 U_i 维护一个所有自己使用过的时间戳列表，即使认证过程已经完成，也需要继续维护直到超出时间窗口，而且这个表里的每一个数据都不可被非法修改，否则，就不可能彻底杜绝并行会话攻击，这个表十分类似一个动态的认证表，这样一来就与设计初衷不需要认证表的设想相违背；对于 U_i 一方，要求在整个可接受的时间窗口范围内，也维护一个类似的所有自己使用过的时间戳列表，以防止反射攻击的发生。对于计算和存储资源都受到限制的智能卡，显然过于苛刻。

3. Yoon 等的另一个方案以及我们对其的看法

Yoon 等的另一个此类方案由注册阶段、登录阶段、认证阶段和口令修改阶段组成。可以用图 7.25 描述。如同 Awasthi 和 Lai 的方案一样，这个方案通过一个可信任时间戳权威机构为每个 U_i 在注册阶段发放一个可信的时间戳 T_{TSA}，希望达到即使攻击者得到 S 的 x，仍能维持以前注册用户的正常使用。此外，像 Yoon 等前面提出的方案一样，在 U_i 的智能卡中增加存储一个参数 $V_i = h(ID_i \oplus x)$，通过在认证阶段和口令修改阶段使用其验证输入 PW_i 的正确性，以尽早发现 U_i 的输入错误或阻止攻击者非法修改卡中的秘密认证参数 A_i。

4. Lee 等的方案以及我们对其的看法

Lee 等最近也提出了一个双边认证方案由注册阶段、登录阶段、认证阶段和口令修改阶段组成。这个方案是使用密码随机数来抵抗重放攻击的。具体描述如图 7.26 所示。Lee 等认为使用密码随机数的方案要优于时间戳的方案。我们认为 Lee 等的方案主要问题是存在冒充攻击。如果攻击者想冒充 U_i，具体攻击过程如下。

（1）在 U_i 发起会话 S 提交登录消息 $m_1 = \{ID_i, C_1 = h(ID_i \oplus x) \oplus N_1\}$ 时，攻击者也随即冒充 U_i 发起一个会话 $m_{1f} = \{ID_i, C_{1f}\}$，这里，$C_{1f}$ 是任意选择的一个随机数。

（2）S 在接到消息 m_1 和 m_{1f} 后，必然给出两条答复消息 $m_2 = \{C_2, V_1 = h(C_1, N_1)\}$ 和

$m_{2f} = \{C_{2f} = h(\mathrm{ID}_i \oplus x) \oplus N_{2f}, V_{1f}\}$，攻击者在接到这两条消息后重新组合消息 $m_{2ff} = \{C_{2f}, V_1\}$ 发送给 U_i。

（3）U_i 得到 m_{2ff} 后，经过验证和计算发送消息 $m_{3f} = \{V_{2f} = h(C_{2f}, N_{2f})\}$，攻击者得到所希望的认证消息 m_{3f}。

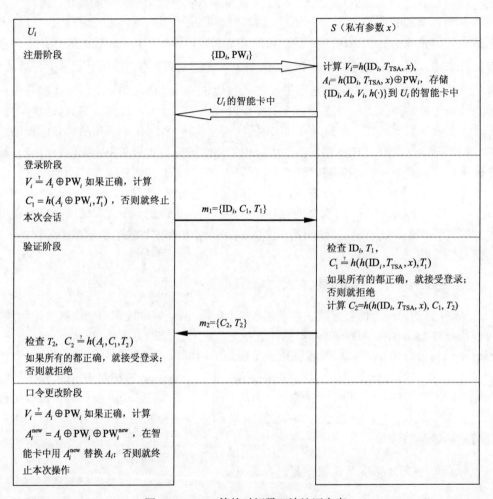

图 7.25　Yoon 等的时间戳双边认证方案

由于在消息 m_{2ff} 中，参数 V_1 是 S 为 U_i 发起的会话生成，所以在 U_i 一方的认证过程中将接受 S 的真实性并帮助攻击者发起的会话，计算了可以通过 S 认证过程的参数 V_{2f}。将消息 m_{3f} 发送给 S 的最终认证结果就是，U_i 接受了 S 的真实性，但 S 接受了攻击者为合法 U_i，攻击者成功地冒充了 U_i。

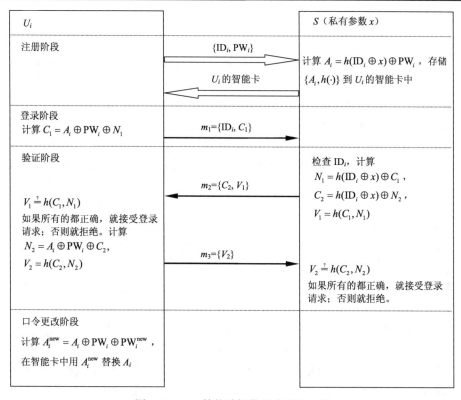

图 7.26 Lee 等的随机数双边认证方案

7.5 我们设计的实体认证方案

7.5.1 为什么选择对称密码本原做认证方案

在设计方案之前，必须考虑使用什么数学密码本原作为工具实现实体认证目标。我们倾向使用单一的对称密码本原来解决这个客户端-服务器模式下的认证问题。我们主要从两方面来说明这样选择的合理性。

（1）从安全性考虑，使用单一的对称密码本原比使用非对称密码本原要优越。从前面的认证方案设计实践来看，使用非对称密码本原的方案基本上同时也都需要使用对称密码本原，即密码单向 Hash 函数来帮助保证安全。很明显，如果这样的方案中所依赖的任何非对称密码本原或对称密码本原在设计或执行中出现了不安全的情况，那么都将直接导致整个认证方案的不安全。因此，我们认为：从设计方案的整体着眼，使用单一的密码本原要比混合使用多个密码本原更为合理，安全性更有保障。此外，使用多个密码本原设计方案，经常使得设计和执行复杂，出现安全漏洞的可能性也相应地大为增加。既然有可能通过单一的对称密码本原解决这一问题,则应该是首选的方向。

(2)从执行的角度考虑,使用单一的对称密码本原比使用非对称密码本原要更经济。由于方案是预期在智能卡这样的硬件资源受限制的条件下执行的,效率不得不是另一个需要重点考虑的问题。对称密码本原的安全参数常比非对称密码本原的安全参数要短,例如,DES 算法和 AES 算法的加密密钥分别为 56 位和 128 位,而为了保证分解问题和离散对数问题安全,在相应的有限域上,RSA 算法和 ElGamal 算法的加密密钥目前的长度都需要至少为 1024 位,这也是椭圆曲线密码兴起的原因。我们知道,安全参数长直接导致智能卡需要安全存储的数据量加大(如果方案需要存储),并很有可能导致认证消息通信数据量的增多。另一个非对称密码本原不可逾越的问题就是计算开销远大于对称密码本原。无论分解问题还是离散对数问题,都至少需要计算一个与安全参数相当的模幂,无论椭圆曲线群还是传统的有限域都是如此。这样的计算量无疑是远大于只是进行一些迭代置换的对称密码算法。计算开销大对用户而言,无非是要么为认证过程等待更长的时间,要么支付更多的费用得到更为强大的处理器,这样的结果显然不会受到欢迎。

具体说来,仅使用对称密码本原中的伪随机数函数作为基本工具,来构建我们的单边和双边认证方案。伪随机数函数是对称密码本原中的一个标准假设,密码界对此已经进行了深入的研究。伪随机数函数和陷门单向函数、伪随机发生器和数字签名等密码本原等价,如果一个假设存在,那么其他的假设也存在;如果一个假设不存在,那么其他的假设也都不存在。带秘密密钥的密码单向 Hash 函数可以看成伪随机数函数实现的一个具体实例,我们将在后面详细论述这些问题。

7.5.2 如何设计一个安全的认证方案

1. 安全认证的朴实思考

涉及安全认证问题实际上就是与攻击者打交道,在一定的条件下充分考虑攻击者所能做的事情和不能做的事情,从而据此给出对设计方案的安全性评估。但是,攻击者所使用的具体手段和方法可能是多种多样、不断翻新的,如果把重点放在这些具体手段和方法上,那么可能很难以给出令人满意的安全认证方案,毕竟攻击的具体手段和方法可能无法穷尽,而且设计者即使知道某一个攻击方法未必就可以设计出一个真正能抵抗这一攻击的方案,前面的许多不安全方案很好地说明了这一点。因此,从一个具体攻击方法来设计一个抵抗这一攻击的方案或许不是什么有效的方法,经常会遭到失败,我们可以把这种方法看成头痛医头、脚痛医脚的方法。对认证方案的具体攻击方法可以对我们设计改进认证方案带来诸多有益启示,但依据某一种或一组具体攻击方法设计认证方案显然并不是明智之举。

2. 我们采用的设计哲学

如果跳出对每个具体攻击方法的思考，换一个角度考虑攻击者的基本目标，则可以使问题变得简化。我们认为攻击者的根本目标就是成功地实现冒充，在单边认证方案中是冒充合法用户，在双边认证方案中冒充合法用户或服务器。前面提到的各种具体攻击，无论根据代数结构的伪造攻击和从公开数据推导用户或服务器秘密参数的努力，还是并行会话攻击和反射攻击，对于攻击者，最终都可以归结为成功实现冒充。我们可以把冒充当作认证方案的基本攻击元素来对待。因此，在后面的方案安全论述中，大多数时候，我们将忽略对具体攻击方法的研讨，而统一考虑攻击者成功冒充的问题。回顾实体认证机制的根本目的就是要正确识别宣称者所宣称的身份真实性，也可以从一个侧面反映我们设定冒充为基本攻击元素的合理性。

当然，我们的方案是以智能卡作为辅助认证硬件的，因此，智能卡的安全因素就不能不加以考虑。例如，如果攻击者窃取了用户丢失的智能卡，那么攻击者会获得哪些益处，如何在这种情况下最大限度地限制攻击者的破坏行为等。

我们的具体设计思路是：先把重点放在设计一个安全的客户端-服务器模式认证方案上，不考虑与智能卡相关的细节问题，待得到安全的认证方案之后，再考虑智能卡的安全因素对认证方案的影响，给出方案的具体设计实现方法。我们认为：安全认证方案是具有普遍意义的设计，而智能卡的安全因素对认证方案的影响是涉及具体的应用环境出现的具体问题，这种从一般到特殊的设计思路是合理的，好处是模块化设计不同阶段重点突出，并且使得扩展和修改都更容易。在设计安全的客户端-服务器模式单边和双边认证方案时，我们采用目前普遍使用的规约安全方法，简要地说，就是按以下步骤进行：①刻画安全模型；②在安全模型下，定义认证方案需要达到的安全目标；③描述我们的安全方案；④规约我们的安全方案可以达到设定的安全目标。

安全模型主要指的是在分布式环境下，攻击者具有的能力和可能采取的各种基本危害认证系统的手段。规约方案达到设定的安全目标的手段主要是依靠我们使用的密码本原的基本假设。这样做的好处是：对方案所能达到的安全程度一目了然，从根本上避免前面提到的方案中各种设计上缺陷出现。在考虑智能卡因素对方案的安全影响时，我们主要是将智能卡当成一个对攻击者的黑盒处理，提出安全目标，但采用启发式的方法加以说明。一方面，这样处理智能卡使问题变得简单，安全目标的达成十分明显；另一方面，智能卡的安全从本质上来说更是一个与执行密切相关的问题。

从整体上看，一个适合于智能卡执行的认证方案来源于对密码本原的恰当选择和方案的合理设计，而不主要依靠对具体执行密码算法和智能卡的巧妙优化，这是因为前者通常已经决定了后者的上限。下面来讨论设计安全的客户端-服务器模式下单边和双边认证方案，其中，我们刻意回避考虑智能卡的问题，这将留在后续小节中详细考虑，而把注意力集中在安全认证的设计，这就使我们更容易得到一个优化设计结果。

7.5.3 单边和双边认证方案

1. 分布式环境下的认证安全模型

针对前面描述的认证框架,可以重新明确表述分布式环境下的安全模型,借此来定义认证所希望达到的安全目标。显然,最为关键的是攻击者能力的模型化问题,也就是攻击者在我们的认证方案中到底能做些什么。我们认为:攻击者可以完全控制任何用户与服务器的通信,即攻击者可以任何次序修改传送消息,也可以编造、选择和重组任何实际根本不存在的消息与任何用户或服务器进行所希望的会话。当然,攻击者也可以与他所期望的任何用户或服务器展开任意多个会话,这些会话可以同时交错进行,也可以按照攻击者设定的顺序进行。攻击者的另一个能力就是可以选择合法的身份向服务器成功注册任意多个合法认证参数,以供攻击使用。

从以上的描述看出,在我们的安全模型下,攻击者具有相当强大的能力。除了得到服务器的秘密参数和合法用户的秘密认证参数,攻击者几乎可以做任何事情。下面将讨论在这个模型中的设计认证方案。

2. 单边认证方案

我们根据认证安全模型结合单边认证的要求给出如下定义。

定义 7.2(适应性选择冒充攻击) k 是一个与安全参数相关的正整数,适应性冒充攻击者是一个关于 k 的概率多项式时间算法。攻击者拥有认证方案的所有合法 U_i 执行预言机 Π_i,这里,$i=1,2,\cdots,p$。预言机 Π_i 模型化了 U_i 向 S 认证自己的过程。这里,允许攻击者任何时间做调用询问预言机 Π_i 的实验,而预言机 Π_i 的回答总是即时可被 S 接受的认证消息 m。同时,攻击者还可以得到他所希望的用户认证参数(只要用户身份还未被注册过),这一点是通过允许攻击者关于 k 的多项式次选择所希望注册的用户身份参数 ID 并提交给 S 的预言机 Π_{ser},最后,成功得到对应用户的认证秘密参数 A 来实现。我们称这个攻击者适应性选择冒充攻破认证方案,如果在时间 $t(k)$ 内,则输出一条有效的用户认证消息的概率是 $\text{Adv}_1(k)$,即输出任意一条可被 S 接受的用户即时认证消息 m_f。$t(k)$ 是关于 k 的一个多项式,$\text{Adv}_1(k)$ 是关于 k 的一个不可忽略量。

显然,伪造的认证消息应该是来自于一个攻击者从未向 S 注册过的用户身份,它可能指向某个认证系统中的未泄露认证秘密参数的合法用户,也可能是根本就未曾注册过的身份。

说明 在定义 7.2 中,我们是将攻击者使用的具体算法作为黑盒处理,从刻画攻击者在单边认证方案中所能得到的外部资源着眼来定义攻击。允许攻击者任何时间做询问预言机 Π_i 的实验,是形式化了攻击者可以完全控制任何 U_i 与 S 的会话通信的情形。攻击者还可以像诚实用户一样得到秘密认证参数,由 S 的预言机 Π_{ser} 实现,这形式化了攻击者以合法身份注册用户以及收买或因意外得到一定数量用户秘密认证参数的情形。在这些密码训练完成以后,对攻击者最低的要求就是至少可以伪造出一条可以用来登录 S 的即时认证消息 m_f,这条消息指向的用户身份可以是目前存在,但攻击者并不知道其秘密认证参数的用户,也可以是从未向 S 注册过的身份参数。由于设计的认证方案没有认证表,考虑后面这种情况完全必要。图 7.27 描述了适应性选择冒充攻击对单边认证方案攻击的过程。实际上,我们认为按照定义 7.2,整个认证系统已经为攻击者提供了最大限度的外部密码训练,但对攻击者提出的却是最弱的认证攻击:伪造一条合法认证消息来完成一次冒充。更强的认证攻击还包括:伪造输出一个在这之前攻击者从来未向 S 注册过的用户身份-秘密认证参数对,伪造出指定用户登录时的认证消息等。我们还可以看到,如果适应性选择冒充攻击不能成立,那么攻击者除了像合法的用户一样诚实地使用手中已经掌握的用户秘密认证参数,并不会给他带来额外的好处。这样就得出了定义 7.3。

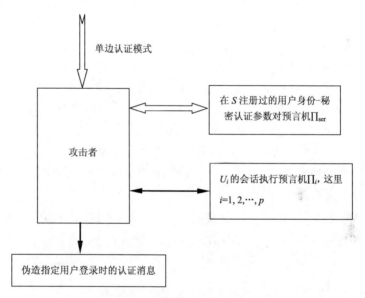

图 7.27 适应性选择冒充攻击

定义 7.3(安全的单边认证方案) 如果一个单边认证方案是适应性选择冒充攻击安全的,也就是说,$\text{Adv}_1(k)$ 是一个可以忽略的量,那么这个单边认证方案安全。

按照设计此类方案的习惯,我们也把方案分成三个阶段:注册阶段、登录阶段和认证阶段。每个阶段的基本功能也与前面回顾的方案类似,还是以时间戳 T 抵抗重放攻击。具体的方案可以由图 7.28 描述。参数 A_i 是 U_i 的秘密认证参数,向 S 标识 U_i 的真实性,因此,注册阶段参数都是在秘密信道上传输的。在注册阶段对 U_i 的秘密参数 A_i 计算,以及登录阶段和认证阶段对认证参数 C_1 的计算和验证,均采用伪随机函数 $f_{(\cdot)}(\cdot)$ 族。伪随机函数是标准的对称密码本原。

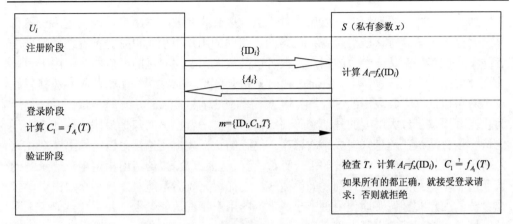

图 7.28 我们提出的单边认证方案

在定义 7.3 下，我们给出安全断言。

定理 7.3（安全的单边认证方案） 如果假定 $f_{(\cdot)}(\cdot)$ 是一个给定的伪随机数发生函数族，T 是可信任的时间戳，那么我们提出的方案就是安全的单边认证方案。

说明 具体到我们提出的单边认证方案，定义 7.2 说明的适应性冒充攻击者可以在任何时间做调用 U_i 的会话执行预言机 $\Pi_{i,\text{ser}}$，得到即时可被 S 接受的认证消息 $m = \{\text{ID}_i, C_1, T\}$。攻击者还可以通过选择希望注册的用户参数 ID 并提交给 S 的预言机 Π_{ser}，得到所希望的用户认证参数 A（只要其他用户还未注册过），这里，满足 $A = f_x(\text{ID})$。最终，对攻击者的要求是：以一个不可忽略的概率 $\text{Adv}_1(k)$，输出任意一条可被 S 接受的用户即时认证消息 $m_f = \{\text{ID}_n, C_{1f}, T_f\}$，满足 $C_{1f} = f_{A_n}(T_f)$，T_f 是即时时间戳。ID_n 应该是一个攻击者不曾向 Π_{ser} 注册过的用户身份。对可信时间戳 T 的要求是保证它所标识的认证消息 m 在不同的会话中不能用于同一认证目的，也就是说，如果攻击者询问 U_i 的会话执行预言机 $\Pi_{i,\text{ser}}$ 得到认证消息 $m = \{\text{ID}_i, C_1, T\}$，发起另一次会话将消息 $m_f = m$ 发送给 S 将不能通过认证过程。

现在，可以来规约证明定理 7.3 了。我们规约的思路分两步：第一步，规约证明单边会话是安全的。第二步，在规约证明了单边会话是安全的前提下，加入方案的注册阶段，最终规约证明定理 7.3。考虑第一步，给出如下定义。

定义 7.4（理想会话攻击） k 是一个与安全参数相关的正整数，攻击者是一个关于 k 的概率多项式时间算法。攻击者拥有认证方案的所有合法 U_i 执行预言机 $\Pi_{i,\text{ser}}$，这里，$i = 1, 2, \cdots, p$。攻击者在任何时间做调用询问预言机 $\Pi_{i,\text{ser}}$ 的实验，预言机 $\Pi_{i,\text{ser}}$ 的回答总是即时可被 S 接受的认证消息 $m = \{\text{ID}_i, C_1, T\}$。我们称这个攻击者攻破认证方案，如果在多项式时间 $t(k)$ 内，则输出一个有效的用户认证消息的概率是 $\text{Adv}_2(k)$，即输出任意一个可被 S 接受的用户即时认证消息 $m_f = \{\text{ID}_n, C_{1f}, T_f\}$，满足 $C_1^a = f_{A_n}(T_f)$，T_f 是即时时间戳。$t(k)$ 是关于 k 的一个多项式，$\text{Adv}_2(k)$ 是关于 k 的一个不可忽略量。

说明　这一定义实际上是定义 7.2 的缩减版本，完全忽略了注册阶段可能给认证方案带来的不安全，而只考虑会话部分是否安全。这里，我们可以把每个 U_i 和 S 的秘密认证参数 A_i 看成由一个真随机函数产生，而 U_i 和 S 进行认证会话时，S 能正确地识别这个参数。在这种情况下，攻击者对注册阶段的使用就变得毫无意义了，当然，这样的注册阶段在现实中是不存在的。因此，我们说这只是理想状态下的会话攻击。

定理 7.4（理想会话攻击安全的单边认证方案）　如果登录和认证阶段使用的 $f_{(\cdot)}(\cdot)$ 是一个给定的伪随机数发生函数族，T 是可信任的时间戳，那么我们提出的方案是理想会话攻击安全的单边认证方案，即按照定义 7.4，概率 $\mathrm{Adv}_2(k)$ 是关于安全参数 k 的一个可以忽略量。

证明　假定存在攻击者运行某个理想会话攻击算法成功的概率不可忽略，也就是说，概率 $\mathrm{Adv}_2(k)$ 大于或至少等于 k^{-c}，这里，c 是一个常数。注意，由于 S 在注册服务中使用真随机数发生器，每个 U_i 使用的秘密认证参数 A_i 都是完全随机独立的，所以对攻击者而言，观察与攻击多个用户的认证会话与观察攻击任意一个用户的认证会话效果是完全一样。下面我们就来考虑对任意一个 U_i 的两个实验。

为了使定理得到规约证明，我们使用一个预言机 O_1 来进行方案中的具体会话认证参数计算与验证，以代替 U_i 使用秘密参数 A_i 的伪随机函数 $f_{A_i}(\cdot)$，当然，预言机 O_1 与伪随机函数有完全相同的输出输入特性。假定预言机 O_1 的输入为 $L(k)$ 位，输出为 k 位，k 即前面提到的与安全相关的参数。U_i 和 S 都拥有这个预言机，当他们执行认证方案涉及使用伪随机函数计算时，预言机 O_1 就根据他们的输入计算出输出。攻击者运行这个由预言机 O_1 执行方案的实验与运行我们使用具体的伪随机函数 $f_{A_i}(\cdot)$ 执行方案的实验的不同之处也仅限于此。注意，攻击者是不能直接访问预言机 O_1 内部的，因此，当预言机 O_1 使用的计算函数就是伪随机函数 $f_{A_i}(\cdot)$ 时，由预言机执行方案的实验就是使用伪随机函数执行方案的实验。这一处理方法还将用于后面的定理规约证明。

我们首先考虑预言机 O_1 使用真随机函数 $\mathrm{RA}(\cdot)$ 的情况。

实验 7.1　如果在登录和认证阶段都使用真随机数函数（当然，现实中并不存在这种函数），也就是说，S 和任何 U_i 在执行认证方案时都不用 $f_{A_i}(T)$ 计算，而是让一个真随机数函数 $\mathrm{RA}(\cdot)$ 通过预言机 O_1 来帮他们执行计算，假定攻击者观察了多项式 $E(k)$ 次认证消息，则能准确预测一条可被 S 接受的 U_i 即时认证消息 $m_f = \{\mathrm{ID}_i, C_{1_f}, T_f\}$ 的概率仅为 2^{-k}，即随机猜测每个位的取值。由于 S 和 U_i 之间通过预言机 O_1 使用的都是真随机数函数 $\mathrm{RA}(\cdot)$ 计算认证消息，对于攻击者，无论使用何种方法，这一概率都不会改变。

实验 7.2　有了实验 7.1 作为准备，我们可以建立一个多项式时间的测试 Test，通过使用理想会话攻击算法来尝试区分真随机数和伪随机数。Test 可以看作与攻击者和一个预言机 O_1 进行一个游戏。Test 使用预言机 O_1 执行我们的单边认证方案为攻击者模拟提供认证的密码训练。预言机 O_1 内部做这样的修改，根据如下实验选择自己使用

的函数 G：做一次随机投币 C，如果 $C=1$，则选择一个真随机数函数 $G=RA(\cdot)$，如果 $C=0$，则任选一个随机数 x 并且使 $g=f_x(\cdot)$。接下来，在游戏中，Test 就模拟 S 和 U_i 回答所有攻击者的请求和提问，而具体的答案实际都来自于预言机 O_1 对攻击者问题的回答。Test 仅起一个中间忠实传递的作用。由于攻击者以黑盒的方式与攻击目标 U_i 和 S 交互，在这个游戏中，攻击者相信所有问题的答案都来自于真实的 U_i 和 S。最后，如果攻击者成功地进行了理想会话攻击，即输出了一个可被 S 接受的 U_i 即时认证消息 $m_f=\{ID_i, C_{1f}, T_f\}$，那么 Test 就预测 $C=0$，否则，Test 就预测 $C=1$。注意，Test 可以通过把认证消息 m_f 中的 T_f 提交给预言机 O_1 计算来判断攻击者是否攻击成功。根据实验 7.1，我们知道如果预言机 O_1 使用真随机数函数，则攻击者观察多项式 $E(k)$ 次认证消息后，成功执行理想会话攻击的概率至多为 2^{-k}。因此，按照我们的假设，当攻击者以一个不可忽略的概率 $Adv_2(k)$ 成功地执行了理想会话攻击，Test 预测正确的 C 取值情况的概率将优于 k^{-d}，这里，d 是某个大于 0 的数，这说明 Test 可以利用攻击者的算法以不可忽略的优势区分真随机数和伪随机数。这与真随机数和伪随机数不可区分的基本密码学假设相矛盾。图 7.29 说明这一实验过程。

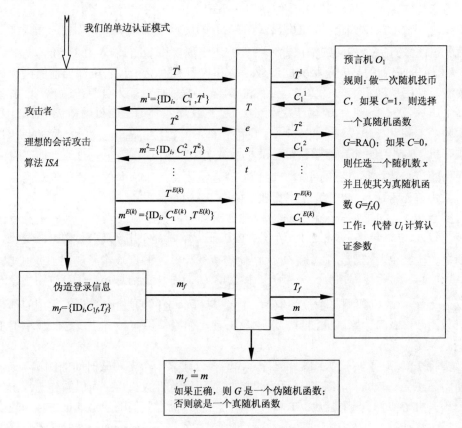

图 7.29 理想会话攻击的 Test 游戏

第 7 章 基于智能卡的实体认证方案

结论就是：对我们的单边认证方案实施理想会话攻击是计算不可行的，也就是说，攻击者成功的概率只是一个可以忽略量(k)。

有了定理 7.4 做准备，我们可以开始规约证明定理 7.3。

证明 假定在现实世界中，存在攻击者按定义 7.2 进行适应性选择冒充攻击，算法成功的概率不可以忽略，也就是说，概率 $\text{Adv}_1(k)$ 大于或至少等于 k^c，这里，c 是一个常数。模拟器 Simon 与预言机 O_2 进行一个游戏。Simon 工作的最终目的也是尝试区分真随机数和伪随机数。预言机 O_2 的作用就是充当注册阶段计算所有 U_i 认证秘密参数 A_i 的黑盒，而不像我们的单边认证方案中，使用具体的伪随机函数。预言机 O_2 内部根据如下的实验选择自己使用的计算函数 G：做一次随机投币 C，如果 $C=1$，则选择一个真随机数函数 $G=\text{RA}(\cdot)$；如果 $C=0$，则选择一个随机数 x 并且使 $G=f_x(\cdot)$。在游戏中，Simon 使用这个预言机来模拟整个认证系统环境，回答所有攻击者的请求和提问，而具体的答案内容部分间接来自于预言机 O_2 对攻击者问题的回答。现在，可以考虑下面的模拟实验。

Simon 按照如下方法为攻击者模拟一个真实的认证环境。

准备：向预言机 O_2 注册一批用户 U_i，得到并记录下对应的秘密认证参数 A_i，公开 ID_i，这里，$i=1,2,\cdots,p$。选择一个适当的伪随机函数 $f_{A_i}(\cdot)$ 用于登录和认证阶段计算和认证消息之用。

正式运行：如果攻击者想得到某个 U_i 的即时可被 S 接受的认证消息，那么 Simon 使用对应伪随机函数 $f_{A_i}(\cdot)$ 计算出 $m=\{\text{ID}_i,C_1,T\}$，提供给攻击者。如果攻击者想注册一些新的用户，那么 Simon 可以将攻击者提交的身份提交给预言机 O_2，待注册成功后忠实地返回给攻击者。由于 Simon 也知道攻击者注册的秘密认证参数，所以攻击者在使用注册的秘密认证参数登录时，Simon 也可以做出正确的接受或拒绝认证的判断。很明显，通过上述 Simon 的模拟，攻击者应该完全相信自己处于一个按照我们的单边认证方案建立起来的正常认证系统中。

最后，如果攻击者成功地进行了适应性选择冒充攻击，即输出了一个可被 S 接受的用户即时认证消息 $m_f=\{\text{ID}_n,C_{1f},T_f\}$，那么 Simon 预测 $C=0$，否则，Simon 就预测 $C=1$。注意，Simon 可以验证认证消息 $m_f=\{\text{ID}_n,C_{1f},T_f\}$ 是否有效，如果 ID_n 是一个已经由 Simon 注册过的身份参数，则 Simon 可以直接验证消息的有效性，如果 ID_n 是未注册过的身份参数，则 Simon 可以向预言机 O_2 注册以后，再行验证。我们知道，如果预言机 O_2 使用真随机数函数，则攻击者实际是处于理想会话攻击状态，根据定理 7.3，攻击者成功地攻击方案的可能性只是一个可以忽略量(k)；如果使用伪随机数函数，就是现实中我们的单边认证方案情况，那么按开始的假设存在成功概率不可以忽略的适应性选择冒充攻击，因此，Simon 预测正确的概率将优于 k^{-d}，这里，d 是某个大于 0 的数，也就是说，Simon 可以使用适应性选择冒充攻击算法以一个不可忽略的概率成功地区分真随机数和伪随机数。这与随机数和伪随机数不可区分的基本密码学假设矛盾。图 7.30 说明模拟器 Simon 的运行过程。

I 准备阶段

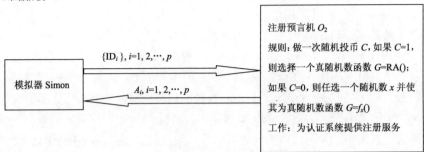

II 运行阶段

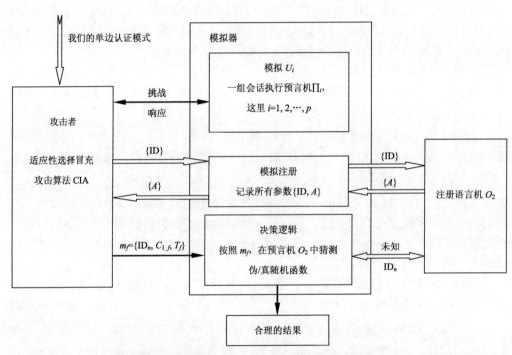

图 7.30 对我们的方案攻击到区分真/伪随机函数的规约

因此，最终结论是：适应性选择冒充攻击是计算不可行的，即我们的单边认证方案在定义 7.2 的意义下安全。

3. 双边认证方案

很明显，双边认证安全目标要比单边认证安全目标复杂。因为我们的方案除了考虑双边会话认证，还涉及用户注册功能，所以，我们在设定安全目标时也是分成两部分：一是会话安全目标，二是用户注册功能安全目标。

为了说明方案的会话部分的安全目标，我们可以借用目前最为通行的匹配对话概念，这一概念最早由 Diffie 等提出，而 Bellare 和 Rogaway 将这一概念明确用于规约双边认证方案的安全。

固定一次具体的双边认证会话执行，对于一个具体攻击者控制的会话执行预言机 $\Pi_{i,\text{ser}}^t$，观察到的是发送和接收到一个时序会话消息序列：

$$K = (\tau_1, \alpha_1, \beta_1), (\tau_2, \alpha_2, \beta_2), \cdots, (\tau_m, \alpha_m, \beta_m)$$

在时间点 τ_1 预言机 $\Pi_{i,\text{ser}}^t$ 被询问 α_1 回答是 β_1，在稍后的时间点 τ_2 预言机 $\Pi_{i,\text{ser}}^t$ 被询问 α_2 回答是 β_2，如此下去，直到最后的时间点 τ_m 预言机 $\Pi_{i,\text{ser}}^t$ 被询问 α_m 回答是 β_m，攻击者终止对预言机 $\Pi_{i,\text{ser}}^t$ 的询问或认证会话结束。假定预言机 $\Pi_{i,\text{ser}}^t$ 的第一个询问-回答字段是 $(\tau_1, \alpha_1, \beta_1)$，如果 $\alpha_1 =$ " "，则认为它是发起预言机，如果 α_1 是其他字符串，则认为它是响应预言机。现在，我们就可以介绍匹配对话的概念。为了适应我们所要论述的时间戳认证方案，不像 Bellare 和 Rogaway 定义的那样规定认证双方交互奇数次，而规定双方交互偶数次 R。具体的形式化定义可以表述如下。

定义 7.5（匹配对话） 对于一个固定交互次数 $R = 2 \times \rho$ 轮的双边认证方案 Π，在攻击者面前运行方案 Π 并考虑交互的两个预言机，即 $\Pi_{i,\text{ser}}^t$ 和 $\Pi_{\text{ser},i}^s$，如果它们分别产生两个时序会话消息序列 K 和 K'。

（1）我们说 K' 是 K 的匹配会话，存在 $\tau_1 < \tau_2 < \tau_3 < \cdots < \tau_{R+1}$ 和消息 $\alpha_1, \beta_1, \alpha_2, \beta_2, \cdots, \alpha_\rho, \beta_\rho$，如果 K 的会话是 $(\tau_1,$ " "$, \alpha_1), (\tau_3, \beta_1, \alpha_2), (\tau_5, \beta_2, \alpha_3), \cdots, (\tau_{2\rho+1}, \beta_\rho, *)$，而 K' 的会话是 $(\tau_2, \alpha_1, \beta_1), (\tau_4, \alpha_2, \beta_2), (\tau_6, \alpha_3, \beta_3), \cdots, (\tau_{2\rho}, \alpha_\rho, \beta_\rho)$。

（2）我们说 K 是 K' 的匹配会话，存在 $\tau_1 < \tau_2 < \tau_3 < \cdots < \tau_R$ 和消息 $\alpha_1, \beta_1, \alpha_2, \beta_2, \cdots, \alpha_\rho, \beta_\rho$，如果 K' 的会话是 $(\tau_2, \alpha_1, \beta_1), (\tau_4, \alpha_2, \beta_2), (\tau_6, \alpha_3, \beta_3), \cdots, (\tau_{2\rho}, \alpha_\rho, \beta_\rho)$，而 K 的会话是 $(\tau_1,$ " "$, \alpha_1), (\tau_3, \beta_1, \alpha_2), (\tau_5, \beta_2, \alpha_3), \cdots, (\tau_{2\rho-1}, \beta_{\rho-1}, \alpha_\rho)$。

如果在一次会话中 K' 是 K 的匹配会话，同时，K 是 K' 的匹配会话，那么两个预言机 $\Pi_{i,\text{ser}}^t$ 和 $\Pi_{\text{ser},i}^s$ 是匹配会话。

说明 （1）定义的是响应预言机的会话与发起预言机的会话匹配时的情况；（2）定义的是发起预言机的会话与响应预言机的会话匹配时的情况。考虑每次具体的会话执行，$\Pi_{i,\text{ser}}^t$ 是发起预言机，$\Pi_{\text{ser},i}^s$ 是响应预言机。如果 $\Pi_{i,\text{ser}}^t$ 每次发送的消息都随后被传递给了 $\Pi_{\text{ser},i}^s$，而作为对 $\Pi_{i,\text{ser}}^t$ 这条消息的回答消息又传递给了 $\Pi_{i,\text{ser}}^t$，作为下一轮应答的问题消息，如此下去，一直到会话执行完成，就认为 $\Pi_{\text{ser},i}^s$ 与 $\Pi_{i,\text{ser}}^t$ 匹配。类似地，如果每一条 $\Pi_{\text{ser},i}^s$ 收到的消息都是从前由 $\Pi_{i,\text{ser}}^t$ 产生的，每一条由 $\Pi_{\text{ser},i}^s$ 产生的后续回应消息都后来被传递给了 $\Pi_{i,\text{ser}}^t$，这一点可以通过紧接着由 $\Pi_{i,\text{ser}}^t$ 发送来的消息得到印证（最后一条由 $\Pi_{\text{ser},i}^s$ 发出的消息除外，因为这时 $\Pi_{\text{ser},i}^s$ 的会话已经结束了），就认为 $\Pi_{i,\text{ser}}^t$ 与 $\Pi_{\text{ser},i}^s$ 匹配。可以从上面的定义看出，发送最后一条消息的一方 $\Pi_{\text{ser},i}^s$ 并不确切地知道这条消息是否真的被对方 $\Pi_{i,\text{ser}}^t$ 接受,但此时他已经接受了会话方实体的真实性,同时,他也不知道对方的预言机是否真的接受了自己的真实性。不过,这一非对称性是固定交互次数认证方案的特性,这给了最后一条消息接收方一定的有利之处。图 7.31 给出了一个具体的 2 次交互会话匹配的示例。

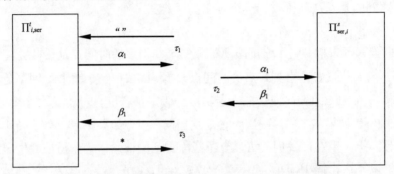

图 7.31　2 次交互的认证方案匹配会话剖析图
右边的会话与左边的会话匹配;如果不考虑 τ_3,则左边的会话与右边的会话匹配

这里,所定义的会话执行预言机 $\Pi_{i,\text{ser}}^t$ 和 $\Pi_{\text{ser},i}^s$ 匹配就是说,如果计算和交互得到了会话 K,则会话方就确信一定有会话 K' 的存在,同样,如果计算和交互得到了会话 K',则会话方就确信一定有会话 K 的存在。事实上,目前所知道的各种对双边实体认证的攻击方法包括:反射攻击、平行会话攻击、交错攻击等,都可以被匹配会话限定,一个双边认证方案符合了匹配会话,可以认为在会话执行上是安全的,因此,自然得到下面的定义。

定义 7.6(安全的双边认证会话)　我们说方案会话 Π 是一个安全的双边认证会话,对于任何多项式时间 $t(k)$ 的攻击者。

(1)(匹配会话⇒双方接受认证)　如果预言机 $\Pi_{i,\text{ser}}^t$ 和 $\Pi_{\text{ser},i}^s$ 有匹配会话,则双方预言机都接受认证。

(2)(双方接受认证⇒匹配会话)　如果双方接受认证,则必然存在一对匹配会话的预言机 $\Pi_{i,\text{ser}}^t$ 和 $\Pi_{\text{ser},i}^s$,也就是说,存在不匹配会话而任何一方却接受了另一方认证的可能性 No-Matching$^E(k)$ 可以忽略。

说明　(1)是刻画如果认证的双方都忠实地执行方案的会话过程,传递认证消息给对方,完成认证会话之后,双方都将接受对方的身份真实性;(2)是对认证会话为良性的限定,也就是说,在由预言机 $\Pi_{i,\text{ser}}^t$($\Pi_{\text{ser},i}^s$) 产生会话 $K(K')$ 并接受了对方的身份之后,无非存在两种情况,一是确实存在预言机 $\Pi_{\text{ser},i}^s$($\Pi_{i,\text{ser}}^t$) 产生了匹配会话 $K'(K)$;二是根本就不存在这样的匹配会话,只不过是攻击者进行的一次成功攻击。(2)就要求第二种情况发生的可能性是可以忽略的。

需要指出的一点是,在定义 7.6 下安全的会话,一个预言机 $\Pi_{i,\text{ser}}^t$($\Pi_{\text{ser},i}^s$) 做出接受对

方认证决定时,而实际却存在至少两个预言机 $\Pi_{ser,i}^s$ 和 $\Pi_{ser,i}^{s'}$ ($\Pi_{i,ser}^t$ 和 $\Pi_{i,ser}^{t'}$) 都与 $\Pi_{i,ser}^t$ ($\Pi_{ser,i}^s$) 会话匹配的可能性 Multiple-Match$^E(k)$ 可以忽略,这一问题的详细论述可以参考相关文献。

定义 7.7(安全的双边认证方案) k 是一个与安全参数相关的正整数,攻击者是一个关于 k 的概率多项式时间算法。攻击者拥有所有合法 U_i 会话执行预言机 $\Pi_{i,ser}^t$ 和对应的 S 执行预言机 $\Pi_{ser,i}^s$,这里,$i=1,2,\cdots,p$。同时,攻击者还可以得到所希望的用户认证参数(只要选定的用户还未被注册过),这一点通过允许攻击者关于 k 的多项式次选择所希望注册的用户参数 ID 并提交给 S 注册预言机 Π_{ser},最后,成功得到用户认证的秘密参数 A 来实现。对于任何关于 k 的一个多项式时间 $t(k)$ 的攻击者。

(1)按照定义 7.6 对任何秘密参数未泄露的 U_i 不匹配会话的概率 No-Matching$^E(k)$ 是 Adv$_3(k)$,这里,Adv$_3(k)$ 是关于 k 的一个不可忽略量。

(2)输出一条未向 S 注册过的用户 U_n 的认证消息的概率是 Adv$_4(k)$,即输出任意一条可被 S 接受的用户即时认证消息 m_f,这里,Adv$_4(k)$ 是关于 k 的一个不可忽略量。

我们就称这个攻击者攻破双边认证方案。

说明 攻击者在控制和观察了任意 U_i 和 S 执行会话以及使用和观察了注册功能之后,(1)是刻画攻击认证方案中未泄露认证秘密参数的合法 U_i 的可能性 Adv$_3(k)$,这实际上包括了冒充 U_i 欺骗 S 和冒充 S 欺骗 U_i 两种情况。(2)是刻画攻击者伪造冒充实际并不存在的用户欺骗 S 的可能性 Adv$_4(k)$。由于设计的认证方案没有认证表,考虑这一点完全必要。在双边实体认证的方案中,无论攻击者采取什么具体的攻击方法,合理的成功攻击至少要以一定的可能性冒充登录 S 或者向合法 U_i 冒充 S,这可以看作是对攻击者成功攻破认证系统的最低要求。如果 Adv$_3(k)$ 和 Adv$_4(k)$ 都是可以忽略的,那么我们认为攻击者连最低要求的攻击都不可能成功。因此,攻击者除了像合法用户一样诚实地使用其已经掌握的秘密认证参数外,并不能做更多的事情。

具体的方案可以由图 7.32 描述。注册阶段与单边认证方案完全相同。登录阶段和认证阶段 U_i 与 S 通过对认证参数 C_1 和 C_2 计算和验证实现互认证,时间戳 T_1 和 T_2 起到防止重放攻击的目的,其中,C_1 和 C_2 都采用伪随机函数 $f_{(\cdot)}(\cdot)$ 族计算得到,而 $f_{A_i}(T_2,C_1)$ 中的逗号表示连接操作 "||"。

我们首先给出以上双边认证方案的安全结论。

定理 7.5(安全的双边认证方案) 如果 $f_{(\cdot)}(\cdot)$ 是一个给定的伪随机数发生函数族,T_1 和 T_2 是可信任的时间戳,那么我们的双边认证方案是安全的,即按照定义 7.7,概率 Adv$_3(k)$ 和 Adv$_4(k)$ 都是可以忽略的量值。

现在,考虑如何规约证明定理 7.5。我们的思路类似于对单边认证方案的处理方法,仍然是先把注册部分进行理想化处理,规约方案会话部分是安全的;再引入我们设计的注册部分,证明包含了这个部分后双边实体认证方案还是安全的。

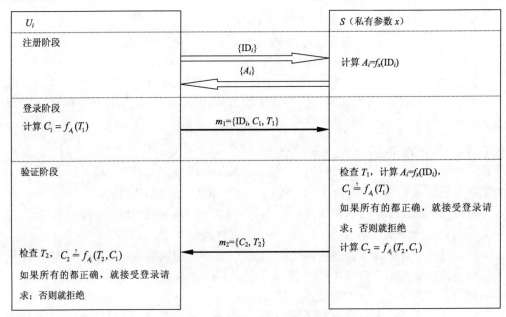

图 7.32　我们提出的双边认证方案

在我们的双边认证方案中，如果理想化注册服务功能，把它看成使用真随机函数而不是伪随机函数来计算每个 U_i 的秘密认证参数 A_i，且安全地传递给 U_i，那么不同注册 U_i 与 S 之间的会话执行预言机 $\Pi_{i,\text{ser}}^t$ 和 $\Pi_{\text{ser},i}^s$ 就可以看作是完全独立不相关的，因此，对于攻击者，观察一个具体 U_i 与 S 之间的会话行为与观察一组用户与 S 之间的会话行为是一样的，我们就可以用定义 7.6 来衡量方案会话部分的安全。

定理 7.6（理想会话安全的双边认证方案）　如果 $f_{(\cdot)}(\cdot)$ 是一个给定的伪随机数发生函数族，T_1 和 T_2 是可信任的时间戳，那么我们的双边认证方案在定义 7.6 下是安全的双边认证会话。

说明　这条定理指出，如果考虑用户注册过程是完全理想化的，也就是说，每个 U_i 的秘密认证参数 A_i 是均匀随机的参数，以及安全地传递给每个 U_i 并且妥善保存，那么我们的认证方案就是安全的认证方案。

证明　定理 7.6 证明的思路类似于对定理 7.4 的证明。根据我们的双边认证方案，定义 7.6 的第一个条件自然成立。因为这个条件只是说认证的双方忠实地执行方案会话传递消息，最后，双方都接受对方的身份真实性。现在，我们来考虑第二个条件成立的规约证明。

按照前面的定义，用 Π 表示我们的双边认证方案，攻击者将与这个方案的具体会话执行预言机 $\Pi_{i,\text{ser}}^t$ 和 $\Pi_{\text{ser},i}^s$ 进行各种实验。为了使定理得到规约证明，同样，我们使用一个预言机 O_3 来进行方案中具体会话认证参数 C_1 和 C_2 的计算与验证,代替使用 U_i 秘密参数 A_i 的伪随机函数 $f_{A_i}(\cdot)$。假定预言机 O_3 的输入为 $L(k)$ 位，输出为 k 位，k 即前面提到的与安全相关的一个参数。由于攻击者不能直接访问预言机 O_3 的内部,所以当预言机 O_3 使用的计算函数就是伪随机函数时,由预言机 O_3 执行方案的实验就是使用具体的伪随机函数执行方案的实验。我们首先考虑的是预言机 O_3 使用真随机函数的情况。

实验 7.3 真随机函数运行我们的方案实验。

在真随机函数执行方案实验中,我们选择一个真随机函数 $RA(\cdot)$ 作为预言机 O_3 计算内核,在攻击者面前执行我们的认证方案。前面提到 No-Matching$^{E(k)}$ 的含义是存在一个预言机 $\Pi_{ser,i}^s$(或 $\Pi_{i,ser}^t$)接受了对方的认证,但实际并不存在一个匹配的预言机 $\Pi_{i,ser}^t$(或 $\Pi_{ser,i}^s$)真实参与了会话,这样我们就认为攻击者取得了胜利。在我们的认证方案中,U_i 预言机 $\Pi_{i,ser}^t$ 是会话的发起者,他发送第一条消息,而 S 预言机 $\Pi_{ser,i}^s$ 作为响应预言机扮演着对手的角色。假定 $E(k)$ 表示攻击者调用询问预言机的次数,它应该具有多项式界。

考虑攻击者在真随机函数运行方案实验中取胜,我们将接受对方认证分成两种情况来讨论。

断言 7.1 固定 U_i 和 S,在给定的 S 预言机 $\Pi_{i,ser}^t$ 作为响应预言机,没有匹配会话但接受了认证方 U_i 的可能性不会超过 2^{-k}。

考虑我们的认证方案图 7.32 并结合匹配会话图 7.31,如果在 τ_2 时刻 S 预言机 $\Pi_{ser,i}^s$ 接受了 U_i 的身份认证,则必然接收到一条认证消息 $a_1 = m_1 = \{ID_i, C_1, T_1\}$,这里满足 $C_1 = RA(T_1)$。在我们的方案中,可以输出参数 C_1 的预言机只有 $\Pi_{i,ser}^t$。可信任的 T_1 保证了预言机 $\Pi_{i,ser}^t$ 不会把合法的认证消息 m_1 事先输出给攻击者。如果没有预言机 $\Pi_{i,ser}^t$ 在认证有效时间内计算了 $C_1 = RA(T_1)$ 并输出,则攻击者选择一个有效的时间戳,猜对一条合法消息 m_1 通过认证的可能性就是 2^{-k}(对每一位做随机猜测)。由于预言机 O_3 使用的是真随机函数,攻击者无论采取什么手段得到过多少从前的认证消息也都是这个概率。这样,我们就得出断言 7.1,即攻击者成功攻击响应预言机的可能性不会超过 2^{-k}。

断言 7.2 固定 U_i 和 S,在给定的 U_i 预言机 $\Pi_{i,ser}^t$ 作为发起预言机,没有匹配会话但接受了认证方 S 的可能性不大于 2×2^{-k}。

我们的认证方案中,与 U_i 预言机 $\Pi_{i,ser}^t$ 交互的会话消息是 $(\tau_1, " ", \{ID_i, C_1, T_1\})$,$(\tau_3, \{C_2, T_2\}, *)$,假定在 τ_1 时刻 U_i 预言机 $\Pi_{i,ser}^t$ 发送一条认证消息 $\alpha_1 = m_1 = \{ID_i, C_1, T_1\}$ 给 S,按照我们的方案,如果 U_i 在 τ_3 时刻接受了 S 的真实性,则必然是接收到一条其认证可以通过的消息 $m_2 = \{C_2, T_2\}$,这里,满足 $C_2 = RA(C_1, T_2)$。注意,根据认证方案,只有预言机 $\Pi_{ser,i}^s$ 可以输出参数 C_2。如果系统预言机 $\Pi_{ser,i}^s$ 没有在认证有效时间内以参数 ID_i 和 C_1 为输入计算了输出,攻击者根据截获的参数 C_1 并任意选择一个有效的时间戳,猜对一条合法消息通过认证的可能性是 2^{-k}(对每一位做随机猜测)。由于预言机 O_3 使用的是真随机函数,攻击者无论采取什么手段,得到过多少从前的认证消息也都是这个概率。现在，剩下的情况就是 S 预言机 $\Pi_{ser,i}^s$ 在之前的其他会话已经输出了认证消息 $m_2 = \{C_2, T_2\}$，这里，T_2 是本次会话也可以接受的时间戳，这一情况发生的前提条件是消息 $m_1 = \{ID_i, C_1, T_1\}$ 在 τ_2 之前的某个会话中已经提交给了 S 预言机 $\Pi_{ser,i}^s$，注意，这条消息的获得显然不能通过直接询问 U_i 的预言机 $\Pi_{i,ser}^t$ 得到，否则，U_i 预言机 $\Pi_{i,ser}^t$ 在 τ_1 时刻就不会再发出认证消息含有时间戳 T_1。由断言 7.1 可知，对于攻击者，猜对一条合法认证消息 m_1 的可能性就是 2^{-k}，实际也相当于攻破响应预言机。这样，我们就得出断言 7.2，即攻击者成功攻击发起预言机的可能性不大于 2×2^{-k}，这里，概率 P(成功攻击发起预言机)=P(成功伪造一条消息 m_2 ∪ 成功伪造一条消息 m_1)=P(成功伪造一条消息 m_2)+P(成功伪造一条消息 m_1)，P(成功伪造一条消息 m_2 ∩ 成功伪造一条消息 m_1) < P(成功伪造一条消息 m_2)+P(成功伪造一条消息 m_1)=2×2^{-k}。

我们就得出结论：攻击者在真随机函数运行方案的实验 7.3 中取胜的概率不大于 3×2^{-k}，这是由于概率 P(成功攻击)=P(成功攻击发起预言机 ∪ 成功攻击相应预言机)=P(成功攻击发起预言机)+P(成功攻击相应预言机)，P(成功攻击发起预言机 ∩ 成功攻击相应预言机) < P(成功攻击发起预言机)+P(成功攻击相应预言机)=3×2^{-k}。很明显，这是一个关于安全参数可以忽略的量值。

现在，考虑攻击者攻击伪随机数执行方案的情形。

实验 7.4 区分真随机函数和伪随机数实验。

我们可以建立一个多项式时间的测试 Test，通过使用攻击者的攻击算法来尝试区分真随机数和伪随机数。Test 可以看作与攻击者和预言机 O_3 进行一个游戏。假定存在攻击者攻击伪随机数执行的方案会话成功概率不可以忽略，也就是说，成功的概率大于或至少等于 k^{-c}，这里，c 是一个常数。Test 还是使用预言机 O_3 执行双边认证方案。预言机 O_3 做一个简单的变化，内部根据如下的实验选择自己使用的函数 G：做一次随机投币 C，如果 $C = 1$，则选择一个真随机数函数 $G = RA(\cdot)$；如果 $C = 0$，则选择一个随机数 x 并且使 $G = f_x(\cdot)$。接下来，在游戏中 Test 就模拟 S 和 U_i 回答所有攻击者的请求和提问，而具体的答案实际都来自于预言机 O_3 对攻击者问题的回答。Test 仅起一个中间忠实传递简单判断的作用。由于攻击者以黑盒的方式与攻击目标 U_i 和 S 交互，所以在这个游戏中，攻击者相信所有问题的答案都来自于真实的目标 U_i 和 S。最后，如果攻击者成功地进行了攻击，即输出了一个可被 S 或 U_i 接受的即时认证消息，那么 Test 就预测 $C = 0$，否则，Test 就预测 $C = 1$。注意，Test 可以通过把认证消息中的参数提交给预言机 O_3 计算，判断攻击者攻击是否成功。根据实验 7.3，我们知道如果使用真随机数函数，攻击者成功实现一次攻击的概率至多为 3×2^{-k}。因此，按照我们的假设，当攻击者成功地实现了理想会话攻击，Test 预测正确的概率将高于 k^{-d}，这里，d 是某个大于 0 的数。这与真随机数和伪随机数不可区分的基本密码学假设相矛盾。

最终的结论就是：理想会话攻击计算不可行。也就是说，攻击者成功的概率只是一个可以忽略量。我们的双边认证方案在定义 7.5 下是安全的方案。

有了定理 7.6 作为基础，就可以考虑加入注册功能之后，认证方案的安全问题。

证明（定理 7.5）　规约证明思路类似于单边认证方案中定理 7.3 的方法。

假定在现实中，存在攻击者攻击算法按定义 7.7 成功攻击我们的认证方案的概率不可以忽略，也就是说，$\mathrm{Adv}_3(k)$ 和 $\mathrm{Adv}_4(k)$ 中至少一个是大于或至少等于 k^{-c}，这里，c 是一个常数。引入一个注册预言机 O_4，它的作用就是充当注册阶段计算所有 U_i 认证秘密参数 A_i 的黑盒，而不使用我们方案中的具体伪随机函数，没有任何参与者可以访问其内部。预言机 O_4 内部根据如下的实验选择自己使用的计算函数 G：做一次随机投币 C，如果 $C=1$，则选择一个真随机数函数 $G = \mathrm{RA}(\cdot)$；如果 $C=0$，则选择一个随机数 x 并且使 $G = f_x(\cdot)$。考虑下面的模拟活动。

模拟器 Simon 使用注册预言机 O_4 来为攻击者模拟整个认证系统，回答所有攻击者的请求和询问，而具体的答案部分来自于预言机 O_4 对攻击者问题的回答。Simon 可以看作一个既与预言机 O_4 又与攻击者进行游戏的中介，攻击者不能直接访问预言机 O_4。Simon 工作的最终目的也是利用攻击者的攻击算法尝试区分真随机数和伪随机数。

Simon 具体按照如下方法为攻击者模拟一个认证系统环境。

准备：向预言机 O_4 注册一批 U_i，得到他们对应的秘密认证参数 A_i，这里，$i=1,2,\cdots,p$。选择一个具体的伪随机函数 $f_{A_i}(\cdot)$，用于模拟登录和认证阶段产生与认证会话消息，即为攻击者提供这批 U_i 会话执行预言机 $\Pi^t_{i,\mathrm{ser}}$ 和 $\Pi^s_{\mathrm{ser},i}$。公布这些注册用户的公开信息。

正式运行：如果攻击者想调用询问执行会话预言机 $\Pi^t_{i,\mathrm{ser}}$ 和 $\Pi^s_{\mathrm{ser},i}$，Simon 使用秘密认证参数 A_i 和伪随机函数 $f_{A_i}(\cdot)$ 按照我们的方案计算或认证消息，把结果提供给攻击者。如果攻击者想注册一些新的用户，则 Simon 可以将攻击者提交的身份信息提交给预言机 O_4，待注册成功后忠实地返回给攻击者，并将各个参数都记录下来。由于 Simon 也知道攻击者注册的身份和秘密认证参数，所以攻击者使用注册的参数登录时，Simon 也可以做出正确的接受或拒绝认证的判断，并给出正确的 S 认证消息 m_2。注意，这里 Simon 向攻击者既充当 U_i 又充当 S 的角色。很明显，通过上述 Simon 模拟，攻击者应该相信自己正处于一个按照我们的双边认证方案建立起来的认证系统中，并不会发现任何异常。图 7.33 描绘了 Simon 模拟的认证环境。

最后，如果攻击者成功地进行了攻击，那么 Simon 就预测 $C=0$，否则，Simon 就预测 $C=1$。我们知道：如果注册功能使用真随机数函数，则攻击者实际是处于理想双边认证会话环境，根据定理 7.6，攻击者成功攻击方案的可能性只是一个可以忽略量 $e(k)$；如果使用伪随机数函数，就是现实中我们的双边认证方案的情况，假设存在成功概率不可以忽略的攻击算法，Simon 预测正确的概率将优于 k^{-d}，这里，d 是某个大于 0 的数，也就是说，Simon 可以使用攻击算法以一个不可忽略的概率成功地区分真随机数和伪随机数。这与真随机数和伪随机数不可区分的基本密码学假设相矛盾。

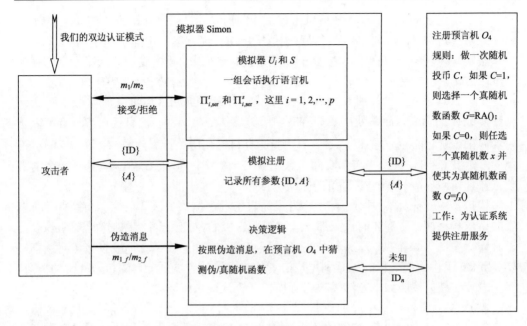

图 7.33 Simon 模拟的双边认证系统

注意，Simon 是可以判断攻击者是否进行了成功的攻击。如果攻击者按照定义 7.7 的条件（1）成功地对方案进行了攻击，即至少找到了某个预言机 $\Pi_{i,\text{ser}}^t$ 或 $\Pi_{\text{ser},i}^s$ 的一个不匹配对话，那么，因为 Simon 控制着交互的另一方，所以它会立即发现；如果攻击者按照定义 7.7 的条件（2）成功地对方案进行了攻击，即输出了一个可被 S 接受的未注册用户即时认证消息 $m_{1f} = \{\text{ID}_n, C_f, T_f\}$，那么 Simon 可以在确定 ID_n 未被注册过之后，向预言机注册 O_4 提交 ID_n 要求注册，在得到对应的秘密认证参数 A_n 后，验证 m_f 的合法性，作出攻击成功与否的判断。

因此，最终得出的结论就是：对我们的双边认证方案冒充攻击计算不可行，我们的方案在定义 7.7 下是安全的双边认证方案。

4. 伪随机函数 $f_x(\cdot)$ 的实例化问题

伪随机函数 $f_x(\cdot)$ 最典型的实例化方法无外乎使用密码单向 Hash 函数、私钥加密算法或者是它们的一个混合体。在我们的认证方案中，就是用它将一个变长的输入转化成一个固定长度的输出。我们用 $\{1,0\}^n$ 表示长度为 n 的二进制比特串，n 为 *时就是任意长度的串。

（1）仅使用私钥加密算法。

最为流行的私钥加密算法构造伪随机函数 $f_x(\cdot)$ 的方法是使用 CBC 模式[9-10]。假定 E_{Ks} 是从 $\{1,0\}^l$ 到 $\{1,0\}^l$ 的一个映射，它是将固定长度输入 l 通过秘密密钥 Ks 变换成同样长度输出的私钥加密算法，如，AES 或 DES 等。具体做法是伪随机函数 $f_{Ks}(x)$ 是从 $\{1,0\}^{n\times l}$ 到

$\{1,0\}^l$ 的一个映射，输入是 $x = x_1x_2\cdots x_n$，输出是 y_n，按规则：$y_0 = 0^l$，$y_i = E_{Ks}(y_{i-1} \oplus x_i)$，这里，$0^l$ 表示二进制长度为 l 的全 0 的比特串，x_i 的二进制长度都为 l，如果 x 的长度不是正好 $n\times l$ 可以按事先的约定进行填充，如，全部填充 0 或 1。

（2）使用私钥加密算法和密码单向 Hash 函数的混合。

密码单向 Hash 函数是将一个任意长度的输入映射成固定长度的变换并且可以抵抗碰撞的发生。假定密码单向 Hash 函数为 H，是从 $\{1, 0\}^*$ 到 $\{1, 0\}^{2\times l}$ 的一个映射，如 MD 或 SHA-1 等。具体做法是伪随机函数 $f_{Ks}(x) = E_{Ks}(E_{Ks}(H_1(x)) \oplus H_2(x))$，这里，$E_{Ks}$ 与方法（1）中定义相同，$H(x)=H_1(x)H_2(x)$，$H_1(x)$ 和 $H_2(x)$ 的二进制长度都是 l。

（3）仅使用密码单向 Hash 函数。

同样，假定密码单向 Hash 函数为 H，是从 $\{1, 0\}^*$ 到 $\{1, 0\}^{2l}$ 的一个映射，一般做法是伪随机函数 $f_{Ks}(x) = H_1(x, Ks)$，这里，$H(x, Ks) = H_1(x, Ks)H_2(x, Ks)$，$H_1(x, Ks)$ 和 $H_2(x, K)$ 的长度都是 l，$H_2(x, K)$ 这部分计算后丢掉。在某些具体的密码单向 Hash 函数的情况下，可能使用计算结构 $H(Ks, x, Ks) = H_1(Ks, x, K)H_2(Ks, x, Ks)$ 的安全性会更好些。

方法（1）和（2）由于使用了私钥加密算法，具有良好的规约安全性，但方法（3）是以密码单向 Hash 函数的输出作为伪随机函数的输出，并没有标准的密码单向 Hash 函数假设可以与伪随机函数假设挂钩。不过从直觉上看，需要更强的假设才能得到密码单向 Hash 函数输出，即伪随机数，因此，可以认为方法（3）相对于方法（1）和（2）是一种启发式的方法。但是，从效率方面看，方法（3）最好。因为方法（1）使用单一的私钥加密算法，而方法（2）只需要两次私钥加密和一次密码单向 Hash，计算操作次数少，所以，方法（1）更适合于硬件实现，而方法（2）更适合于软件实现。有关这一问题更多的理论与实践讨论可以参考文献。

7.5.4 认证方案应用在用户智能卡环境下的案例

正如前面叙述的，我们提出的单边和双边实体认证方案是应用在用户智能卡环境下的，因此，对智能卡的要求以及其对安全实践可能带来的影响，如何将已经规约证明安全的方案与智能卡合理结合得出最终设计方案都是本节需要讨论的问题。

1. 对智能卡基本安全要求

作为个人辅助认证硬件，一种简易智能卡实现我们认证方案的方法是：智能卡仅做伪随机函数族 $f_{(\cdot)}(\cdot)$ 的计算和验证工作，而认证秘密参数 A_i 在注册阶段直接安全地发放给 U_i，每次登录由 U_i 通过智能卡读卡机终端输入给智能卡为计算提供秘密参数。这样做的好处是，对智能卡硬件的配制要求低。不过，缺点也是很明显：①虽然我们的认证方案使用对称密码本原安全参数通常比使用非对称密码本原的方案要短很多，例如，具体执行用 AES 构造伪随机函数秘密参数 A_i 为 128 位，这差不多相当于 38 个随机十进制数位，要求普通的 U_i 记忆这样长的数字可能仍会有困难，如果 U_i 把 A_i 存储在其他不安全介质，如写在纸上，以防止遗忘，那么情况会更糟，这是因为保存不善，攻击者可能很容易得到 A_i，这样攻击者就再也不用考虑攻击认证方案这个棘手问题，而直接使用 A_i 就可以轻松登录 S。②在使用中 U_i 不可能自己携带智能卡读卡机终端，而需要第三方提供，如果第三方并不那么可信或甚至根本就来自攻击者（黑手党），那么这时将认证秘密参数 A_i 通过智能卡读卡机终端输入也不是安全的行为方式。

因此，我们对用户智能卡的要求是：安全存储标识用户身份的认证秘密参数并进行简单的安全实时认证消息计算和（或）认证。更加具体地说，我们对智能卡的基本要求是：在攻击者看来，智能卡是一个黑盒计算设备，它在智能卡读卡机终端的协助下，按照内部的程序逻辑和安全存储于内部的认证秘密参数计算出实时认证消息，也能验证收到的认证消息是否合法。事实上，智能卡应用于安全领域中被处理成上述黑盒的观点已经被广泛接受。在现实中，很多智能卡也就是这样使用的，有的甚至连合法用户也不知道具体的用户秘密数据是什么。但是，对于一个诚实的用户，只要诚实地使用智能卡执行操作，最后得到认证就可以了，知道确切的认证秘密参数也并不具有太多实际意义。因此，可以认为我们的方案对智能卡的要求完全符合一般标准，并不存在任何额外要求。

我们这样处理智能卡忽略了边信道攻击的可能。在任何现实中的每一次认证会话中，智能卡在计算时都需要使用用户的认证秘密参数，而这期间的一些物理信息，如电耗、电磁辐射等，必然或多或少地泄露了认证秘密参数的情况，从此入手有可能直接获得认证秘密参数。这还不包括干扰执行、分析内部集成电路、破坏智能卡的种种主动手段。我们认为这些攻击方法属于对具体认证方案的应用实例攻击，仅凭认证方案的数学设计不可能彻底阻止这些攻击发生。由于这些攻击都是针对具体的物理硬件实施的，所以抵抗这些攻击的有效方法还是来自硬件的合理设计和适当保护。

2. 智能卡丢失假设

智能卡的维护是一个更加面向用户的安全服务，这不只是一个数学密码问题，更是一个用户行为学的问题。对此，我们提出了一个最糟糕的使用情况：合法用户的智能卡丢失或者被盗，而潜在的攻击者恰好得到了它。不同于大型加密设备，智能卡是个人使用的小型嵌入式设备，大量地分发给用户辅助认证身份，这种情况是完全有可能发生的，必须予以充分重视。我们可以相信作为 S 可以安全地保护认证系统的根秘密 x，但是，不能保证每个用户 U_i 都能妥当保护存储标识自己身份秘密参数 A_i 的智能卡。

如果攻击者得到用户 U_i 的智能卡，则无非是希望通过对这张智能卡的使用帮助他更好地攻破认证系统。因此，我们还是可以这样认为：攻击者得到 U_i 的智能卡后，使用这张卡冒充用户 U_i 登录 S，仍然是对认证系统最大的威胁。设计一些适当的机制最大限度地阻止这类攻击成功是我们考虑方案应用于用户智能卡环境下主要的安全目标。

3. 智能卡执行认证方案

我们的基本设计思想是：S 发送给 U_i 用来认证其身份的强秘密参数 A_i 用智能卡的

安全存储介质保护；而 U_i 自己选择一个弱口令 PW_i 用来保护他个人嵌入式设备智能卡。我们的单边和双边认证方案基本部分都是由注册阶段、登录阶段和认证阶段组成的。下面是对方案进行具体描述。

1）智能卡执行单边认证方案

注册阶段

这个阶段在 U_i 初始注册成 S 的用户时调用。

（1） $U_i \Rightarrow S$： $\{ID_i, PW_i\}$。

（2） S 在验明了 U_i 的真实性和 ID_i 的合法性之后，计算 $A_i = f_x(ID_i)$ 和 $B_i = A_i \oplus PW_i$，接着，将数据 $\{ID_i, B_i, f_{(\cdot)}(\cdot)\}$ 写入 U_i 的智能卡，其中， B_i 应该写在保护存储空间。

（3） $S \Rightarrow U_i$： U_i 的智能卡。

登录阶段

这个阶段在 U_i 需要登录 S 时调用。

（1） $U_i \Rightarrow U_i$ 的智能卡： $\{ID_i, PW_i\}$（ U_i 通过本地的读卡机终端与自己的卡交互）。

（2）卡检查键入的 ID_i 和卡中存储的 ID_i 是否一致。如果不一致，则终止操作；否则，智能卡进行如下计算： $A_i = B_i \oplus PW_i$ 和 $C_1 = f_{A_i}(T)$。

（3） $U_i \Rightarrow S$： $m = \{ID_i, C_1, T\}$。

认证阶段

这个阶段在 S 收到 U_i 的登录请求后调用。

（1） S 检查身份标识符 ID_i 是否正确，验证收到的时间戳 T 的时间延迟是否在预先规定的范围之内。如果有任何一项不正确，则 S 拒绝该登录请求。

（2） S 计算： $A_i = f_x(ID_i)$，并进一步验证 $C_1 \stackrel{?}{=} f_{A_i}(T)$。如果这个验证方程成立，则 S 接受登录者为真实 U_i 并允许登录请求；否则，S 拒绝本次会话的登录请求。

可以用图 7.34 简单描述上述各个阶段的设计。

2）智能卡执行的双边认证方案

类似的设计很容易扩展到双边认证方案。方案主要由注册阶段、登录阶段和认证阶段组成。注册阶段与单边认证方案的完全相同，下面只对方案的会话进行具体描述。

登录阶段

这个阶段在 U_i 需要登录 S 时调用。

（1） $U_i \Rightarrow U_i$ 的智能卡： $\{ID_i, PW_i\}$（ U_i 通过本地的读卡机终端与自己的卡交互）。

（2）卡检查用户键入的 ID_i 和卡中存储的 ID_i 是否一致。如果不一致，则终止操作；否则，智能卡进行如下计算： $A_i = B_i \oplus PW_i$ 和 $C_1 = f_{A_i}(T_1)$。

（3） $U_i \rightarrow S$： $m_1 = \{ID_i, C_1, T_1\}$。

认证阶段

这个阶段在 S 收到 U_i 的登录请求后调用。

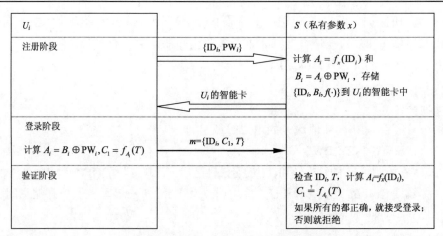

图 7.34 应用于智能卡的单边认证方案

（1）S 检查身份标识符 ID_i 是否正确，验证收到的时间戳 T_1 的时间延迟是否在预先规定的范围之内。如果任何一项不正确，则 S 拒绝本次登录请求。

（2）S 计算：$A_i = f_x(ID_i)$，并进一步验证 $C_1 \stackrel{?}{=} f_{A_i}(T_1)$。如果这个验证方程成立，则 S 接受登录者为真实 U_i 并并允许登录请求；否则，S 拒绝本次会话的登录请求。S 接着计算 $C_2 = f_{A_i}(T_2, C_1)$。

（3）$S \to U_i$：$m_2 = \{C_2, T_2\}$。

（4）在收到 S 的消息 $\{C_2, T_2\}$ 后，U_i 验证收到的时间戳 T_2 的时间延迟是否在预先规定范围之内。如果不是，则 U_i 立即终止本次会话。接着，U_i 认证方程 $C_2 \stackrel{?}{=} f_{A_i}(T_2, C_1)$。如果成立，则 U_i 相信 S 的真实性；否则，也终止本次会话。

图 7.35 可以描述这一会话过程。

在单边和双边认证方案登录阶段的（1）和（2）中，U_i 的参数 ID_i 是否需要输入以及后续的合法性判断是可选步骤，取消并不影响安全。

在实际使用智能卡的过程中，U_i 常要求提供具有修改自己提交的弱 PW_i 功能。原因可能是 U_i 认为自己的 PW_i 已经泄露或是不再希望使用原来的 PW_i。但是，无论如何在现代认证系统中要求可以任意修改自己提交的 PW_i 都是一项合理的要求，为此，我们考虑如下方法修改 U_i 的 PW_i。

修改口令功能

这是实现 U_i 将自己智能卡上原有口令 PW_i 改成新 PW_i^{new} 的功能。

（1）U_i 将持有的智能卡置于智能卡读卡机的终端上，然后，键入自己的 ID_i 和 PW_i 并且提出修改口令请求。接下来，U_i 输入 PW_i^{new}。

（2）U_i 的智能卡计算：$B_i^{new} = B_i \oplus PW_i \oplus PW_i^{new}$，这里，实际就产生了参数 $A_i \oplus PW_i^{new}$，现在就可以由智能卡将新参数 B_i^{new} 代替原参数 B_i。

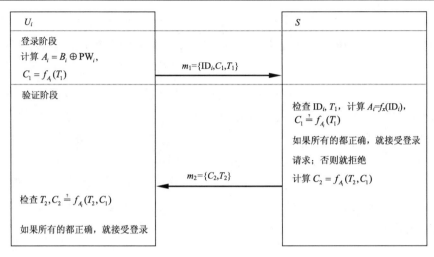

图 7.35 应用于智能卡的双边认证会话

由于修改口令操作仅是 U_i 通过自己的智能卡和读卡机终端来完成的，所以 U_i 不需要将这一操作通知 S。

有了口令修改功能，从用户的的角度来看，我们的认证方案与传统用户自己选择弱口令的访问控制方案在使用习惯上完全一样。用户可以根据爱好完全自由地选择和修改自己的登录口令。

回到前面智能卡丢失的假设，考虑对我们提出的智能卡执行认证方案安全的影响。我们试图用用户选择的弱口令为智能卡提供一定的保护作用。可以设想如果把 U_i 的认证参数 A_i 直接写入智能卡，进行认证会话时不需要 PW_i，那么在攻击者得到智能卡后，就可以像 U_i 一样登录 S 不受任何限制。现在，有了 U_i 的 PW_i，实际上使冒充 U_i 成功登录 S 的条件增加，仅有智能卡或 PW_i 都不足以让攻击者轻易成功。这就如同生活中的密码锁，只有当同时拥有密码口令和钥匙才可能把锁打开。

1）智能卡丢失对方案的会话影响

现在，具体考虑攻击者得到 U_i 的智能卡后，可能采取的冒充登录 S 行为。按照前面对智能卡安全的基本要求，智能卡应该为一个黑盒，因此，攻击者只能忠实地猜测尝试 U_i 的 PW_i 登录。由于 U_i 使用的是自己选择的弱密钥 PW_i 来保护智能卡，所以这里只需要考虑口令猜测攻击。以单边认证方案为例，双边认证方案情况类似。当攻击者输入一个猜测 U_i 的口令 PW_{guess} 时，按照我们的设计卡就会输出认证消息：m_{guess} = $\{ID_i, C_{1\_guess}, T\}$ = $\{ID_i, C_{1\_guess} = f_{A_i} \oplus PW_i \oplus PW_{guess}(T), T\}$。判断猜测的 PW_{guess} 是否正确，至少需要决定：

$$f_{A_i} \oplus PW_i \oplus PW_{guess}(T) \stackrel{?}{=} f_{A_i}(T) \tag{7.8}$$

式中，由于 T 是从来没有被伪随机函数 $f_{A_i}(\cdot)$ 正确计算过的时间戳，所以 $f_{A_i}(T)$ 是一个待定的参量。攻击者如果考虑根据以往 U_i 计算过的一组合法认证参数 $C_1 = f_{A_i}(T_{old})$ 通过某个算法以不可忽略的概率推导出 $f_{A_i}(T)$ 进行式（7.8）的判断，那么必将失败。这是因为攻击者成功地实施了一次伪造冒充得到了可以通过 S 认证的消息 $m_f = \{ID_i, C_{1\_f} = f_{A_i}(T_f), T_f = T\}$，由于并没有借助 U_i 的智能卡，实际上就对定义 7.2 下的安全认证方案构成了一次成功的攻击，这与前面的规约证明相矛盾，所以这一算法不可能存在。可以相信最好的猜测判定方法是将计算出来的消息 m_{guess} 提交给 S，如果 S 接受对 U_i 的认证，即 $f_{A_i} \oplus PW_i \oplus PW_{guess}(T) = f_{A_i}(T)$，说明 $PW_i = PW_{guess}$；否则，$f_{A_i} \oplus PW_i \oplus PW_{guess}(T) \ne f_{A_i}(T)$，说明 $PW_i \ne PW_{guess}$。但这是在线口令猜测攻击，实践中并不有效，好的抵抗这类攻击的方法是 S 限定每个 U_i 错误登录的次数或适当加长每次认证作出反应的时间。

作为一个黑盒 T 应该由智能卡内部时钟提供，因此，攻击者不可能通过收集从前的合法认证消息，再将时钟置回到收集的时间戳对应时间点，要求 U_i 的智能卡用这一 T 重复计算不同输入 PW_{guess} 时对应的参数 C_{1_guess}，以离线验证自己猜测 U_i 的 PW_{guess} 正确性。

2）智能卡丢失对修改口令功能影响

前面并没有过多考虑修改口令功能的安全问题，这主要是因为修改口令功能完全是一个用户进行的自封闭过程，不需要与任何其他实体交互，安全性容易保证。但是，如果攻击者得到了 U_i 的智能卡，自然也可以使用修改口令功能进行攻击活动。

考虑攻击者使用 U_i 的智能卡中修改口令功能，所能做的事情也就是选择两个口令 PW_{guess1} 和 PW_{guess2} 输入，修改最后得到的参数是 $B_i^{new} = B_i \oplus PW_{guess1} \oplus PW_{guess2} = A_i \oplus PW_i \oplus PW_{guess1} \oplus PW_{guess2}$。这对攻击者 U_i 得到真实 PW_i 并没有任何帮助，就不会对 U_i 带来真正实质性的损害。因此，我们设计的修改口令功能比 Yoon 等方案中的更为合理。攻击者可以通过尝试输入猜测 U_i 的口令 PW_{guess}，根据智能卡是否允许使用修改功能来判断猜测是否正确。这是离线口令猜测攻击，攻击者并不需要和其他任何实体进行交互就可以判断自己的猜测。因此攻击者可以使用更多的资源进行猜测实验，如果编一个程序进行自动测试，则将会使攻击十分有效。

我们的设计按照如下观点：丢失智能卡至多只是增加了一个否定服务攻击，即如果 U_i 再次得到口令被攻击者任意修改了的卡时，同样也不能登录 S，这时，U_i 可以要求 S 为他重写智能卡。事实上，从行为的角度来看，这种在丢失智能卡以后的否定服务攻击是无论如何不能避免的，这是因为攻击者至少可以在得到 U_i 的智能卡后将其销毁，U_i 也同样不能再登录 S。因此，我们认为在丢失智能卡后考虑否定服务攻击的存在没有很大意义。对于具体丢失了智能卡的 U_i，这样的否定服务攻击也完全应该能够接受，就如同住户丢失了自己家的房门钥匙，完全可以接受重新换一把钥匙和锁，毕竟是他首先不慎丢失了自己的钥匙。

7.5.5 在设计目标下评估我们的方案

我们用智能卡实体认证方案的目标来评估我们设计的两个方案。方案的安全包括用户智能卡的安全,是我们前面一直重点讨论的问题,这里不再重述。方案的设计也充分考虑到了易用性的问题,允许 U_i 选择修改自己的认证口令 PW_i,强的秘密认证参数 A_i 由智能卡硬件保护。因此,最后剩下的两个问题是 S 的认证表和方案的执行开销。我们对此给出讨论如下。

1. 关于认证表

正如前面描述的,我们设计的问题原形是访问控制,传统实现访问控制的方法一般需要维护认证表,表中为每一个 U_i 建立访问相关的信息,随着用户数量的增大,认证表的数据也增大。安全地维护这个表可以说是访问控制安全的关键。但是,表中数据量大也给实际维护带来了困难和安全隐患。因此,试图取消认证表是我们的认证方案以及前人认证方案共同的设计目标,虽然前面的大多数方案并不能真正做到这一点。

考虑我们的认证方案,S 通过对任意 U_i 提交的 ID_i 参数和自己的 x 使用伪随机函数 $f_x(ID_i)$ 计算秘密认证参数 A_i,由于只有 S 掌握 x,所以也只有 S 可以计算每个 U_i 的参数 A_i。这样的做法从前面的规约证明可知可以保证安全。每个参数 A_i 由 S 随时需要根据 x 和 ID_i 重新计算,就为 S 不必维护一个存储每个 U_i 认证数据的认证表提供了可能。我们知道,对 S 而言,认证信息管理的基本操作主要有三种:增加一个 U_i、修改 U_i 的认证权限以及删除 U_i。如果使用认证表,则对每一个 U_i 的认证信息管理十分容易,只要对表中数据做相应修改就可以了,但是,如果取消认证表,则这些问题的解决必须考虑。下面我们就来简要讨论这些问题的处理方法。

从定理 7.3 和定理 7.5 的规约证明来看,参数 ID_i 可以由 U_i 任意取值并不影响方案的安全。但是,为了 S 能在具体应用中取消认证表,需要由 S 和 U_i 共同决定参数 ID_i 的最终取值。我们可以简单地给出一个参数 ID_i 的格式框架如图 7.36 所示。

图 7.36 对 U_i 的参数 ID_i 建议格式框架

U_i 选择的部分中标识 U_i 的身份字段含义是通常容易识别以确定 U_i 真实身份的信息，如 U_i 的居民身份证号码、驾驶证号码或公司中的工号等。如果有了这些信息，则便于会话通信时 S 快速确定登录者指向的具体 U_i。S 定义的部分包括：U_i 的访问权限和使用期限。这些含义相当明确，S 可以在认证时检查 ID_i 的使用期限以确定登录者目前是否有权访问 S。访问权限的作用就是在登录者通过认证以后，S 确定 U_i 具有使用认证系统资源的范围。现在，讨论 S 如何管理 U_i 的问题。我们把 U_i 分成两种情况来考虑：一种是正常情况；另一种是非正常情况。正常情况是指 U_i 在注册阶段一次性与 S 商定了访问权限和使用期限，对这类 U_i 管理相当简单，只要取定参数 ID_i 正常执行注册阶段，过了使用期限 S 将自动拒绝 U_i 之后的登录请求，即 U_i 从认证系统中删除。非正常情况是指 U_i 在注册阶段虽然与 S 商定了访问权限和使用期限，但未到使用期限，U_i 要求修改权限或删除自己。为了保证认证系统安全，我们认为：在这种情况下，S 需要维护一个注销参数表存储那些已经被注销但是还没有到使用期限的 U_i 的 ID_i。认证会话阶段，S 需要查询这个表确定提交的 ID_i 是否已经被注销。注销参数表数据的删除以 ID_i 超过使用期限为依据。这个注销参数表需要保证不允许非法删除数据，从某种意义上说，类似于认证表的作用。但是，这个注销参数表的数据量一般都比传统认证表的要小得多，毕竟，只是对那些中途要求变化的 U_i 才记录数据，而不是为每一个 U_i 记录认证数据。

这样得出的结论是：在正常情况下，我们的认证方案完全不需要认证表的辅助；在非正常情况下，我们的认证方案需要一个小规模的注销参数表辅助。

在大量的应用中，都是按照固定使用期限固定的访问权限中途不允许更改的方式进行访问控制的。例如，在订购有线电视节目或在网上订阅报刊杂志时，通常是按年或按季度订购，不允许用户中途退订；手机和电话卡也是这种情况，在购买了固定金额的服务后，通常也不能要求退款解除服务关系。这也是我们用正常和非正常区分上述两种情况的原因。此外，缩短使用期限可以适应 U_i 对经常变化访问权限的要求，但是，同时增加了 S 注册服务的负担，这是一个过于偏向具体工程实例的问题。

2. 方案的执行开销

在保证安全的前提下，认证方案的执行效率是决定设计优劣的主要因素。这一点在使用智能卡执行认证方案时显得尤为突出，这是因为智能卡作为个人嵌入式手持设备毕竟在计算能力、存储能力和通信带宽都十分有限。从这三个方面来讨论方案的执行开销，以求得对方案执行情况的一个综合评价。从选择密码工具设计认证方案时，我们就充分考虑到执行效率问题，因此，选择对称密码本原。很明显，从计算、通信和存储开销来看，我们设计的两个方案都远低于那些使用非对称密码本原的方案。为了公平起见，这里只列表比较同为仅使用对称密码本原的时间戳方案。

表 7.1 列出了同类方案在计算方面的开销情况，为了便于比较，在我们的方案中，假定伪随机函数族 $f_{(\cdot)}(\cdot)$ 是用密码单向 Hash 函数来具体实现的。显然，相对于 Hash 函

数计算方案，其他的位操作开销可以忽略。从表 7.1 中可以看出，我们提出的方案在同类单边认证和双边认证方案中都达到计算开销最小。表 7.2 列出了这组方案在通信和智能卡参数存储方面的情况，这里也假定各个方案使用相同长度的安全参数。在通信方面，开销基本相同，只有 Das 等的方案的认证消息大一些。认证通信交互的轮次各个方案都相同，单边认证 1 次，双边认证 2 次，普遍认为这是时间戳认证方案的最优交互次数，因此，表 7.2 没有列出。在智能卡的参数存储方面，我们在表中只列出了需要秘密存储的参数，这是由于这一参数对硬件的要求最高。因为在 Sun 的方案中，秘密认证参数 A_i 由 U_i 记忆，所以没有存储要求，但是，这也给 U_i 的使用带来不便，可能由此产生的安全隐患前面已经都讨论，不再重述。除此之外，我们的认证方案，智能卡秘密参数存储开销也为最少。

表 7.1 各方计算开销比较表

分类	方案名称	注册阶段	会话阶段（登录和认证）		口令修改功能
		S 开销	U_i 智能卡开销	S 开销	U_i 智能卡开销
单边认证	Sun 的方案	1 Hash	1 Hash	2 Hash	—
	Hwang 等的方案	2 Hash	2 Hash	2 hash	2 Hash
	Das 等的方案	2 Hash	5 Hash	4 Hash	2 Hash
	我们的方案	1 Hash	1 Hash	2 Hash	0 Hash
双边认证	Chien 等的方案	1 Hash	2 Hash	3 Hash	—
	Lee 等的方案	1 Hash	3 Hash	4 Hash	—
	Ku 和 Chen 的方案	1 Hash*	3 Hash	3 Hash	2 Hash
	Yoon 等的方案 1	1 Hash*	3 Hash	3 Hash	2 Hash
	Yoon 等的方案 2	1 Hash	2 Hash	3 Hash	—
	我们的方案	1 Hash	2 Hash	3 Hash	—

*这两个方案还需要 U_i 在注册阶段做 1 Hash 操作

表 7.2 各方通信开销和智能卡存储开销比较表

分类	方案名称	会话阶段通信开销（登录和认证）		U_i 智能卡秘密参数存储开销
		U_i 智能卡发给 S 的消息	S 发给 U_i 智能卡的消息	
单边认证	Sun 的方案	$m=\{ID_i, C_1, T\}$	—	—
	Hwang 等的方案	$m=\{ID_i, C_1, T\}$	—	A_i
	Das 等的方案	$m=\{DID_i, N_i, C_1, T\}$	—	N_i 和 y
	我们的方案	$m=\{ID_i, C_1, T\}$	—	A_i
双边认证	Chien 等的方案	$m_1=\{ID_i, C_1, T_1\}$	$m_2=\{C_2, T_2\}$	A_i
	Lee 等的方案	$m_1=\{ID_i, C_1, T_1\}$	$m_2=\{C_2, T_2\}$	A_i
	Ku 和 Chen 的方案	$m_1=\{ID_i, C_1, T_1\}$	$m_2=\{C_2, T_2\}$	A_i 和 b
	Yoon 等的方案 1	$m_1=\{ID_i, C_1, T_1\}$	$m_2=\{C_2, T_2\}$	A_i, b 和 V_i
	Yoon 等的方案 2	$m_1=\{ID_i, C_1, T_1\}$	$m_2=\{C_2, T_2\}$	A_i 和 V_i
	我们的方案	$m_1=\{ID_i, C_1, T_1\}$	$m_2=\{C_2, T_2\}$	A_i

由此得出结论，在同类方案中，我们提出的认证方案在计算、通信和存储方面都达到最优。

7.6 本章小结

物联网中的实体认证同广义的"实体认证"具有共性，因此，这里讨论的实体认证同样适用于物联网应用环境。智能卡在物联网中经常用到。智能卡从成本上考虑完全可以广泛作为个人手持设备应用于分布式系统的身份认证。我们认为，本质上智能卡是用户的安全存储和安全计算能力的扩展，而安全的依靠是卡内独立的嵌入式芯片。本章选取客户端-服务器这一最为简单但应用却十分普遍的模式来讨论如何合理借助用户智能卡提供认证服务的问题。也正是因为应用普遍，所以目前已经有大量此类方案提出，按照使用的密码本原的不同可以分为：对称密码本原和非对称密码本原。但是，不幸的情况是，大多数的方案都是不安全的，或者至少在设计方面存在诸多不合理之处。这是促使我们也来设计智能卡认证方案的一个主要原因。我们设计认证方案的整体思路分为两个阶段：第一阶段，不考虑智能卡的因素，而只是力图设计一个客户端-服务器模式下轻型的安全认证方案；第二阶段，加入智能卡的因素，在充分考虑智能卡安全的情况下得出一个最终的设计结果。这样的设计过程是十分合理的，安全认证方案是一切的基础，没有这样的方案，考虑使用任何具体硬件执行都是不安全且没有意义的，因此，将设计这样的方案放在第一阶段首先考虑。但是，这并不意味着不考虑智能卡的因素，在方案的规划上尽量使用执行效率高的密码本原。在得到了一个安全的认证方案设计后，就可以把注意力放在如何把它进一步安全地应用在智能卡这个硬件设备上，这就是第二阶段。分离阶段方法的一个显而易见的优点是，在不同阶段只注意问题的一个方面，更容易得出安全且效率高的设计，我们的设计结果正好说明了这一点。分离阶段方法的另一个好处是，第一阶段得到的认证方案针对客户端-服务器模式具有更普遍的参考价值，而第二阶段得到的认证方案主要针对智能卡的应用，这样明确限制二者的联系，使得即使发现缺陷，更正起来也十分容易，安全认证方案本身出现问题就修改第一阶段的设计，智能卡安全出现问题就修改第二阶段的设计。从而，最大限度地实现了设计的重用性。

第 8 章 服务器辅助公开密钥认证方案

8.1 设计服务器辅助公开密钥认证方案的动机

8.1.1 服务器口令基认证

物联网应用中经常采用客户/服务器模式。口令基认证系统在现实中使用得非常广泛也很受用户青睐。用户和服务器共享一个简单而容易记忆的口令,服务器通过用户口令来认证用户。服务器为每一个注册用户颁发或由用户自己选择一个口令。服务器则负责维护所有用户的身份-口令文件,该文档的每一条记录都是一对数据(ID, pwd),其中,ID 是用户的身份信息,pwd 是该用户的口令。如果用户希望登录服务器,则向服务器输入身份-口令对,服务器根据身份在身份-口令文档中查找用户,再比对口令,如果匹配,则服务器允许访问,不匹配就拒绝。必须指出,用户输入身份-口令对给服务器的是一条通信链路不可攻击的安全信道。在这种环境下,就可以实现服务器对用户的认证。

然而,因为没有执行任何密码操作,以上方法会带来严重的安全问题。服务器上的身份-口令文件是相当脆弱的,这是因为身份-口令文件有可能被攻击者读取,现在攻击者可能就是内部人员,甚至是服务器的管理人员。在攻击者获取身份-口令文件后,他就拥有了用户的所有访问权限。于是,可以通过伪装成某个用户登录服务器,从而对该用户甚至整个服务器造成不可检测的损害。很明显,在某个用户名下攻击服务器降低了攻击者被发现的危险。

一种非常有效的方法是使用抵抗碰撞攻击的密码单向 Hash 函数来解决服务器上安全存储的问题。具体说来,就是服务器对口令使用 Hash 函数 $h()$,身份-口令文件现在记录的用户数据是(ID, h(pwd))而不是从前的(ID, pwd)。用户 A 希望登录服务器,他就向服务器输入身份-口令对(ID_A, pwd_A),服务器先使用单向函数 $h()$ 对用户的口令进行 Hash 计算,然后,根据用户的身份在身份-口令文件中查找用户,再比对其中的口令映像 $h(pwd_A)$,如果匹配,则服务器允许该用户访问,如果不匹配,则拒绝该用户访问。这样,由于对单向 Hash 函数求逆操作是困难的,攻击者即使得到了服务器的身份-口令文件,也不能那么容易得到用户的口令。图 8.1 展示了这一认证过程。

UNIX 操作系统的口令基认证方案就是这样实现的。如图 8.2 所示,系统在服务器上存储认证文件,其中包括用户的身份 ID 和一条密文,该密文是将 64 个 0 组成的串作为输入进行 DES 加密变换生成的,而用户的口令 pwd 就作为 DES 加密变换的密钥。

事实上，该变换进行了 25 轮 DES 加密，并加入了一种称为"比特-交换置换"的操作。"比特-交换置换"是按照 12 位的随机量对每一轮的扩展 E 函数进行交换以提供 $2^{12}=4096$ 种变换，例如，规定第 1 位与第 25 位，第 2 位与第 26 位等，如果 12 位的随机量的对应位是 1 就交换，0 就不交换。这 12 位随机量叫做盐 salt。这样，使用 DES 加密变换可以看作是对全 0 常数串（当然也可以是系统指定的其他常数串进行的带密钥和带参数的单向杂凑操作），其中，密钥是口令 pwd，参数是盐 salt。因为在这一过程中涉及了加盐操作，所以存储在服务器上的认证文件的口令记录应该看成(ID, salt, h(pwd, salt))。认证文件以写保护的形式存储在目录/etc/passwd 中。

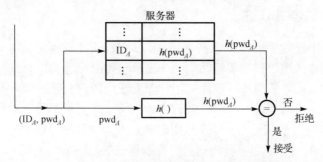

图 8.1　使用单向函数进行口令检查

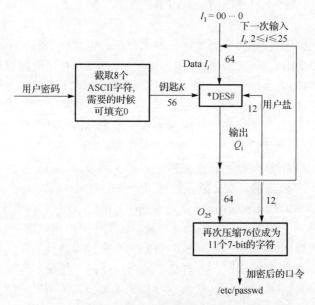

图 8.2　UNIX 密码口令影射
*DES#表示对标准 DES 的 E 函数进行 12 位加盐修改

使用 25 轮而不是标准 DES 加密的 16 轮和加盐操作都可以有效阻止攻击者使用市面上可以买到的标准 DES 硬件来加速破译用户口令。攻击者只能使用专用 DES 硬件，这势必会增加攻击成本。加盐操作的另一个作用是可以阻止攻击者对大量口令映像的同时口令猜测攻击，这是因为即使两个用户选择相同的口令 pwd，但只要他们的盐 salt 不相同，口令映像 $h(pwd, salt)$ 也会不相同，这就要求攻击者进行更多的计算。25 轮 DES 加密在 1970 年确实提供了相当的安全保证，但随着硬件和软件计算性能的不断提高，需要安全强度更高的单向函数来代替使用 DES 加密映射。

8.1.2 我们设计服务器辅助公开密钥认证方案的动机

随着公钥密码系统的普及，相当多的用户已经或将要拥有自己的公开-秘密密钥对，用于网上的加密和数字签名等密码操作。虽然，近年来对身份基的系统研究有了很大的进展，但是可信任的权威机构拥有对整个系统所有信息的合法所有权，使得所有用户都必须对权威机构赋予绝对的"信任"。用户的公开密钥就是用户的身份，使得非交互吊销用户秘密密钥十分困难。由于以上种种原因，身份基系统还没有得到广泛应用。目前，实际使用最多的还是公开密钥证书机制，但是，它的缺点也很明显。实施公开密钥证书机制，对用户的公开密钥认证是通过一个公开密钥认证框架来加以完成的，如树状层次公钥证书基础设施 X.509 公钥认证框架。然而，为了建立和维护这种树状层次结构，公钥基础设施通常会变得异常复杂和成本过高。通过公开密钥证书基础设施对用户的公开密钥进行认证，通常意味着前期建立基础设施的巨大投入，系统运行阶段对基础设施和用户的公开密钥证书管理和维护的巨大开销，以及具体用户使用公开密钥证书时，由于涉及多个可信任的权威机构而产生的复杂信任模型并由此带来大量计算资源、通信资源和时间的开销。

事实上，口令基认证系统的历史比公钥密码系统要悠久得多。在实际的计算机网络环境下，口令基认证系统仍然被大量广泛地使用着。因此，我们考虑能否因势利导，对服务器上的认证文件做适当扩充，使服务器在认证服务以外，也可以同时向其他用户提供公开密钥认证功能。我们设计服务器辅助公开密钥认证方案的动机如下：

（1）在实际应用中，我们会发现经常访问同一个服务器的用户是常需要相互联系的，他们很可能经常用到其他用户的公开密钥。一个具体的情景是，在一个大型的跨国公司里，访问公司服务器一般是公司职员和各类客户，他们经常又是需要经常保持业务联系的。在他们之间潜在进行各种密码操作的可能性，例如，使用公开密钥加密传输数据，验证数字签名是否真实等，显然要远比那些完全没有任何联系的人要大很多。因此，如果能给予他们之间一个简单而安全强度足够高的公开密钥认证机制，则有可能绕开公钥证书基础设施的烦琐，也可以减轻因少数频繁使用的公开密钥反复要求公钥证书基础设施认证给其带来的大量各种资源的消耗。

（2）在上述的服务器中，对访问的控制通常是利用不可非法修改的认证文件完成。对用户的访问控制实质上也是一种简单的认证，而对用户的公开密钥也要实现认证的功能，两者之间存在某种共通之处。因此，有可能在用户注册访问服务器的同时，要求用户附加提供一些信息,以同时达到认证用户的公开密钥之目的。这样,就可以一举两得,既完成了用户的服务器访问控制注册,又向其他使用服务器的用户提供了该用户的公开密钥认证服务。各种开销可能十分小,而使用起来却相当方便。这就好比在服务器上,提供了一个认证过的电话簿,供用户查询,最常用的电话多数可以在这个电话簿上找到。由此看来,服务器辅助公开密钥认证完全有可能成为公钥证书基础设施的一个有益补充,通过服务器上的一个不大的开销,来大大减轻公钥证书基础设施的各种负担。

(3)由于服务器辅助公开密钥认证机制的加入,要求服务器上的认证文件具有更高的安全强度,这从另一个方面,促进了服务器访问控制的安全,有可能出现一个双赢的局面,就是服务器既提供给用户一个比过去更为安全的访问控制机制,又增加了用户公开密钥认证的服务。

当然,由于受到安全访问的限制,服务器辅助公开密钥认证机制只适合于用户不是很多的中小型认证系统或作为公钥证书基础设施的一个有益补充。大型公开密钥认证系统,特别是国家级乃至世界范围的公开密钥认证还必须依靠公钥证书基础设施来完成。

8.2 几个不安全的服务器辅助公开密钥认证方案与我们的评述

8.2.1 Horng 和 Yang 的方案与 Zhang 等的改进

在 Horng 和 Yang 的方案中,每个用户与三个认证参数相关,也就是公开密钥、秘密密钥和由用户生成的并由服务器鉴定通过的证书。

用户注册阶段

假定 $K_{pub} = g^{K_{prv}} \mod p$,这里,$(K_{pub}, K_{prv})$ 是用户需要认证的公开-秘密密钥对,当然这里 g 和 p 是安全的 ElGamal 参数,即 p 是安全素数,g 是有限域 GF(p) 的一个生成元。定义单向函数 $f(x) = g^x \mod p$。用户选定自己身份标识符和口令(ID, pwd),自己生成证书:

$$C = \text{pwd} + K_{prv} \mod p - 1 \tag{8.1}$$

这样,用户的公开密钥-证书对(K_{pub}, C)就存储在公开密钥列表里,用户的身份标识符和口令映像 (ID, f(pwd)) 存储在服务器的认证文件里,认证文件里的数据可以任意访问,但不能非法修改。

公开密钥认证阶段

当其他使用者想使用公开密钥加密数据给目标用户或验证目标用户的数字签名时,可以从公开密钥列表里得到目标用户的公开密钥-证书对(K_{pub}, C),再从服务器的认证文件得到目标用户口令映像 f(pwd)。这样使用者就可以验证:

$$f(C) \stackrel{?}{=} f(\text{pwd}) \times K_{\text{pub}} \bmod p \tag{8.2}$$

如果以上等式成立，则这个使用者就接受目标用户的公开密钥；否则，就拒绝目标用户的公开密钥。

Zhang 等对 Horng 和 Yang 的方案进行分析发现，该方案不能经受口令猜测攻击。如果服务器上的口令映像是可以为任何使用者访问的，而 pwd 是由每个用户自行选定的口令，根据人类的心理特点，人们总是习惯于选择那些容易记忆的，如单词、人的姓名、乐队名称、生日等，作为自己的口令。这样攻击者可以使用一个字典包含人们最常使用的口令，实验猜测口令 $\text{pwd}_{\text{guess}}$ 的映像是否等于认证文件里某个用户的口令映像，即 $f(\text{pwd}_{\text{guess}}) \stackrel{?}{=} f(\text{pwd})$。如果成立，则说明 $\text{pwd}_{\text{guess}} = \text{pwd}$，如果不成立，则再实验下一个字典中的猜测口令。因为这种猜测实验只需要离线进行，正确的口令猜测可以得到验证，错误的口令猜测也不会被发现，所以这是非常有效的离线口令猜测攻击。如果同时猜测多个用户口令映像对应的口令，则效率会更高。

如果攻击者得到了正确的用户口令 pwd，则利用这个口令通过如下方程直接得到用户的秘密密钥，即

$$K_{\text{prv}} = C - \text{pwd} \bmod p - 1 \tag{8.3}$$

当然，攻击者也能轻易地冒充这个用户。具体做法是：在有限域 GF(p) 上生成自己的公开-秘密密钥对 $(K_{\text{pub}\_f}, K_{\text{prv}\_f})$，接着生成自己的冒充证书：

$$C_f = \text{pwd} + K_{\text{prv}\_f} \bmod p - 1 \tag{8.4}$$

最后，在公开密钥列表里，用伪造的公开密钥-证书对 (K_{pub_f}, C_f) 代替用户原有的 (K_{pub}, C)。由于伪造的证书生成过程与真实的证书生成过程完全一样，服务器上的任何数据都无须修改，所以这一冒充可以成功。

针对这一严重的安全漏洞，Zhang 等提出了一个改进方案。

用户注册阶段

用户在选择口令 pwd 的同时，还在有限域 GF(p) 上任意选择一个随机数 r。将 $f(\text{pwd} + r)$ 和 $f(r)$ 通过秘密信道送给服务器。服务器将用户的身份标识符和口令映像 $(\text{ID}, f(\text{pwd}+r))$ 存储在服务器的认证文件里。这样用户的证书可以由方程：

$$C = \text{pwd} + r + K_{\text{prv}} \bmod p - 1 \tag{8.5}$$

生成。同样，用户的公开密钥-证书对 (K_{pub}, C) 存储在公开密钥列表里，以供其他使用者查阅。

公开密钥认证阶段

其他使用者，从公开密钥列表里得到目标用户的证书对 (K_{pub}, C)，再从服务器的认证文件得到其口令映像 $f(\text{pwd}+r)$。这样，使用者就可以验证：

$$f(C) \stackrel{?}{=} f(\text{pwd}+r) \times K_{\text{pub}} \bmod p \tag{8.6}$$

如果以上等式成立，则这个使用者就接受目标用户的公开密钥；否则，就拒绝目标用户的公开密钥。

我们认为，用口令影像 $f(\text{pwd}+r)$ 代替 $f(\text{pwd})$ 可以抵抗口令猜测攻击。因为 r 是有限域 $GF(p)$ 上的一个随机数，这使得 $(\text{pwd}+r)\bmod(p-1)$ 也是有限域 $GF(p)$ 上的一个随机数，所以从 $f(\text{pwd}+r)$ 提取参数 $(\text{pwd}+r)\bmod(p-1)$ 是求解有限域 $GF(p)$ 上的离散对数问题。这是公钥密码学中公认的困难问题。

8.2.2　Lee 等的方案

Lee 等注意到了 Zhang 等的方案的一个缺陷，就是对用户公开密钥的认证不具有不可否认性。这一点在使用公开密钥对目标用户的数字签名进行验证时尤其重要。为了论证这一点，假定一个不诚实的合法用户使用他的公开-秘密密钥对 $(K_{\text{pub}}, K_{\text{prv}})$ 进行了数字签名，任何其他使用者可以通过正常的公开密钥认证过程，认定 K_{pub} 是该用户的公开密钥，从而认定该用户数字签名的合法性。但之后，这个不诚实的合法用户可以任意选定一个证书 C_f，通过如下计算得到对应的公开密钥 K_{pub_f}：

$$K_{\text{pub}\_f} = \frac{f(C_f)}{f(\text{pwd}+r)} \bmod p \qquad (8.7)$$

这样，不诚实的合法用户就可以在公开密钥列表里，使用他伪造的公开密钥-证书对 (K_{pub_f}, C_f) 替代原来的 (K_{pub}, C)。现在，该用户就可以否认他从前的数字签名了。

我们认为：Lee 等的攻击方法还可以进一步改进，就是由于不诚实的用户知道自己的口令参数 pwd+r，他可以自己任选一个新的秘密密钥 K_{prv_f}，同样按照 Zhang 等的方案生成一个新的公开密钥-证书 (K_{pub_f}, C_f)，这里，$C_f = \text{pwd}+r+K_{\text{prv}\_f} \bmod p-1$。最终结果是：不诚实的合法用户不仅可以用伪造的公开密钥 K_{pub_f} 否认他从前的数字签名，还可以向任何第三方展示他的确知道其所对应的秘密密钥 K_{prv_f}，从而使整个否认完美。

针对这一必须解决的问题，Lee 等提出了一个新的方案，力图克服以上存在的缺陷。

用户注册阶段

$(K_{\text{pub}} = g^{K_{\text{prv}}} \bmod p, K_{\text{prv}})$ 是用户需要认证的公开-秘密密钥对，这里，g 和 p 同样是安全的 ElGamal 参数。用户同样选择一个身份标识符-口令对 (ID, pwd)。同时在有限域 $GF(p)$ 上，任意选择一个随机数 r，使得 pwd+r 与 K_{prv} 的最大公约数为 1，即 $\gcd(\text{pwd}+r, K_{\text{prv}}) = 1$，这样使用 Euclidean 算法很容易得到两个整数 a 和 b 满足：

$$a \times (\text{pwd}+r) + b \times K_{\text{prv}} = 1 \qquad (8.8)$$

将 $f(\text{pwd}+r) = g^{\text{pwd}+r} \bmod p, R = g^r \bmod p, a$ 和 b 通过秘密信道送给服务器。服务器对用户的参数做如下认证：

$$f(\text{pwd}+r) \stackrel{?}{=} f(\text{pwd}) \times R \bmod p \tag{8.9}$$

和

$$f(\text{pwd}+r)^a \times K_{\text{pub}}^b \stackrel{?}{=} g \bmod p \tag{8.10}$$

如果以上两个式子都成立,则服务器认证了用户公开密钥,将参数 $f(\text{pwd}+r)$,a 和 b 保存在服务器的认证文件里;否则,就拒绝用户的注册。如果用户成功地完成了注册,则生成自己的证书:

$$C = \frac{\text{pwd}+r}{f(\text{pwd}+r)+K_{\text{prv}}} \bmod p-1 \tag{8.11}$$

最后,将公开密钥-证书对 (K_{pub}, C) 存储在公开密钥列表里,以供将来使用。

公开密钥认证阶段

当其他使用者想使用目标用户的公开密钥时,可以从公开密钥列表里得到该用户的公开密钥-证书对 (K_{pub}, C),再从服务器上得到参数 $f(\text{pwd}+r)$,a 和 b。这样,这个使用者就可以验证:

$$f(C) \stackrel{?}{=} f(\text{pwd}+r)^{a \times C} \times K_{\text{pub}}^{b \times C} \bmod p \tag{8.12}$$

如果以上等式成立,这个使用者就接受目标用户的公开密钥;否则,就拒绝目标用户的公开密钥。

8.2.3 Peinado 的方案

Peinado 指出了 Lee 等的方案的几个安全问题。

首先,用户的秘密密钥可以从公开参数中直接导出。因为 $a \times (\text{pwd}+r) + b \times K_{\text{prv}} = 1$,故

$$\text{pwd}+r = \frac{1-b \times K_{\text{prv}}}{a} \tag{8.13}$$

将式(8.13)代入 Lee 等的方案中,证书 C 的生成方程(8.11),可以写为

$$C = \frac{1-b \times K_{\text{prv}}}{a \times f(\text{pwd}+r) + a \times K_{\text{prv}}} \bmod p-1 \tag{8.14}$$

这样,可得

$$K_{\text{prv}} = \frac{1-a \times C \times f(\text{pwd}+r)}{a \times C + b} \bmod p-1 \tag{8.15}$$

式中,参数 $f(\text{pwd}+r)$,a 和 b 可以从服务器上得到,证书 C 可以从公开密钥列表里得到。

其次,无效的认证证书 C。在有限域 $\text{GF}(p)$ 上,任何数都可以当作证书来被认证。

由于

$$f(C)? = f(\text{pwd}+r)^{a\times C} \times K_{\text{pub}}^{b\times C} \bmod p = g^{C\times((\text{pwd}+r)\times a + K_{\text{prv}}\times b)} = g^C \bmod p \quad (8.16)$$

再次，用户的证书 C 不一定存在。这是因为当最大公约数 $\gcd(f(\text{pwd}+r)+K_{\text{prv}},p-1)>1$ 时，$f(\text{pwd}+r)+K_{\text{prv}} \bmod p-1$ 的逆元并不存在，也就不能做模的除法。

Peinado 对 Lee 等的方案的两点建议如下。

（1）不使用证书参数 C。这样就可以避免用户自己的秘密密钥被很容易地从公开参数中推导出来。

（2）在公开密钥认证阶段，用式（8.10）代替式（8.12）作为使用者的认证方程，而将服务器认证文件中不可非法修改的参数 $f(\text{pwd}+r)$，a 和 b 作为用户的证书。

我们对 Peinado 的改进方案所宣称的用户对其公开密钥具有的不可否认性重新进行了考虑，很容易发现，要伪造一个公开密钥 K_{pub_f} 通过认证方程 $f(\text{pwd}+r)^a \times K_{\text{pub}\_f}^b ? = g \bmod p$ 等价于求解方程：

$$K_{\text{pub}\_f}^b = (f(\text{pwd}+r)^a)^{-1} \times g \bmod p \quad (8.17)$$

式中，$(f(\text{pwd}+r)^a)^{-1}$ 表示 $f(\text{pwd}+r)^a \bmod p$ 的逆元。方程（8.17）是有限域 $GF(p)$ 上的求根问题。有文献给出了有效的算法。因此，用户只要在注册阶段生成参数时保证方程（8.17）有多个根，就可以为以后的伪造替代自己的公开密钥留下机会。同时还给出了一个简单的攻击实例。为了否认自己先前的公开密钥 K_{pub}，不诚实的合法用户可以做如下工作。

（1）在注册阶段，故意选择一个偶数 b 使得 $1-b\times K_{\text{prv}}$ 是一个合数，再计算 a 和 r 满足 $a\times(\text{pwd}+r)=1-b\times K_{\text{prv}}$。接着，将参数 $f(\text{pwd}+r)$，$R=g^r \bmod p$，a 和 b 通过秘密信道送给服务器。

（2）在使用完公开-秘密密钥对 $(K_{\text{pub}}, K_{\text{prv}})$ 后，用伪造的公开密钥 $K_{\text{pub}\_f} = p - K_{\text{pub}}$ 代替公开密钥列表里原来的 K_{pub}。

则

$$\begin{aligned}
f(\text{pwd}+r)^a \times K_{\text{pub}\_f}^b \bmod p &= f(\text{pwd}+r)^a \times (p-K_{\text{pub}})^b \bmod p \\
&= f(\text{pwd}+r)^a \times \left(p^b + \binom{b}{1}\times p^{b-1}\times(-K_{\text{pub}}) + \cdots \right. \\
&\quad \left. + \binom{b}{b-1}\times p \times(-K_{\text{pub}})^{b-1} + (-K_{\text{pub}})^b\right) \bmod p \\
&= f(\text{pwd}+r)^a \times K_{\text{pub}}^b \bmod p = g \bmod p
\end{aligned} \quad (8.18)$$

任何人都会相信伪造的公开密钥 K_{pub_f} 的真实性，因为它可以通过认证方程（8.10）。

这样一来，在实际的应用中，不诚实的合法用户用秘密密钥 K_{prv} 计算的数字签名将得不到伪造公开密钥 K_{pub_f} 的正确认证。不诚实的合法用户就可以进而否定自己的数字签名。因此，我们得出的结论是：Peinado 的改进方案和它以前的方案一样，不能实现对用户公开密钥的不可否认性。当然，Lee 等的方案也存在类似的问题。

8.2.4 Kim 方案

Kim 也发现了 Lee 等的方案存在通过公开参数可以导出用户秘密密钥的问题，因此，也给出了一个修改的方案。

用户注册阶段

系统公开参数是：p,q 是两个如同 DSA 中的两个大素数满足 $q|p-1$，g 是有限域 $GF(p)$ 上，阶为 q 的一个生成元，$f(x) = g^x \bmod p$ 是离散对数单向函数。假定 ($K_{pub} = g^{K_{prv}} \bmod p$，$K_{prv}$) 是用户需要认证的公开-秘密密钥对。用户选择自己的口令 pwd 和有限域 $GF(p)$ 上的一个随机数 r。用户的公开密钥证书 C 按如下方程计算：

$$C = \text{pwd} + r + K_{prv} \times K_{pub} \bmod q \tag{8.19}$$

用户将 $f(\text{pwd}+r) = g^{\text{pwd}+r} \bmod p$，$R = g^r \bmod p$ 和自己的身份标识符 ID 通过秘密信道送给服务器。服务器对用户的参数做认证 $f(\text{pwd}+r) \stackrel{?}{=} f(\text{pwd}) \times R$，如果成立，则服务器在认证文件中存储用户的 ID 和 $f(\text{pwd}+r)$；如果不成立，则服务器拒绝用户的注册请求。用户将他的公开密钥-证书对 (K_{pub}, C) 存储在公开密钥列表里，以供其他使用者查阅。

公开密钥认证阶段

当其他使用者想认证目标用户的公开密钥时，可以从公开密钥列表里得到目标用户的公开密钥-证书对 (K_{pub}, C)，再从服务器上得到参数 $f(\text{pwd}+r)$。使用者验证：

$$f(C) \stackrel{?}{=} f(\text{pwd}+r) \times K_{pub}^{K_{pub}} \bmod p \tag{8.20}$$

如果以上等式成立，则使用者就接受目标用户的公开密钥；否则，就拒绝目标用户的公开密钥。

Zhang 和 Kim 还很自然地把以上方案扩展到了椭圆曲线密码系统。椭圆曲线的版本是在用户注册阶段按照如下方程建立证书：

$$C = \text{pwd} + r + K_{prv} \times R_x(K_{pub}) \bmod q \tag{8.21}$$

在公开密钥认证阶段，其他使用者通过方程：

$$f(C) \stackrel{?}{=} f(\text{pwd}+r) + R_x(K_{pub}) \cdot K_{pub} \tag{8.22}$$

验证证书。这里，单向函数定义为 $f(\lambda) = \lambda \cdot P$，$P$ 是有限域 $GF(p)$ 上椭圆曲线 $E_{(a,b)}$：$y^2 = x^3 + ax + b$ 的阶为 q 的生成元，$R_x(A)$ 表示该椭圆曲线上点 A 的 x 轴坐标值。

在 Zhang 和 Kim 的改进方案中，假定一个不诚实的合法用户想否认他所经过认证的公开-秘密密钥对 (K_{pub}, K_{prv})。他可以很容易地进行如下操作。

（1）任意选定一个伪造的秘密密钥 K_{prv_f} 满足 $K_{prv\_f} \neq K_{prv} \bmod q$，接着，计算伪造的公开密钥 $K_{pub\_f} = g^{K_{prv\_f}} \bmod p$，在椭圆曲线的版本为 $K_{pub\_f} = K_{prv\_f} \cdot P$。

（2）同样，按照如下方程计算伪造的证书 C_f：

$$C_f = \text{pwd} + r + K_{prv\_f} \times K_{pub\_f} \bmod q \tag{8.23}$$

在椭圆曲线的版本为

$$C_f = \text{pwd} + r + R_x(K_{prv\_f}) \times K_{pub\_f} \bmod q \tag{8.24}$$

（3）用伪造的公开密钥-证书对 (K_{pub_f}, C_f) 代替原来存储在公开密钥列表里的 (K_{pub}, C)。

由于不诚实的合法用户知道自己的口令 pwd 和随机数 r，他能很容易地得到伪造证书 C_f。因为不诚实的合法用户生成伪造证书的过程完全和生成合法证书是一样的，且无须修改服务器上的任何参数，所以任何其他使用者都将能够认证伪造的公开密钥的真实性。因此，我们得出相反的结论：Zhang 和 Kim 的改进方案与它以前的方案一样，不能提供对用户公开密钥的不可否认服务。

8.2.5　Wu 和 Lin 的方案

Wu 和 Lin 也看到在 Lee 等的方案中，任何证书都可以通过认证方程的问题，因此，他们建议采用认证方程：

$$g^{C \times f(\text{pwd}+r)} \times K_{pub}^C \stackrel{?}{=} f(\text{pwd}+r) \bmod p \tag{8.25}$$

当然，这样的修改并不能避免用户的秘密密钥可以从公开参数中导出的问题。

Wu 和 Lin 同时指出，Lee 等的方案不能抵抗公开密钥替代攻击。攻击者可以任意选择一个伪造证书 C_f，计算对应的公开密钥 K_{pub_f}：

$$K_{pub\_f} = (f(\text{pwd}+r) \times g^{-C_f \times f(\text{pwd}+r)})^{C_f^{-1}} \bmod p \tag{8.26}$$

这里，C_f^{-1} 表示模 $C_f \bmod p-1$ 的逆元。伪造的公开密钥-证书对 (K_{pub_f}, C_f) 可以通过认证方程（8.25）。由于

$$\begin{aligned} g^{C_f \times f(\text{pwd}+r)} \times K_{pub\_f}^{C_f} &= g^{C_f \times f(\text{pwd}+r)} \times (f(\text{pwd}+r) \times g^{-C_f \times f(\text{pwd}+r)})^{C_f^{-1} \times C_f} \bmod p \\ &= g^{C_f \times f(\text{pwd}+r)} \times g^{-C_f \times f(\text{pwd}+r)} \times f(\text{pwd}+r) = f(\text{pwd}+r) \bmod p \end{aligned} \tag{8.27}$$

这一攻击方法虽然不能让攻击者得到伪造的公开密钥 K_{pub_f} 对应的秘密密钥 K_{prv_f}，但会浪费伪造公开密钥使用者的计算资源和时间。

1. 对 Lee 等的方案的简化改进

用户注册阶段

系统公开参数 g, p, pwd 和函数 $f()$ 的定义与对 Lee 等的方案完全一样。$(K_{pub} = g^{K_{prv}} \bmod p, K_{prv})$ 是用户需要认证的公开-秘密密钥对。用户在有限域 $GF(p)$ 上选择一个随机数 r，使得 pwd+r 与 $p-1$ 的最大公约数为 1，即 $\gcd(\text{pwd}+r, p-1)=1$。将 $f(\text{pwd}+r) = g^{\text{pwd}+r} \bmod p$ 和 $R = g^r \bmod p$，通过秘密信道送给服务器。服务器对用户的参数做认证 $f(\text{pwd}+r) \stackrel{?}{=} f(\text{pwd}) \times R$。如果这个式子成立，则服务器认证了用户，将 $f(\text{pwd}+r)$ 保存在服务器的认证文件里；否则，就拒绝用户的注册。如果成功地完成了注册，则用户生成自己的证书。

$$C = \frac{1 - K_{prv}}{\text{pwd}+r} \bmod p-1 \tag{8.28}$$

最后，将公开密钥-证书对 (K_{pub}, C) 存储在公开密钥列表里，以供使用。

公开密钥认证阶段

当其他使用者想使用用户的公开密钥时，使用者就可以验证：

$$f(\text{pwd}+r)^C \times K_{pub} \stackrel{?}{=} g \bmod p \tag{8.29}$$

如果以上等式成立，则这个使用者就接受目标用户的公开密钥；否则，就拒绝目标用户的公开密钥。

同样，这个简化改进的方案也不能抵抗前面提到的公开密钥替代攻击。

2. Wu 和 Lin 的抵抗替代攻击方案

用户注册阶段

$(K_{pub} = g^{K_{prv}} \bmod p, K_{prv})$ 是用户需要认证的公开-秘密密钥对。用户注册阶段与 Wu 和 Lin 对 Lee 等的简化改进方案基本相同。唯一的区别在于如果用户成功地完成了注册，则以如下方程生成自己的证书：

$$C = \frac{K_{pub} - K_{prv}}{\text{pwd}+r} \bmod p-1 \tag{8.30}$$

最后，就将公开密钥-证书对 (K_{pub}, C) 存储在公开密钥列表里，以供使用。

公开密钥认证阶段

这个阶段与 Wu 和 Lin 对 Lee 等的简化改进方案基本相同。唯一的区别是公开密钥的证书通过如下方程进行验证：

$$f(\text{pwd}+r)^C \times K_{pub} = g^{K_{pub}} \bmod p \tag{8.31}$$

我们认为，非常类似于 Zhang 和 Kim 的方案，Wu 和 Lin 的方案不能提供公开密钥的不可否认服务。原因是不诚实的注册用户掌握所有生成自己证书的参数，他完全可以为自己伪造任意公开-秘密密钥对 (K_{pub_f}, K_{prv_f}) 生成对应的伪造证书 C_f，用伪造的公开密钥-证书对 (K_{pub_f}, C_f) 代替存储在公开密钥列表中的真实参数。做到这一切不需要与服务器有任何交互，而使用者将成功认证伪造的公开密钥-证书对 (K_{pub_f}, C_f)，这样，不诚实的注册用户就可以否定以前使用公开-秘密密钥对 (K_{pub}, K_{prv}) 的所作所为了。

8.2.6　Yoon 等的方案

Yoon 等认为 Peinado 的改进方案仍然存在公开密钥的替代攻击。攻击者可以按如下步骤进行。

（1）从服务器认证文件中得到参数 $f(\mathrm{pwd}+r)$，a 和 b，并且按下面的方程计算伪造公开密钥 K_{pub_f}，即

$$K_{pub\_f} = f(\mathrm{pwd}+r)^{-a\times b^{-1}} \times g^{b^{-1}} \bmod p \tag{8.32}$$

（2）用伪造的公开密钥 K_{pub_f} 替代原来存储在公开密钥列表里用户的 K_{pub}。
则

$$\begin{aligned}
&f(\mathrm{pwd}+r)^a \times K_{pub\_f}^b \bmod p \\
&= f(\mathrm{pwd}+r)^a \times (f(\mathrm{pwd}+r)^{-a\times b^{-1}} \times g^{b^{-1}})^b \bmod p \\
&= f(\mathrm{pwd}+r)^a \times f(\mathrm{pwd}+r)^{-a\times b^{-1}\times b} \times g^{b^{-1}\times b} \bmod p \\
&= f(\mathrm{pwd}+r)^a \times f(\mathrm{pwd}+r)^{-a} \times g \bmod p \\
&= g \bmod p
\end{aligned} \tag{8.33}$$

因此，伪造的用户公开密钥 K_{pub_f} 同样可以通过 Peinado 的改进方案公开密钥认证阶段的认证方程（8.10），而被使用者接受。

但在这里必须指出，Yoon 等对 Peinado 的改进方案的安全分析是不正确的。这是因为如果 $\gcd(b, p-1)>1$，则 $b \bmod p-1$ 的逆元并不存在，即 b^{-1} 不存在，这时攻击是不成功的；如果 $\gcd(b, p-1)=1$，则以公开密钥 K_{pub} 为未知数的同余方程 $K_{pub}^b = f(\mathrm{pwd}+r)^{-a} \times g \bmod p$ 只有一个解（唯一解的原因将在后面详细论述），这就说明按 Yoon 等伪造的公开密钥 K_{pub_f} 与原来的密钥 K_{pub} 是相等的，即 $K_{pub\_f} = K_{pub}$，这时攻击也是不成功的。

用户注册阶段

用户注册阶段与 Lee 等的方案基本相同。唯一的区别是公开密钥的证书由如下方程计算出来：

$$C = (\mathrm{pwd}+r) \times a + K_{prv} \times K_{pub} \times b \bmod p-1 \tag{8.34}$$

公开密钥认证阶段

公开密钥认证阶段与 Lee 等的方案也基本相同。唯一的区别是公开密钥的证书通过如下方程进行验证：

$$f(C) \stackrel{?}{=} f(\text{pwd}+r)^a \times K_{\text{pub}}^{b \times K_{\text{pub}}} \bmod p \tag{8.35}$$

非常类似 Zhang 和 Kim 的改进方案和 Wu 和 Lin 的方案，Yoon 等的方案也不能提供其所宣称的公开密钥不可否认服务。原因同样是注册用户掌握所有生成自己证书的参数，因此，他可以为自己伪造任意公开-秘密密钥对 $(K_{\text{pub}\_f}, K_{\text{prv}\_f})$，生成对应的伪造证书 C_f，用伪造的公开密钥-证书对 (K_{pub_f}, C_f) 代替存储在公开密钥列表中的原始参数，而没有任何人能区别这一点。

8.2.7 Shao 的方案

Shao 给出了对 Peinado 改进与 Zhang 和 Kim 改进的安全分析，随后指出，Zhang 和 Kim 改进（当然也包括以上所有方案）需要四个条件：①需要一个为所有用户信任的服务器；②服务器认证文件不能被攻击者非法修改；③在每个用户和服务器之间必须有一条秘密信道，以使用户能把认证数据安全真实地送给服务器；④使用者和服务器之间也必须有一个安全秘密信道，以使使用者能得到服务器的真实参数。同时，认为只有第一个条件是必需的，而后三个条件是不必要的。

为此，Shao 也提出了一个方案。方案的假设前提是用户与服务器之间共享一个口令，服务器有一个为所有人都相信的 ElGamal 公开-秘密密钥对，服务器在使用共享口令认证了用户参数后，就用自己的秘密密钥为用户的公开密钥进行 Schnorr 签名。我们认为 Shao 的方案从基本原理上考虑，是基于证书的公开密钥认证方案，而不是基于服务器的公开密钥认证方案。

我们认为，认证模式的不同造成了 Shao 对服务器辅助公开密钥认证认识的偏差。服务器上的认证文件不能被非法修改是合理的，否则，服务器将根本不能进行任何传统意义上的认证和访问控制。这就如同基于证书的公开密钥认证机制中，可信任的权威机构的公开密钥也不能被非法地修改，否则，一切用户的公开密钥认证都无从谈起。每个用户和服务器之间必须有一条秘密信道安全真实地传送认证数据，我们认为也是合理的。因为这一要求是在用户和服务器不共享任何秘密情况下提出的。在这种用户和服务器完全没有信任的情况下，用户必须通过秘密信道，如本人到服务器所在地来完成用户身份和密钥对真实性的认定。基于证书的公开密钥认证方案，在签发证书之前，权威机构也要做这样的认定。如果像 Shao 的方案，用户与服务器之间预先共享一个口令，则口令的真实性即保证了用户身份的真实性，前面所述的方案也能修改成用户和服务器之间不需要秘密信道的方案。还需要指出的是，这一秘密信道也只是用户注册阶段的一次性要求。至于使用者和服务器之间必须有一条安全秘密信道的问题，我们使用服务器辅助认证公开密钥时，使用者访问本地服务器，本身就存在一条安全的通信链路。这也是我们指出服务器辅助公开密钥认证方案只适合于中小型认证系统的原因。

基于证书的认证方案不需要认证阶段秘密信道的根本原因在于，权威机构拥有为所有用户都信任的公开-秘密密钥对（预先经过秘密信道建立），通过秘密密钥为每个用户数字签名来保证用户数据的真实性和完整性。基于服务器辅助的公开密钥认证方案并不依赖这一点，而是依靠不可非法修改的认证文件实现，用户公开密钥的真实性依赖于认证文件存储的用户参数的真实性。这样，认证注册用户公开密钥的使用者甚至可以没有预先注册到服务器，只要他相信该服务器的真实性。

8.3 我们的服务器辅助公开密钥认证方案

8.3.1 我们的服务器辅助公开密钥认证基本框架

图 8.3 给出了我们的公开密钥认证方案的运作方式，在服务器上拥有口令的用户可以根据自己需要选择是否要提供自己的公开密钥认证给其他使用该服务器的用户。如果用户希望提供公开密钥认证，则可以使用自己的口令和公开-秘密密钥对生成认证参数，提交给服务器，服务器在检验了用户身份的真实性后，进一步确认用户公开-秘密密钥对和用户自己产生认证参数正确性，这一切都成功后，服务器将用户的公开密钥参数也写入口令认证文件，供其他用户查询和认证。这一注册过程只需要进行一次，除非用户需要更新自己的口令或密钥对。在其他使用者需要认证用户的公开密钥时，从服务器口令认证文件得到目标用户的认证参数，联合从公开密钥列表得到用户的公开密钥进行认证。在公开密钥认证模式中，这属于直接访问一个可信任的公开文件的模式。由于使用者通过直接访问服务器来得到用户的认证参数，所以传递用户认证参数的安全信道自然可以得到保证。

事实上，假定使用者通过直接访问服务器得到认证参数，是为了让我们在设计中把注意力主要集中在公开密钥认证这一中心课题上。如果使用者希望远程访问目标认证参数，则可以首先与服务器建立一条认证了的安全信道，再进行目标用户认证数据的传输。我们认为这涉及两种方案的连接问题，不是本章想要讨论的主要问题，因此，对传递用户认证参数的安全信道进行简单处理。

回顾权威机构的信任等级分类，即使在最希望得到的第 3 级信任中，权威机构仍然有机会冒充合法用户，例如，在公开密钥证书机制中，权威机构自己生成公开-秘密密钥对，再与用户的合法身份联合签发证书；在隐含公开密钥认证机制中，权威机构自己生成公开-秘密密钥对，再与用户的合法身份联合生成重建用户公开密钥的参数，只要用户没有得到这些假的公开密钥证书或重建公开密钥的参数，权威机构就可以一直冒充合法用户。这里必须指出，无论公开密钥证书还是重建公开密钥的参数都是提供给潜在目标用户公开密钥的使用者，而不是提供给目标用户。这就要求保证使用者必须存储可疑的用户证书或重建参数,以供将来举证权威机构欺骗之用,这将给公开密钥认证带来额外的开销。此外,在用户和权威机构之间,用户是弱势,权威机构是强势,大多数用户可能并不经常使用自己的密钥对,这就给发现实际中的冒充行为带来了很大困难。当然,存在大型信誉高的权威机构时,出现冒充的可能性很小。但在许多应用环境中,大型信任度高的权威机构经常不容易得到或需要付出较大的代价才能得到,这时发生上述伪造冒充的可能性就会升高。

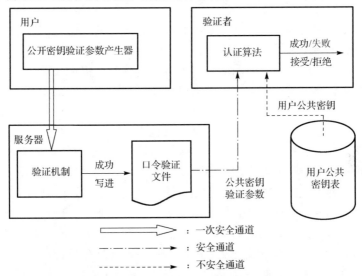

图 8.3 服务器辅助公开密钥认证的模式

事实上,权威机构可以任意冒充用户的根本原因是,他为被认证用户的公开密钥生成公开密钥证书或重建公开密钥的参数,当然也可以不需要被认证用户但借用用户的身份信息自己单独做到这一切。我们设计服务器辅助公开密钥认证方案在这方面的考虑是:完全让被认证用户生成公开密钥认证参数,而由权威机构监督这一生成过程验证其真实性,并由权威机构负责管理这些公开密钥认证参数。由于权威机构并不直接参与用户公开密钥认证参数的生成过程,权威机构由信任的产生者变成了信任的监督和管理者,从而为杜绝权威机构冒充问题提供了可能。

我们的机制对权限具体分配完全不同于常见的公开密钥认证机制。拥有公开-秘密密钥对的用户负责生成自己的认证参数,而权威机构只负责对用户身份、密钥对和认证参数之间的真实性检验,以及防止用户的认证参数被非法修改。这种非法修改可能来自攻击者,也可能来自用户本身。基于现实中权威机构与被认证用户串通的可能性很少考虑,通过对权威机构权限进一步削弱,我们希望,用户与权威机构能形成一种互相制约的局面,从而达到一个更安全的公开密钥认证等级。这样的权限分配设计,我们相信更为适合于权威机构信任度不高的应用环境中。表 8.1 是我们对几种公开密钥认证机制相关权限分配的总结和比较。

表 8.1　公开密钥认证机制用户与权威机构的权限分配

	公开-秘密密钥对生成	认证参数生成	认证参数管理
身份基系统	CA	—	—
公开密钥证书	CA/AU	CA	CD/AU
隐含公开密钥认证	CA/AU	CA	CD/AU
服务器辅助公开密钥认证	AU	AU	CA

CA：权威机构；AU：被认证用户；CD：证书目录

如前面所述，服务器上的口令认证文件一般由用户的身份标识符 ID 和口令的单向函数 $h(pwd)$ 值组成。口令认证文件最主要的安全隐患来自于口令猜测攻击。为了抵抗这一攻击，UNIX 的口令认证系统采用加盐 salt 操作，但加盐操作只能部分抵抗对口令文件的整体口令猜测攻击，即攻击者使用常用口令字典中的口令，经过单向函数计算后与口令认证文件中的每个口令单向函数值逐个比较，相等则猜测成功，找到对应用户的口令；不相等则继续比较口令认证文件中其他单向函数值。很明显，经过加盐操作后，即使两个用户使用了同一个口令，但因为他们的盐 salt 不同，口令单向函数值也不会相同，这意味着要求攻击者具有更大的计算能力和存储容量来实施攻击。但是，加盐操作并不能抵抗对单个目标用户的口令猜测攻击，这是因为攻击者只对单个用户使用猜测比较，而该用户具体的盐 salt（与口令的单向函数值一同存放），攻击者可以获得。随着硬件技术的快速发展，计算机的计算能力和存储容量都有很大程度的提高，口令猜测攻击对口令认证文件的威胁自然也就越来越大。提升口令认证文件的安全强度是急待解决的问题。

一种抵抗口令猜测攻击的办法是延长计算口令单向函数值的时间，这对于一般诚实用户，可能只是在认证时增加了一个可以接受的时间延迟，但对于攻击者，由于需要实验大量的字典口令而使口令猜测攻击的时间不可接受。众所周知，公钥密码本原中的单向函数的单向性比私钥密码本原中的单向函数好，且计算速度要明显慢于私钥密码本原中的单向函数，因此，可以考虑用公钥密码本原中的单向函数来计算用户口令的单向函数值。此外，另一种抵抗口令猜测攻击的方法是，为口令增加一个随机化因子，使用户口令看起来更加随机，不容易为攻击者轻易猜中。这一章考虑的问题，也就是在公钥密码本原为单向函数的认证表环境下，如何通过巧妙附加一些机制连带实现公开密钥认证的功能。

8.3.2　服务器辅助公开密钥认证方案的安全驱动设计方法

众所周知，之所以称为密码系统（各种算法、方案和协议机制）就是考虑了攻击者破坏行为。考虑了攻击的系统就是密码系统。密码系统假定工作环境充满了敌意。密码系统可能会遭受各种各样的攻击，这些攻击可能是由没有被邀请但可以与系统交互信息的系统外部攻击者发起的，也可能是由系统内部的合法用户发起的，甚至可能是系统的管理人员发起的。因此，设计一个数学上运行正确的密码机制并不意味着就大功告成，它可能会因为精心策划的异常使用而失败。即使是由专业人士设计的密码系统，也经常遭到各式各样的失败。前面回顾众多不安全的公开密钥认证方案，恰恰说明了这一点。下面来限定公开密钥认证方案的攻击类型。

不像其他的密码机制，如加密、数字签名和密钥协商等，公开密钥认证还没有一套十分明确的攻击模式以及形式化的定义。当然，针对一些不同的具体方案提出了一些具体攻击方法，有些攻击方法对方案的破坏是致命的，有些攻击方法的破坏不是很大。因此，在设计分析公开密钥认证方案之前，需要界定对方案的哪些攻击是需要防止的，以及方案应该具备哪些安全性质。按照传统的分类方法，根据攻击所采取的手段或者说攻击者的能力，将攻击分为两类。

（1）被动攻击：这里，攻击者仅利用观察诚实用户正常执行方案的手段，来达到阻碍破坏方案提供安全服务的目的。

（2）主动攻击：攻击者除了使用被动攻击的手段，还可以使用干扰正常通信（包括注入消息、截取消息、重放消息、更改消息等）、修改公开数据源等方法来达到目的。

由于在分布式网络环境下，假定攻击者具备这些攻击能力。很明显，一个安全的公开密钥认证方案应该能够抵抗这两种形式的攻击。前面提到的口令猜测攻击和用户秘密密钥推导攻击就属于被动攻击；而公开密钥替代攻击和对用户的不可否认服务攻击属于主动攻击。在设计公开密钥认证方案时，将慎重对待这两类攻击。

与其他传统的协议和方案一样，服务器辅助公开密钥认证方案的设计大多还是遵循着：攻击—修复—再攻击—再修复的轨迹发展，力图逐渐达到一个更为安全的层次。但这种启发式的设计方法存在两个十分明显的缺陷：第一，发现了方案的一些安全漏洞，并不意味着方案只有这些安全漏洞，可能还有大量尚未发现的并且危害严重的安全漏洞存在。第二，对安全漏洞的简单修补和一些启发式的分析，并不意味着方案就不再存在这样的安全隐患，更不意味着修补不会同时引入其他的安全问题。以上回顾的种种服务器辅助公开密钥认证方案正好印证了这些缺点确实存在。因此，我们在设计服务器辅助公开密钥认证方案时，希望改变以往启发式的设计方法，从公开密钥认证密码服务的朴实需求出发，按如下步骤进行。

（1）定义服务器辅助公开密钥认证方案的基本安全目标。

（2）根据这些安全目标考虑设计方案。

（3）按照定义的安全目标，对我们方案所能达到的安全程度做出结论。

（4）通过一些规约和数学的方法来证明我们结论的正确性。

我们认为，这一做法比启发式方法更为合理，因为在设计之初就明确了方案所期望达到的明确安全要求，只要对方案安全结论规约证明是正确的，方案就可以达到我们设计之初对方案安全性的期许。退一步说，即使还能发现新的安全漏洞，只能说明我们对方案的朴实安全需求认识不够充分和完善，可以进一步改进基本安全目标定义，然后以新的定义改进我们的方案，给出新的安全结论规约证明。这就可以最大限度地保证方案能够抵抗现有已经知道的攻击方法（通过明确的规约），也为方案克服潜在安全漏洞留有扩展的余地（通过重新定义基本安全目标）。同时，设计方案能达到的安全程度也十分明确，便于工程实践中，对方案进行明确的安全评估。下面就按照以上提出的设计步骤来完成我们的服务器辅助公开密钥认证方案。

8.3.3 服务器辅助公开密钥认证方案的安全目标

服务器辅助公开密钥认证方案就是为了实现一个简单的公开密钥与拥有者身份相关的认证信任机制。其他认证使用者通过对一些公开参数的计算，以确认认证的公开密钥与指定的被认证用户相关。从这里我们就提出一个最为基本的安全要求。

定义 8.1 在服务器辅助公开密钥认证方案中，通过公开密钥和公开的认证参数，不会泄露被认证用户的任何秘密信息。结合前面提到的方案不会泄露被认证用户的秘密密钥和参数口令。

很明显，这是对服务器辅助公开密钥认证方案最基本的要求，也是对所有公开密钥认证方案最基本的要求，如果能通过公开密钥和公开的认证参数推导出任何被认证用户的秘密，方案将毫无安全可言，将给被认证用户带来巨大损失，是没有实际意义的方案。

我们进一步根据服务器辅助公开密钥认证模式中各个参与者拥有的秘密和所具有的能力不同，可将它们划分成三类：一般使用者、被认证用户和服务器管理者。一般使用者只能访问已注册用户的公开密钥和公开认证参数；被认证用户除了具有上述能力，还可以在服务器管理者的监督下生成或更新自己的公开认证参数以适应新的公开密钥，并且拥有自己的全部秘密信息；服务器管理者则负责维护服务器上的口令认证文件不可非法修改，以及监督注册用户生成公开认证参数和对它们此后的更新活动。它们都可能是诚实的系统使用或维护者，但也都可能是潜在威胁系统安全的攻击者。因此，在设计方案时，需要考虑对它们可能的攻击行为提出相应的安全要求。对于一般使用者，我们的要求如下。

定义 8.2 一般使用者不能对任何一个合法认证过的公开密钥伪造出另一个公开密钥，通过认证方案，借以欺骗其他使用者。

这是一个非常高的安全要求，达到这一要求说明：一般使用者对存储在不安全介质上合法认证过的公开密钥进行任何变动都将会被发现。

对于被认证用户，我们的要求如下。

定义 8.3 被认证用户不能对自己合法认证过的公开密钥伪造出另一个公开密钥通过认证方案，以此欺骗其他使用者。

定义 8.3 的要求比定义 8.2 更为苛刻，这是因为被认证用户知道自己的所有秘密信息，且认证参数都是由自己生成的。这样就有可能在生成自己的认证参数时，为将来伪造自己的公开密钥留下后门，因此，可以认为如果一个认证方案能够满足定义 8.3 的要求，定义 8.2 的要求就可以自动得到满足。

对于服务器管理者，我们的要求如下。

定义 8.4 服务器管理者不能为被认证用户伪造另一个公开-秘密密钥对，来冒充该被认证用户。

这里，我们需要强调的是，服务器管理者不能为用户伪造另一个公开-秘密密钥对。服务器管理者有可能为被认证用户伪造一个公开密钥通过认证方案，但得不到对应的秘密密钥，这意味着他将不能冒充该被认证用户做任何有意义的事，如解密和数字签名等，而只会使服务器提供的公开密钥认证服务信用降低。对于服务器管理者，我们认为，这样的攻击情况是不会发生的，因此，定义 8.4 是合理的。

定义 8.5 服务器管理者不能在未被用户允许的情况下，为该用户确定的公开密钥生成伪造的对应认证参数，以向其他一般使用者提供对该用户的公开密钥认证服务。

这一安全要求是基于如下考虑，服务器管理者可能为了提高服务器公开密钥认证服务的可用性，而为那些本不希望为其他使用者提供自己公开密钥认证服务的用户，在自己的服务器上自行增加这项服务。而由此所引发的用户和服务器管理者的争端，任何第三方都无法判定是哪一方的错误。这是因为双方都有生成合法公开认证参数的能力。这实际涉及侵犯用户选择权和隐私权的问题。

此外，还可以注意到，如果一个方案能够同时达到定义 8.3 和定义 8.4 的要求，就可以实现对用户公开密钥的不可否认服务。定义 8.3 限定了被认证用户不能伪造自己的公开密钥来否认自己的数字签名，而定义 8.4 限定了服务器管理者不能冒充用户进行数字签名，这样其他使用者在认证公开密钥以后，又验证了该用户的数字签名之后，这个用户将不能抵赖自己数字签名的真实性。这在公开密钥用于数字签名时特别重要。下面就提出一个服务器辅助公开密钥认证方案试图实现以上的安全目标。

8.3.4 服务器辅助公开密钥认证机制

假定服务器通过访问控制为用户提供各种服务。我们的服务器辅助公开密钥认证方案是对口令认证文件做适当的扩充，为用户提供一个安全的公开密钥认证服务。用户可以根据实际需要选用这一认证服务也可以不用。这样就保证了服务器系统具有良好的适应性。我们先来描述服务器实现访问控制所使用的认证表机制。

服务器公布在有限域 $GF(p)$ 上的安全 ElGamal 参数 p 和 g。这里，大素数 p 和生成元 g 与系统中希望认证的公开密钥相同。根据离散对数问题对 p 的要求应该满足 $p-1=t\times q$，q 同样也是大素数而 t 包含其他小素数因子。

用户注册

需要服务器提供服务的用户确定自己的身份标识符-口令对 (ID, pwd)。在有限域 $GF(p)$ 上随机选择数 r，将

$$0 < PW = pwd + r \bmod q < q \qquad (8.36)$$

作为自己的秘密认证参数，因为 q 也是大素数，所以，q 不整除 $pwd+r$ 几乎是平凡的，要保证式（8.36）的限制很容易。计算：

$$f(\text{pwd}+r) = g^{t\times(\text{pwd}+r)} \bmod p \tag{8.37}$$

用户将身份标识符 ID 和 $f(\text{pwd}+r)$ 通过秘密信道送给服务器。服务器检查注册用户的实体身份和他的身份标识符,如果上述过程都通过,则服务器将 $(\text{ID}, f(\text{pwd}+r))$ 存储在口令认证文件中。为了确保用户账户正确,用户可通过用 pwd+r 登录一次服务器或用 $(f(\text{pwd}+r), \text{PW})$ 作为公开-秘密密钥对签名一条消息的方式,向服务器展示自己的确知道 $f(\text{pwd}+r)$ 对应的 pwd+r。成功后用户就可以用口令参数 PW 登录服务器了。

修改和注销

如果用户希望修改自己的口令,则可以向服务器展示自己知道原来的 $f(\text{pwd}+r)$ 和需要更新的 $f((\text{pwd}+r)_{\text{new}})$ 所对应的 pwd+r 和 $(\text{pwd}+r)_{\text{new}}$ 后,由服务器和用户联合更新。当然,用户使用了公开密钥认证服务,也同时需要和服务器联合更新自己的认证参数,并且服务器可能需要做一些对原参数的归档工作。如果用户希望注销自己,则服务器确定其身份真实性后,同样可以向服务器展示自己知道 $f(\text{pwd}+r)$ 对应的 PW,由服务器和用户联合注销。

服务器实际上不知道用户的确切 $\text{pwd}+r \bmod q$,而只是对用户的参数 $f(\text{pwd}+r)$ 加以记录。很明显,认证表是使用非对称单向函数建立起来的,因此,表中的全部数据可以公开访问,但是不能被非法修改,这由服务器维护。认证表如表 8.2 所示。

表 8.2 基本口令认证文件的结构

身份参数	口令映射
ID_1	$f(\text{pwd}_1 + r_1)$
ID_2	$f(\text{pwd}_2 + r_2)$
⋮	⋮
ID_n	$f(\text{pwd}_n + r_n)$

服务器增加公开密钥认证服务,并且用户希望进一步让其他使用者可以在登录服务器后就可以认证自己的公开密钥,它可以继续执行我们设计的方案。

我们的服务器辅助公开密钥认证方案描述如下。

用户注册阶段

$(K_{\text{pub}} = g_1^{K_{\text{prv}}} \bmod p, K_{\text{prv}})$ 是用户需要认证的公开-秘密密钥对,这里,参数 $g_1 = g^t \bmod p$ 的阶为 q,参数 g 和 p 与服务器公布的安全 ElGamal 参数相一致。采用参数 g_1 的目的最重要的是考虑到 Poblig-Hellman 攻击算法的存在,秘密密钥的小素数因子模部分将全部泄露,这样做秘密密钥 K_{prv} 模 t 将自动为 0,目前大部分常用加密签名算法,如 DSA 签名算法和 Schnorr 签名算法都使用这种类型的密钥对。用户随机选择一个整数 $b > 2$,满足 $\gcd(b, p-1) = 1$。接着,就可以计算整数。

$$a = (\text{pwd}+r)^{-1}(1 - b \times K_{\text{prv}}) \bmod q \neq 0 \tag{8.38}$$

式中，$(\text{pwd}+r)^{-1}$ 表示 $(\text{pwd}+r) \bmod q$ 的逆元。该用户将参数 ID，a，b 和 K_{pub} 通过秘密信道送给服务器。服务器检查完身份标识符 ID 后，计算如下两个方程来判断认证参数是否有效：

$$f(\text{pwd}+r)^a \times K_{\text{pub}}^b \stackrel{?}{=} g_1 \bmod p \qquad (8.39)$$

和

$$\gcd(b, p-1) \stackrel{?}{=} 1 \qquad (8.40)$$

如果两个方程都成立，则服务器将用户参数 a 和 b 一同存储在口令认证文件的用户记录下来。服务器同时防止对参数 a 和 b 非法修改。公开密钥 K_{pub} 不需要任何保护，存储在任意的公开密钥列表，以供潜在使用者查阅。

公开密钥认证阶段

当其他使用者想使用目标用户的公开密钥时，可以从公开密钥列表里得到目标用户的公开密钥 K_{pub}。再从服务器上访问用户的参数 $f(\text{pwd}+r)$，a 和 b。这样使用者就可以同样验证认证方程（8.39），如果等式成立，则这个使用者就接受目标用户公开密钥的真实性；否则，就拒绝目标用户公开密钥的真实性。

用户对公开密钥认证参数的修改和注销

当用户希望修改服务器上自己的认证参数以适应新的公开-秘密密钥对时，向服务器展示其身份后，向服务器展示自己知道 $f(\text{pwd}+r)$ 对应的 $\text{pwd}+r \bmod q$，并提交修改请求。如果通过服务器的认证，则重新执行用户注册阶段，用新的认证参数替代原来的参数；没有通过服务器的认证，就拒绝修改请求。用户需要注销服务器上自己的公开密钥认证参数，则只需要向服务器展示其身份后，向服务器展示自己知道 $f(\text{pwd}+r)$ 对应的 $\text{pwd}+r$，并提交注销请求。如果能通过认证，则服务器删除用户的认证参数；如不能通过，则拒绝修改请求。

我们可以看到：

$$\begin{aligned}
f(\text{pwd}+r)^{t \times a} \times K_{\text{pub}}^b &= g^{t \times (\text{pwd}+r) \times a} \times g_1^{b \times K_{\text{prv}}} \bmod p = g_1^{(\text{pwd}+r) \times a} g_1^{b \times K_{\text{prv}}} \bmod p \\
&= g_1^{(\text{pwd}+r)(\text{pwd}+r)^{-1} \times (1-b \times K_{\text{prv}})} \times g_1^{b \times K_{\text{prv}}} \bmod p \\
&= g_1^{1-b \times K_{\text{prv}}} \times g_1^{b \times K_{\text{prv}}} \bmod p \\
&= g_1 \bmod p
\end{aligned} \qquad (8.41)$$

因此，这个服务器辅助公开密钥认证方案是可以正常运行的。显而易见，认证方案中的用户注册阶段既可以在用户注册服务器访问控制时一同完成，又可以在以后某个时间单独完成。

表 8.3 所示为传统口令认证文件增加了公开密钥认证功能后的变化。很明显，口令认证文件要求保证文件中所有的数据能够抵抗来自外部非法修改。每个合法用户数据记录是在用户注册阶段，由服务器为用户创立的。口令认证文件要求对口令参数单

向函数数据段 $f(\text{pwd}+r)$ 的修改必须在服务器和用户联合的情况下才能修改,任何一方不能单独修改。这一点可以通过简单的程序机制来保证,例如,只有当同时正确地输入了服务器管理员密码口令和用户的口令参数 $\text{pwd}+r \bmod q$ 时,程序机制才允许由新的用户参数 $f((\text{pwd}+r)_{\text{new}})$ 替代原有的用户参数 $f(\text{pwd}+r)$,或者是在服务器管理员的监督下,由用户输入自己正确的 $\text{pwd}+r \bmod q$,服务器程序才允许修改原有的用户参数 $f(\text{pwd}+r)$。事实上,很多服务器也都是这么做的。数据段 a 和 b 由用户产生提交后可以由服务器单独维护。

表 8.3 口令认证文件的结构

身份参数	口令映射	公用密钥认证参数	
ID_1	$f(\text{pwd}_1+r_1)$	a_1	b_1
ID_2	$f(\text{pwd}_2+r_2)$	a_2	b_2
ID_3	$f(\text{pwd}_3+r_3)$	—	—
⋮	⋮	⋮	⋮
ID_n	$f(\text{pwd}_n+r_n)$	a_n	b_n

8.3.5 方案的安全分析

这里,我们将依照前面提出的对服务器辅助公开密钥认证方案安全定义,逐条考察我们提出的方案是否能做到。

定理 8.1(对应于定义 8.1) 在我们的服务器辅助公开密钥认证方案中,仅通过被认证用户的公开密钥和公开认证参数,不会泄露被认证用户的任何秘密,即秘密密钥和口令参数。

定义 8.6(离散对数问题) 在有限域上的离散对数问题可以定义为

输入 $\text{desc}(F_P)$:对有限域 F_P 的描述;$g \in F_P^*$:F_P^* 上的一个生成元;$h \in F_P^*$。

输出 唯一的整数 $e < P$,满足 $h = g^e \bmod P$。我们用 $\log_g h$ 表示 e。

离散对数问题看起来与在有理数范围内求解对数问题相似,但实际上却有本质上的不同。在理数范围内,我们有很多逼近方法来近似求解离散对数问题,而现在的求对数问题定义在离散的区间上,那些方法都不再适用。

定义 8.7 离散对数假设可以这样表述,解决离散对数问题的算法是一个概率多项式时间的算法 A,对于一个概率 $\varepsilon > 0$,满足

$$\varepsilon = \text{Prob}[\log_g h \leftarrow A(\text{desc}(F_P), g, h)] \tag{8.42}$$

式中,A 的输入、输出由定义 8.6 给出。令 IG 是一个实例生成器,输入 1^k,在 k 的多项式时间内运行,输出 $\text{desc}(F_P)$,其中 $|P|=k$;一个生成元 $g \in F_P^*$;$h \in F_P^*$。我们说 IG 满足离散对数假设,对所有足够大的 k,对于不可忽略的概率 $\varepsilon > 0$,不存在由 $\text{IG}(1^k)$ 所产生的离散对数问题求解算法 A。

简而言之，这个假设说明了在充分大的有限域上，几乎对所有的情形，不存在求解离散对数问题的有效算法，除了一部分可以忽略。它们是由于存在弱的特例造成的。此外，离散对数假设成立意味着前面提到在有限域 GF(p) 上普遍用来生成公开-秘密密钥对 ($K_{\text{pub}} = g_1^{K_{\text{prv}}} \bmod p, K_{\text{prv}}$) 的函数

$$f(x) = g_1^x \bmod p \tag{8.43}$$

是单向的。离散对数假设成立还意味着单向函数的存在。广泛地认为：离散对数假设应该成立，这是基于确信 P 问题不等于 NP 问题。事实上，没有这一点，我们在公钥密码学方面基本上什么也做不了。

下面我们定义两个 ORACLE 来规约定理 8.1 为求解离散对数问题。

定义 8.8 第一个 ORACLE 用函数 A_1 定义为

$$A_1(f(\text{pwd}+r), a, b, K_{\text{pub}}) = K_{\text{prv}} \tag{8.44}$$

第二个 ORACLE 用函数 A_2 定义为

$$A_2(f(\text{pwd}+r), a, b, K_{\text{pub}}) = \text{pwd}+r \tag{8.45}$$

式中，$a, b, f(\text{pwd}+r), K_{\text{pub}}$ 和 K_{prv} 都是我们的服务器辅助公开密钥认证方案中所指定的参数。

函数 A_1 用来表示，在我们的方案中，通过公开认证参数计算出被认证用户秘密密钥的算法，而函数 A_2 表示，通过公开认证参数计算出被认证用户口令参数的算法。有了上面的几个定义，我们就可以规约定理 8.1 了。

证明（定理 8.1） 考虑计算在有限域 GF(p) 上的离散对数问题实例 $h = g_1^e \bmod p$，这里，大素数 p 和 q 满足 $q \mid p$，$g_1 = g^{p/q} \bmod p$，g_1 和 g 的阶分别为 q 和 $p-1$。

如果函数 A_1 果真存在，则求 e 可以按如下步骤进行。

（1）判断 $h = g_1^e \stackrel{?}{=} 1 \bmod p$，如果成立，则 $e=0$，结束；否则，令 $K_{\text{pub}} = g_1^e \bmod p$。

（2）任意选取参数 a 和 b，满足 $\gcd(a, p-1) = 1$ 和 $\gcd(b, p-1) = 1$，接着，计算：

$$f(\text{pwd}+r) = (K_{\text{pub}}^{-b} \times g_1)^{a^{-1}} \bmod p \tag{8.46}$$

式中，a^{-1} 表示 $a \bmod p-1$ 的逆元。

（3）将参数提交给 ORACLE 函数 A_1 就可以计算出离散对数问题，即

$$A_1(f(\text{pwd}+r), a, b, K_{\text{pub}}) = A_1((K_{\text{pub}}^{-b} \times g_1)^{a^{-1}} \bmod p, a, b, K_{\text{pub}}) = K_{\text{prv}} = e \tag{8.47}$$

同样的道理，如果函数 A_2 果真存在，则可以按如下类似步骤进行。

（1）判断 $h = g_1^e \stackrel{?}{=} 1 \bmod p$，如果成立，则 $e=0$，结束；否则，令 $f(\text{pwd}+r) = g_1^e \bmod p$。

（2）任意选取参数 a 和 b，满足 $\gcd(a, p-1) = 1$ 和 $\gcd(b, p-1) = 1$，接着，计算：

$$K_{\text{pub}} = (f(\text{pwd}+r)^{-t \times a} \times g_1)^{b^{-1}} = (h_R^{-t \times a} \times g_1)^{b^{-1}} \bmod p \tag{8.48}$$

式中，b^{-1} 表示 $b \bmod p-1$ 的逆元。

（3）将得到的这些参数提交给 ORACLE 函数 A_2。即

$$A_2(f(\text{pwd}+r),a,b,K_{\text{pub}}) = A_2(g_1^e \bmod p, a, b, (f(\text{pwd}+r)^{-t\times a} \times g_1)^{b^{-1}} \bmod p) \quad (8.49)$$
$$= \text{pwd}+r$$

（4）最终得 $e = (\text{pwd}+r) \bmod q$。

很明显，以上的规约都可以在多项式时间内完成。这样，如果真有函数 A_1 或 A_2，在有限域 GF(p) 上的离散对数问题就可以容易地解决，因此，我们相信函数 A_1 或 A_2 并不存在。于是，我们就得出定理 8.1 的结论。

从上面的规约可以看出，解决有限域 GF(p) 上的离散对数问题与我们的方案中通过公开密钥和公开认证参数计算被认证用户的秘密参数是等价的。

定理 8.2（对应于定义 8.2 和定义 8.3） 在我们的方案中，只要服务器能安全地维护口令认证文件，一般使用者不能对任何一个合法公开密钥伪造另一个公开密钥，通过认证过程，以欺骗其他使用者。进一步，即使是被认证用户，也不能为自己的合法公开密钥伪造另一个公开密钥，通过认证过程。

定义 8.9 整数 m, k 和 n 满足 $m \geq 2, k \geq 2$ 和 $\gcd(n,m) = 1$。我们说 n 是模 m 的 k 次剩余，如果存在一个整数 x 满足

$$x^k = n \bmod m \quad (8.50)$$

如果这个剩余式无解，则我们说 n 是模 m 的 k 次非剩余。

定理 8.3 P 是一个素数，$k \geq 2$，并且 $d = \gcd(k, P-1)$。n 是一个不能被 P 整除的整数。n 是模 P 的 k 次剩余，当且仅当

$$n^{(P-1)/d} = 1 \bmod P \quad (8.51)$$

如果 n 是模 P 的 k 次剩余，则同余式

$$x^k = n \bmod P \quad (8.52)$$

恰好有 d 个两两模 P 互不同余的解。进一步，恰好存在 $(P-1)/d$ 个两两模 P 互不同余的 k 次剩余。

证明 这是数论中非常有名的定理。为了简洁，我们在这里忽略证明，建议对此结论感兴趣的读者参阅相关文献。

由定理 8.3 可以直接得到以下结论。

推论 8.1 P 是一个奇素数，并且整数 $k \geq 2$，满足 $\gcd(k, P-1) = 1$。如果 $\gcd(n,P) = 1$，则 n 是模 P 的 k 次剩余，并且同余式 $x^k = n \bmod P$ 仅有一个模 P 的解。

有了上面的准备知识，就可以证明定理 8.2 了。

证明（定理 8.2） 在定理 8.2 中，不诚实的合法被认证用户伪造自己的公开密钥的情况比一般使用者伪造的情况，对方案的安全要求更为苛刻。这是因为不诚实的合法被认证用户除了可以像一般使用者访问认证参数进行伪造以外，由于他是自己所有

秘密的掌握者和认证参数的生成者,所以他具有更多的潜在伪造自己公开密钥的能力。因此,对于定理 8.2,我们只要证明任何被认证用户不能伪造自己的公开密钥就证明了整个定理。

现在考虑,如果一个不诚实的合法被认证用户想伪造一个自己的公开密钥 K_{pub_f},他必须使得这个伪造公开密钥通过认证方程

$$f(\text{pwd}+r)^a \times K_{\text{pub}\_f}^b \stackrel{?}{=} g_1 \bmod p \tag{8.53}$$

这意味着这个用户需要解如下方程得到另外一个公开密钥:

$$x^b = (f(\text{pwd}+r)^{t \times a})^{-1} \times g_1 \bmod p \tag{8.54}$$

式中,$(f(\text{pwd}+r)^{t \times a})^{-1}$ 表示 $f(\text{pwd}+r)^{t \times a} \bmod p$ 的逆元。然而,根据推论 8.1 和我们方案中要求的 $\gcd(b, p-1)=1$,我们可以很容易发现这个用户需要解的方程在模 p 的意义下只有一个解。由于用户的真实公开密钥 K_{pub} 已经是一个解了,所以在模 p 的意义下不存在其他的解也同时满足方程(8.54)。由于服务器安全地维护口令认证文件,用户的参数 $f(\text{pwd}+r)$,a 和 b 存储在口令认证文件中,通过适当机制保证不被非法修改。因此,用户即使知道所有自己的秘密参数也没有办法伪造一个可以通过认证过程的公开密钥来代替公开密钥列表中原来的真实值。这样,我们得出结论:不诚实的合法被认证用户也不能伪造自己公开密钥通过认证过程来欺骗其他使用者。

定理 8.4(对应于定义 8.4) 在我们的方案中,只要服务器口令认证文件中的参数 $f(\text{pwd}+r)$ 不能由服务器管理者单独修改,服务器管理者就不能为被认证用户伪造另一个可以通过认证过程的公开-秘密密钥对,来冒充被认证用户。

定义 8.10 定义 ORACLE 用函数 A_3 表示为

$$A_3(f(\text{pwd}+r)) = [a, b, K_{\text{pub}}, K_{\text{prv}}] \tag{8.55}$$

式中,$a, b, f(\text{pwd}+r), K_{\text{pub}}$ 和 K_{prv} 是我们的方案中所描述的参数。

显然,如果要为被认证用户伪造另一个公开-秘密密钥对,函数 A_3 应该是服务器管理者掌握的算法,通过已知的被认证用户口令映像 $f(\text{pwd}+r)$ 就能生成公开-秘密密钥对 $(K_{\text{pub}}, K_{\text{prv}})$ 和与之对应的用户认证参数 a 和 b。有了这些参数就可以替代原始参数,实现冒充目标被认证用户的目的。

证明(定理 8.4) 还是考虑计算在有限域 $\text{GF}(p)$ 上的离散对数问题实例 $h = g_1^e \bmod p$,这里,大素数 p 和 q 满足 $q \mid p, g_1 = g^{p/q} \bmod p, g_1$ 和 g 的阶分别为 q 和 $p-1$。如果函数 A_3 果真存在,则计算 e 可以按如下步骤进行。

(1)判断 $h = g_1^e \stackrel{?}{=} 1 \bmod p$,如果成立,则 $e=0$,结束;否则,令 $f(\text{pwd}+r)=g_1^e \bmod p$。

(2)将参数 $f(\text{pwd}+r)$ 提交给 ORACLE 函数 A_3 就可以计算出一组参数:

$$A_3(f(\text{pwd}+r)) = A_3(g_1^e \bmod p) = [a, b, K_{\text{pub}}, K_{\text{prv}}] \tag{8.56}$$

(3)根据认证方程(8.39)得

$$f(\text{pwd}+r)^a \times K_{\text{pub}}^b = g_1^{e\times a} \times K_{\text{pub}}^b = g_1^{e\times a} \times g_1^{K_{\text{prv}} \times b} = g_1^{e\times a + K_{\text{prv}} \times b} = g_1 \bmod p \quad (8.57)$$

进而可以得到方程：

$$e \times a + b \times K_{\text{prv}} = 1 \bmod q \quad (8.58)$$

这是一个关于 e 的一次同余方程，由于 $\gcd(a,q)=1$，可得

$$e = a^{-1} \times (1 - b \times K_{\text{prv}}) \bmod q \quad (8.59)$$

以上的规约步骤都可以在多项式时间内完成。如果有函数 A_3，在有限域 GF(p) 上的离散对数问题就可以得到有效解决。因此，有理由认为函数 A_3 是不存在的。我们就得出定理 8.4 的结论。

这里需要指出的是，服务器管理者不能为用户自行生成公开-秘密密钥对 $(K_{\text{pub}\_f}, K_{\text{prv}\_f})$ 来冒充使用用户。服务器管理者可以为用户伪造生成公开密钥以通过认证，以欺骗其他认证该公开密钥的使用者。例如，首先，任意选取认证参数 a_f 和 b_f，满足 $\gcd(a_f, p-1)=1$ 和 $\gcd(b_f, p-1)=1$；接着，计算 $K_{\text{pub}\_f} = (f(\text{pwd}+r)^{-t\times a_f} \times g_1)^{b_f^{-1}} \bmod p$，这里，$b_f^{-1}$ 表示 $b_f \bmod p-1$ 的逆元；最后，将认证参数 a_f 和 b_f 写入口令认证文件，将伪造的用户公开密钥 K_{pub_f} 写入公开密钥列表。但是，服务器管理者并不能得到伪造的用户公开密钥 K_{pub_f} 对应的秘密密钥 K_{prv_f}，这意味着他将不能冒充用户进行后续的密码操作。这样做的结果只能降低公开密钥认证服务的信誉度。因此，对于服务器管理者，这样的伪造活动并不具有什么实际的价值，可以不予考虑。

定理 8.5 在我们的方案中，服务器管理者不能在未被用户允许的情况下，为该用户确定的公开密钥伪造生成对应的认证参数，以向其他用户提供对该用户的正确公开密钥认证服务。

定义 8.11 定义 ORACLE 用函数 A_4 表示为

$$A_4(f(\text{pwd}+r), K_{\text{pub}}) = [a, b] \quad (8.60)$$

式中，$a, b, f(\text{pwd}+r)$ 和 K_{pub} 是我们的方案中所规定的参数。

如果要为用户确定公开密钥伪造生成对应的认证参数，函数 A_4 应该是服务器管理者掌握的算法，通过公开已知的用户口令映像 $f(\text{pwd}+r)$ 和公开密钥 K_{pub} 就能生成与之对应认证参数 a 和 b。

证明（定理 8.5） 还是考虑计算在有限域 GF(p) 上的离散对数问题实例 $h = g_1^e \bmod p$，这里，大素数 p 和 q 满足 $q | p$，$g_1 = g^{p/q} \bmod p$，g_1 和 g 的阶分别为 q 和 $p-1$。如果函数 A_4 果真存在，则计算 e 可以按如下步骤进行。

（1）判断 $h = g_1^e \stackrel{?}{=} 1 \bmod p$，如果成立，则 $e = 0$，结束。

（2）令 $f(\text{pwd}+r) = h = g_1^e \bmod p$ 和 $K_{\text{pub}} = g_1^{e\times m} \bmod p$，这里，$m$ 是任意有限域 GF(p) 上的数，将参数提交给 ORACLE 函数 A_4 就可以计算出一组参数：

$$A_4(f(\text{pwd}+r), K_{\text{pub}}) = A_4(g_1^e \bmod p, g_1^{e \times m} \bmod p) = [a, b] \quad (8.61)$$

(3) 根据认证方程 (8.39) 得

$$f(\text{pwd}+r)^{t \times a} \times K_{\text{pub}}^b = g_1^{e \times a} \times g_1^{e \times m \times b} = g_1 \bmod p \quad (8.62)$$

进而可以得到方程：

$$e \times a + e \times m \times b = (a + m \times b) \times e = 1 \bmod q \quad (8.63)$$

这是一个关于 e 的一次同余方程，并且由于常数项为 1，方程至多有一个模 q 的解，又由于认证方程 (8.62) 的成立，这样的解一定存在。因此，

$$e = (a + m \times b)^{-1} \times 1 \bmod q \quad (8.64)$$

以上的规约也可以在多项式时间内完成。因此，如果确实存在函数 A_4，在有限域 $\text{GF}(p)$ 上的离散对数问题就可以有效得到解决。我们认为函数 A_4 实际是不存在的。

当然，在我们的方案中，由于认证参数 a 和 b 完全由服务器来维护，一种可能发生的情况是在用户希望修改或注销认证参数 a 和 b 时，服务器保留了它们，继续为其他用户提供公开密钥认证服务，但由于服务器仍然不知道用户认证参数 a 和 b 实际指向的公开密钥 K_{pub} 对应的秘密密钥 K_{prv}，继续维持这样的过期服务，如同我们在定理 8.4 中讨论的服务器伪造用户公开密钥一样并不具有太多实际价值。从上面的安全规约与证明可以看出，提出的方案可以达到我们设定的基本安全目标。这些目标来自于对目前已经知道的各种具体攻击方法的抽象。据此，我们有理由相信提出的方案可以抵抗目前已知的各种攻击方法，是一个较以前同类方案更为安全的服务器辅助公开密钥认证机制。

8.3.6 方案执行考虑

在具体参数的选取方面，我们认为，对于认证参数 b 可以选取较小且二进制表示中各个位中为 0 较多的整数，如 $b = 3$ 或 $2^{16}+1$。这样选择参数 b 有两个好处：第一，可以减小在服务器上存储所占用的空间；第二，可以减少认证方程 (8.39) 在验证中为了得到模幂值 K_{pub}^b 所需要的计算消耗，同时，也可以减少 $\gcd(b, p-1)$ 的计算开销。因此，这样选择可以很好地提高执行效率。

在我们的方案中，参数 pwd 是用户选择的方便记忆的但容易受到攻击的弱口令，参数 r 是一个随机数，因此，pwd+r 也是一个随机数，要求用户记住一个看起来随机的数字不符合用户的一般习惯，也将会不受欢迎，但要使口令认证文件彻底抵抗口令猜测攻击，又必须尽量避免用户使用容易记忆的低熵口令，而选择随机的高熵口令。幸好，目前大量低成本、便携、高效的个人嵌入设备，如认证令牌、智能卡和 Java 卡等，正在广泛地应用于电子商务、网络安全等各个领域。在方案中，完全可以使用这些设备来存储用户的随机数 r。

以智能卡为例，可以用智能卡来安全地存储随机数 r，而参数 pwd 作为智能卡的口令（PIN）。当用户需要访问服务器时，将自己的智能卡借助读卡机，输入自己的口令 pwd，智能卡简单计算 pwd+r 后，提交 (ID, pwd+r) 给服务器。服务器认证程序只要在口令认证文件中查询到用户的 $f(\text{pwd}+r)$，验证了 $f(\text{pwd}+r) \stackrel{?}{=} g^{t\times(\text{pwd}+r)} \bmod p$，就可以判断用户是否为合法用户了。智能卡的口令还可以按照用户的要求进行修改。我们给出一个简单的方法，按如下步骤进行。

（1）用户输入原来的口令 pwd 和希望修改的口令假定为 pwd_{new}。
（2）智能卡计算新的随机数 $r_{\text{new}} = \text{pwd} + r - \text{pwd}_{\text{new}}$。
（3）智能卡用新的随机数 r_{new} 代替原来的随机数 r。

这样用户就可以使用自己新选择的口令 pwd_{new} 来登录服务器了。这里，实际上并没有改变用户选择的口令和随机数之和 pwd+r。因此，这个修改智能卡上的弱口令操作完全没有必要通知服务器。

从上面的实例可以看出，通过安全的个人嵌入设备来执行我们的方案，既可以保证方案有较高的安全强度，又为用户提供了一个完全与传统口令认证习惯相一致的友好使用界面。

在表 8.4 中，我们从计算和存储的两个方面总结了我们和同类服务器辅助公开密钥认证方案的执行效率情况。在计算消耗方面，我们忽略考虑了在建立口令认证表时，计算参数 $f(\text{pwd}+r)$ 或 $f(\text{pwd})$ 时所需要的开销。我们认为这一过程严格来说，不完全属于公开密钥认证方案范畴。不过，在这方面，我们方案的开销与同类方案基本相当。为了使比较更加明确，我们只考虑大数的模幂运算，而忽略了各个方案中的模乘、模除、模加、模减、求逆和求最小公约数等运算。这是因为大数模幂运算的计算消耗是其他这些运算的 1 到几个数量级，所以，不多的常数次运算占总体计算消耗中的比例很小。因此，忽略了对这些运算的统计并不会影响比较的准确性。前面提到，我们的方案可以精心选取好的认证参数 b，在计算 $f(\text{pwd}+r)^a \times K_{\text{pub}}^b \stackrel{?}{=} g_1 \bmod p$ 时，模幂运算 K_{pub}^b 就可以得到充分简化，不再是一般意义上的大数模幂运算了，例如，认证参数 $b=3$，则 K_{pub}^b 只需要 3 次模 p 乘运算来得到结果；认证参数 $b=2^{16}+1$，则 K_{pub}^b 最多只需要 16 次 p 模乘运算来得到结果。另一个模幂运算 $f(\text{pwd}+r)^a$，可以注意到认证参数 a 由式 $a = (\text{pwd}+r)^{-1}(1 - b \times K_{\text{prv}}) \bmod q$ 来计算，由此 a 是一个小于 q 的整数。我们知道大数模幂运算的计算开销主要取决于指数的长度，因此，整个认证方程只相当于略大于 1 次指数在 q 数量上模 p 的幂运算（表 8.4 中用 1 PE ++ 表示）。很显然的一点是，在一般情况下指数在 q 数量上模的 p 幂运算比前面回顾的大多数方案中指数在 p–1 数量上模 p 的幂运算要快。此外，我们还必须指出用户注册公开密钥认证服务只是一次性的计算任务，也就是说只是新用户向服务器注册或修改认证参数时才进行的操作，而只有公开密钥认证阶段才是被其他使用者反复执行的操作，因此，认证阶段的计算消耗对方案的计算效率产生主要影响。这样得出结论：我们的方案在总的计算效率方面，至少与 Horng 和 Yang 的方案和 Zhang 等的方案相当，而明显优于其他同类方案。

表 8.4　服务器辅助公开密钥认证方案在执行效率方面的比较

消耗方案	计算*			存　　储	
	注册阶段		认证阶段	服务器	公开密钥列表
	服务器	用户	使用者		
Horng 和 Yang 的方案	—	—	1 PE	$f(\text{pwd})$	K_{pub} 和 C
Zhang 等的方案	—	—	1 PE	$f(\text{pwd}+r)$	K_{pub} 和 C
Lee 等的方案	2 PE	—	3 PE	$f(\text{pwd}+r)$，a 和 b	K_{pub} 和 C
Peinado 的方案	2 PE	—	2 PE	$f(\text{pwd}+r)$，a 和 b	K_{pub}
Zhang 和 Kim 的方案	—	—	1 PE+1 QE	$f(\text{pwd}+r)$	K_{pub} 和 C
Wu 和 Lin 的方案	—	—	2 PE	$f(\text{pwd}+r)$	K_{pub} 和 C
Yoon 等的方案	2 PE	—	3 PE	$f(\text{pwd}+r)$，a 和 b	K_{pub} 和 C
我们的方案	1 QE ++	—	1 QE ++	$f(\text{pwd}+r)$，a 和 b	K_{pub}

*计算开销区分两种模幂运算：指数在 q 数量上模 p 的幂运算用 QE 表示；指数在 p–1 数量上模 p 的幂运算用 PE 表示

在存储消耗方面，我们认证方案的认证参数 b 可以选得比较小，而认证参数 a 是模 q 生成的可以认为具有 q 相同的长度。其他使用认证参数 a 和 b 的方案，a 和 b 的产生是通过 Euclidean 算法得到的，可以认为具有 p–1 相同的长度。在服务器只存储参数 $f(\text{pwd}+r)$ 或 $f(\text{pwd})$ 的方案时，都需要在公开密钥列表中存储用户自己生成的证书 C。除了 Zhang 和 Kim 的方案中证书 C 是模 q 生成的，其他都是模 p–1 产生的，因此，除了 Zhang 和 Kim 的方案中 C 具有 q 相同的长度，其他都具有 p–1 相同的长度。这样，在总的存储要求方面，只是略大于 Zhang 和 Kim 的方案，至少和只存储参数 $f(\text{pwd}+r)$ 或 $f(\text{pwd})$ 的其他方案持平，而小于所有其他存储参数 a 和 b 的方案。但也正是略高的存储要求，才有更安全的服务器辅助公开密钥认证方案，才真正发挥了服务器在公开密钥认证方案中作为权威机构的作用。

8.4　几点需要说明的问题

8.4.1　认证参数不可重复生成

在我们的方案中，被认证用户不能为相同的口令参数 $\text{pwd}+r \bmod q$ 和公开-秘密密钥对 $(K_{\text{pub}}, K_{\text{prv}})$ 生成两组不同的认证参数 (a_1, b_1) 和 (a_2, b_2)。这是因为，如果存在两组这样的认证参数，则

$$a_1 \times (\text{pwd}+r) + b_1 \times K_{\text{prv}} = 1 \bmod q \tag{8.65}$$

和
$$a_2 \times (\text{pwd}+r) + b_2 \times K_{\text{prv}} = 1 \bmod q \tag{8.66}$$

根据式（8.65）可得
$$K_{\text{prv}} = b_1^{-1} \times (1 - a_1 \times (\text{pwd}+r)) \bmod q \tag{8.67}$$

代入式（8.66）可得
$$a_2 \times (\text{pwd}+r) + b_2 \times b_1^{-1} \times (1 - a_1 \times (\text{pwd}+r)) = 1 \bmod q \tag{8.68}$$

$$a_2 \times (\text{pwd}+r) + b_2 \times b_1^{-1} - b_2 \times b_1^{-1} \times a_1 \times (\text{pwd}+r) = 1 \bmod q \tag{8.69}$$

$$(a_2 - b_2 \times b_1^{-1} \times a_1) \times (\text{pwd}+r) = 1 - b_2 \times b_1^{-1} \bmod q \tag{8.70}$$

由于 q 是大素数，所以 $(a_2 - b_2 \times b_1^{-1} \times a_1)$ 与 $(1 - b_2 \times b_1^{-1})$ 互素的概率几乎为 1，则
$$\text{pwd}+r = (a_2 - b_2 \times b_1^{-1} \times a_1)^{-1} \times (1 - b_2 \times b_1^{-1}) \bmod q \tag{8.71}$$

将式（8.71）得到的用户的口令参数 pwd+r 代入式（8.65）或式（8.66）中任意一个，就可以解得用户的秘密密钥 K_{prv}。从这里可以看出，任何人都可以从被认证用户的两组公开认证参数中推导出对应的所有秘密参数。

8.4.2 口令参数与秘密密钥的关系

在我们的方案中，用户的口令参数 pwd+r 与秘密密钥 K_{prv} 是等价关系。如果知道了用户的口令参数 pwd+r，则可以通过计算：
$$K_{\text{prv}} = b^{-1} \times (1 - a \times (\text{pwd}+r)) \bmod q \tag{8.72}$$

得到用户的秘密密钥 K_{prv}；如果知道了用户的秘密密钥 K_{prv}，也只需要解同余方程：
$$a \times (\text{pwd}+r) + b \times K_{\text{prv}} = 1 \bmod q \tag{8.73}$$

由于 $a \bmod q \neq 0$，得
$$\text{pwd}+r = a^{-1} \times (1 - b \times K_{\text{prv}}) \bmod q \tag{8.74}$$

因此，在我们的方案中，如果用户不选择公开密钥认证服务，则用户的口令参数 pwd+r 与用户的秘密密钥 K_{prv} 相互独立，完全不相关；但如果用户选择公开密钥认证服务，则用户的口令参数 pwd+r 与用户的秘密密钥 K_{prv} 通过认证参数 a 和 b 相互绑定。这种相互绑定要求用户像保护自己的秘密密钥 K_{prv} 一样来保护口令参数 pwd+r，一旦攻击者得到其中的一个秘密，另一个秘密也就泄露了，这可能是我们方案的不利之处。另外，这又说明用户的口令认证文件具有相当的安全强度，完全可以公布给任何人查阅使用，而不必担心用户的任何有价值的秘密泄露问题。换一个角度看这个问题，借用传统的口令认证文件来扩充其功能实现用户的公开密钥认证机制，如果传统的口令认证文件的安全强度远低于公开-秘密密钥对的安全强度，则这样的认证很可能将认证

文件的不安全特性引入用户公开密钥认证的过程中,甚至直接威胁到用户秘密密钥本身的安全,因此,从这个角度来看,一个与公开-秘密密钥对安全强度相当的口令认证文件又是十分合理的。

8.4.3 为什么不用标准的签名取代认证参数

从上面可以看到,口令参数 pwd+r 实际上可以看成用户的一个秘密密钥,而 $f(\text{pwd}+r)$ 是对应的公开密钥。这就出现一个问题,为什么不用 pwd+r 直接对公开密钥 K_{pub} 使用标准的签名算法签名实现对这个公开密钥的认证呢?我们主要基于以下两点考虑。

(1)用户对自己待认证公开密钥的签名 $\text{Sig}_{\text{pwd}+r}(K_{\text{pub}})$ 并不能保存在不安全的媒介上,否则,我们提出定义 8.3 的基本安全目标将不能达到,这是因为用户掌握自己的 pwd+r,他可以随时对其他公开密钥进行签名,替换原来的签名,而其他任何人都无法发现这一点,结果是签名数据 $\text{Sig}_{\text{pwd}+r}(K_{\text{pub}})$ 也必须保存在口令认证文件中如同对认证参数 a 和 b 一样的存储安全要求。此外,标准签名算法一般都需要同时使用对称密码单向 Hash 函数来保证安全性,而我们的方案仅使用离散对数问题这一非对称密码假设。因此,从安全的角度来看,使用标准的签名技术并不比我们的方案优越。

(2)从执行方面效率考虑,假定使用目前普遍认为执行效率和安全性都很优异,基于离散对数问题的 Schnorr 签名算法。在安全参数都相同的情况下,在计算开销方面,注册阶段用户需要计算指数在 $p-1$ 数量上模 p 的幂运算 1 次完成认证参数计算,服务器需要计算指数在 $p-1$ 数量上模 p 的幂运算 1 次和指数在 q 数量上模 p 的幂运算 1 次完成参数的核实。之后,认证阶段每个一般使用者也需要计算指数在 $p-1$ 数量上模 p 的幂运算 1 次和指数在 q 数量上模 p 的幂运算 1 次完成对目标用户公开密钥的认证。在存储方面,口令认证文件需要存储一个具有 q 相同的长度认证参数和一个具有 p 相同的长度认证参数。很明显,在执行效率的两个方面,使用标准签名算法都不如使用我们的方案经济。毕竟,标准签名算法不是为我们这里描述的应用而专门设计的,出现这样的结果也合情合理。

当然,使用签名技术用户的口令参数 pwd+r 和秘密密钥 K_{prv} 不存在强的关联性,这可能是使用签名技术的一个优点。

8.4.4 权威机构的信任等级

接着来评估在我们的公开密钥认证方案中权威机构,即服务器具有的信任等级。事实上,我们方案的信任等级完全依赖与服务器上口令认证文件维护的安全程度,关键就是对用户的口令映像参数 $f(\text{pwd}+r)$ 的维护情况。如果对参数 $f(\text{pwd}+r)$ 采用写保护,确实如同我们方案要求的那样,则只能在用户和服务器管理者联合的情况下,例如,服务器管理者输入正确的管理员口令,用户输入正确的口令参数 pwd+r,才能够修改,那么,服务器管理者就从根本上不能冒充任何用户,因为他不能在用户选定的 $f(\text{pwd}+r)$ 下,为该用户生成公开-秘密密钥对以通过认证方程,虽然可以修改用户的认证参数 a 和 b。这一点已经在前面对我们方案的安全分析(定理 8.4)中给出了详细的论证。我们方案的信任等级要略高一些。在第 3 级的信任中权威机构还是可以伪造用户的公开-秘密密钥对的,只是这样的伪造有可能被发现,而在我们的方案中,对于权威机构,甚至连这样的伪造都做不到。因此,我们认为:如果能正确地维护口令认证文件,我们的方案可以达到 3++级,即权威机构不仅不能知道(或不能很容易计算)用户的秘密密钥,而且权威机构也不能很容易产生错误的信任担保来冒充合法用户。这在权威机构信任度不高的环境下特别适用。退一步考虑,如果假定服务器管理者拥有对用户口令映像参数 $f(\text{pwd}+r)$ 的单独修改权限,则我们的方案只能达到第 2 级信任的要求,即权威机构不能知道(或不能很容易计算)用户的秘密密钥,然而,权威机构仍然可以通过产生错误的信任担保来冒充用户,这种冒充将不会被发现。这一点是很明确的,因为通过对我们方案的安全分析(定理 8.1)可以看出,服务器管理者通过口令认证文件已知的用户参数是不能推导出用户的口令参数 pwd+r 或秘密密钥 K_{prv} 的。但是,可以将用户的口令映像参数 $f(\text{pwd}+r)$ 修改成自己的口令映像 $f((\text{pwd}+r)_{\text{server}})$,这样,由于知道参数 $(\text{pwd}+r)_{\text{server}}$,服务器管理者就可以像用户一样生成所有其他相关的参数,而对于这样一组由服务器管理者生成的参数,任何第三方都无法区分究竟是用户生成服务器管理者认可的还是服务器管理者单独生成的,由于他们都具有这样的能力。

8.5 本章小结

物联网应用中经常采用客户/服务器模式。本章详细考虑了服务器已经拥有强认证口令文件为用户提供安全访问控制的安全环境下,如何对认证文件进行适当扩充同时为注册用户提供公开密钥认证服务。通过认证表进行访问控制的历史要长于公钥密码体制,认证表的大量应用更是不争的事实。公钥密码体制建立之后,具体密码体制之外最大的安全威胁来自对公开密钥的替代攻击,认证必不可少。目前,专门解决公开密钥认证问题的机制在各种开销方面通常都十分巨大。因此,我们考虑利用服务器上大量现有的认证表辅助公开密钥认证,这条思路为大幅度削减公开密钥认证的成本提供了可能。我们提出的服务器辅助公开密钥认证机制说明了这一点。我们设计的方案可以在使用服务器的所有用户环境独立形成一个公开密钥认证系统。当然,我们也必须承认无论如何一个服务器的可信程度无法与大型的权威机构相提并论,因此,我们认为作为各种主要认证机制的一个有益补充,也是我们认证方案的价值所在。

第9章 大操作数的模幂算法

9.1 简 介

一个安全的公钥密码方案或依赖于公钥密码思想的协议设计出来之后，摆在密码工程实践者面前的任务就是如何实现。实现公钥密码的核心问题就是大数模幂计算。我们认为，公钥密码学中的模幂问题面临的挑战来自以下几个方面。

（1）公钥密码方案都是依赖计算复杂理论中 NP 问题建立起来，而 NP 问题是数学家和理论计算机科学家经过长期研究而得不到解决的问题，因此，相对于主要依靠迭代和置换操作的私钥密码方案，普遍认为公钥密码能够提供比私钥密码更好的安全性，有着更为坚实的理论基础。但在实际密码工程中，公钥密码却很少应用于大规模数据加密之中，而主要用在如数字签名和密钥产生协议之中计算短消息。我们认为，出现这一现象的根本原因就是公钥密码的执行速度远慢于私钥密码。举例说来，相同执行环境下，加密相同的数据量，私钥加密体制 DES 大约比公钥加密体制 RSA 快 100 倍以上，这个数字会随着计算机软件和硬件技术发展而不断发生变化，但公钥密码体制计算的速度永远慢于私钥体制计算的速度，这一点几乎是肯定的。毕竟，计算机处理数据模幂的速度无法与处理同等情况下迭代和置换速度相提并论。

（2）由于数学密码分析方面的进展和设备的计算速度与存储能力不断提高，公钥密码体制各个安全参数的长度都在不断增加，以保证密码体制安全。还是以 RSA 体制为例，我国目前已要求个人用密钥长度为 1024 位，认证中心密钥长度为 2048 位；而在 RSA 体制刚刚提出的 20 世纪 80 年代，设计者当初建议的参数取值分别只是 128 位和 256 位。这直接导致了模幂计算的各个操作数也不断增长，使得公钥密码体中的模幂问题始终很难从计算机技术发展中获得多大的好处。

（3）近些年来，不少密码工作者注意到，不恰当的执行很容易导致密码系统崩溃，因此，相对于传统的数学密码分析，提出了物理密码分析的概念。它主要关注密码体制在实用化过程中可能产生的安全问题。目前，已知的物理攻击有：电耗分析攻击、出错攻击、定时攻击和电磁辐射攻击。Kelsey 等统称它们为边信道攻击（side channel attack）。事实上，所有的密码设备在执行密码算法时都存在或多或少的秘密信息泄露问题。对模幂计算方法最为有效的攻击方法是电源攻击。电源攻击的主要对象是目前最常用的不可篡改设备，如智能卡。电源攻击的主要原理是：现代密码设备是由晶体管门电路来执行的，电路在执行不同的程序操作时，电耗也不相同，这一点用示波器可以清楚地观察到，而电源攻击正是利用操作与秘密密钥的关系，通过监测密码设备的电源电耗来推定操作，再根据操作确定秘密密钥。几乎目前常用的模幂计算方法都不能抵抗电源攻击。

现实中，模幂问题面临的种种挑战，也正是算法设计者提出新算法的原动力。为了解决模幂计算速度慢的问题，促使设计更为优化的模幂快速算法。最优模幂算法的困难性，将导致不断探索新模幂快速算法在相当长的时间里都是本领域的一个热点。希望将各种公钥密码思想变成具体的密码产品的开发人员恐怕最为关心的问题是究竟模幂可以计算得有多快？这直接决定一个密码系统是否十分有效。但这个问题的确很难一言以蔽之。涉及一个具体模幂的计算，决定其速度的一些因素包括：模幂问题的代数结构特点，各个参数的长度，可以提供的存储和计算处理能力，软件与硬件的优化程度等，需要具体问题具体分析。但是，其中最为关键的是模幂算法设计或选择。

本章就来探讨这个问题。事实上，提高模幂最终计算效率的手段主要包括两方面：一是提高基本的模乘运算效率；二是减少模幂计算总共需要的乘法次数。在本章中，我们将注意力集中在后者。前者更多的是与具体模幂问题的代数结构相关联的，而后者的这种相关性并不很强，可以单独抽取出来进行研究，得到的研究成果可以普遍应用于各种具体代数结构。

在本章中，我们只讨论具有 x^E 结构而不讨论 $x_1^{E1} x_2^{E2} \cdots x_t^{Et}$ 结构的模幂算法，前一种结构在实际中具有更为广泛的应用。按照习惯省略了模，这并不影响后面对具体算法的表述，实际的做法一般都是边乘边模。我们将模幂算法的讨论重点放在计算底数 x 和指数 E 都是可以任意变化的算法上，即我们所说的通用模幂算法。这样做的主要动机是使讨论的内容更具有一般的指导意义且重点更为突出。同时，也不考虑底数 x 的逆元 x^{-1} 容易计算的情形，我们认为这是一个特殊的情况。模幂 x^E 中，指数 E 可以写成二进制的形式：$e_k e_{k-1} \cdots e_1$，这里，$E = \sum_{i=1}^{k}(e_i \times 2^{i-1})$，$e_i \in \{0, 1\}$，指数 E 的二进制长度为 k。此外，为了说明方便，我们都以模 n 乘法群 Z_n 上的运算形式来描述和讨论算法，模幂 x^E 的写法也说明了这一点。但是，注意这里讨论的各种模幂算法都可以在 GF(2^n)、椭圆曲线群和 Pell 方程群上执行。

9.2 主流通用模幂方法

9.2.1 二进制方法

二进制方法（也称为平方乘方法）具有相当长的历史，它几乎是绝大部分大数模幂快速算法的基础。Knuth 对二进制方法给出了很精彩的表述。二进制方法有两个版本，即从左向右（LR）算法和从右向左（RL）算法，可以按图 9.1 的方式给出。

Algorithm A 是从左向右二进制算法，它从指数 E 的最高位向最低位扫描，大多数的快速模幂算法都是基于此算法发展起来的。**Algorithm B** 是从右向左二进制算法，它从指数的最低位向最高位扫描，它的一个特点就是操作 $C \times S$ 和 $S \times S$ 是并行的。如果可以得到一个乘法器和一个平方器,那么忽略最后一次乘法,计算模幂需要的时间仅取决于计算平方需要的时间。还可以看到 Algorithm B 比 Algorithm A 多使用一个数据寄存器 S。

Algorithm A (Left-to-Right)
Input: x, $E=(e_k e_{k-1} \cdots e_1)$
Output: x^E contained in the data register C
if (e_k=1)
then C=x else C=1;
for i=k−1 downto 1
{
  C=$C \times C$;
  if (e_i=1)
  then C=$C \times x$;
}

Algorithm B (Righ-to-Left)
Input: x, $E=(e_k e_{k-1} \cdots e_1)$
Output: x^E contained in the data register C
S=x; C=1;
for i=1 to k−1
{
  if (e_i=1)
  then C=$C \times S$;
  $S = S \times S$;
}
if (e_k=1) then C= $C \times S$;

图 9.1 经典平方乘算法

假定指数 E 的二进制表示首位总是 1,即 $e_k = 1$,Algorithm A 需要做 (k−1) 次平方运算和 $H(e)-1$ 次乘法运算。如果忽略平方和乘法运算的区别都看作乘法运算,则算法需要做乘法次数的最大值、最小值和平均值。

最大值:$2 \times (k-1)$ 次,这时,$H_{\max}(e) = k$。

最小值:$(k-1)$ 次,这时,$H_{\min}(e) = 1$。

平均值:$1.5 \times (k-1)$ 次,这时,$H_{ave}(e) = 1 + (k-1)/2 = (k+1)/2$。

同样,Algorithm B 需要做乘法次数的最大值、最小值和平均值。

最大值:$2 \times k - 1$ 次,这时,$H_{\max}(e) = k$。

最小值:k 次,这时,$H_{\min}(e) = 1$。

平均值:$1.5 \times k - 0.5$ 次,这时,$H_{ave}(e) = 1 + (k-1)/2 = (k+1)/2$。

9.2.2 *m*-ary 方法

从对二进制方法的分析可以看出,指数 E 的二进制表示中,1 的个数直接决定了算法的计算效率。如果改变策略放弃逐位扫描而采用分块扫描,这就是 *m*-ary 方法。当 m 是 2 的幂时,执行 *m*-ary 方法就变得相对简单了,这是因为只需要将指数 E 的二进制表示的比特位分组就可以了。考虑把指数 $E = (e_k e_{k-1} \cdots e_1)$ 分成 s 个小块,每个小块的二进制长度都为 r,如果 r 不能整除 k 就在最高位前面加最多 r−1 个比特 0。这样我们可以定义新的一位为

$$f_i = (e_{ir+r-1} e_{ir+r-2} \cdots e_{ir}) = \sum_{j=0}^{r-1} e_{ir+j} \times 2^{j-1} \qquad (9.1)$$

注意，这里有 $0 \leq f_i \leq m-1 = 2^r -1$ 和 $E = \sum_{i=0}^{s-1} f_i \times 2^{ir}$。m-ary 方法首先计算 x^w，这里 $w = 2,\cdots,2^r-1$，再以从左向右二进制算法为基础但每次 r 比特的从高到低扫描计算。这样，每个循环需要做 r 次平方操作，乘法运算则要通过对应的 f_i 来决定另一个操作数 x^{f_i}，当然，如果 $f_i = 0$，则乘法不必做了。我们可以用图 9.2 描述 m-ary 方法。在 $r = 2$，3 时，就是通常所说的四进制算法和八进制算法。

Algorithm C
Input: x, $E=(e_k e_{k1}\cdots e_1)$
Output: x^E contained in the data register C
Compute and store x^w, for all $w=2, \cdots, 2^r-1$;
Decompose E into r-bit words $E=(e_k e_{k-1}\cdots e_1)=(f_s f_{s-1}\cdots f_1)$;
if ($f_s \neq 0$)
then $C= x^{f_s}$;
for $i=s-1$ downto 1
{
$C=C^{2^r}$;
if ($f_i \neq 0$)
then $C= C \times x^{f_i}$;
}

图 9.2　m-ary 方法

如果忽略平方和乘法运算的区别而都看作乘法运算，在平均情况下，m-ary 方法需要做的乘法次数如下。

$$F_{ave}(r,k) = 2^r - 2 + k - r + \left(\frac{k}{r}-1\right) \times (1-2^{-r}) \qquad (9.2)$$

式中，2^r-2 是预计算所有 x^w 所需要的乘法次数；$k-r$ 是循环中全部平方运算的次数；$\left(\frac{k}{r}-1\right) \times (1-2^{-r})$ 是循环中乘法运算的平均次数。很显然，在 $r=1$ 时，式（9.2）计算出来的就是经典从左向右二进制算法的平均乘法次数。对于每一个确定的二进制长度指数 E，有一个最优的 r 取值，使算法需要的乘法次数达到最少。该方法相对于从左向右二进制算法所能提高计算效率的上限为

$$\lim_{k \to \infty} \frac{F_{ave}(k,r)}{F_{ave}(k,1)} = \frac{2^r - 2 + k - r + \left(\frac{k}{r}-1\right) \times \left(1-2^{-r}\right)}{\frac{3}{2} \times (k-1)} = \frac{2}{3} \times \left(1 + \frac{1-2^{-r}}{r}\right) \approx \frac{2}{3}$$

9.2.3　适应性 m-ary 方法

适应性 m-ary 方法是根据具体输入的数据确定具体计算的方法，具体来说，就是

根据指数 E 的不同值确定具体的计算方法。思路主要为：①如果在具体指数 E 的扩张中并不包含所有可能的 $w=2,\cdots,2^r-1$，那么在预计算中，也就没有必要计算出所有的 x^w，这里，$w=2,\cdots,2^r-1$，而只需要计算出那些需要用到的 x^w；②在指数 E 扩张中，改变扩张的策略尽量产生适当大而合理的全 0 的和非 0 的字段，从而尽可能减少 m-ary 方法循环中乘法的次数，以提高效率。下面我们就分别介绍这两种方法。

1. 对 m-ary 方法中预计算的简化

对预处理阶段乘法的简化就是上面说的第一条思路的方法。在对指数 E 的 r 比特扩张中，未必所有 $w=2,\cdots,2^r-1$，都将出现在一个具体的指数 E 中，特别是 r 的取值较大的情况。只有出现了的 w 相对应的模幂值 x^w 在后续的计算过程中才会用到。因此，在预处理阶段的乘法计算过程中，也只需要计算这部分。

这样的预处理乘法简化方法最好的改进效果出现在全部的扩张字段都是 1 的情形，不需要做任何计算；最坏的改进效果出现在扩张的 s 组字段取值包含了所有 $w=2,\cdots,2^r-1$ 的情形，不能做任何改进。当 r 取值较大，而扩张的 s 组字段取值只包含 $\{2,\cdots,2^r-1\}$ 中很小一个子集时，正如前面指出的，最优加法序列问题是 NP 完全问题，但事实上还是存在不少较好的启发式方法来寻找次优加法序列的。

2. 窗口技术

m-ary 方法将指数 E 分成 r 比特等长的字段。如果假定每一个二进制位为 0 和 1 具有相同的可能性，一个 r 比特的字段为 0 的可能性为 2^{-r}。从 Algorithm C 可以看出字段为 0，则相应循环的乘法就可以不用做。但是，随着 r 取值的增大，必须做乘法的可能性也在增大，然而，减小 r 的取值，字段为 0 的可能性虽会增加，但循环的次数也会相应增加，因此，乘法的次数也可能增加。窗口技术就是通过允许字段比特长度可变，来获得更多的 0 字段，同时，在总体上保证有一个合理的字段数量使得循环的次数也不至于过多，从而使总的计算量达到最优。

窗口技术是将指数 E 分成 0 和非 0 的字段 f_i，每个字段的二进制长度记为 $L(f_i)$。每个字段可以看作一个窗口，长度可能并不相等，窗口的数量也不是一个固定的值，而是根据指数 E 取值的具体情况决定。可以限定窗口的最大长度为 d，即 $d=\max(L(f_i))$，这里，$i=1,2,\cdots$，还可以进一步要求每一个非 0 字段的最低位都是 1，这样在预处理过程中只需要计算那些指数是奇数的模幂值 x^w，因此，可以省去一半的计算量。窗口方法可以用图 9.3 来具体表述。

Algorithm D
Input: x, $E=(e_k e_{k-1} \cdots e_1)$
Output: x^E contained in the data register C
Compute and store x^w, where $w=3, 5, \cdots, 2^d-1$;
Decompose E into zero and nonzero windows f_i of length $L(f_i)$ for $i=0, 1, 2, \cdots, p$;

```
if (f_p≠0)
then C= x^{f_p};
for i=p−1 downto 1
{
    C= C^{2^{L(f_i)}};
    if (f_i≠0)
    then C= C×x^{f_i};
}
```

图 9.3　窗口方法

根据实际对指数 E 的扩张策略不同,可以将窗口方法分成固定长度窗口法（CLNW）和可变长度窗口法（VLNW）,下面我们就来简要地介绍它们。

3. 固定长度窗口算法

固定长度窗口算法也是由 Knuth 提出的。该方法从最低位向最高位扫描指数 E 的二进制位串（当然,逆向也不是问题）。在每一步要么形成一个全 0 窗口要么形成一个非零窗口,划分出来的非零窗口长度为一个预先设定的固定值 d。具体指数 E 的扩张规则描述如下。

零窗口：检查进入的一个比特,如果是 0,则留在零窗口；否则,将收集到的 0 比特形成一个零窗口,转入非零窗口。

非零窗口：留在非零窗口直到收集到了 d 个比特。接着,检查下一个单个比特,如果是 0 则转到零窗口；否则,仍然留在非零窗口,但是开辟一个新的非零窗口。

在这种策略下,分配的每个非零窗口的二进制长度都是 d,而零窗口是任意长度,两个零窗口是不可能邻接分布的,这是因为它们按照上面的规则会连接在一起,而两个非零窗口可能邻接分布。举一个简单的例子说明这种扩张规则的运行方式。假定 $d=3$, $E=3665=111001010001$,则按照上面的描述可以得到指数扩张结果为

$$E=\underline{111}\ 00\ \underline{101}\ 0\ \underline{001} \tag{9.3}$$

固定长度窗口算法的计算效率分析较为复杂,需要用到 Markov 链来刻画这一分配策略,这里,略去不做详细描述。有兴趣的读者可以参考相关文献。同时,文献也给出了指数 E 在不同二进制长度时,非零窗口长度 d 应该选择的最优值。指数 E 二进制长度在 128～2048 位时,固定长度窗口算法相对于最好的 m-ary 方法可以减少 3%～7%的乘法运算量。

4. 可变长度窗口算法

固定长度窗口算法是在遇到一个比特 1 时,就分配一个非零窗口。有些时候虽然随后的多个比特都是 0,但也将把它们引入非零窗口。因此,这样的规则未必总是那么合理。以 $E=3665=111001010001$ 为例,如果允许非零窗口长度可以变化,则可能得到如下的分配：

$$E = \underline{111}\ 00\ \underline{101}\ 000\ \underline{1} \tag{9.4}$$

这种分配方法看上去似乎比式（9.3）更为合理，因为它扩大了 0 窗口的宽度，有可能进一步减少非零窗口的数量。可变长度窗口算法就是基于这种考虑而提出的。这一策略要求在形成非零窗口时，如果剩下的比特都是 0，则直接转入零窗口不将这些 0 比特归入非零窗口。为实现这一策略，需要先设定两个参数。

d：非零窗口的最大长度。

q：转移到零窗口需要的最少 0 比特长度。

我们根据文献对可变长度窗口法的定义、实例和效率分析的理解，重新精确描述指数 E 的扩张规则如下，假定是从右向左（即最低位向最高位）扫描指数 E 的二进制位，直至完成全部位的扫描。

零窗口：检查进入的每一比特，如果是 0，则留在零窗口；否则，将收集到的 0 比特形成一个零窗口，转入非零窗口。

非零窗口：使 $d = l \times q + r$，这里，$1 < r \leq q$。在非零窗口 lq 比特范围内，逐位检查进入的每一比特，如果是 0，则对计数器 Count 加 1 并检查检 Count 是否等于 q，如果等于 q，则向右回溯 q 个比特，形成一个非 0 窗口，计数器 Count 清 0，转入零窗口；如果本比特是 0 但 Count 加 1 后仍然小于 q，则留在非零窗口；如果这一比特是 1，则对计数器 Count 清 0，也留在非零窗口。在非零窗口进入剩下 r 比特范围时，如果 r 比特全部是 0，则将 r 比特 0 和计数器 Count 记录的 0 比特部分联合归入新的零窗口，转入这个零窗口；否则，如果最左边存在 0 比特或连续的 0 比特，则将前面得到的 $l \times q$ 比特和非 0 部分形成一个非零窗口，0 部分归入新的零窗口，并转入这个零窗口；如果最左边不存在 0 比特，则形成一个长度为 d 比特的非零窗口，转入零窗口。

以 $d=5$, $q=2$, $E=187463897995=10101110100101101110000001001110001011$ 为例，可以得到 $r=1$，按照可变长度窗口算法的规则得到的结果为

$$E = \underline{101}\ 0\ \underline{11101}\ 00\ \underline{101}\ \underline{10111}\ 000000\ \underline{1}\ 00\ \underline{111}\ 000\ \underline{1011} \tag{9.5}$$

再举一个例子，$d=10$, $q=4$, $E=50054067382811=1011011000011000011110111001111110101000011011$，可以得到 $r=2$，得到的分配结果为

$$E = \underline{1011011}\ 0000\ \underline{11}\ 0000\ \underline{11110111}\ 00\ \underline{1111110101}\ 0000\ \underline{11011} \tag{9.6}$$

可变长度窗口算法产生的非零窗口都是以比特 1 开始也是以比特 1 结束，两个非零窗口可以邻接，但其中至少有一个的二进制长度必须是非零窗口的最大长度 d。两个零窗口不可能邻接，因为按照上面的规则，如果出现这种情况，则它们应该合并成一个窗口。

为了得到可变长度窗口算法的平均乘法次数，上面的指数分配策略也需要用 Markov 链来进行刻画。指数 E 二进制长度在 128～2048 位时，可变长度窗口算法相对于最好的 m-ary 方法可以减少 5%～8% 的乘法运算量。

5. 大窗口算法

大窗口算法由 Bos 和 Coster 提出。算法的执行与窗口法十分类似，但他们建议在确定每个窗口大小时要使用尽可能大的窗口，这样就能使窗口的个数最大限度地减少。但窗口大了直接导致的问题是预计算的备用模幂值也将增大，因此，他们同时建议不是像一般的窗口法那样预计算备用模幂值，而是根据具体输入指数 E 窗口划分后的实际需要模幂值情况，选择一条加法序列，来实时计算它们。Bos 和 Coster 同时也给出了一些启发式的方法即时寻找一条优化的加法序列。

9.2.4 除法链方法

对于指数 E 可以表示为

$$E = r_0 + m_0 \times (r_1 + m_1 \times (r_2 + m_2 \times (\cdots(r_{i-1} + m_{i-1} \times r_i)\cdots))) \qquad (9.7)$$

这样，x^E 的计算可以表示为

$$x^E = ((\cdots(x^{ri})^{mi-1} \times x^{ri-1})^{mi-2} \cdots)^{m1} \times x^{r1})^{m0} \times x^{r0} \qquad (9.8)$$

据此，Walter 提出了除法链算法。有

$$E = m \times E' + r \qquad (9.9)$$

故

$$x^E = (x^m)^{E'} \times x^r \qquad (9.10)$$

如果参数 m 和 r 适当选择不大的数值，那么 x^m 和 x^r 可以用一个优化的加法序列计算出来，而每次选定的除数 m 根据 E 的值由一个预先设定的表格决定，直到 $E'=1$ 时，就可以通过回溯计算出最终的 x^E。可以看出，如果除数 m 每次都选择用固定数值，这一算法就退化成 m-ary 算法。Walter 给出了几个根据每次得到的 E 模值判定下一次除数 m 取值的表格，并测试了使用这些表格的规则算法的计算效率，指出该算法平均只需要少于 $1.25 \times k$ 次乘法次数。如果不考虑乘法与平方差别，则除法链算法要优于 m-ary 方法。这一点应该是可以理解的，因为除法链方法是 m-ary 方法的一个推广形式，根据每轮输入不同指数 E 不断调整参数 m，而不是固定设定参数 m，如果能合理地选择参数 m 和构造加法序列，则计算效率要优于 m-ary 方法，但是，这一方法的复杂度较 m-ary 方法也有所增加。

正如该方法中提到的，使用加法序列计算模幂必然会使得整个计算过程中，相对于 m-ary 方法计算平方比例减少而计算乘法比例增大。如果考虑平方计算要快于乘法计算，则该方法未必会比 m-ary 方法好多少。我们认为这是除法链方法的一个缺点。

9.2.5 指数拆分的矩阵算法

该算法的思路是将指数 E 分成若干个数之和，即 $E = E_1 + E_2 + \cdots + E_r$。将每个分解的数都用二进制表示成矩阵的一行，即

$$E = \begin{bmatrix} e_{11} & e_{12} & \cdots & e_{1k} \\ e_{21} & e_{22} & \cdots & e_{2k} \\ \vdots & \vdots & & \vdots \\ e_{r1} & e_{r2} & \cdots & e_{rk} \end{bmatrix} = \begin{bmatrix} E_1 \\ E_2 \\ \vdots \\ E_r \end{bmatrix} \quad (9.11)$$

式中，$e_{ij} \in \{0,1\}$，这样，按矩阵的列同样可以应用类似 m-ary 方法来划分计算，如果巧妙分解指数 E，使每列的权数，即每一列的简单相加，出现较多相同情况，则可以减少实际预处理的运算量，达到优化计算的目的。但作者没有具体描述指数 E 分解规则和相应计算效率分析。

我们认为，这种指数拆分方法的实质是一种扩展的 m-ary 方法，力图通过在执行 Algorithm C 预计算 x^w 时，突破 $w = 2, 3, \cdots, 2^r - 1$ 的限制，来寻求最少的预计算量和最好的指数划分的可能。

9.2.6 指数折半算法

Lou 和 Chang 提出了指数折半算法。不同于前面算法的一点，这是基于 Algorithm B 的快速算法。前面提到的都是基于从左向右二进制算法。指数折半算法将指数 E 分成 2^n 个相等的子串 $E_i (1 \leq i \leq 2^n)$，也就是 $E = E_{2^n} \| E_{2^n-1} \| \cdots \| E_1$，这里，"$\|$" 是连接符。当然，假定指数 E 的二进制长度 k 可以被 2^n 整除，则

$$x^E = \prod_{i=1}^{2^n} \text{sq}^{\left((i-1) \times \left(\frac{k}{2^n}\right)\right)} (x^{E_i}) \quad (9.12)$$

式中，$\text{sq}^{(m)}(Z)$ 表示对 Z 做 m 次平方，例如，$\text{sq}^{(3)}(Z) = (((Z)^2)^2)^2 = Z^{2^3}$。根据霍尔准则，式（9.12）可以进一步写为

$$x^E = \text{sq}^{\left(\frac{k}{2^n}\right)} \left(\cdots \text{sq}^{\left(\frac{k}{2^n}\right)} \left(\left(\text{sq}^{\left(\frac{k}{2^n}\right)} (x^{E_{2^n}}) \right) \times x^{E_{2^n-1}} \right) \times \cdots x^{E_2} \right) \times x^{E_1} \quad (9.13)$$

定义如下变量：

$$E_{\text{com}\_j} = E_{\text{com}\_(j+1)} = E_j \text{ AND } E_{j+1} \quad (9.14)$$

和

$$E_{\text{excl}\_i} = E_{\text{com}\_i} \text{ XOR } E_i \quad (9.15)$$

式中，$j = 1, 3, \cdots, 2^n - 3, 2^n - 1$；$i = 1, 2, \cdots, 2^n$；$E_j$ AND E_{j+1} 表示对等长的二进制位串 E_j 和 E_{j+1} 按位进行逻辑 AND 运算，如 01011011AND11001101=01001001；E_{com_i} XOR E_i 表示对等长的二进制位串 E_{com_i} 和 E_i 按位进行逻辑 XOR 运算，如 01011011XOR11001101=10010110。使用上面的两个变量，任何一个子串 $E_i (1 \leq i \leq 2^n)$ 都可以表示为

$$E_i = E_{com\_i} + E_{excl\_i} \qquad (9.16)$$

因此,连续的模幂对 $\{x^{E_j}, x^{E_{j+1}}\}$ 可以使用如下的方法计算:

$$x^{E_j} = x^{E_{com\_j}} \times x^{E_{excl\_j}} \qquad (9.17)$$

和

$$x^{E_{j+1}} = x^{E_{com\_j}} \times x^{E_{excl\_(j+1)}} \qquad (9.18)$$

式中,$j = 1, 3, \cdots, 2^n - 3, 2^n - 1$。如果所有 E_{com_i} 和 E_{excl_i} ($i = 1, 2, \cdots, 2^n$) 的二进制表示为 $e^s_{com\_i} e^{s-1}_{com\_i} \cdots e^1_{com\_i}$ 和 $e^s_{excl\_i} e^{s-1}_{excl\_i} \cdots e^1_{excl\_i}$,其中,$s = \dfrac{k}{2^n}$,那么从一组参数 $\{E_{com\_j}, E_{excl\_j}, E_{excl\_(j+1)}\}$ 计算相应模幂对 $\{x^{E_j}, x^{E_{j+1}}\}$ ($j = 1, 3, \cdots, 2^n - 3, 2^n - 1$) 的一个快速算法可以用图 9.4 描述。

Algorithm E
Input: x, $E_{com\_j} = (e_{com\_j}{}^s e_{com\_j}{}^{s-1} \cdots e_{com\_j}{}^1)$, $E_{excl\_j} = (e_{excl\_j}{}^s e_{excl\_j}{}^{s-1} \cdots e_{excl\_j}{}^1)$,
$E_{excl\_(j+1)} = (e_{excl\_(j+1)}{}^s e_{excl\_(j+1)}{}^{s-1} \cdots e_{excl\_(j+1)}{}^1)$
Output: x^{Ej} and x^{Ej+1} contained in the data registers C_1 and C_2
$C_1 = C_2 = C_3 = 1$; $S = x$;
for $m = 1$ to s do
{
  if($e_{excl\_j}{}^m = 1$) then $C_1 = S \times C_1$;
  if($e_{excl\_(j+1)}{}^m = 1$) then $C_2 = S \times C_2$;
  if($e_{com\_j}{}^m = 1$) then $C_3 = S \times C_3$;
  $S = S \times S$;
}
$C_1 = C_1 \times C_3$; $C_2 = C_2 \times C_3$

图 9.4 修改从右向左二进制算法

Lou 和 Chang 同时还指出 $n = 1$ 时,该算法的计算效率达到最优。算法 Algorithm E 只需要计算出部分模幂值 x^{E_1} 和 x^{E_2}。接着,根据式(9.12)和式(9.13),最终的模幂值 x^E 可以按式子:

$$x^E = \prod_{i=1}^{2} \mathrm{sq}^{(i-1) \times \left(\frac{k}{2}\right)} (x^{E_i}) = \mathrm{sq}^{\left(\frac{k}{2}\right)} (x^{E_2}) \times x^{E_1}$$

计算出来。在此情况下,平均需要的乘法次数为 $1.375 \times k + 3$ 次;最多需要的乘法次数为 $1.5 \times k$ 次。

9.3 我们的 t-fold 方法

从 9.2 节可以看出,绝大多数的快速模幂算法都是以经典平方乘方法中从左向右二进制算法 Algorithm A 为基础发展而来。事实上,也只有 Lou 和 Chang 的指数折半算法是由从右向左二进制算法 Algorithm B 衍生出来的。出现这种状况的部分原因是：从结构上来看，从左向右二进制算法更显而易见地适合于改造成计算字段，而不只是计算单个比特的形式。既然 Algorithm A 和 Algorithm B 有如此美妙的对称结构，我们始终相信：基于 Algorithm B 也应该能得到类似基于 Algorithm A 的快速模幂算法。经过研究，我们发现情况也确实如此。在本节中，我们就提出一个全新的基于 Algorithm B 的计算大数模幂快速方法——t-fold 方法。众所周知，m-ary 方法在基于 Algorithm A 的快速模幂算法中具有基础性地位。我们提出的 t-fold 方法在基于 Algorithm B 的快速模幂算法中与 m-ary 方法在基于 Algorithm A 的快速模幂算法中的地位相当。下面我们来具体阐述 t-fold 方法。

9.3.1 符号说明

对后面用到的符号含义说明如下。

$\text{AND}_{i=1}^{l} B_i$ 表示对等长的二进制位串 $B_1, B_2, \cdots, B_l$ 按位进行逻辑 AND 运算，即 $B_1 \text{AND} B_2 \text{AND} \cdots \text{AND} B_l$。

NOT B 表示对二进制位串 B 按位进行逻辑 NOT 运算。例如，NOT 11001101=00110010。

$\mathbf{1}_{bs}$ 表示一个全 1 的二进制位串，即 $\mathbf{1}_{bs}$=111…。

$\mathbf{0}_{bs}$ 表示一个全 0 的二进制位串，即 $\mathbf{0}_{bs}$=000…。

$F \equiv (\neq) v$ 表示表达式 F 恒等于（不恒等于）值 v。

$\lceil c \rceil$ 表示对数值 c 取上整数，也就是刚好大于或等于 c 的整数。例如，$\lceil 5.4 \rceil = 6$，$\lceil 7 \rceil = 7$。

9.3.2 理论基础

我们首先给出下面两条定义。

定义 9.1 假定 $a \in \{0, 1\}$。函数 $f^a(B)$ 可以表述为

$$f^a(B) = \begin{cases} B, & a = 1 \\ \text{NOT } B, & a = 0 \end{cases} \quad (9.19)$$

式中，B 是二进制位串。

定义 9.2 对于任意一组等长的二进制位串 $B_i (i = 1, 2, \cdots, l)$，它们所对应的广义最小项 $B_{\text{com}\_j} (j = 1, 2, \cdots)$ 具有如下的形式：

$$B_{\text{com}\_j} = \underset{i=1}{\overset{l}{\text{AND}}} f^{a_i^{(j)}}(B_i) = f^{a_1^{(j)}}(B_1) \text{AND} f^{a_2^{(j)}}(B_2) \text{AND} \cdots \text{AND} f^{a_l^{(j)}}(B_l) \quad (9.20)$$

式中，$a_i^{(j)} \in \{0, 1\}$。

使用上面的两条定义，我们很快可以得到以下结论。

性质 9.1 对于任意一组等长的二进制位 $B_i(i=1,2,\cdots,l)$，存在 2^l 个不相同的广义最小项。

证明 很明显，每一个广义最小项 B_{com_j} 和一个向量 $(a_1^{(j)}, a_2^{(j)}, \cdots, a_l^{(j)})$ 一一对应，这里，向量的所有元 $a_1^{(j)}, a_2^{(j)}, \cdots, a_l^{(j)} \in \{0,1\}$。因为存在 2^l 个这样的不同向量，所以也就有 2^l 个不同的广义最小项。

性质 9.2 对于任意两个整数 $p,q \in \{1,2,\cdots,2^l\}$，且 $p \neq q$，下面的恒等式成立。

$$B_{com\_p} \text{ AND } B_{com\_q} \equiv \mathbf{0}_{bs} \tag{9.21}$$

证明 由于整数 $p,q \in \{1,2,\cdots,2^l\}$，且 $p \neq q$，比特串 B_{com_p} 和 B_{com_q} 代表了不同的两个广义最小项。因此，它们分别对应的向量 $(a_1^{(p)}, a_2^{(p)}, \cdots, a_l^{(p)})$ 和 $(a_1^{(q)}, a_2^{(q)}, \cdots, a_l^{(q)})$ 至少有一个不相同的元。不失一般性，假定 $a_m^{(p)} \neq a_m^{(q)}$，这里，$m \in \{1,2,\cdots,l\}$。这意味着，$f^{a_m^{(p)}}(B_m) \text{ AND } f^{a_m^{(q)}}(B_m) \equiv \mathbf{0}_{bs}$。故

$$B_{com\_p} \text{ AND } B_{com\_q} = \left(\underset{i=1}{\overset{l}{\text{AND}}} f^{a_i^{(p)}}(B_i)\right) \text{ AND } \left(\underset{i=1}{\overset{l}{\text{AND}}} f^{a_i^{(q)}}(B_i)\right) =$$

$$f^{a_m^{(p)}}(B_m) \text{ AND } f^{a_m^{(q)}}(B_m) \text{ AND } \left(\underset{i=1, i \neq m}{\overset{l}{\text{AND}}} f^{a_i^{(p)}}(B_i)\right) \text{ AND } \left(\underset{i=1, i \neq m}{\overset{l}{\text{AND}}} f^{a_i^{(q)}}(B_i)\right) =$$

$$\mathbf{0}_{bs} \text{ AND } \left(\underset{i=1, i \neq m}{\overset{l}{\text{AND}}} f^{a_i^{(p)}}(B_i)\right) \text{ AND } \left(\underset{i=1, i \neq m}{\overset{l}{\text{AND}}} f^{a_i^{(q)}}(B_i)\right) \equiv \mathbf{0}_{bs}$$

使用上面的定义和性质，我们可以得到以下结论。

定理 9.1 假定任意一组等长的二进制位串 $B_i(i=1,2,\cdots,l)$ 和它们按定义 9.2 得到的广义最小项 $B_{com\_j}(j=1,2,\cdots,2^l)$ 具有各自的二进制表示：$b_i^h b_i^{h-1} \cdots b_i^1$ 和 $b_{com\_j}^h b_{com\_j}^{h-1} \cdots b_{com\_j}^1$。对于任意一个整数 $d \in \{1,2,\cdots,h\}$，下面的恒等式总是正确的：

$$\sum_{j=1}^{2^l} b_{com\_j}^d \equiv 1 \tag{9.22}$$

证明 考虑任意一组等长的二进制位串 $B_i(i=1,2,\cdots,l)$ 和它们的第 $d \in \{1,2,\cdots,h\}$ 位。对于这一比特的任意一个取值可能为 $(b_1^d, b_2^d, \cdots, b_l^d)$，存在且仅存在一个广义最小项的对应位的取值为 1。向量 $(a_1^{(j)}=b_1^d, a_2^{(j)}=b_2^d, \cdots, a_l^{(j)}=b_l^d)$ 刚好决定了这个广义最小项 B_{com_j}。因此，恒等式 $\sum_{j=1}^{2^l} b_{com\_j}^d \equiv 1$ 是正确的。

通过定理 9.1，我们可以直接得到下面的一个推论。

推论 9.1 所有广义最小项的和是一个与它们等长全 1 的二进制位串，即

$$\sum_{j=1}^{2^l} B_{com\_j} \equiv \mathbf{1}_{bs} \tag{9.23}$$

定理 9.2 给定任意一组等长的二进制位串 $B_i(i=1,2,\cdots,l)$ 和它们所对应的广义最小项 $B_{com\_j}(j=1,2,\cdots,2^l)$，如下的关系成立：

$$B_i = \sum_{j=1, B_{\text{com}\_j} \text{ AND } B_i \neq \mathbf{0}_{bs}}^{2^l} B_{\text{com}\_j} \tag{9.24}$$

式中，$i = 1, 2, \cdots, l$。

证明
$$\sum_{j=1, B_{\text{com}\_j} \text{ AND } B_i \neq \mathbf{0}_{bs}}^{2^l} B_{\text{com}\_j}$$

$$= B_i \text{ AND } \sum_{j=1}^{2^l} B_{\text{com}\_j}$$

$$= B_i \text{ AND } \left(\sum_{j=1, a_i^{(j)} = 1}^{2^l} B_{\text{com}\_j} + \sum_{j=1, a_i^{(j)} = 0}^{2^l} B_{\text{com}\_j} \right)$$

$$= B_i \text{ AND} B_i \text{ AND } \sum_{j=1, a_i^{(j)} = 1}^{2^l} \text{AND}_{m=1, m \neq i}^{l} f^{a_m^{(j)}}(B_m) +$$

$$B_i \text{ AND}(\text{NOT} B_i) \text{AND } \sum_{j=1, a_i^{(j)} = 0}^{2^l} \text{AND}_{m=1, m \neq i}^{l} f^{a_m^{(j)}}(B_m)$$

$$= B_i \text{ AND } \sum_{j=1, a_i^{(j)} = 1}^{2^l} \text{AND}_{m=1, m \neq i}^{l} f^{a_m^{(j)}}(B_m)$$

可以很容易地发现：和式 $\sum_{j=1, a_i^{(j)} = 1}^{2^l} \text{AND}_{m=1, m \neq i}^{l} f^{a_m^{(j)}}(B_m)$ 包含了 2^{l-1} 个不同的项。它们都有固定的形式：$f^{a_1^{(j)}}(B_1) \text{AND} f^{a_2^{(j)}}(B_2) \text{AND} \cdots \text{AND} f^{a_{i-1}^{(j)}}(B_{i-1}) \text{AND} f^{a_{i+1}^{(j)}}(B_{i+1}) \text{AND} \cdots \text{AND} f^{a_l^{(j)}}(B_l)$。这恰是等长的二进制位串 $B_1, B_2, \cdots, B_{i-1}, B_{i-1}, \cdots, B_l$ 所对应的全部广义最小项。这样，根据推论 9.1，我们就可以得到：

$$\sum_{j=1, a_i^{(j)} = 1}^{2^l} \text{AND}_{m=1, m \neq i}^{l} f^{a_m^{(j)}}(B_m) \equiv \mathbf{1}_{bs}$$

故

$$\sum_{j=1, B_{\text{com}\_j} \text{ AND } B_i \neq \mathbf{0}_{bs}}^{2^l} B_{\text{com}\_j} = B_i \text{ AND } \mathbf{1}_{bs} = B_i$$

定理 9.3 说明任何二进制位串 $B_i (1 \leq i \leq l)$ 可以用一组对应的广义最小项 B_{com_j} $(1 \leq j \leq 2^l)$ 表示。这一组广义最小项的特征是与每个广义最小项一一对应的向量的第 i 位是 1，即 $a_i^{(j)} = 1$。注意，对于每一个二进制位串 B_i，所需的广义最小项总的个数是 2^{l-1}。进一步观察可以发现，任何一个和式（9.24）都不包括广义最小项 $\text{AND}_{i=1}^{l} f^0(B_i) = \text{AND}_{i=1}^{l}(\text{NOT } B_i)$。

9.3.3 *t*-fold 方法的描述

现在，我们可以应用上面的理论来计算模幂 x^E 问题。指数 E 可以用二进制表示为

$e_k e_{k-1} \cdots e_1$,这里,$e_i \in \{0,1\} (i=1,2,\cdots,k)$。指数 E 的位串被分成 t 个相等的二进制子位串。如果 $k (\bmod t) \neq 0$,则在指数 E 的二进制位串前面添加 $t - k(\bmod t)$ 个 0。每一个指数 E 的子位串可以表示为 $E_i (1 \leq i \leq t)$,有 $E = E_t \| E_{t-1} \| \cdots \| E_1$。这一组子位串所对应的广义最小项写为 $E_{\text{com}\_j} (j = 1, 2, \cdots, 2^t)$,它们的二进制表示为 $e^s_{\text{com}\_j} e^{s-1}_{\text{com}\_j} \cdots e^1_{\text{com}\_j}$,其中,$s = \left\lceil \dfrac{k}{t} \right\rceil$。这样,我们的 t-fold 方法可以按如下步骤执行。

(1)根据二进制子位串 $E_t, E_{t-1}, \cdots, E_1$ 计算出所有的对应广义最小项 E_{com_j},只有广义最小项 $E_{\text{com}\_2^t} = \text{AND}_{i=1}^t (\text{NOT } E_i)$ 除外。

(2)使用我们的扩展从右向左二进制算法计算模幂值 $x^{E_{\text{com}\_1}}, x^{E_{\text{com}\_2}}, \cdots, x^{E_{\text{com}\_(2^t-1)}}$。扩展从右向左二进制算法可以用图 9.5 描述。

Algorithm F

Input: x, $E_{\text{com}\_1} = (e^s_{\text{com}\_1} e^{s-1}_{\text{com}\_1} \cdots e^1_{\text{com}\_1})$, $E_{\text{com}\_2} = (e^s_{\text{com}\_2} e^{s-1}_{\text{com}\_2} \cdots e^1_{\text{com}\_2})$, $\cdots$,

$E_{\text{com}\_(2^t-1)} = (e^s_{\text{com}\_(2^t-1)} e^{s-1}_{\text{com}\_(2^t-1)} \cdots e^1_{\text{com}\_(2^t-1)})$

Output: $x^{E_{\text{com}\_1}}, x^{E_{\text{com}\_2}}, \cdots, x^{E_{\text{com}\_(2^t-1)}}$ contained in the data registers $C_1, C_2, \cdots, C_{2^t-1}$

$C_1 = 1$; $C_2 = 1$; $\cdots$; $C_{2^t-1} = 1$; $S = x$;

for $m = 1$ to s do /* Scan from the least significant bit to the most significant bit */

{

  if($e^m_{\text{com}\_1} = 1$) then $C_1 = S \times C_1$;

  if($e^m_{\text{com}\_2} = 1$) then $C_2 = S \times C_2$;

  $\cdots$ /* Multiplication */

  if($e^m_{\text{com}\_(2^t-1)} = 1$) then $C_{2^t-1} = S \times C_{2^t-1}$;

  $S = S \times S$;

}

图 9.5 扩展从右向左二进制算法

(3)根据定理 9.3,模幂值 $x^{E_1}, x^{E_2}, \cdots, x^{E_t}$ 可以通过下面的式子重建:

$$x^{E_i} = x^{\sum_{j=1, E_{\text{com}\_j} \text{ AND } E_i \neq 0_{bs}}^{2^t} E_{\text{com}\_j}} \quad (9.25)$$

式中,$i = 1, 2, \cdots, t$。

(4)根据式(9.12)和式(9.13),模幂值 x^E 最终可以通过如下公式计算:

$$x^E = \prod_{i=1}^{t} \text{sq}^{(i-1) \times \left\lceil \frac{k}{t} \right\rceil} = \text{sq}^{\left\lceil \frac{k}{t} \right\rceil} \left(\cdots \text{sq}^{\left\lceil \frac{k}{t} \right\rceil} \left(\left(\text{sq}^{\left\lceil \frac{k}{t} \right\rceil} (x^{E_t}) \right) \times x^{E_{t-1}} \right) \times \cdots \times x^{E_2} \right) \times x^{E_1} \quad (9.26)$$

9.3.4 *t*-fold 方法的效率分析以及与 *m*-ary 方法的比较

为了使分析简单明了，也是为了迎合传统的分析此类算法的习惯，我们不区分乘法运算和平方运算的差别，都看作乘法运算。事实上，平方在一些情况下计算效率要高于乘法运算。此外，相对于乘法运算，*t*-fold 方法中的逻辑运算开销可以忽略。这样做是合理的，因为在计算消耗方面乘法运算比相同情况下的逻辑运算要高一到几个数量级。其他快速模幂算法的效率分析也是这样处理这些问题的。

定理 9.2 说明，在 Algorithm F 中的所有 "if…then…" 语句处于相互排斥的地位，也就是说，每一次循环执行，至多只有一条 "if…then…" 语句可以成立执行。在平均的情况下，每一次循环做各一条 "if…then…" 语句以及不做，它们都有相等的可能性。因此，在 *t*-fold 方法的第 (2) 步中，每一个乘法对 $\{S \times C_j, S \times S\}(1 \leq j \leq 2^{t-1})$ 和单个的乘法 $\{S \times S\}$ 在平均情况下总共都会做 $\frac{1}{2^t} \times \left\lceil \frac{k}{t} \right\rceil$ 次。因此，我们的 *t*-fold 方法平均需要的乘法次数为

$$F_{\text{ave}}(k,t) = \left(2 \times \frac{2^t - 1}{2^t} \times \left\lceil \frac{k}{t} \right\rceil + \frac{1}{2^t} \times \left\lceil \frac{k}{t} \right\rceil \right) + \sigma(t) + \left\lceil \frac{k}{t} \right\rceil \times (t-1) + (t-1) \quad (9.27)$$

式中，函数 $\sigma(t)$ 表示的是在 *t*-fold 方法的第 (3) 步中通过相关的参数 $x^{E_{\text{com}\_j}}(1 \leq j \leq 2^{t-1})$ 计算所有的部分模幂值 $x^{E_i}(i=1,2,\cdots,t)$ 所需要的乘法次数。因为每一个部分模幂值 $x^{E_i}(1 \leq i \leq t)$ 需要 2^{t-1} 个相关的参数 $x^{E_{\text{com}\_j}}(1 \leq j \leq 2^{t-1})$，所以，函数 $\sigma(t)$ 的上界是 $(2^{t-1}-1) \times t$。实际上，在一些部分模幂值 $x^{E_i}(1 \leq i \leq t)$ 之间存在大量的公共因子 $x^{E_{\text{com}\_j}}(1 \leq j \leq 2^{t-1})$。在计算的时候，我们可以先计算出这些公共因子，后续计算部分模幂值 $x^{E_i}(1 \leq i \leq t)$ 的过程中，就可以共享它们，从而减少总共的乘法次数。因此，我们说 $(2^{t-1}-1) \times t$ 是上界。$\left\lceil \frac{k}{t} \right\rceil \times (t-1) + (t-1)$ 是在 *t*-fold 方法的第 (4) 步中使用式 (9.26) 计算最终模幂值 x^E 时，需要的乘法运算次数。

在最坏的情况下，我们的 *t*-fold 方法需要的乘法次数为

$$F_{\max}(k,t) = 2 \times \left\lceil \frac{k}{t} \right\rceil + \sigma(t) + \left\lceil \frac{k}{t} \right\rceil \times (t-1) + (t-1) \quad (9.28)$$

很明显，最坏的情况发生在执行 Algorithm F 的每一次循环都是做一个乘法对 $\{S \times C_j, S \times S\}$ $(j=1,2,\cdots,2^{t-1})$ 的运算，而单个乘法 $\{S \times S\}$ 的运算没有做过一次。

假定参数 *t* 相对于指数的二进制长度 *k* 是可以忽略的。表 9.1 中，我们列出了参数 $t=1,2,\cdots,6$ 时，使用我们的 *t*-fold 方法在平均和最差情况下所需要的乘法运算次数。紧接在平均和最差情况下需要乘法运算次数后面的分别是与从右向左二进制算法平均和最差情况相比较，计算效率提高的百分率。事实上，从右向左二进制算法与 Lou 和 Chang 算法只是 *t*-fold 方法分别在 *t*=1 和 *t*=2 时的特例。

表 9.1 我们的 t-fold 算法与经典从右向左二进制算法的比较

t	平均情况 $F_{ave}(k,t)$	T_{ave} (%)*	最差情况 $F_{max}(k,t)$	T_{max} (%)**
1	$\frac{3}{2} \times k$	—	$2 \times k$	—
2	$\frac{11}{8} \times k + 1 + \sigma(2)$	8.3	$\frac{3}{2} \times k + 1 + \sigma(2)$	25.0
3	$\frac{31}{24} \times k + 2 + \sigma(3)$	13.9	$\frac{4}{3} \times k + 2 + \sigma(3)$	33.3
4	$\frac{79}{64} \times k + 3 + \sigma(4)$	17.7	$\frac{5}{4} \times k + 3 + \sigma(4)$	37.5
5	$\frac{191}{160} \times k + 4 + \sigma(5)$	20.4	$\frac{6}{5} \times k + 4 + \sigma(5)$	40.0
6	$\frac{447}{384} \times k + 5 + \sigma(6)$	22.4	$\frac{7}{6} \times k + 5 + \sigma(6)$	41.7

* $T_{ave} = \frac{F_{ave}(k,1) - F_{ave}(k,t)}{F_{ave}(k,1)}$；** $T_{max} = \frac{F_{max}(k,1) - F_{max}(k,t)}{F_{max}(k,1)}$

为了比较 t-fold 方法和 m-ary 方法在改善计算效率方面的效果，我们还列出了 $t = 2,3,\cdots,6$ 和 $m = 2^r = 2^2, 2^3, \cdots, 2^6$ 时，两种算法在平均和最差情况下需要的乘法次数。从表 9.2 可以看出，在对应的情况下，两种方法改善计算效率的效果相近。两种方法需要的乘法次数函数中与问题规模相关的参数 k 的系数完全相同，唯一差别在于常数项的不同。当参数 k 的取值很大时，常数项是可以忽略的。

表 9.2 我们的 t-fold 算法与 m-ary 算法在计算效率方面的比较

t/r	平均情况 $F_{ave}(k,t)/F_{ave}(k,r)$*		最差情况 $F_{max}(k,t)/F_{max}(k,r)$*	
	t-fold	m-ary	t-fold	m-ary
$2/2^2$	$\frac{11}{8} \times k + 1 + \sigma(2)$	$\frac{11}{8} \times k - \frac{3}{4}$	$\frac{3}{2} \times k + 1 + \sigma(2)$	$\frac{3}{2} \times k - 1$
$3/2^3$	$\frac{31}{24} \times k + 2 + \sigma(3)$	$\frac{31}{24} \times k + \frac{17}{8}$	$\frac{4}{3} \times k + 2 + \sigma(3)$	$\frac{4}{3} \times k + 2$
$4/2^4$	$\frac{79}{64} \times k + 3 + \sigma(4)$	$\frac{79}{64} \times k + \frac{145}{16}$	$\frac{5}{4} \times k + 3 + \sigma(4)$	$\frac{5}{4} \times k + 9$
$5/2^5$	$\frac{191}{160} \times k + 4 + \sigma(5)$	$\frac{191}{160} \times k + \frac{769}{32}$	$\frac{6}{5} \times k + 4 + \sigma(5)$	$\frac{6}{5} \times k + 24$
$6/2^6$	$\frac{447}{384} \times k + 5 + \sigma(6)$	$\frac{447}{384} \times k + \frac{3521}{64}$	$\frac{7}{6} \times k + 5 + \sigma(6)$	$\frac{7}{6} \times k + 55$

*m-ary 方法：$F_{ave}(r,k) = 2^r - 2 + k - r + \left(\frac{k}{r} - 1\right) \times (1 - 2^{-r})$；$F_{max}(r,k) = 2^r - 2 + k - r + \frac{k}{r} - 1$

我们的 t-fold 方法在平均和最差的情况下，相对于经典从右向左二进制算法所能节省乘法数量的渐进最大比率分别是 33% 和 50%。为了证实这一点，我们可以计算下面两个极限比率：

$$\lim_{k\to\infty}\frac{F_{\text{ave}}(k,t)}{F_{\text{ave}}(k,1)}$$

$$=\lim_{k\to\infty}\frac{\left(\frac{2\times 2^t-1}{2^t}\times\left\lceil\frac{k}{t}\right\rceil\right)+\sigma(t)+\left(\left\lceil\frac{k}{t}\right\rceil+1\right)\times(t-1)}{\frac{3}{2}\times k}=\frac{2}{3}\times\left(\frac{1}{t}-\frac{1}{2^t\times t}+1\right)\approx\frac{2}{3}$$

和

$$\lim_{k\to\infty}\frac{F_{\max}(k,\ t)}{F_{\max}(k,1)}=\lim_{k\to\infty}\frac{2\times\left\lceil\frac{k}{t}\right\rceil+\sigma(t)+\left(\left\lceil\frac{k}{t}\right\rceil+1\right)\times(t-1)}{2\times k}=\frac{1}{2}\times\left(1+\frac{1}{t}\right)\approx\frac{1}{2}$$

这两个极限比率说明我们的 t-fold 方法和 m-ary 方法在改善计算效率方面具有相同的潜力。

在我们的 t-fold 方法的第（2）步中，需要额外附加 2^t-1 个数据寄存器存储模幂值 $x^{E_{\text{com\_1}}},\ x^{E_{\text{com\_2}}},\cdots,x^{E_{\text{com\_}(2^t-1)}}$。这个附加存储的需求也刚好和 m-ary 方法的需求是一样的。在 m-ary 方法中，存储需求来自于存储预计算模幂值。

9.3.5 两个实例

在本节中，我们使用两个具体的例子来展示 t-fold 方法是如何工作的。为了使说明简单，我们不使用过大的指数值，只假定指数 E=816043251439=1011110111111111111101111010110111011111，这时指数的二进制长度 k=40。当然，要显示算法的优越性，需要计算大操作数的模幂运算，但取一个相对小的操作数并不影响我们的说明，因为这里仅是要演示 t-fold 方法是如何运行的。

1. $t=3$ 的情况（三折法）

指数 E 被分成 3 个等长度的二进制子位串，也就是 E_1，E_2 和 E_3。由于 $k(\mathrm{mod}\,t)$=40(mod3)=1，指数 E 的二进制位串需要在最前面增加 2 个 0 比特，有

$$E=E_3\|E_2\|E_1=00101111011111\|11111111011111\|01011011101111 \quad (9.29)$$

从等分的二进制子位串 E_1，E_2 和 E_3 得到所需要的广义最小项 $E_{\text{com\_}j}(j=1,2,\cdots,7)$ 如下：

$E_{\text{com\_1}}$=(NOT E_1) AND (NOT E_2) AND E_3=00000000000000

$E_{\text{com\_2}}$=(NOT E_1) AND E_2 AND (NOT E_3)=10000000000000

$E_{\text{com\_3}}$= (NOT E_1) AND E_2 AND E_3=00100100010000

$E_{\text{com\_4}}$=E_1 AND (NOT E_2) AND (NOT E_3)=00000000100000

$E_{\text{com\_5}}$=E_1 AND (NOT E_2) AND E_3=00000000000000

$E_{\text{com\_6}}$=E_1 AND E_2 AND (NOT E_3)=01010000000000

$E_{\text{com\_7}}$=E_1 AND E_2 AND E_3=00001011001111

注意，广义最小项 E_{com_8}=(NOT E_1) AND (NOT E_2) AND (NOT E_3) 并不包含在其中。

这样，我们就可以直接应用 Algorithm F 计算出模幂值 $x^{E_{com\_j}}$ ($j=1,2,\cdots,7$) 分别保存在相应的寄存器 C_j ($j=1,2,\cdots,7$) 中。

现在，部分模幂值 x^{E_1}, x^{E_2} 和 x^{E_3} 可以表示为

$$x^{E_1} = x^{E_{com\_4}} \times x^{E_{com\_5}} \times x^{E_{com\_6}} \times x^{E_{com\_7}} = C_4 \times C_5 \times C_6 \times C_7$$
$$= x^{00000000100000} \times x^{00000000000000} \times x^{01010000000000} \times x^{00001011001111} = x^{01011011101111}$$

$$x^{E_2} = x^{E_{com\_2}} \times x^{E_{com\_3}} \times x^{E_{com\_6}} \times x^{E_{com\_7}} = C_2 \times C_3 \times C_6 \times C_7$$
$$= x^{10000000000000} \times x^{00100100010000} \times x^{01010000000000} \times x^{00001011001111} = x^{11111111011111}$$

$$x^{E_3} = x^{E_{com\_1}} \times x^{E_{com\_3}} \times x^{E_{com\_5}} \times x^{E_{com\_7}} = C_1 \times C_3 \times C_5 \times C_7$$
$$= x^{00000000000000} \times x^{00100100010000} \times x^{00000000000000} \times x^{00001011001111} = x^{00101111011111}$$

很明显，在没有计算和共享部分模幂值 x^{E_1}, x^{E_2} 和 x^{E_3} 的公共因子时，算法需要 $(2^{3-1}-1) \times 3 = 9$ 次乘法运算来完成第(3)步的运行。这里 9 也是我们前面所说函数 $\sigma(3)$ 的上界。最后，根据式（9.26），模幂值 x^E 可以被计算出来：

$$x^E = \text{sq}^{\left\lceil \frac{40}{3} \right\rceil} \left(\text{sq}^{\left\lceil \frac{40}{3} \right\rceil} (x^{E_3}) \times x^{E_2} \right) \times x^{E_1}$$
$$= \text{sq}^{14}(\text{sq}^{14}(x^{E_3}) \times x^{E_2}) \times x^{E_1} = ((x^{E_3})^{2^{14}} \times x^{E_2})^{2^{14}} \times x^{E_1}$$

2. $t=4$ 的情况（四折法）

现在，指数 E 被分成 4 个等长度的二进制子位串，也就是 E_1, E_2, E_3 和 E_4。由于 $k(\text{mod}\,t)=40(\text{mod}4)=0$，指数 E 的二进制位串不需要在最前面增加 0 比特，有

$$E = E_4 \| E_3 \| E_2 \| E_1 = 1011110111\|1111111111\|0111110101\|1011101111 \quad (9.30)$$

接着，我们可以从等分的二进制子位串 E_1, E_2, E_3 和 E_4 中得到所需要的广义最小项 E_{com_j} ($j=1,2,\cdots,15$) 如下：

E_{com_1} = (NOT E_1) AND (NOT E_2) AND (NOT E_3) AND E_4 = 0000000000
E_{com_2} = (NOT E_1) AND (NOT E_2) AND E_3 AND (NOT E_4) = 0000000000
E_{com_3} = (NOT E_1) AND (NOT E_2) AND E_3 AND E_4 = 0000000000
E_{com_4} = (NOT E_1) AND E_2 AND (NOT E_3) AND (NOT E_4) = 0000000000
E_{com_5} = (NOT E_1) AND E_2 AND (NOT E_3) AND E_4 = 0000000000
E_{com_6} = (NOT E_1) AND E_2 AND E_3 AND (NOT E_4) = 0100000000
E_{com_7} = (NOT E_1) AND E_2 AND E_3 AND E_4 = 0000010000
E_{com_8} = E_1 AND (NOT E_2) AND (NOT E_3) AND (NOT E_4) = 0000000000
E_{com_9} = E_1 AND (NOT E_2) AND (NOT E_3) AND E_4 = 0000000000

$E_{\text{com\_10}} = E_1$ AND (NOT E_2) AND E_3 AND (NOT E_4) = 0000001000
$E_{\text{com\_11}} = E_1$ AND (NOT E_2) AND E_3 AND E_4 = 1000000010
$E_{\text{com\_12}} = E_1$ AND E_2 AND (NOT E_3) AND (NOT E_4) = 0000000000
$E_{\text{com\_13}} = E_1$ AND E_2 AND (NOT E_3) AND E_4 = 0000000000
$E_{\text{com\_14}} = E_1$ AND E_2 AND E_3 AND (NOT E_4) = 0000000000
$E_{\text{com\_15}} = E_1$ AND E_2 AND E_3 AND E_4 = 0011100101

很明显，广义最小项 $E_{\text{com\_16}}$ = (NOT E_1) AND (NOT E_2) AND (NOT E_3) AND (NOT E_4)并不包含在其中。

这样，我们就可以应用 Algorithm F 计算模幂值 $x^{E_{\text{com\_}j}}$ ($j=1,2,\cdots,15$)，并将它们分别存储在数据寄存器 C_j ($j=1,2,\cdots,15$) 中。现在，部分模幂值 $x^{E_1}, x^{E_2}, x^{E_3}$ 和 x^{E_4} 可以通过如下一组算式得到：

$$x^{E_1} = x^{E_{\text{com\_8}}} \times x^{E_{\text{com\_9}}} \times x^{E_{\text{com\_10}}} \times x^{E_{\text{com\_11}}} \times x^{E_{\text{com\_12}}} \times x^{E_{\text{com\_13}}} \times x^{E_{\text{com\_14}}} \times x^{E_{\text{com\_15}}}$$
$$= C_8 \times C_9 \times C_{10} \times C_{11} \times C_{12} \times C_{13} \times C_{14} \times C_{15} = x^{0000000000} \times x^{0000000000} \times x^{0000001000} \times x^{1000000010} \times$$
$$x^{0000000000} \times x^{0000000000} \times x^{0000000000} \times x^{0011100101} = x^{1011101111}$$

$$x^{E_2} = x^{E_{\text{com\_4}}} \times x^{E_{\text{com\_5}}} \times x^{E_{\text{com\_6}}} \times x^{E_{\text{com\_7}}} \times x^{E_{\text{com\_12}}} \times x^{E_{\text{com\_13}}} \times x^{E_{\text{com\_14}}} \times x^{E_{\text{com\_15}}}$$
$$= C_4 \times C_5 \times C_6 \times C_7 \times C_{12} \times C_{13} \times C_{14} \times C_{15} = x^{0000000000} \times x^{0000000000} \times x^{0100000000} \times x^{0000010000} \times$$
$$x^{0000000000} \times x^{0000000000} \times x^{0000000000} \times x^{0011100101} = x^{0111110101}$$

$$x^{E_3} = x^{E_{\text{com\_2}}} \times x^{E_{\text{com\_3}}} \times x^{E_{\text{com\_6}}} \times x^{E_{\text{com\_7}}} \times x^{E_{\text{com\_10}}} \times x^{E_{\text{com\_11}}} \times x^{E_{\text{com\_14}}} \times x^{E_{\text{com\_15}}}$$
$$= C_2 \times C_3 \times C_6 \times C_7 \times C_{10} \times C_{11} \times C_{14} \times C_{15} = x^{0000000000} \times x^{0000000000} \times x^{0100000000} \times x^{0000010000} \times$$
$$x^{0000001000} \times x^{1000000010} \times x^{0000000000} \times x^{0011100101} = x^{1111111111}$$

$$x^{E_4} = x^{E_{\text{com\_1}}} \times x^{E_{\text{com\_3}}} \times x^{E_{\text{com\_5}}} \times x^{E_{\text{com\_7}}} \times x^{E_{\text{com\_9}}} \times x^{E_{\text{com\_11}}} \times x^{E_{\text{com\_13}}} \times x^{E_{\text{com\_15}}}$$
$$= C_1 \times C_3 \times C_5 \times C_7 \times C_9 \times C_{11} \times C_{13} \times C_{15} = x^{0000000000} \times x^{0000000000} \times x^{0000000000} \times x^{0000010000} \times$$
$$x^{0000000000} \times x^{1000000010} \times x^{0000000000} \times x^{0011100101} = x^{1011110111}$$

这里，在没有计算与共享部分模幂值 E_1, E_2, E_3 和 E_4 的公共因子时，需要 $(2^{4-1}-1) \times 4 = 28$ 次乘法运算来执行第（3）步。如果考虑计算和共享公共因子，则我们可以得到参数 $x^{E_1}, x^{E_2}, x^{E_3}$ 和 x^{E_4}：

$$C_3' = C_3 \times C_7 \times C_{11} \times C_{15}$$
$$C_{12}' = C_{12} \times C_{13} \times C_{14} \times C_{15}$$
$$x^{E_1} = C_{12}' \times C_8 \times C_9 \times C_{10} \times C_{11}$$
$$x^{E_2} = C_{12}' \times C_4 \times C_5 \times C_6 \times C_7$$
$$x^{E_3} = C_3' \times C_2 \times C_6 \times C_{10} \times C_{14}$$
$$x^{E_4} = C_3' \times C_1 \times C_5 \times C_9 \times C_{13}$$

使用这样的方法，仅需要 22 次乘法运算就可以从相应广义最小项得到部分模幂值 $x^{E_1}, x^{E_2}, x^{E_3}$ 和 x^{E_4}。最后，同样是根据式（9.26）计算得到模幂值 x^E：

$$x^E = \mathrm{sq}^{\left\lceil \frac{40}{4} \right\rceil}\left(\mathrm{sq}^{\left\lceil \frac{40}{4} \right\rceil}\left(\mathrm{sq}^{\left\lceil \frac{40}{4} \right\rceil}(x^{E_4}) \times x^{E_3} \right) \times x^{E_2} \right) \times x^{E_1}$$

$$= \mathrm{sq}^{10}(\mathrm{sq}^{10}(\mathrm{sq}^{10}(x^{E_4}) \times x^{E_3}) \times x^{E_2}) \times x^{E_1} = (((x^{E_4})^{2^{10}} \times x^{E_3})^{2^{10}} \times x^{E_2})^{2^{10}} \times x^{E_1}$$

9.4　本章小结

本章就模幂计算方法这个公钥密码执行的中心问题展开讨论。我们把重点放在实际应用最为普遍，具有 x^E 结构的模幂计算问题，介绍了目前所能见到的应用于这种结构上的主要计算方法，还特别修正了可变长度窗口算法的指数分配规则。接下来，我们换了一个角度处理具有 x^E 结构的模幂问题，突破了对这一问题传统的研究倾向，探索提出了 *t*-fold 方法。这一方法是基于从右向左二进制算法的快速模幂方法，而不是像大多数此类算法一样基于从左向右二进制方法。经过分析可以看出，我们的 *t*-fold 方法在基于从右向左二进制算法的快速模幂方法中的地位与 *m*-ary 方法在基于从左向右二进制算法的快速模幂方法的地位相当。

第 10 章 展　　望

10.1　无线传感网络和 Mesh 网络技术展望

定位技术是无线传感网络的支撑技术之一，研究无线传感网络定位技术有着很重要的学术意义和应用意义。由于检测环境的差异性，很难找出一个通用的定位算法，所以针对不同的应用来选取相应的算法有着重要的意义。以下几个方面的问题应该得到更深入的研究：①由于检测环境的不一致性，由于耗能或环境容易造成各向异性的网络环境，在各向异性的网络环境中实现节点的定位有着重要的现实意义；②基于路径提高测距的精度在一定程度上提高了测距的精度，对各路径进行一个适当的加权平均将有利于更精确地提高定位的精度；③移动节点的定位。在一些跟踪监控中，当节点移动时，节点将随时发送定位帧和数据包，这将导致节点耗能过大，也将造成网络的拥塞。

大多数当前的节能路由协议总是沿着最小能量路径将数据包转发到汇聚节点，仅为了最小化能量消耗，这造成传感器节点间剩余能量的不均衡分布，并最终导致网络分区。可借助于物理学中势的概念，通过构建一个与深度、能量密度和剩余能量有关的混合虚拟势场，设计能量均衡路由协议。此方法的目标是驱使数据包通过密集能量区域向汇聚节点移动，从而保护具有相对较低剩余能量的节点。在无线传感网络中，如果节点移动，那么网络的拓扑结构就会发生变化，导致通信链路失效。在这种情况下，应根据节点以何种形式移动来设计相应的路由算法，使之适应传感器节点的移动性，从而使网络的生存时间增加，降低传输时延。

随着物联网的广泛应用，各种类型的终端通信设备涌现不绝，人们对随时接入网络的需求尤为关键。在物联网的大背景下，Mesh 网络实现了通信设备与网络世界的融合。如何改善 Mesh 网络性能来提高物联网的高效性备受关注，例如，针对其采用的路由协议存在缺陷的问题，可优化网络资源配置方法，设计新的路由判据，综合考虑节点负载度、链路的闲忙度等因素对 Mesh 网络的影响。

10.2　物联网信任计算模型技术展望

在研究物联网虚拟系统的信任时，仅考虑了虚拟组织类型的一种，即所谓的临时系统。在这里必须指出，有些虚拟系统可能是临时系统和长期系统的混合体，在将来的工作中，要考虑这种混合系统的信任情况。事实上，不管现在的状况如何，未来的虚拟社会的组织形式将会向着"混合"式的组织类型发展，既具有虚拟临时系统的特点,又有相对来说更为熟悉的"长期系统"的特点。尽管对于长期系统,许多研究人员已经在这方面做了大量的研究工作,也取得了许多的研究成果,但是这种针对混合系统的信任的研究仍然鲜有人尝试,因此,建立一个更加综合的、系统的合适信任模型将是未来工作的核心所在。在给出的快速信任计算实例中,每一个证据对该影响因子的支持程度和否定程度也是假定的,它是由专家系统给定的,至于这种支持程度和否定程度的推理过程则没有讨论。另外,由于专家系统和知识经验有时候是不可得的,这时候本书提出的快速信任模型就不再适用了。因此,如何解决专家系统和经验知识的缺乏导致本书建立的快速信任模型的失效也是将来的工作之一。

10.3 用户智能卡认证的技术展望

针对使用用户智能卡进行认证的问题,我们提出如下两点研究展望。

(1) 从纵向考虑认证问题,我们提出了实体认证的解决方案,但是,并没有考虑在会话中临时会话密钥建立的方法。目前普遍认为,会话密钥的建立是在用户和服务器之间建立一条安全信道所必需的。因此,下一步很自然的研究方向就是解决在用户智能卡环境下如何建立安全的会话密钥。对会话密钥安全方面的具体要求和形式化定义已经大量存在,可以用来作为用户智能卡环境下建立会话密钥的衡量标准。设计的步骤可以按照在第3章中的设计框架进行,也是分成两段来完成的。当然,对我们的实体认证加以适当扩展应该可以实现会话密钥建立的任务。这实际是设计安全实体认证方案的另一个意义所在。

(2) 从横向考虑认证问题,我们提出的实体认证方案是解决用户和单个服务器之间的认证问题,另一个很自然的研究方向就是考虑多个服务器的认证模式。每个服务器都按照我们提出的方案建立相互之间独立的认证系统固然是一种解决问题的方法。但是,我们认为这种解决方法并不好,特别是多个服务器可能存在或有可能建立一定的信任关系的情况。事实上,目前存在的物联网环境大多数都是多服务器认证模式,未来随着网络的不断扩展,这样的模式将更加普遍。我们对多服务器模式下的认证预计是:不需要用户拥有大量各个服务器的认证秘密参数,不需要在使用中随着不同服务器的切换不断进行登录认证,而是通过单一的安全认证机制就可以允许用户访问多个服务器。这不仅给用户使用带来方便,还节省了反复认证的大量开销。我们认为,准确地定义多服务器的应用模型是设计此类方案的第一步,不同于单服务器的直接明了,其中可能存在较多复杂变化。

10.4 服务器辅助公开密钥认证问题的展望

利用服务器上已有的强口令认证文件实现公开密钥认证是一个有趣的研究方向。这一思路吸引人之处在于因势利导通过一个对各方来说都不大的开销,解决公钥密码体制一个棘手的问题。我们从两个方面展望这一技术路线的发展。

(1) 我们提出的公开密钥认证方案是针对基于离散对数问题公钥密码体制的公开密钥认证机制。一个很自然的研究方向是，设计一个基于大整数分解问题公钥密码体制的服务器辅助公开密钥认证机制。考虑最常用的基于大整数分解问题的 RSA 密码体制，在这种情况下，用户待认证的公开-秘密密钥对就是 $(K_{pub}=(e,n=p\times q), K_{prv}=d)$，其中，满足 $e\times d=(p-1)\times(q-1)$，而不是我们提到的 $(K_{pub}=g_1^{K_{prv}} \bmod p, K_{prv})$，这里，所有的参数都是相应体制中定义的安全参数。如何合理利用口令认证文件中使用的单向函数特点结合 RSA 密码体制的公开-秘密密钥对的特点，寻找优良的认证代数结构。

(2) 从服务器辅助公开密钥认证的需求出发，提出新的且有意义的基本安全目标是设计此类方案的关键和出发点。基本安全目标实际上刻画和限定了攻击者的破坏行为，是衡量一个方案是否安全的评价标准。如果对基本安全目标设定得过高，那么通过安全目标的设计方案可以提供更强的安全保证，但是，这通常意味着更大的各方面的开销；如果对基本安全目标设定得过低，那么有可能得到既能通过安全目标又在开销方面令人满意的方案，但是，方案却有可能无法抵御在此类应用环境下确实有威胁的攻击方法。追求一个能够恰当反映实际应用中的安全隐患的基本安全目标始终是一个重要的研究方向。设计具体方案中的各种数学技巧应用固然是一种艺术，但更多的还是科学，而基本安全目标设定则更多的是一种艺术。

10.5 大数模幂算法的展望

一些学者采用一套形式化的假设预计未来一段时间保证安全至少需要的密钥长度取值，我们摘选了一些数据列在表 10.1 中。这些数据假定了分解大数和离散对数求解算法是按照一个平稳速度缓慢发展的。虽然在计算机领域里对未来做出预测并不是什么明智之举，但是从表中也足以看出，公钥密码体制中模幂问题各个操作将会随时间不断增大，探索可能适应各种潜在应用环境的快速模幂算法始终是一个有着重要地位的研究方向。

表 10.1 Moore 准则下非对称密码体制密钥长度下限估计

年份	密钥长度/比特				极限计算能力（Mips 年*）	执行攻击消耗硬件的花费下限/（美元/天）	对应 450MHz Pentium II PC 下需要的年数
	经典分解问题	经典离散对数问题	椭圆曲线离散对数问题				
			安全分析进展				
			无	有			
2000	952	704	132	132	7.13×10^9	1.39×10^8	1.58×10^7
2005	1149	864	139	147	1.02×10^{11}	1.96×10^8	2.26×10^8
2010	1369	1056	146	160	1.45×10^{12}	2.77×10^8	3.22×10^9
2015	1613	1248	154	173	2.07×10^{13}	3.92×10^8	4.59×10^{10}
2020	1881	1472	161	188	2.94×10^{14}	5.55×10^8	6.54×10^{11}
2025	2174	1728	169	202	4.20×10^{15}	7.84×10^8	9.33×10^{12}

续表

年份	密钥长度/比特				极限计算能力（Mips 年*）	执行攻击消耗硬件的花费下限/（美元/天）	对应 450MHz Pentium II PC 下需要的年数
	经典分解问题	经典离散对数问题	椭圆曲线离散对数问题				
			安全分析进展				
			无	有			
2030	2493	2016	176	215	5.98×10^{16}	1.11×10^{9}	1.33×10^{14}
2035	2840	2336	184	230	8.53×10^{17}	1.57×10^{9}	1.90×10^{15}
2040	3214	2656	191	244	1.22×10^{19}	2.22×10^{9}	2.70×10^{16}
2045	3616	3008	198	257	1.73×10^{20}	3.14×10^{9}	3.85×10^{17}
2050	4047	3392	206	272	2.47×10^{21}	4.44×10^{9}	5.49×10^{18}

* Mips 年的定义是单台 DEC VAX 11/78 机工作一年的总计算量

  公钥密码学中的模幂问题涉及内容十分丰富，这里仅就我们提出计算模幂 x^E 的 t-fold 方法提出如下展望。

  t-fold 方法无论在改进模幂计算效率还是附加存储要求方面都与从左向右二进制算法为基础结构的 m-ary 方法十分接近。进一步，可以很自然地想到，是否平行地存在从右向左二进制算法为基础，计算效率和存储要求都与窗口方法接近的快速模幂方法呢？我们认为这样的计算方法应该也是存在的。一个初步设想是：按照某一个原则对模幂 x^E 指数 E 根据实际输入进行变长划分，可以应用类似于 t-fold 方法的步骤来进行计算。从这一点来说，t-fold 方法与 m-ary 方法也有相似之处。从第 9 章对 Algorithm C 和 Algorithm D 的描述可以看出，m-ary 方法实际上也为窗口方法提供了一个基本的计算结构框架。这也是我们为什么说 t-fold 方法是发展基于从右向左二进制算法快速模幂方法的第一步，也是稳健的一步。t-fold 方法为这一方向的算法奠定了一个基本结构框架。当然，这里只是一个初步设想，具体指数 E 的划分原则如何？相应的计算效率和存储需求如何？是否有新的计算特性？这一系列有趣的问题都有待在今后的研究中深入探讨。

参 考 文 献

巴伯. 1989. 信任的逻辑和局限. 福州: 福建人民出版社: 19-90.

曹珍富. 1993. 公钥密码学. 哈尔滨: 黑龙江教育出版社: 10-100.

陈力军, 刘明, 陈道蓄. 2009. 基于随机行走的无线传感网络簇间拓扑演化. 计算机学报, 32(1): 69-76.

段新生. 1993. 证据理论与决策、人工智能. 北京: 中国人民大学出版社: 15-80.

冯象初, 姜东焕, 徐光宝. 2008. 基于变分和小波变换的图像放大算法. 计算机学报: 340-34.

付嵘. 2011. 物联网共享平台中安全隐私保护的研究与实现 [博士学位论文]. 北京: 北京交通大学.

高亚春, 张为群. 2008. 基于 QoS 本体的 Web 服务描述和选择机制. 计算机科学, 30(12): 273-276.

郭雷, 许晓鸣. 2006. 复杂网络. 上海: 上海科技教育出版社: 10-130.

葛卫民. 2008. 无线接入互联网移动主机控制协议 [博士学位论文]. 天津: 天津大学.

韩红彦, 张西红. 2007. WSN 的关键问题及军事应用. 科学技术与工程, 10(2): 182-189.

姜楠. 2007. 无线局域网移动主机为中心的传输控制协议的改进研究 [硕士学位论文]. 天津: 天津大学.

康扬. 2008. 多跳无线局域网移动主机为中心的传输控制协议 [硕士学位论文]. 天津: 天津大学.

李成法, 陈贵海, 叶懋. 2007. 一种基于非均匀分簇的无线传感网络路由协议. 计算机学报, 30(1): 26-35.

刘斌. 2008. 基于 QoS 本体的语义 Web 服务选择研究 [硕士学位论文]. 北京: 北京邮电大学.

刘明, 曹建农. 2005. EADEEG: 能量感知的无线传感网络数据收集协议. 软件学报, 16(12): 2106-2116.

刘宇, 朱仲英. 2003. 位置信息服务（LBS）体系结构及其关键技术. 微型电脑应用, 2003, 19(5): 5-7.

路纲, 周明天, 佘堃. 2009. 无线传感网络路由协议的寿命分析. 软件学报, 20(2): 375-393.

卢开澄. 2003. 计算机密码学——计算机网络中的数据保密与安全. 3 版. 北京: 清华大学出版社: 9-120.

卢新飙. 2008. 复杂动态加权网络的同步与控制研究 [博士学位论文]. 上海: 上海交通大学.

罗万明, 林闯, 刘卫东. 2003. IP 网络中的拥塞控制. 计算机学报, 29 (9): 1025-1034.

罗永龙. 2005. 安全多方计算中的若干关键问题及其应用研究 [博士学位论文]. 安徽: 中国科学技术大学.

马大玮. 2002. 小波图像压缩编码算法及应用研究 [博士学位论文]. 重庆: 重庆大学.

潘绪东. 2007. 无线网络 TCP 协议的实验研究 [硕士学位论文]. 天津: 天津大学.

秦前清, 杨宗凯. 1998. 实用小波分析. 西安: 西安电子科技大学出版社.

沈呈, 陆一飞. 2010. 基于综合判据的无线 Mesh 网络路由协议. 计算机学报, 33(12): 2300-2311.

沈强, 方旭明. 2007. 无线 Mesh 网中一种基于综合准则的 DSR 扩展路由方法. 电子学报, 35(4):

614-620.

石为人, 黄河. 2008. OMNET++与 NS2 在无线传感网络仿真中的比较研究. 计算机科学, 35(10): 53-57.

田建学, 张然. 2007. 无线电导航系统的发展前景与军事应用. 技术研发, 6(3): 62-69.

汪小帆, 李翔, 陈关荣. 2006. 复杂网络理论及其应用. 北京: 清华大学出版社: 5-180.

王绍青, 聂景楠. 2010. 一种无线传感网络性能评估及优化方法. 电子学报, 38(4): 882-886.

王小明, 安小明. 2010. 具有能量和位置意识基于 ACO 的 WSN 路由算法. 电子学报, 38(8): 1763-1769.

王广学, 刘凯. 2010. 无线传感器网络中的跨层路由协议. 北京航空航天大学学报, 36(6): 16-20.

杨胜文, 史美林. 2005. 一种支持 QoS 约束的 Web 服务发现模型. 计算机学报, 28(4): 589-594.

杨震宇. 2006. 无线局域网以移动主机为中心的传输控制协议 [硕士学位论文]. 天津: 天津大学.

杨震宇, 舒炎泰, 张亮. 2006. 基于移动主机的传输控制协议的研究与实现. 电子技术应用, 32(8): 25-27.

邢小良. 2008. P2P 技术及其应用. 北京: 人民邮电出版社: 20-169.

徐昌彪, 鲜永菊. 2007. 计算机网络中的拥塞控制与流量控制. 北京: 人民邮电出版社: 17-18.

袁海燕. 2005. 普适计算中基于语义的服务发现 [硕士学位论文]. 西安: 电子科技大学.

曾志文, 陈志刚. 2010. 无线传感网络中基于可调发射功率的能量空洞避免. 计算机学报, 33(1): 12-22.

张德干, 赵晨鹏. 2014. 一种基于前向感知因子的 WSN 能量均衡路由方法. 电子学报, 42(1): 113-118.

张德干, 戴文博, 牛庆肖. 2012. 基于局域世界的 WSN 拓扑加权演化模型. 电子学报, 40(5): 1000-1004.

张德干, 徐光祐, 史元春. 2004. 面向普适计算的扩展的证据理论方法. 计算机学报, 27(7): 918-927.

张德干, 班晓娟, 曾广平. 2005. 普适计算中的任务迁移策略. 控制与决策, 20(1): 6-11.

张德干. 2006. 普适服务中基于模糊神经网络的信任测度方法. 控制与决策, 21(2): 32-41.

张德干. 2007. 针对主动服务的情境计算方法比较研究. 自动化学报, 8: 1562-1569.

张德干, 王晓晔. 2008. 规则挖掘技术. 北京: 科学出版社: 5-150.

张德干. 2009. 移动计算. 北京: 科学出版社: 10-230.

张德干. 2006. 移动多媒体技术及其应用. 北京: 国防工业出版社: 20-220.

张德干. 2010. 虚拟企业联盟构建技术. 北京: 科学出版社: 10-210.

张德干. 2010. 移动服务计算支撑技术. 北京: 科学出版社: 15-200.

张德干. 2011. 物联网支撑技术. 北京: 科学出版社: 10-200.

张德干. 2013. 无线传感与路由技术. 北京: 科学出版社: 5-190.

Abolhasan M, Wysocki T, Dutkiewicz E. 2004. A review of routing protocols for mobile ad hoc networks. Ad Hoc Networks, 2(1): 1-22.

Adnan K, Dirnililer K. 2008. Image compression using neural networks and Haar wavelet. WSEAS Transactions on Signal Processing, 4(5): 330-339.

Altman E, Avrachenkov K, Barakat C. 2000. TCP in presence of bursty losses. Performance Evaluation, 42(2): 129-147.

Ansari M A, Anand R S. 2009. Context based medical image compression for ultrasound images with contextual set partitioning in hierarchical trees algorithm. Advances in Engineering Software, 40(7): 487-496.

Awasthi A K, Lal S. 2003. A enhanced remote user authentication scheme using smart cards. IEEE Transactions on Consumer Electronics, 50(2): 583-586.

Azad A K, Kamruzzaman J. 2011. Energy-balanced transmission policies for wireless sensor networks. IEEE Transactions on Mobile Computing, 10(7): 927-940.

Baccelli F. 2000. TCP is max-plus linear and what it tells us on its throughput. Computer Communication Review, 30(4): 219-230.

Balakrishnan H, Seshan S, Katz R. 1995. Improving reliable transport and handoff performance in cellular wireless networks. ACM Wireless Networks, 1995. 4(1): 469-481.

Barabási A L. 2009. Scale-free networks: a decade and beyond. Science, 325(5939): 412-413.

Barabási A L, Albert R. 1999. Emergence of scaling in random networks. Science, 286(5439): 509-512.

Barrat A, Barthélemy M, Vespignani A. 2004. Modeling the evolution of weighted networks. Physical Review E, 70(6): 1-13.

Barber B. 1983. The Logic and Limits of Trust, New Brunswick. NJ: Rutgers University Press: 20-100.

Bird R, Gopal I, Herzberg A. 1993. Systematic design of a family of attack-resistant authentication protocols. IEEE Journal on Selected Areas in Communications, 11(5): 679-693.

Blois K J. 1999. Trust is business to business relationships: an evaluation of its status. Journal of Management Studies, 36(2): 197-215.

Brown K, Singh S. 1997. M-TCP: TCP for mobile cellular networks. Computer Communication Review, 27(5): 19-43.

Buttyán L, Gessner D. 2010. Application of wireless sensor networks in critical infrastructure protection challenges and design options. IEEE Transactions on Wireless Communications, 17(5): 44-49.

Cardwel N, Savage S. 2000. Anderson T modeling TCP latency. Proceedings of IEEE Infocom: 1742-1751.

Chambolle A, DeVore R. 1998. Nonlinear wavelet image processing: variational problems, compression, and noise removal through wavelet shrinkage. IEEE Transaction on Image Processing, 7(3): 319-335.

Chandran K, Sudarshan R, Venkatesan S. 2001. A feedback-based scheme for improving TCP performance in ad hoc wireless networks. IEEE Personal Communications, 8(1): 34-39.

Chatzimisios P, Boucouvalas A C, Vitsas V. 2003. Influence of channel BER on IEEE 802. 11 DCF. Electronics Letters, 39(23): 1687-1689.

Clark D, Lambert M, Zhang L. 1990. NETBLT: a high throughput transport protocol. IEEE Transactions on Communications, 38(11): 2010-2024.

Douglas S, De Couto J. 2003. A high-throughput path metric for multi-hop wireless routing. Proc Of ACM MOBICOM, 1: 12-20.

Djenouri D, Balasingham I. 2011. Traffic-differentiation-based modular QoS localized routing for wireless sensor networks. IEEE Transactions on Mobile Computing, 10(6): 797-809.

Elliot E O. 1963. Estimates of error rates for codes on burst-noise channels. Bell Systems Technical Journal, 42: 1977-1997.

Erdös P, Rényi A. 1960. On the evolution of random graphs. Publication of the Mathematical Institute of the Hungarian Academy of Science, 5(1): 60-67.

Floyd. S. 1991. Connections with multiple congested gateways in pack-et-switched networks. Part 1: One-way Traffic, 5.

Floyd S. 2003. High Speed TCP for Large Congestion Windows, RFC 3649.

Floyd S, Mahdavi J. 2000. An Extension to the Selective Acknowledgement (SACK) Option for TCP, RFC 2883.

Floyd S, Handley M, Padhye J, et al. 2000. Equation-based congestion control for unicast applications. Computer Communication Review, 30(4): 43-56.

Fritchman B D. 1967. A binary channel characterization using partitioned Markov chains. IEEE Trans Information Theory, 13(2): 221-227.

Gaarder K, Snekkenes E. 1991. Applying a formal analysis technique to the CCITT X. 509 strong two-way authentication protocol. Journal of Cryptology, 3(2): 81-98.

Garetto M, Cigno R L. 2001. A detailed and accurate closed queueing network model of many interacting TCP flows. Proceedings of IEEE Infocom: 1706-1715.

Gerla M, Sanadidi M Y. 2001. TCP westwood: congestion window control using bandwidth estimation. Proceedings of IEEE Globecom, 3: 1698-1702.

Gilbert E N. 1960. Capacity of a burst-noise channel. Bell Systems Technical Journal, 39: 1253-1265.

Goff T, Moronski J, Phatak D. 2000. Freeze-TCP: a true end-to-end TCP enhancement mechanism for mobile environments. Proceedings of IEEE Infocom: 1537-1545.

Grieco L A, Mascolo S. 2004. Performance evaluation and comparison of westwood+, new reno and vegas TCP congestion control. ACM Computer Communication Review, 34(2): 25-38.

Gungor V C, Lu B, Hancke G P. 2010. Opportunities and challenges of wireless sensor networks in smart grid. IEEE Transactions on Industrial Electronics, 57(10): 3557-3564.

Gupta R, Chen M. 2000. A receiver driven transport protocol for the web. Telecommunication Systems, 21: 213-230.

Guttman J D, Thayer F J. 2002. Authentication tests and the structure of bundles. Theoretical Computer Science, 283(2): 333-380.

Heinzelman W B, Chandrakasan A P, Balakrishnan H. 2002. An application specific protocol architecture for wireless sensor networks. IEEE Transactions on Wireless Communication, 1(4): 660-670.

Heidemann J, Obraczka K, Touch J. 1997. Modeling the performance of HTTP over several transport protocols. IEEE/ACM Transactions on Networking, 5(5): 616-630.

Hoe J C. 1996. Improving the start-up behavior of a congestion control scheme for TCP. Computer Communication Review, 26(4): 270-280.

Holland G, Vaidya N. 2002. Analysis of TCP performance over mobile ad hoc networks. Wireless Networks, 8 (2): 275-288.

Hong Y, Yang O. 2007. Design of adaptive PI rate controller for best-effort traffic in the internet based on phase margin. IEEE Transactions on Parallel and Distributed Systems, 18(4): 550-561.

Huang M S, Li L H. 2000. A new remote user authentication scheme using smart cards. IEEE Transactions on Consumer Electronics, 46(1): 28-30.

Jacobson V. 1998. Congestion avoidance and control. ACM Computer Communication Review, 18(4): 314-329.

Jiang R, Pan L, Li J H. 2004. Further analysis of password authentication schemes based on authentication tests. Computer and Security, 23(6): 469-477.

Karner W, Nemethova O. 2007. Link error prediction based cross-layer scheduling for video streaming over UMTS. Proc of the 15th IST Mobile & Wireless Communications Summit, 29(5): 569-595.

Karner W, Rupp M. 2005. Measurement based analysis and modelling of UMTS DCH error characteristics for static scenarios. Proceedings of 8th International Symposium on DSP and Communication Systems: 19-21.

Keceli F, Inan I. 2007. TCP ACK congestion control and filtering for fairness provision in the uplink of IEEE 802. 11 infrastructure basic service set. Proc IEEE ICC '07: 4512-4517.

Keceli F, Inan I. 2008. Achieving fair TCP access in the IEEE 802. 11 infrastructure basic service set. IEEE International Conference on Communications: 2637-2643.

Kim D, Toh C, Choi Y. 2000. TCP-BuS: improvement of TCP performance in wireless ad hoc network. Proceedings of IEEE International Conference on Communications: 436-442.

Kim K H, Zhu Y J, Sivakumar R. 2005. A receivercentric transport protocol for mobile hosts with heterogeneous wireless interfaces. Wireless Networks, 11: 363-382.

Kliazovich D, Granelli F. 2006. Cross-layer congestion control in ad hoc wireless networks. IEEE Wireless Communications and Networking Conference, 4(6): 687-708.

Kramer R M, Tyler T R. 1996. Trust in Organizations: Frontiers of Theory and Research. London: Sage Publications: 16-195.

Kumar A. 1998. Comparative performance analysis of versions of TCP in local network with a lossy link. IEEE/ACM Transactions on Networking, 6(4): 485-498.

Kumar A, Holtzman J. 1998. Comparative performance analysis of versions of TCP in a local network with a lossy link. IEEE/ACM Transactions on Networking, 6(4): 485-498.

Kuzmanovic A, Knightly E W. 2007. Receiver-centric congestion control with a misbehaving receiver:

vulnerabilities and end-point solutions. Computer Networks, 51(10): 2717-2737.

Lakshman T, Madhow U. 1997. The performance of TCP/IP for networks with high bandwidth-delay products and random loss. IEEE/ACM Transactions on Networking, 5(3): 336-350.

Lee N Y, Chiu Y C. 2005. Improved remote authentication scheme using smart card. Computer Standards and Interfaces, 27(2): 177-180.

Leung K C, Cheng L M, Fong A S. 2003. Cryptanalysis of a modified remote user authentication scheme using smart cards. IEEE Transactions on Consumer Electronics, 49(4): 1243-1245.

Liu J, Singh S. 2001. ATCP: TCP for mobile ad hoc networks selected areas in communications. IEEE Journal on Selected Areas in Communications, 19 (7) : 1300-1315.

Mahdavi J P, Floyd S, Adamson R B. 2001. TCP-friendly unicast rate-based flow control. IEEE Global Telecommunications Conference, 3: 1620-1625.

Martins F V, Garrano E G, Wanner E F. 2011. A hybrid multi-objective evolutionary approach for improving the performance of wireless sensor networks. IEEE Transactions on Sensors, 11(3): 545-554.

Mascolo S, Casetti C, Gerla M. 2001. TCP westwood: bandwidth estimation for enhanced transport over wireless links. Proc of the ACM Mobicom: 16-21.

Mascolo S, Racanelli G. 2005. Testing TCP westwood+ over transatlantic links at 10 Gigabit/second rate. Third International Workshop on Protocols for Fast Long-Distance Networks (PFLDNET05): 1-6.

Mehra P, Zakhor A. 2003. Receiver-driven bandwidth sharing for TCP. Proceedings of IEEE Infocom, 2: 1145-1155.

Messerges T S, Dabbish E A, Sloan R H. 2002. Examining smart-card security under the threat of power analysis attacks. IEEE Transactions on Computers, 51(5): 541-552.

Michael M, Rajaraman R. 2001. Towards more complete models of TCP latency and throughput. Journal of Supercomputing, 20(2): 137-160.

Naddafzadeh S G, Lampe L. 2011. Lifetime maximization in UWB sensor networks for event detection. IEEE Transaction on Signal Processing, 59(9): 4411-4423.

Noori M, Ardakani M. 2011. Lifetime analysis of random event-driven clustered wireless sensor networks. IEEE Transactions on Mobile Computing, 10(10): 1448-1458.

Padhya J, Firoiu V. 1998. Modeling TCP throughput: a simple model and its empirical validation. Computer Communication Review, 28(4): 303-314.

Parsa C. 1999. Improving TCP congestion control over internets with heterogeneous transmission media. Proceedings of International Conference on Network Protocols: 213-221.

Peinado A. 2004. Cryptanalysis of LHL-key authentication scheme. Applied Mathematics and Computation, 152(3), 721-724.

Rotter J B. 1980. Interpersonal trust, trustworthiness, and gullibility. American Psychologist, 35(1): 1-7.

Said A, Pearlman W. 1996. A new, fast and efficient image codec based on set partitioning in hierarchical trees. IEEE Transactions on Circuits and Systems for Video Technology, 6(3): 243-250.

Samaraweera N. 1999. Non-congestion packet loss detection for TCP error recovering using wireless links. Proceedings of IEE Communications, 146(4): 222-230.

Shao Z. 2005. A new key authentication scheme for cryptosystems based on discrete logarithms. Applied Mathematics and Computation, 167(1): 143-152.

Sun D Z, Huai J P. 2009. Improvements of Juang et al. 's password-authenticated key agreement scheme using smart cards. IEEE Transactions on Industrial Electronics, 56(6): 2284-2291.

Sun D Z, Huai J P. 2007. An efficient modular exponentiation algorithm against simple power analysis attacks. IEEE Transactions on Consumer Electronics, 53(4): 1718-1723.

Sun D Z, Huai J P. 2007. Computational efficiency analysis of Wu et al. 's fast modular multi-exponentiation algorithm. Applied Mathematics and Computation, 190(2): 1848-1854.

Sun D Z, Zhong J D. 2012. A hash-based RFID security protocol for strong privacy protection. IEEE Transactions on Consumer Electronics, 58(4): 1246-1252.

Sun D Z. 2007. A note on Chang-Lai's modular square algorithm based on the generalized Chinese remainder theorem. Applied Mathematics and Computation, 188(1): 411-416.

Sun D Z, Cao Z F. 2006. How to compute modular exponentiation with large operators based on the right-to-left binary algorithm. Applied Mathematics and Computation, 176(1): 280-292.

Sun D Z, Cao Z F. 2005. Comment: cryptanalysis of Lee-Hwang-Li's key authentication scheme. Applied Mathematics and Computation, 164(3): 675-678.

Sun D Z, Cao Z F. 2005. Remarks on a new key authentication scheme based on discrete logarithms. Applied Mathematics and Computation, 167(1): 572-575.

Sun D Z, Cao Z F. 2005. Improved public key authentication scheme for non-repudiation. Applied Mathematics and Computation, 168(2): 927-932.

Sun D Z, Zhong J D. 2005. Weakness and improvement on Wang-Li-Tie's user-friendly remote authentication scheme. Applied Mathematics and Computation, 170(2): 1185-1193.

Tan K, Zhu H. 19991. Remote password authentication scheme based on cross-product. Computer Communications, 22(4): 390-393.

Tsaoussidis V, Zhang C. 2002. TCP-real: receiver-oriented congestion control. The Journal of Computer Networks, 40 (4): 477-497.

Wang Y J, Li J H. 2005. Security improvement on a timestamp-based password authentication scheme. IEEE Transactions on Consumer Electronics, 50(2): 580-582.

Watts D J, Strogatz S H. 1998. Collective dynamics of small-world networks. Nature, 393(6684): 440-442.

Wu T S, Lin H Y. 2004. Robust key authentication scheme resistant to public key substitution attacks. Applied Mathematics and Computation, 157(3): 825-833.

Xu G Q, Li W S, Xu R. 2013. An algorithm on fairness verification of mobile sink routing in wireless sensor network. ACM/Springer Personal and Ubiquitous Computing, 17(5): 851-864.

Xu G Q, Tian X M. 2013. TPS_DR: A universal reducing algorithm on optimal trust path selection in complex sensor network. Appl Math Inf Sci, 7(1): 161-167.

Xu G Q, Zhang G X. 2015. A multi-attribute rating based trust model: improving the personalized trust modeling framework. Multimedia Tools and Applications-An International Journal.

Xu G Q, Pang S C. 2011. State/action-based fairness verification for non-determinism. Chinese Journal of Electronics, 20(4): 603-606.

Xu G Q, Feng Z Y. 2007. Swift trust in virtual temporary system: a model based on dempster-shafer theory of belief functions. International Journal of Electronic Commerce(IJEC), 12(1): 93-127.

Yang W H, Shieh S P. 1991. Password authentication schemes with smart cards. Computer and Security, 18(8): 727-733.

Yoon E J, Ryu E K, Yoon K Y. 2005. Cryptanalysis and further improvement of Peinado's improved LHL-key authentication scheme. Applied Mathematics and Computation, 168(2): 788-794.

Zhang L, Shu Y, Yang Z. 2005. Mobile-host-centric transport protocol for wireless networks. Proceedings of SPIE Optics East: 1-8.

Zhang D G, Zheng K. 2015. A novel multicast routing method with minimum transmission for WSN of cloud computing service. Soft Computing, 19(7): 1817-1827.

Zhang D G, Song X D. 2015. Extended AODV routing method based on distributed minimum transmission (DMT) for WSN. International Journal of Electronics and Communications, 69(1): 371-381.

Zhang D G, Wang X. 2015. New clustering routing method based on PECE for WSN. EURASIP Journal on Wireless Communications and Networking: 1-13.

Zhang D G, Zheng K. 2015. Novel quick start (QS) method for optimization of TCP. Wireless Networks, 21(5): 110-119.

Zhang D G, Li G. 2014. An energy-balanced routing method based on forward-aware factor for wireless sensor network. IEEE Transactions on Industrial Informatics, 10(1): 766-773.

Zhang D G, Wang X. 2014. A novel approach to mapped correlation of ID for RFID anti-collision. IEEE Transactions on Services Computing, 7(4): 741-748.

Zhang D G, Li G. 2014. A new anti-collision algorithm for RFID tag. International Journal of Communication Systems, 27(11): 3312-3322.

Zhang D G, Liang Y P. 2013. A kind of novel method of service-aware computing for uncertain mobile applications. Mathematical and Computer Modelling, 57: 344-356.

Zhang D G. 2012. A new approach and system for attentive mobile learning based on seamless migration. Applied Intelligence, 36(1): 75-89.

Zhang D G. 2012. A new method of non-line wavelet shrinkage denoising based on spherical coordinates. INFORMATION -An International Interdisciplinary Journal, 15(1): 141-148.

Zhang D G. 2012. A new medium access control protocol based on perceived data reliability and spatial correlation in wireless sensor network. Computers & Electrical Engineering, 2012, 38(3): 694-702.

Zhang D G, Kang X J. 2012. A novel image de-noising method based on spherical coordinates system. EURASIP Journal on Advances in Signal Processing: 1-10.

Zhang D G, Dai W B, Kang X J. 2011. A kind of new web-based method of seamless migration. International Journal of Advancements in Computing Technology, 3(5): 32-40.

Zhang D G, Zhang X D. 2012. A new service-aware computing approach for mobile application with uncertainty. Applied Mathematics and Information Science, 6(1): 9-21.

Zhang D G, Zhu Y N. 2012. A new method of constructing topology based on local-world weighted networks for WSN. Computers & Mathematics with Applications, 64(5): 1044-1055.

Zhang D G, Dai W B. 2011. A kind of new web-based method of media seamless migration for mobile service. Journal of Information and Computational Science, 8(10): 1825-1836.

Zhang D G, Wang D. 2011. Research on service matching method for LBS. International Journal of Advancements in Computing Technology, 3(6): 131-138.

Zhang D G. 2011. A new algorithm of self-adapting congestion control based on semi-normal distribution. Advances in Information Sciences and Service Science, 3(4): 40-47.

Zhang D G, Zeng G P. 2005. A kind of context-aware approach based on fuzzy-neural for proactive service of pervasive computing. The 2nd IEEE International Conference on Embedded Software and Systems (ESS2005): 554-563.

Zhang D G. 2005. Approach of context-aware computing with uncertainty for ubiquitous active service. International Journal of Pervasive Computing and Communication, 1(3): 217-225.

Zhang D G. 2006. Web-based seamless migration for task-oriented nomadic service. International Journal of Distance E-Learning Technology (JDET), 4(3): 108-115.

Zhang D G, Zhang H. 2008. A kind of new approach of context-aware computing for active service. Journal of Information and Computational Science, 5(1): 179-187.

Zhang D G. 2008. A kind of new decision fusion method based on sensor evidence for active application. Journal of Information and Computational Science, 5(1): 171-178.

Zhang D G, Shi Y C, Xu G Y. 2004. Context-aware computing during seamless transfer based on random set theory for active space. The 2004 International Conference on Embedded and Ubiquitous Computing (EUC2004): 692-701.

Zhang D G. 2008. A kind of transferring computing strategy. International Conference of Nature Computing, 1(1): 333-337.

Zhang D G, Li W B. 2015. New service discovery algorithm based on DHT for mobile application. IEEE SECON, 1(1): 38-42.

Zhang D G. 2010. A new method for image fusion based on fuzzy neural network. ICMIC, 7: 574-578.

Zhang D G. 2010. A pervasive service discovery strategy based on peer to peer model. ICMIC, 7: 7-11.